U0347957

Study on Comprehensive Assessment and Development Strategy of Resources and Environment Carrying Capacity in the High–efficiency Economic Zone in Yellow River Delta

黄河三角洲高效生态经济区资源环境承载力综合评价与发展对策研究

赵振华 李念春 彭玉明 著

山东科学技术出版社

图书在版编目（CIP）数据

黄河三角洲高效生态经济区资源环境承载力综合评价与发展对策研究 / 赵振华，李念春，彭玉明著. — 济南：山东科学技术出版社，2018.12
ISBN 978-7-5331-9672-1

Ⅰ. ①黄… Ⅱ. ①赵… ②李… ③彭… Ⅲ. ①黄河 - 三角洲 - 经济区 - 环境资源 - 环境承载力 - 评价 - 研究 Ⅳ. ① X372.52

中国版本图书馆 CIP 数据核字 (2018) 第 223738 号

黄河三角洲高效生态经济区资源环境承载力综合评价与发展对策研究

HUANGHE SANJIAOZHOU GAOXIAO SHENGTAI JINGJIQU ZIYUAN HUANJING CHENGZAILI ZONGHE PINGJIA YU FAZHAN DUICE YANJIU

责任编辑：邱赛琳　梁天宏　石　昊
装帧设计：孙　佳

主管单位：山东出版传媒股份有限公司
出 版 者：山东科学技术出版社
地址：济南市市中区英雄山路 189 号
邮编：250002　电话：（0531）82098088
网址：www.lkj.com.cn
电子邮件：sdkj@sdpress.com.cn
发 行 者：山东科学技术出版社
地址：济南市市中区英雄山路 189 号
邮编：250002　电话：（0531）82098071
印 刷 者：肥城新华印刷有限公司
地址：肥城市老城工业园
邮编：271600　电话：（0538）3460479

规格：16 开（184mm × 260mm）
印张：20　字数：400 千　印数：1~1000
版次：2018 年 12 月第 1 版　2018 年 12 月第 1 次印刷
定价：150.00 元

审图号：鲁 SG（2018）117 号

著作人员

赵振华　李念春　彭玉明　郝　杰　徐　扬　李常锁

李洪涛　孙　斌　于大潞　王　阳　陆书南　魏鲁峰

袁春鸿　徐秋晓　张　汭　吴　迪　史淑艳　张兰新

郑丽爽　钟秀燕　张　慧　石　巍　袁　辉　罗振江

冯泉霖　李岩涛　韩　琳　王庆广　于世林　蔡有兄

游其军　孙虹洁　朱　琳　安成龙　韩伶俐　李海涛

著作单位

山东省地矿工程勘察院

山东省地质矿产勘查开发局八〇一水文地质工程地质大队

山东省地矿局地下水资源与环境重点实验室

山东省地下水环境保护与修复工程技术研究中心

图 1　滩涂植被

图 2　滩涂中的风力发电设备

图 3　滩涂红地毯景观

图 4　晒盐池

图5　采矿引起的生态破坏

图6　湿地采油

图7　石油污染

图8　盐渍化土壤局部特写

图9　黄河三角洲地区卫星影像图(2011年)

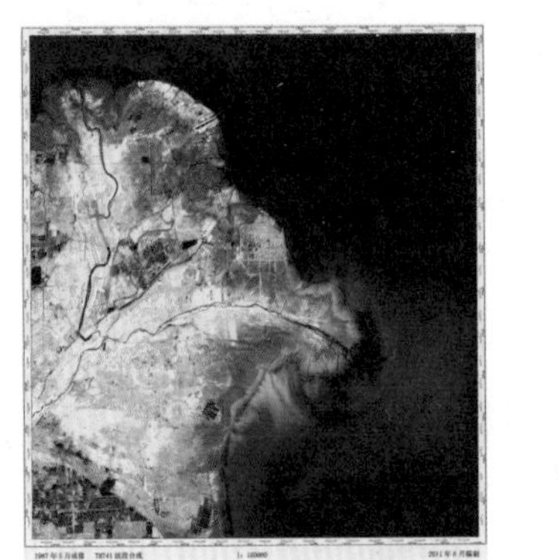

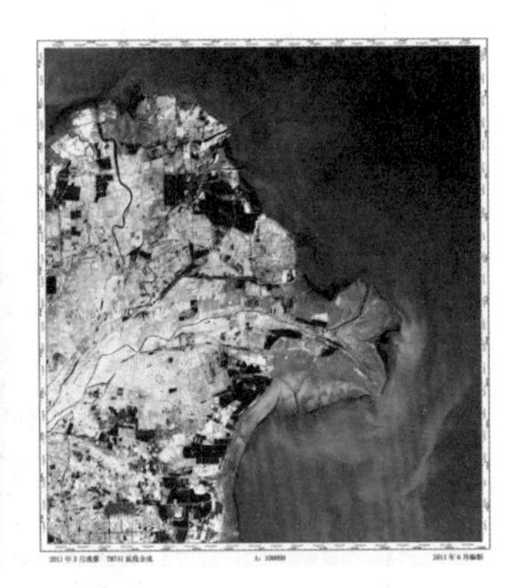

图10　黄河三角洲1987年、2000年和2011年遥感影像图

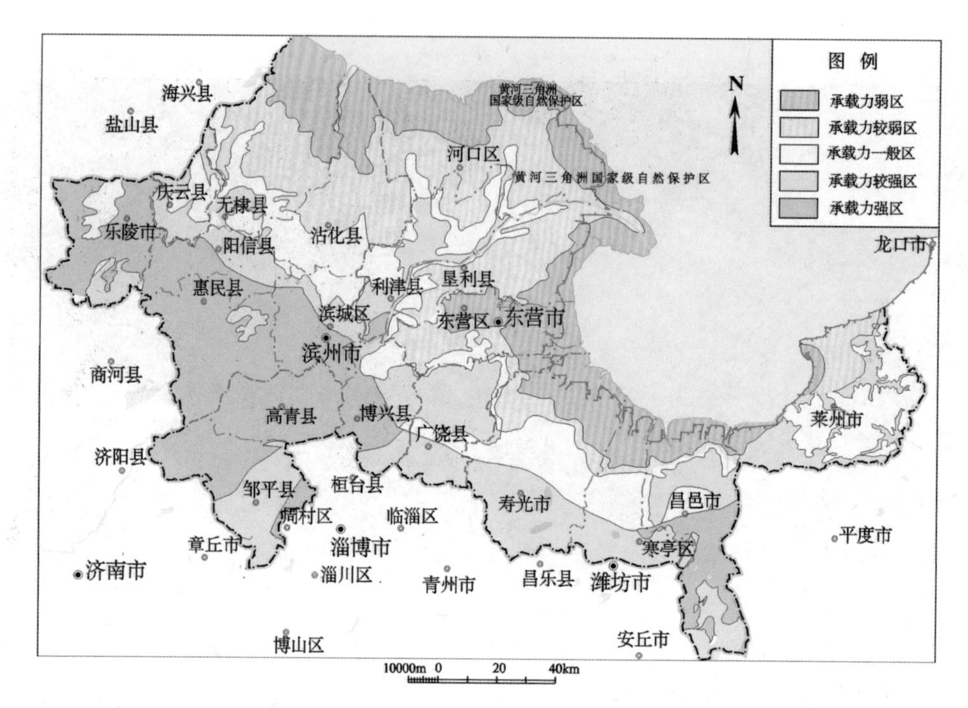

图 11　生态地质环境承载力分区图

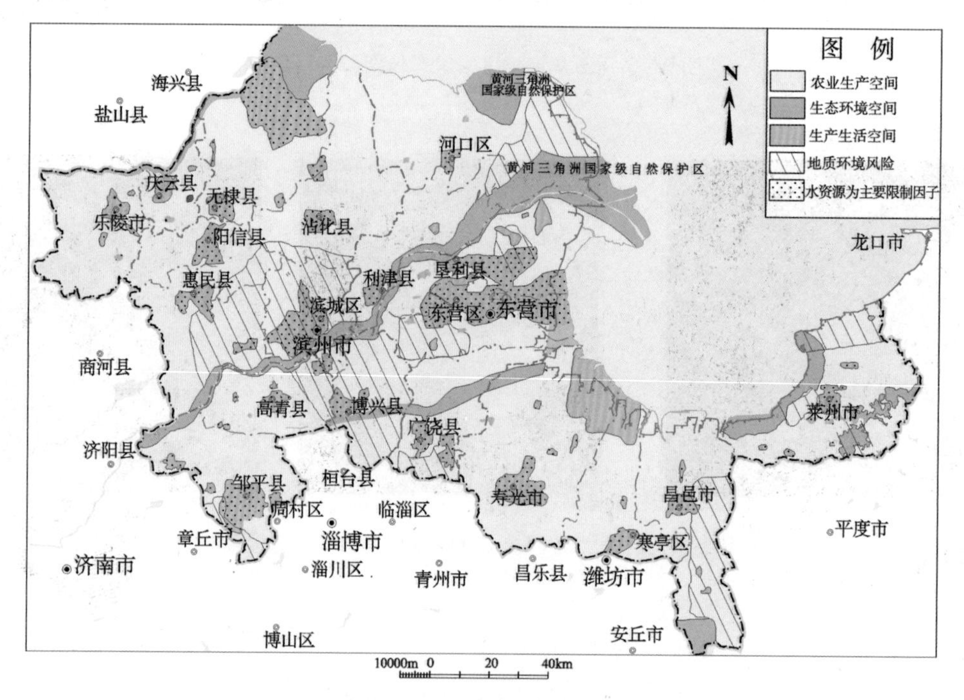

图 12　国土资源优化配置示意图

序言 Foreword

资源环境承载力研究属于综合研究领域，横跨资源学、地理学、地质学、经济学、环境科学等众多学科。它以可持续发展理论为指导，运用相关方法判定地区资源开发潜力及环境容纳能力。

近几十年以来，国家经济突飞猛进的同时，资源环境条件遭到一定破坏，面对资源约束趋紧、环境污染严重、生态系统退化的严峻形势，国家领导层立足于中国人口众多、资源相对不足、环境容量有限的基本国情，形成了尊重自然、顺应自然、保护自然的生态文明理念。国家领导人在党的十八大提出了全面落实“经济建设、政治建设、文化建设、社会建设和生态文明建设”五位一体总体布局，并在十八届三中全会明确提出“建立资源环境承载能力监测预警机制，对水土资源、环境容量和海洋资源超载区域实行限制性措施”，“资源环境承载力”第一次被提高到国家政策的高度。党的十九大对生态文明提出了更高要求，提出了“人与山水林田湖草是个生命共同体”的理念，树立“绿水青山就是金山银山”的发展观念，绿色发展逐步推进。

开展资源环境承载力研究是落实“十九大”生态文明建设的重要方面。资源环境承载力研究是制定各项发展规划的基础性工作。国土资源部在2010年启动新一轮全国国土资源规划纲要编制工作后，在中国地质调查局的组织下，对全国重要城市群、各类经济区进行了资源环境承载力的评价工作，取得了一系列重要成果，提出了国土资源优化配置对策建议，为编制国土规划提供技术支撑和科学依据。山东省地质矿产勘查开发局八〇一水文地质工程地质大队（山东省地矿工程勘察院）在山东省内开展过大量的实物及综合研究，尤其是对黄河三角洲地区的资源环境有深入的研究，在此次工作中，八〇一队负责该区域的资源环境承载力研究。项目组成员兢兢业业，通过四年的努力，以综合研究为主，辅以实物工作，最终摸清了该区域的资源环境承载能力，并在此基础上对黄河三角洲地区进行了国土资源优化配置，为区域下一步发展政策制定实施提供参照。

黄河三角洲高效生态经济区是山东乃至全国重要的发展区域，湿地资源、海岸资源非常丰富，生态功能显著，拥有石油储量全国第二的胜利油田，规模全国第二的石油生产基地，社会经济活动比较活跃，尤其是国家发展规划的出台更加剧了黄河三角洲地区的开发强度。在此背景下，开展区域资源环境承载力评价研究，针对地区高效生态农业发展导向，切实可行地对区域资源环境承载力进行专项评价，最后提出黄河三角洲地区高效生态农业布局建议，对于指导区域资源开发和环境保护具有重要指导意义，也为科研人员对黄河三角洲地区进行科学研究提供了重要参考。

中国地质科学院副院长

国际地质科学联合会环境专业委员会副主席

前言 Preface

黄河三角洲位于渤海南部的黄河入海口地区，是中国三大三角洲之一。黄河三角洲地区自然资源丰富，环境宜人，历来是山东省乃至全国重要的生态区。2009 年 12 月，国务院正式批复《黄河三角洲高效生态经济区发展规划》，标志着黄河三角洲高效生态经济区上升为国家战略，成为国家区域协调发展战略的重要组成部分，是国家重点打造的发展极。黄河三角洲高效生态经济区包括东营市、滨州市和潍坊、德州、淄博、烟台市的部分地区，共计 19 个县（市、区），面积 2.65 万 km^2，占山东省面积的六分之一。黄河三角洲高效生态经济区在土地资源、地理区位、自然资源、生态系统、产业发展等方面均存在较大优势，发展前景良好，然而也存在一些制约因素，如淡水资源短缺、生态地质环境相对脆弱、产业结构层次偏低等，一定程度上制约了地区的发展。

为服务国土资源部（现自然资源部）《全国国土规划纲要（2016—2030 年）》的编制工作，中国地质调查局委托中国地质环境监测院开展《全国资源环境承载力调查与国土资源综合监测》研究，山东省地质矿产勘查开发局八〇一水文地质工程地质大队（山东省地矿工程勘察院）作为工作项目承担单位，负责开展《黄河三角洲地区资源环境综合评价》研究。在 2011—2014 年工作期内，项目组多次参加了资源环境承载力学术交流活动，与中国地质环境监测院、中国国土资源经济研究院、中国地质大学、北京师范大学、河南省地质环境监测总站等科研院所进行了深度研讨，期间国土资源部规划司鞠建华副司长、谢海霞处长多次传达指示如何服务纲要编制，傅伯杰院士、倪晋仁院士等学者从研究方向、思路和技术方法方面为项目进行把关，最终本项目顺利通过了中国地质调查局组织的专家评审，并获得专家好评，同时成果成功应用于《全国国土规划纲要（2016—2030 年）》编制，取得很好的效果，积极为黄河三角洲高效生态经济区发展保驾护航。

本书是在项目研究成果的基础上提炼而来。在大量相关研究基础上，从资源环境两个方面建立资源环境承载力指标体系，分为土地资源、水资源、矿产资源、海洋资源、水环境、土壤环境、生态地质环境等七个二级指标和若干个三级指标。在分析地区资源环境本底的基础上，结合野外调查成果，进行资源环境承载力单要素评价，并在单要素评价结果上开展综合评价，将地区资源环境承载力划分为强区、较强区、一般区、较弱区和弱区五个等级。同时，配合地区产业布局，开展了基于高效生态农业布局的资源环境承载力评价研究，建立了包括耕地资源、水资源、社会经济资源、水环境、土壤环境、极端气候发生率、地质环境在内的七个二级指标和若干个三级指标，根据评价结果将评价区分为北部盐渍化土质特色种植区、果蔬集中种植区、南部优质粮食生产区和沿海湿地生态系统保护带四个建议布局区，并针对各区特征，提出布局建议。最后，根据调查和评价结果，结合评价区城市定位，将评价区划分出生产生活空间、生态环境空间和农业生产空间，并圈定地质风险区，提出了地区国土资源优化配置建议。

山东省地质矿产勘查开发局八〇一水文地质工程地质大队(山东省地矿工程勘察院)队领导高度重视本著作的出版工作，从时间人员安排、经费保障、技术支撑等方面给予最大程度的支持，队长彭玉明和队总工程师李常锁，全程对本书进行指导。在项目开展过程中，得到了中国地质环境监测院李瑞敏主任、山东省地矿局康凤新处长、山东省地质调查院卫政润副院长、代杰瑞所长、山东省地矿集团公司王彦俊研究员、山东省鲁北地质工程勘察院谭志荣高级工程师等人的全力支持，同时，中国地质大学（武汉）环境学院周建伟教授、蔡鹤生教授、湖北省水利水电规划勘测设计院万金彪工程师等在项目开展过程中做了大量工作，在此对以上人员表示衷心感谢！同时，对文中所引用的参考文献及数据资料的作者，表示深深的感谢！

由于时间和作者水平有限，书中错误难免，敬请读者批评指正。

目录 Contents

001 **绪　论**

001 第一节　研究背景
002 第二节　国内外研究进展

006 **第一章　黄河三角洲地区社会经济及区位概况**

006 第一节　研究区范围
006 第二节　社会经济概况
007 第三节　黄河三角洲高效生态经济区发展规划

011 **第二章　黄河三角洲地区资源环境禀赋**

011 第一节　自然地理概况
015 第二节　地质概况
018 第三节　水文地质条件
024 第四节　工程地质条件
027 第五节　主要环境地质问题
042 第六节　资源概况

046 **第三章　黄河三角洲地区土地资源承载力评价**

046 第一节　土地资源基础条件
051 第二节　土地适宜性评价
069 第三节　土地资源承载力评价

086 **第四章　黄河三角洲地区水资源承载力评价**

086 第一节　水资源基础条件
095 第二节　水资源承载力评价方法
098 第三节　水资源承载力评价

118 **第五章　黄河三角洲地区矿产资源承载力评价**

118 第一节　矿产资源基础条件
128 第二节　矿产资源承载力评价方法
132 第三节　矿产资源承载力评价

142 **第六章　黄河三角洲地区土壤环境承载力评价**

142 第一节　土壤环境基础条件

150 第二节 土壤环境承载力评价方法
154 第三节 土壤环境承载力评价

170 **第七章 黄河三角洲地区水环境承载力评价**

170 第一节 水环境现状基础条件
183 第二节 水环境承载力评价方法
194 第三节 水环境承载力评价

215 **第八章 黄河三角洲地区生态地质环境承载力评价**

215 第一节 生态地质环境基础条件
217 第二节 生态地质环境承载力评价方法
220 第三节 生态地质环境承载力评价

223 **第九章 黄河三角洲地区资源环境承载力综合评价及主体功能区划**

223 第一节 评价思路
224 第二节 评价过程
226 第三节 综合评价与分区
230 第四节 黄河三角洲地区主体功能分区

233 **第十章 基于高效生态农业布局的资源环境承载力评价**

233 第一节 相关要素评价分析
251 第二节 高效生态农业布局建议

255 **第十一章 资源环境优化配置策略与空间引导研究**

255 第一节 研究意义
256 第二节 区域发展空间引导合理性分析
259 第三节 矿产资源优化配置策略与空间引导研究
262 第四节 水资源优化配置策略与空间引导建议
266 第五节 土地资源优化配置策略与空间引导研究
274 第六节 水环境优化利用策略与空间引导建议
276 第七节 土壤环境优化配置策略与空间引导建议
277 第八节 生态地质环境优化利用策略与空间引导建议
279 第九节 资源环境综合配置策略和空间优化引导意见与建议

282 **第十二章 黄河三角洲地区各市国土资源优化配置建议**

282 第一节 东营市国土资源优化配置建议
284 第二节 滨州市国土资源优化配置建议
289 第三节 德州市（乐陵市、庆云县）国土资源优化配置建议
291 第四节 潍坊市（昌邑市、寒亭区、寿光市）国土资源优化配置建议
294 第五节 淄博市（高青县）国土资源优化配置建议
296 第六节 烟台（莱州市）国土资源优化配置建议

300 **参考文献**

绪　论 Introduction

第一节　研究背景

回顾人类社会发展的历史可以看到，经济发展从来没有摆脱对自然资源的依赖。技术进步、制度创新虽然可以缓解自然资源对发展的约束，但不能完全脱离自然资源的供给。经济高速增长的同时，资源短缺与环境污染也日益严重，进入21世纪以来，资源和环境问题表现得更为突出。自然资源、生态环境为发展提供必要的支撑，是任何技术都无法替代的基础。经济的发展总是伴随着土地、矿产、能源、水等资源的大量消耗。

我国资源开发利用方面存在一些突出的矛盾和问题，如经济快速增长与资源大量消耗之间存在矛盾；资源浪费和环境污染现象较突出；区域之间资源开发利用难以平衡；资源开发利用的市场化程度不高等等。对此，我们要以“创新、协调、绿色、开放、共享”的新发展理念统领经济社会发展全局，加快建设资源节约型、环境友好型社会，促进人与自然和谐发展。

国土规划首先应以自然地理环境、地质条件、人口经济基础等评价因子为基础，对资源环境承载力进行评价分析，在此基础上对国土资源开发、利用、整治和保护等进行中长期发展的战略部署。对资源环境承载力的评价成果主要包括：资源环境承载力与每个人都有着直接关系，在充分考虑生态足迹的前提下，明确适宜、适度和生态重建的区域范围；在考虑自然资源的消耗与生态环境质量演变的条件下，建立有效的预防机制，提出产业发展导向的建议；在坚持科学发展，以人为本的原则指导下，测算规划区人口合理容量。其中，前者是后两者的基础，也应是国土规划编制的主要依据。

国务院以国函〔2009〕138号正式批复《黄河三角洲高效生态经济区发展规划》，国家发改委印发相应通知，标志着黄河三角洲高效生态经济区建设的大幕正式拉开。

黄河三角洲土地后备资源得天独厚，目前区内拥有未利用地约5 333.3 km^2，人均未利用地540 m^2，比我国东部沿海地区平均水平高近45%。有已探明储量的矿产40多种，其中石油、天然气地质储量分别达50亿t和2 300亿m^3，是全国重要的能源基地。地下卤水静态储量约135亿m^3，岩盐储量5 900亿t，是全国最大的海盐和盐化工基地。海岸线约900 km。风能、地热、海洋等资源丰富，具有转化为经济优势的巨大潜力。处于大气、河流、海洋与陆地的交接带，是世界上典型的河口湿地生态系统，多种物质和动力系统交汇交融，陆地和淡水、淡水和咸水、天然和人工等多类生态系统交错分布，具有大规模发展生态种养殖业、开展动植物良种繁育、培育生态产业链、发展生态旅游的优越条件。黄河三角洲目前有三个国家自然保护区。山东黄河三角洲国家级自然保护区 1992 年批准成立，位于东营市东北部的黄河入海口，北临渤海，东靠莱州湾，与辽东半岛隔海相望，现有控制面积 1 533.3 km^2，其中核心区 580 km^2，缓冲区 133.3 km^2，实验区 820 km^2。滨州贝壳堤岛与湿地系统国家级自然保护区，位于滨州市无棣县北部，渤海西南岸，现有总面积 804.7 km^2，其中核心区 285.3 km^2，缓冲区 267.3 km^2，实验区 252 km^2。山东昌邑国家海洋生态特别保护区，位于渤海莱州湾南岸，昌邑市防潮坝以北，东起盐场西防潮坝，西至堤河，南至海岸线，北至增养殖区，总面积 29.3 km^2。

由此，黄河三角洲高效生态经济区在土地资源、地理区位、自然资源、生态系统、产业发展等方面均存在较大优势，发展前景良好，然而也存在一些制约因素，如淡水资源短缺、生态地质环境相对脆弱、产业结构层次偏低等。对黄河三角洲地区开展资源环境承载力综合评价工作，有助于搞清地区资源环境对区域发展的支撑现状，为黄河三角洲高效生态经济区发展保驾护航，同时也为原国土资源部编制新一轮国土资源规划纲要提供技术支撑。

第二节　国内外研究进展

一、国外研究概况

1798 年，马尔萨斯在《人口原理》中提出：人口具有迅速繁殖的倾向，这种倾向受资源环境（主要是土地和粮食）的约束，会限制经济的增长，长期内每一个国家的人均收入将会收敛到其静态的均衡水平，这就是所谓的“马尔萨斯陷阱”。马尔萨斯从最简单的角度考虑了人类需求、物质供应并对其相互关系进行了猜想。马尔萨斯的资源环境对人口增长的限制（资源环境的容纳能力）的观点对人口统计学也存在巨大的影响。

1838 年，比利时数学家 Verhulst 根据 19 世纪早期法国、比利时、俄国和英国的艾塞克斯郡 20 年的人口统计资料把马尔萨斯基本理论以时间和人口的逻辑斯缔方程的形式表示出来，用容纳能力指标反映环境约束对人口增长的限制作用，可以说是现今研究承载力的起源，也是承载力概念最原初的数学表达形式。

20 世纪 60 年代末至 20 世纪 70 年代初，容纳能力的概念被广泛用于讨论环境对人类活动的限制，用来说明生态系统和经济系统之间的相互影响。容纳能力概念的发展主要是在有关生态学和人口统计学中研究完成的。生态学家将容纳能力定义为：对某一具体的研究区域，在不削弱其未来支持给定种群的条件下，当前的资源和环境状况所能支持的最大种群数量。

早期的承载力研究都是从生态学的角度进行的,从计算非人类种群数量开始。从理论上来看,非人类种群的承载力水平是能够直接计算的,因为每一个个体对环境的需求(包括食物、居住地、繁衍后代、废物的吸收等)基本上是相同的。某一特定区域的环境拥有相对固定的资源数量,这些资源是用来满足种群个体对环境的需求的。虽然与承载力有关的内容的研究早已开始,但直到 1921 年,人类生态学学者帕克和伯吉斯才确切地提出了承载力这一概念,即某一特定环境条件下(主要指生存空间、营养物质、阳光等生态因子的组合),某种个体存在数量的最高极限。

1953 年,Odum 在《生态学原理》(1983 年改名为《基础生态学》)一书中,将承载力概念用对数增长方程的形式表示出来,特别是与其中的常数 k 相联系,赋予承载力概念较精确的数学形式。

1968 年 4 月,针对资源、环境、人口等社会、经济和政治问题日益尖锐和全球化,以及"人类困境"等问题,由来自西方不同国家的约 30 位知名科学家、经济学家和社会学家组成了"罗马俱乐部"。1972 年 3 月,由美国麻省理工学院丹尼斯·米都斯(DennisL. Meadows)教授领导的一个 17 人小组向罗马俱乐部提交了一篇题为《增长的极限》的研究报告。他们选择了 5 个对人类命运具有决定意义的参数:人口、工业发展、粮食、不可再生的自然资源和污染。作者告诉人们:"地球是有限的,任何人类活动愈是接近地球支撑这种活动的能力限度,对不能同时兼顾的因素的权衡就变得更加明显和不能解决。"其后,罗马俱乐部又在《人类处于转折点》一书中提出了"全球化理论",希望发展一种世界意识,使每一个人都认识到自己是世界大家庭的一员;发展对待自然的新态度,其基础是与自然协调而不是征服自然。人类为生存下去,要养成一种与后代休戚与共的习惯,并准备以牺牲自己的当前利益去换取后代的利益。这使得人们对资源环境承载力的关注点又提升到了一个更高的层次,人们得以从全球的角度、用可持续的观点去考虑资源环境承载力的问题。

20 世纪 80 年代初,联合国教科文组织(UNESCO)提出了"资源承载力"的概念,即"一国或一地区的资源承载力是指在可以预见的时期内,利用该地区的能源及其他自然资源和智力、技术等条件,在保证符合其社会文化准则的物质生活条件下,能维持供养的人口数量。"在具体实践中,以应用与人类社会和状态评估的多种单要素承载力的概念(如土地资源、水资源、矿产资源承载力的研究)的出现为标志,从而形成了各自的概念和内涵,承载力理论出现了第二次大的发展。

1974 年,Bishop 在《环境管理的承载力》一书中指出:"环境承载力表明在维持一个可以接受的生活水平的前提下,一个区域所能永久承载的人类活动的强烈程度"。Schneider 强调,环境承载力是"自然或人造系统在不会遭到严重退化的前提下,对人口增长的容纳能力"。

1995 年,诺贝尔经济学奖获得者 Arrow 与其他国际知名的经济学家和生态学家一起发表了《经济增长、承载力和环境》一文，在学界和政界均引起极大的反响，美国生态学会(Ecological society of America)更是以此为主题，在1996年的Ecological Applications上组织了由众多专家参加的国际性研讨论坛，引起了承载力研究的新热潮。

目前，随着承载力概念在人口、自然资源管理及环境规划和管理等领域的广泛应用，同时在经济和社会各个领域进行延伸，很多学者从不同角度对资源环境承载力进行界定和理论探索，取得了丰硕成果，资源环境承载力思想在全球形成了。

二、国内研究概况

我国对区域(一国或地区)资源环境综合承载力的系统研究也在逐步探索中，如2001年中科院地理所毛汉英和余丹林对环渤海地区、中国环境管理干部学院刘殿生对秦皇岛分别进行了资源环境综合承载力研究，探讨了区域和城市资源与环境综合承载力的基本概念及计算方法。

最近几年，随着国土空间开发利用中的突出问题和矛盾日益突出，“科学发展观”逐步深入人心，加之自然灾害频发，从决策层到普通民众普遍认识到资源环境承载力评价对于地区人口规模、产业与城镇布局、国土(资源)规划等重要的指导作用。2002年天津国土规划试点、2005年辽宁国土规划试点、2004年北京市土地利用总体规划、2008年汶川地震、2010年玉树地震及舟曲特大山洪泥石流灾害灾后重建等都把资源环境承载力评价作为重要基础和依据。

在全国范围内，中国国土资源经济研究院开展的资源环境承载力研究较为丰富。其相继开展了《天津市国土资源综合评价开发利用模式研究》(2003)、《北京市土地资源承载力研究》(2005)、《辽宁省国土资源与环境综合承载力与开发利用研究》(2006)、《区域资源环境承载力研究》(2007)等相关研究，并于2010年集成上述研究出版了《国土资源与环境承载力评价》一书。该书对区域资源环境承载力的理论和方法进行了深入细致的研究，初步构建了区域资源环境承载力评价的理论体系、指标体系及方法体系；分别以北京、天津、辽宁、全国不同层次区域为例，开展从单要素承载力到综合承载力的评价与分区研究，为辽宁省、天津市国土规划以及北京市土地利用总体规划的编制提供了科学依据。

中国科学院2009年开展了《国家汶川地震灾后重建规划——资源环境承载力评价》，对汶川地震灾区51个县进行重建条件适宜性评价分区，提出了产业发展导向的建议，并测算了灾区人口合理容量，为灾区恢复重建提供了重要的依据。中国科学技术协会开展的《城市承载力及其危机管理研究》(2009年)主要从城市承载力的状态—压力—响应的角度入手，采用单要素承载指数和综合指标体系两套方法对我国五大城市群进行评价。

山东省内以课题形式开展资源环境承载力项目研究始于2010年，主要是科研机构配合黄河三角洲高效生态经济区和山东半岛蓝色经济区规划的实施而开展的相关研究。2010年，山东师范大学人口资源与环境学院在山东省科技攻关项目资金资助下，开展基于3S技术的黄河三角洲高效生态经济区资源环境承载能力数据分析及仿真模型研究。

2011 年,其在山东省蓝黄两区重大项目资金资助下开展了黄河三角洲高效生态经济区资源环境综合承载力研究。该项目重点对水土资源、矿产资源和水土环境、生态环境进行了系统研究,但未对地质环境承载力进行系统研究。

2012 年,山东省地质矿产勘查开发局八〇一水文地质工程地质大队(山东省地矿工程勘察院)开展了省直矿费项目《山东半岛蓝色经济区资源环境承载力调查评价》,为科学评价资源环境承载状况,从资源和环境两个方面建立指标体系,包括土地资源、水资源、矿产资源、海洋资源、旅游资源、土地环境、水环境、海洋环境、生态环境和地质环境 10 个评价要素。在分析本地资源环境的基础上,结合野外调查成果,从以上 10 个方面进行资源环境承载力的单要素评价,并在单要素评价结果上开展综合评价,将地区资源环境承载力划分为强区、较强区、一般区、较弱区和弱区五个等级。

2011—2014 年,山东省地质矿产勘查开发局八〇一水文地质工程地质大队(山东省地矿工程勘察院)实施完成了“国家地质大调查项目”《黄河三角洲地区资源环境综合评价》,该项目在对黄河三角洲地区资源环境本底科学分析的基础上,综合利用多个评价模型,开展了资源环境承载力评价研究,并以此对黄河三角洲地区进行了国土资源优化配置,为地区下一步发展的政策制定提供了研究支撑。

2016—2018 年,山东省地质矿产勘查开发局八〇一水文地质工程地质大队(山东省地矿工程勘察院)实施完成了省直矿费项目《山东省会城市群经济圈资源环境承载力评价》项目,从土地资源、水资源、矿产资源、工地环境、水环境、生态环境及地质环境等方面对山东省会城市群地区资源环境承载力进行了科学评价,为区域发展政策制定和实施提供了有力支撑。

至此,山东省地质矿产勘查开发局八〇一水文地质工程地质大队(山东省地矿工程勘察院)已完成了山东省绝大部分地区(鲁西南三地市除外)资源环境承载力的评价工作。

第一章 Chapter 1

黄河三角洲地区社会经济及区位概况

第一节　研究区范围

本书研究的黄河三角洲地区泛指黄河三角洲高效生态经济区。黄河三角洲高效生态经济区是以黄河历史冲积平原和鲁北沿海地区为基础，向周边延伸扩展形成的经济区域，包括东营、滨州2市，以及相毗邻的潍坊北部寿光、寒亭、昌邑，德州市东北部乐陵、庆云，淄博市北部高青，烟台市莱州等19个县市区，地理坐标范围：东经116°24′~120°19′、北纬36°27′~38°17′（图1-1）。

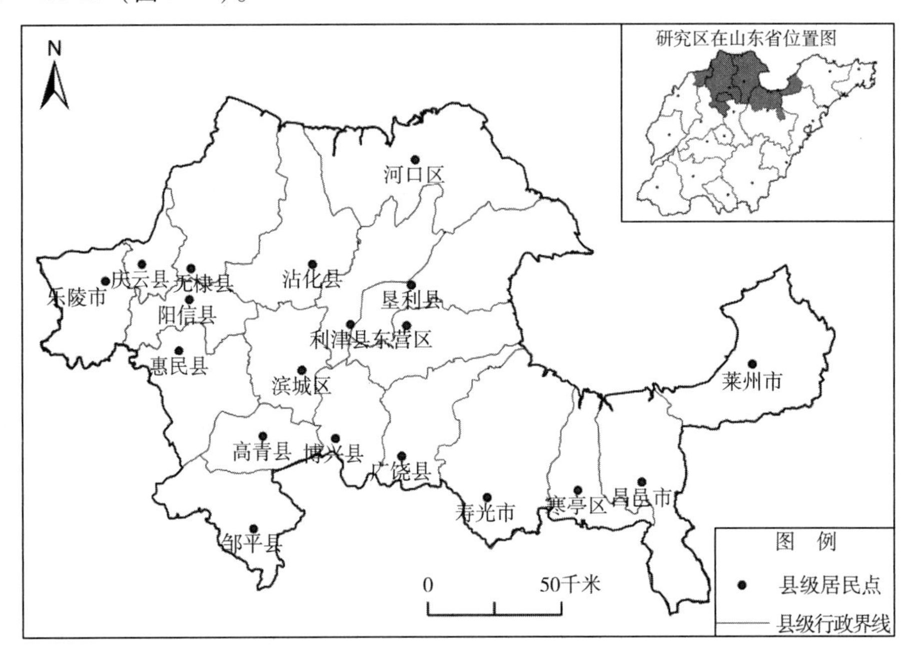

图1-1　研究区范围示意图

第二节　社会经济概况

据山东省统计局数据显示，2015年黄河三角洲高效生态经济区总人口931.4万人，占全省的9.46%，城镇化水平43.5%；共完成国内生产总值8 741.2亿元，占全省的13.87%。各项社会经济指标情况详见表1－1。

表1－1 黄河三角洲高效生态经济区基本情况

项目	黄河三角洲	山东省	占全省的比例(%)
总人口(万人)	931.4	9 847	9.46
土地面积(万 km^2)	2.65	15.70	16.88
耕地面积(km^2)	11 266.7	76 866.7	14.65
国内生产总值(亿元)	8 741.2	63 002.33	13.87
人均国内生产总值(元)	93 850	63 981	—
城镇化水平(%)	43.5	49.7	—

区内粮、棉、油、花生、水果、渔业、畜牧业等农林牧渔生产在省内占有较重要的地位，是山东省主要粮棉基地和经济作物区；经过多年的发展，形成以原油、原盐、纯碱、溴素、金矿等为支柱产业，产量分别达到2 774万t、2 222万t、220万t、18万t和19 t，占全国的15%、37%、12%、85%和6%，原油一次加工能力、石油装备制造业产值、黄金加工量、纺织和造纸生产能力分别达到4 650万t、435亿元、90 t、1 600万纱锭和398万t，占全国的11%、40%、32%、17%和5%。高技术产业发展势头良好，形成了一批国家循环经济示范园区和示范企业。县域经济发展迅速，特色产业初具规模。

第三节 黄河三角洲高效生态经济区发展规划

一、战略意义

推进黄河三角洲高效生态经济发展，有利于实现开发建设与生态保护的有机统一，开创高效生态经济发展新模式，为其他地区提供有益借鉴，有利于增创区域发展新优势，加快环渤海地区一体化发展，完善全国沿海经济布局；有利于加快培育环境友好型产业，保护环渤海和黄河下游生态环境，实现区域可持续发展；有利于拓展发展空间，为我国有效应对国际金融危机冲击，保持经济平稳较快发展发挥重要作用。加快这一地区发展，不仅是贯彻落实新时代新发展理念的迫切需要，也是推进发展方式转变、促进区域协调发展和培育新的增长极的重要举措。

二、功能定位

（一）全国重要的高效生态经济示范区

高效利用区域优势资源，推进资源型城市可持续发展，加强以国家重要湿地、国家地质公园、黄河入海口为核心的生态建设与保护，实现经济社会发展和生态环境保护的有机统一，为全国高效生态经济发展探索新路径、积累新经验。

（二）全国重要的特色产业基地

大力发展循环经济，推进清洁生产，突破制约产业转型升级的关键技术，培育一批特色优势产业集群，构筑现代生态产业体系，建成全国重要的高效生态农业基地和循环经济示范基地。

（三）全国重要的后备土地资源开发区

发挥盐渍地和滩涂资源丰富的优势，统筹规划土地资源开发利用，合理划分农业、建设和生态用地，探索土地利用管理新模式，推进土地集约高效开发，为环渤海地区拓展发展空间提供有力的土地资源保障。

（四）环渤海地区重要的增长区域

充分利用两个市场、两种资源，扩大对内对外开放，重点加强与环渤海地区和东北亚各国的经济技术交流合作，提升综合实力和竞争力，协调推进经济社会发展和生态文明建设，成为支撑环渤海地区发展的又一重要区域。

三、发展目标

到2020年，人与自然和谐相处，生态环境和经济发展高度融合，可持续发展能力明显增强，生态文明建设取得显著成效，形成竞争力较强的现代生态产业体系，开放型经济水平大幅提高，社会事业蓬勃发展，率先建成经济繁荣、环境优美、生活富裕的国家级高效生态经济区。

四、空间布局

依据总体功能定位和资源环境承载能力，统筹考虑生态保护、经济布局和人口分布，优化空间结构，形成核心保护区、控制开发区和集约开发区合理分布的总体框架。

（一）核心保护区

主要包括自然保护区、水源地保护区和海岸线自然保护带，约占区域面积的14%。要严格限制各类开发建设活动，稳定生态系统结构，维持生物多样性等生态服务功能，构筑生态安全屏障。重点区域包括黄河三角洲自然保护区、滨州贝壳堤岛与湿地自然保护区、昌邑海洋生态特别保护区、莱州湾湿地自然保护区、大芦苇湖湿地自然保护区、平原水库水源地保护区和河流水源地保护区。

1. 自然保护区

要结合主体功能区规划编制，调整核定保护区面积，实行严格的环境保护制度，加大投入力度，完善保护区管理体制，引导人口有序转移，促进自然保护区生态环境良性发展，实现污染物“零排放”，重点发展生态旅游业，适度开发绿色食品。

2. 水源地保护区

对河流源头、沿岸水源涵养区和水库库区实行强制性保护，加快实施流域综合治理，加强库区周边植被修复与保护，严禁发展有污染的产业，合理安排城镇建设，严格控制人口规模。

3. 海岸线自然保护带

合理划分海岸线功能，保护海域资源，实施集中集约用海，搞好浅海护养，加强人工造林，重点发展滨海旅游、生态旅游、绿色种植、健康养殖等产业。

4. 河流水源地保护区

黄河、小清河、广利河、淄河、支脉河、潍河、小沽河、白浪河、弥河、马颊河、胶莱河、漳卫新河、德惠新河、沾利河、徒骇河等河流的区内河道及流域。

（二）控制开发区

主要包括沿海岸线的浅海滩涂、高效生态农业区以及黄河现行和备用入海流路。重点包括黄河三角洲国家级自然保护区的试验区、潍坊莱州湾湿地自然保护区、基本农田保护区、黄河两岸 1 000 m 的范围、其他河流 100 ~ 300 m 范围的沿河生态涵养区、庆云、乐陵、无棣、沾化的经济林（枣林、梨园）保护区，饮用水水源地的准保护区、非饮用水水库 100 ~ 300 m 的生态涵养区、风景旅游区、鹤伴山和大基山森林公园等。规划在该区综合开发利用滩涂资源，因地制宜发展农副产品生产和加工、观光休闲农业等产业，在资源环境承载能力相对较强的特定区域，适度发展低消耗、可循环、少排放的生态工业。

1. 浅海滩涂

充分考虑区域生态环境相对脆弱的特点，适度发展养殖业，有序发展原盐业，加快发展滨海旅游业，合理开发海水资源、滩海油田和风能，严禁发展重化工业。

2. 高效生态农业区

按照优质、高效的原则，着力发展生态农业，合理利用渔业、林业、畜牧业生产空间，促进农产品生产向优势产区集中，提高农业综合生产能力，严格保护基本农田，加强农田水利工程设施建设，支持黄河三角洲荒碱地综合治理，有计划地对荒碱地进行开发治理及改造中低产田。到 2015 年，治理荒碱地约 666.7 km^2，改造中低产田 2 000 km^2，发展节水灌溉面积约 1 666.7 km^2。

3. 黄河入海流路区

在黄河现行流路区严格限制生产建设活动。在备用流路区控制城镇建设和人口迁入居住，实行依法有序利用。

（三）高效生态农业区

按照高效、生态、创新的原则，大力发展现代农业和节水农业，建设全国重要的高效生态农业示范区。高效生态农业区包括：

1. 优质粮棉区

主要分布在乐陵、庆云、阳信、惠民、高青、邹平、博兴、广饶、利津等区域，潮土类型区重点发展粮食生产，盐化潮土类型重点发展棉花种植。

2. 生态渔业区

主要分布在无棣、沾化、河口、利津、垦利、寿光、莱州等近海区域。

3. 生态畜牧区

主要分布在利津、垦利、河口、沾化、惠民、阳信、寒亭、寿光、昌邑、乐陵、庆云、高青等区域。

4. 绿色果蔬区

蔬菜产区主要分布在寿光、广饶、高青等区域,果品产区主要分布在乐陵、庆云、沾化、河口、寒亭、莱州、无棣、阳信等区域。

(四)集约开发区

主要包括陆域沿海防潮大堤内以盐渍荒滩地为主的成块连片未利用地和国家级及省级开发区、城镇建设用地,是集聚产业、人口的重要区域和推进工业化、城镇化的重点开发空间。

要充分发挥区域内未利用土地资源丰富的优势,着力发展生态产业和循环经济,依托"四点",建设"四区",打造"一带"。四点,即东营、滨州、潍坊港和烟台港莱州港区,要强化东营港的区域中心港地位,加强莱州港区建设,加快滨州港、潍坊港扩能。四区,即东营、滨州、潍坊北部、莱州四大临港产业区,要依托港口和铁路交通干线,加强基础设施建设,大力发展临港物流和现代加工制造业,推动生产要素的合理流动和优化配置,促进产业集群式发展。一带,以四个港口为支撑,以四大临港产业区为核心,以经济技术开发区、特色工业园区和高效生态农业示范区为节点,形成西起乐陵、东至莱州的环渤海南岸经济集聚带。

第二章 Chapter 2

黄河三角洲地区资源环境禀赋

第一节　自然地理概况

一、气象

研究区属暖温带半湿润季风气候区，四季分明，春季干旱多风，夏季炎热多雨，秋季旱涝不均，冬季寒冷少雪。多年平均气温12℃～13℃，呈由西南向东北递减的分布规律。7月份最高平均气温24℃～27℃，1月份最低平均气温-1℃～4℃，无霜期200 d左右。

区内多年年平均降水量561 mm，年内分布不均，年降水多集中于7—9月，约占全年降水量的60%；空间分布特征为由东向西逐渐减少，最大年降水量位于莱州市，多年平均降水量近700 mm；最小降水量位于西部的乐陵、庆云附近，多年平均降水量不足510 mm。全区最大和最小年均降水量之比达1.37。

降水量年际变化大。特枯年（降水保证率95%）平均年降水量为348 mm，较丰水年（降水保证率20%）的676 mm减少48.5%，而且从近年降水量资料分析，枯水年份连续出现的概率大大增加，如1980年以后20多年中就出现了1981—1984年、1986—1989年、1991—1992年、1994—1995年4次连枯年份，连枯年份的出现使区内水资源供需矛盾更加突出。

全区多年平均水面蒸发量1 300～1 500 mm。其分布规律基本上与降水相反，从西北向东南呈递减变化。年内以春季和初夏水面蒸发量为最大，占全年的近50%，冬季最小，占不到全年水面蒸发量的10%。

二、水文

工作区河流水系分属于海河流域、黄河流域和淮河流域山东半岛沿海诸河水系。

区内流域面积大于300 km^2的河流共64条，其中支流48条，大于1 000 km^2的河流共12条。各主要河流见表2-1。

（一）黄河流域

黄河由滨州市码头镇进入工作区，由西南向东北贯穿滨州市和东营市全境，流经滨州市、利津县、东营区，在垦利县入渤海，区内河长175 km。黄河以高含沙量闻名，多年平均输沙量为8.36×10^8 m^3，年造陆面积23.3 km^2，河口向沙滩进速率0.42 km/a。利津县河床每年抬高0.05～0.06 m,形成河床高于两岸地面3～5 m的地上悬河。黄河携带泥沙至河口,20世纪90年代以前曾以年均20～26.67 km^2 的速度填海造陆,营造出举世闻名的黄河三角洲。据1950—2007年统计资料测算,黄河进入东营的年均径流量为332.6亿 m^3,丰沛的黄河水为黄河三角洲地区的生活和工农业生产提供了充足的优质水源。

(二)海河流域徒骇河、马颊河水系

海河流域徒骇河、马颊河水系的河流均为坡水型河流,主要有徒骇河、马颊河、德惠新河、漳卫新河等,均属于季节性泄洪河道,主要用于引水、排涝、泄洪。这些河流汇集了鲁北平原大部分地表径流,向东北平行流入渤海。

表2－1 研究区主要河流一览表

所属流域	河名			流域面积(km^2)	干流长度(km)
	干流	一级支流	二级支流		
海河流域	徒骇河			13 296	406
		新金线河		518	55.4
		赵王河		693	51
		小运河		331	39.5
		西新河		414	41
			长顺渠	311	42
		漳卫新河			244
			六五河	1 065	72.1
		南运河			44.8
	潮河			1 241	72.5
		上西新河		377	36
		七里河		342	34.5
		苇河(漯河)		650	24.2
			管氏河	391	32
		赵牛新河		1 203	84.4
海河流域		老赵牛河		938	62.4
			邓金河	371	9.7
		沙河		837	65.5
	马颊河			6 829.4	334.6
		笃马河		773	68.6
		跃马河		309	26.4
		朱家河		555	37.6
		宁津新河		674	39.7
		鸿雁河		402	32
		裕民渠		452	33.8
		唐公沟		421	18.2
	德惠新河			3 428.9	172.5
		禹临河		482	39
		临商河		508	43
		跃进河		434	39
		商东河		349	35
	秦口河			3 142	97.3

（续表）

所属流域	河名			流域面积（km^2）	干流长度（km）
	干流	一级支流	二级支流		
海河流域		傅家河		348	43.5
		白杨河		377	55
	漳卫南运河			3 081	455
		卫河			9.2
		卫运河			157
	草桥沟			472	46
	沾利河			394	60.7
	挑河			504	76
山东半岛	小清河			10 336	237
		绣江河		974	101.6
		杏花河		566	40
		漯河		464	67
		孝妇河		1 733	135.9
			范阳河	372	48.3
		乌河		974	86.5
		预备河		450	42.5
		淄河		1 459	178.7

所属流域	河名			流域面积（km^2）	干流长度（km）
	干流	一级支流	二级支流		
山东半岛		塌河		1 650	28.7
			织女河（裙带河）	757	
			益寿新河	306	27.8
	潍河			6 367	246
		渠河		1 059	96
		潍汶河		1 646	109
	北胶莱河			3 900	100
	支脉河			3 382	134.6
		北支新河		580	60.5
		广利河		515	47
	弥河			3 868	177
		丹河		939	85
	白浪河			1 237	127
		桂河		376	40
	虞河			890	75

（三）淮河流域山东半岛沿海诸河水系

山东半岛地区河流众多，河道独流入海，地形坡度大，源短流急。鲁中南低山丘陵北坡自西向东分为小清河水系区、弥河、白浪河、潍河水系区、大沽河、胶莱河水系区和半岛诸小河水系区，这些河流均注入莱州湾，河网密度为 0.28 km/km^2。

三、地形地貌

工作区总的地势东部高、西部低，由陆地向渤海湾倾斜。根据地貌形态和成因类型特征，可将工作区划分为鲁北冲积平原区、鲁中南构造剥蚀为主低山丘陵区和鲁东剥蚀构造为主低山丘陵区 3 个大的地貌单元（图 2－1）。

（一）鲁北冲积平原区

鲁北冲积平原分布在邹平县和昌邑市南部及莱州市以外的大部分地段，由黄河冲积、海积及山前冲洪积物堆积而成，地面平坦，标高一般在 80 m 以下。地势沿黄河流向自西南向东北微倾斜，坡降 1/10 000 ~ 3/10 000。

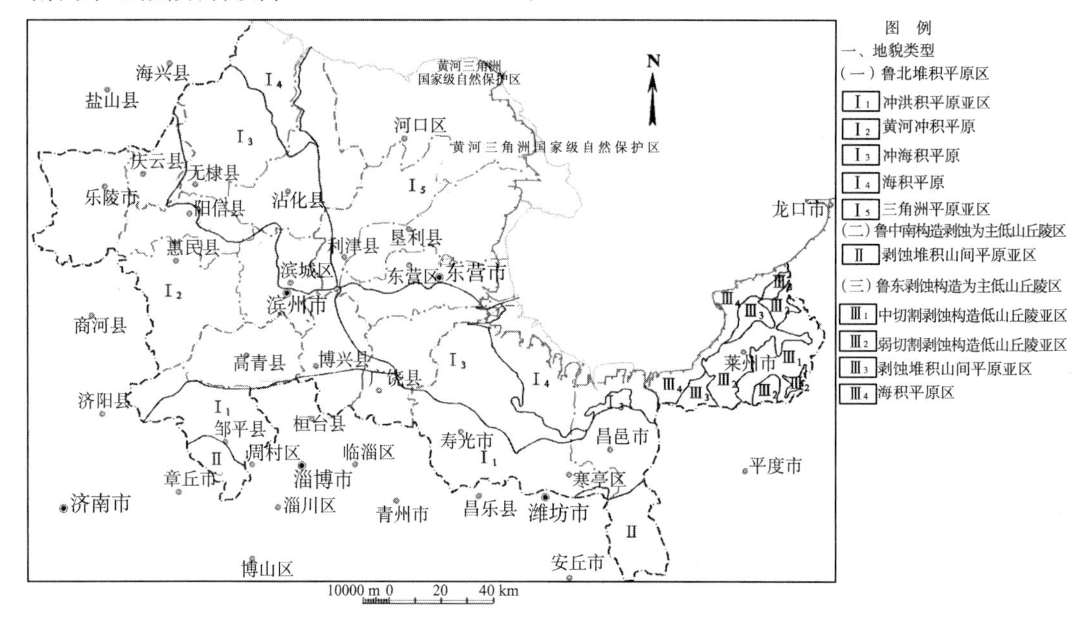

图 2－1　研究区地貌图

1. 冲积洪积平原亚区(I_1)

冲积洪积平原分布于胶济铁路以北、鲁中南山前，由潍河、白浪河、淄河、弥河、孝妇河冲洪积扇组成，海拔 10 ~ 80 m。

2. 冲积平原亚区(I_2)

冲积平原地势低平，海拔一般在 20 m 以下，河床、岗地呈条带状零星散布，浅碟式洼地零星布散其中，平缓坡地在岗洼之中，形成岗、坡、洼相间的微起伏地形。

3. 冲积海积平原亚区(I_3)

冲积海积平原位于黄河冲积平原与黄河三角洲平原之间近海地区，地势低平，一般小于 10 m，易受海潮影响，由于海水浸渍，多湿洼地，土壤盐渍严重。

4. 海积平原亚区(I_4)

海积平原位于徒骇河以西海岸带和潍北海岸带地段，地形低洼，海水浸渍，土壤盐渍严重。

5. 三角洲平原亚区(I_5)

三角洲平原是指利津以东黄河扇形地带，为黄河冲积形成，海拔 10 m 以下，区内黄河古道呈扇骨状向海岸辐射，盐渍化较严重。

(二)鲁中南构造侵蚀为主低山丘陵区(Ⅱ)

该地貌仅在邹平的南部零星分布。

(三)鲁东剥蚀构造为主的中低山丘陵区(Ⅲ)

1. 中切割剥蚀构造低山丘陵亚区($Ⅲ_1$)

中切割剥蚀构造低山丘陵分布在莱州市东部地段，以低山为主，一般海拔 400 ~

800 m。由于地处隆起构造强烈活动区，地形切割强烈，切割深度 200～300 m。变质岩区山前平缓，为古老的剥蚀面；侵入岩区地势挺拔，奇峰突起，坡陡谷深。

2. 弱切割剥蚀构造丘陵亚区（$Ⅲ_2$）

弱切割剥蚀构造丘陵广泛分布于莱州市低山区外围，由强烈风化的变质岩、侵入岩组成，海拔 200～400 m，地形连绵起伏，地势低缓，多呈馒头状、平顶状等，上游谷深呈 V 字形，下游谷宽呈 U 字形。切割深度一般小于 200 m。

3. 剥蚀堆积山间平原亚区（$Ⅲ_3$）

剥蚀堆积山间平原主要分布于莱州市东南和昌邑市南部胶莱盆地边缘，剥蚀基面岩性以碎屑岩为主，表面有极薄堆积物，地面海拔 2～100 m，呈孤立残丘零星分布。

4. 堆积山间平原、滨海平原亚区（$Ⅲ_4$）

堆积山间平原位于昌邑市中东部胶莱盆地西北部，滨海平原位于莱州市北部山前莱州湾沿岸。平原为河流搬运堆积形成，堆积物自河谷上游至下游、自山前至滨海由薄变厚，一般厚 10～30 m，地面海拔 20～50 m。

第二节　地质概况

一、地层

研究区跨越了华北平原、鲁西和鲁东三个地层区。齐河—广饶断裂以北、昌邑—大店断裂以西为华北平原地层区，齐河—广饶断裂以南、昌邑—大店断裂以西为鲁西地层区，昌邑—大店断裂以东为鲁东地层区。

（一）华北平原地层区

华北平原地层分布于庆云、乐陵、无棣、沾化、滨城、东营、寿光、寒亭，以及昌邑北部区域。结晶基底前寒武纪为花岗片麻岩和片岩，古生界由灰岩、砂岩、泥岩组成，中生界由砂岩、泥岩组成。全区为第四系覆盖，以发育巨厚的新生界为特征。古近系为一套以泥岩、砂岩为主夹灰岩的含油沉积，厚度 4 000 多米；新近系主要为细砂岩、泥岩，厚度 1 000 多米。

（二）鲁东地层区

鲁东地层分布于昌邑市潍河东部和莱州市区域，除第四系覆盖区外，以莱州市西部古元古代粉子山群、昌邑市峠山荆山群沉积变质岩，以及昌邑市峡山水库东部中生代莱阳群和王氏群河湖相碎屑岩、青山群火山岩的出露为特征。昌邑市北部孤丘和南部低丘地带出露有古元古代粉子山群和荆山群，中生代莱阳群和王氏群河湖相碎屑岩、青山群；第四系由南向北主要有：黑土湖组、沂山组、潍坊组、旭口组出露，其次还有中部孤丘周围山前组、河谷地带的沂水组、南部的大埠组等。莱州市除西部有大面积的粉子山群出露外，北部沿海、山前冲洪积平原和中南部山间和河谷地带，均为第四系覆盖；第四系由丘陵山前向大海以山前组、沂山组、旭口组出露为主，其次还有山间大站组、河谷地带沂水组、沿海西部寒亭组和潍坊组等出露。

（三）鲁西地层区

鲁西地层主要分布于邹平县南部、潍河西部寒亭与昌邑南部交界处丘陵地段，以古生界发育和青山群八亩地组大面积的出露为主要特征。低山孤丘为中生界，低山孤丘边缘外围为第四系覆盖。邹平南部丘陵地段地层有：二叠纪石盒子组，三叠纪石千峰群、侏罗系淄博群，白垩系莱阳群城山后组和三台组、青山群八亩地组和方戈庄组，新近纪临朐群牛山组。潍河西部寒亭与昌邑南部交界处的丘陵地段地层有：白垩系青山群八亩地组、石前庄组和方戈庄组，王氏群红土崖组和胶州组，新近系临朐群牛山组。第四系主要为山前组、临沂组等。潍坊市北部有古生代寒武—奥陶纪地层隐伏。

二、地质构造

黄河三角洲高效生态经济区在大地构造上位于华北陆块中的华北断坳、鲁西及鲁东隆起，三级构造单元为济阳坳陷区、鲁中隆起区、沂沭断裂带、胶北隆起区，四、五级构造单元划分见表 2－2、图 2－2。

表 2－2　研究区大地构造单元划分表

Ⅰ	Ⅱ	Ⅲ	Ⅳ	Ⅴ
华北陆块	华北坳陷 Ⅰ	济阳坳陷 I_{a}	埕子口—宁津潜断隆 I_{a1}	埕子口潜凸 I_{a1}^{1}、无棣潜凸 I_{a1}^{2}、长官潜凹 I_{a1}^{3}、宁津潜凸 I_{a1}^{4}
			沾化—车镇潜断陷 I_{a2}	车镇潜凹 I_{a2}^{1}、刁口潜凸 I_{a2}^{2}、沾化潜凹 I_{a2}^{3}、义和庄潜凸 I_{a2}^{4}、孤岛潜凸 I_{a2}^{5}、青坨潜凸 I_{a2}^{6}
			惠民潜断陷 I_{a3}	临邑潜陷 I_{a3}^{1}、惠民潜凹 I_{a3}^{2}、高青潜凸 I_{a3}^{3}
			东营潜断陷 I_{a4}	东营潜凹 I_{a4}^{1}、广饶潜凸 I_{a4}^{2}、双河潜凸 I_{a4}^{3}、博兴潜凹 I_{a4}^{4}、牛头潜凹 I_{a4}^{5}、寿光凸起 I_{a4}^{6}
	鲁西隆起 Ⅱ	鲁中隆起 II_{a}	泰山—沂山断隆 II_{a1}	邹平—周村凹陷 II_{a1}^{2}
		沂沭断裂带 II_{c}	潍坊潜断陷 II_{c1}	寒亭凸起 II_{c1}^{1}、坊子凹陷 II_{c1}^{2}、马宋—荆山洼凸起 II_{c1}^{3}
	鲁东隆起 Ⅲ	胶北隆起区 III_{a}		胶北凸起 III_{a}^{1}、栖霞—马连庄凸起 III_{a}^{2}

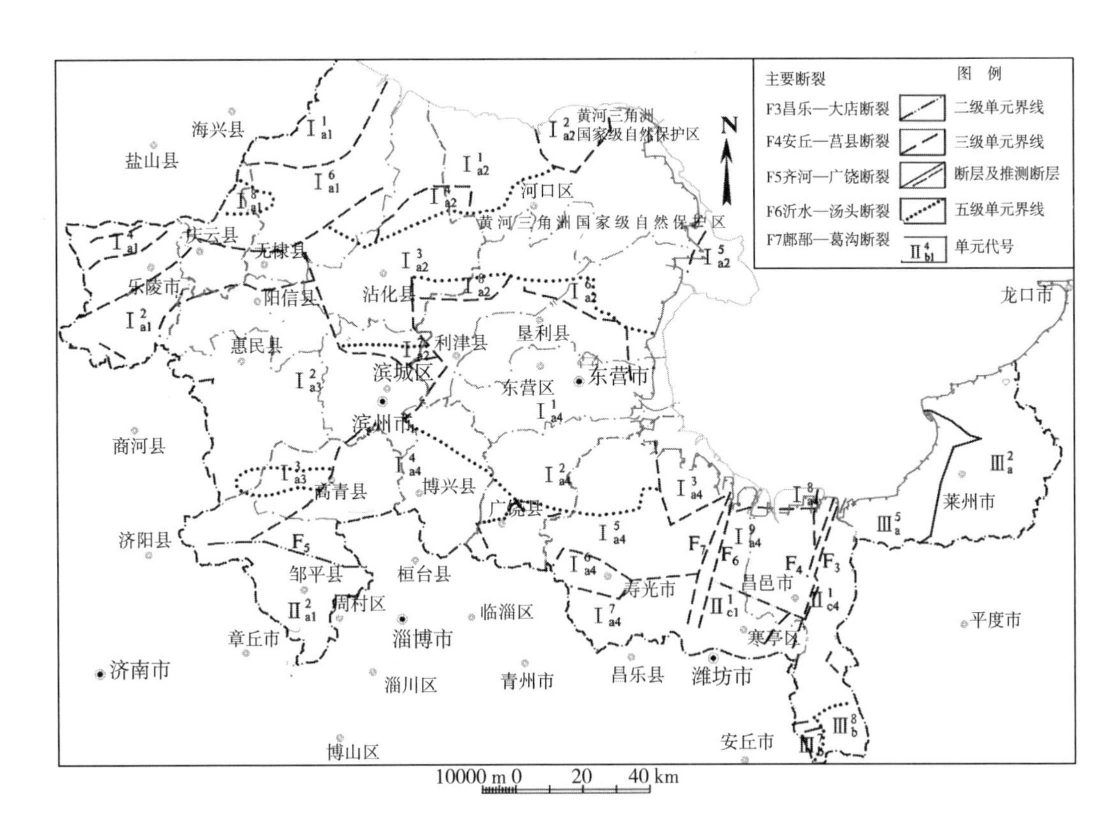

图 2－2　区域地质构造示意图

受新华夏构造体系影响，区内基岩断裂构造发育，活动强度大，断裂发育的主要方向为北北东、北东、近东西向，其次为北西向。其中规模较大的有沂沭断裂带和齐河—广饶断裂，是控制Ⅱ级构造单元的大断裂。

沂沭断裂带为郯庐断裂的山东区段，在山东南起郯城以南，北入渤海，大致沿沂河、沭河及潍河的水系方向展布，在山东境内长达 330 km，宽约 20 ~ 60 km，北宽南窄。断裂总体走向 10° ~ 25°，平均 17°左右。沂沭断裂带由四条主干断裂带及其所夹持的“二堑夹一垒”所组成，自东向西依次为昌邑—大店断裂、安丘—莒县断裂、沂水—汤头断裂、鄌郚—葛沟断裂，其中昌邑—大店断裂、鄌郚—葛沟断裂北段从本区穿过，昌邑—大店断裂也是鲁东与鲁西地质构造区的分界断裂。

三、岩浆岩

岩浆岩以大泽山元古代震旦—吕梁期侵入花岗岩体大面积分布为特征，零星出露于昌邑市中南部青山、青龙山、岞山，以及邹平南部丘陵等局部地段。

莱州市岩浆侵入岩有：太古代五台—阜平期辉长岩、闪长岩、花岗岩，主要出露于莱州市城区到夏邱之间高速两侧，零星出露于梁郭南部和驿道白云湖北部等地段；古元古代吕梁期辉长岩，零星出露于莱州市城区—程郭的南部局部地点；新元古代震旦期花岗岩，广泛分布于莱州市大泽山区；中生代印支期—燕山早期花岗闪长岩，零星出露于金城—朱桥东部、驿道东部、三十里铺南部等局部地段。

昌邑市岩浆侵入岩有:元古代吕梁期辉长岩,零星出露于峠山局部地段;新元古代震旦期花岗岩,零星出露于峠山、青龙山、青山局部地段。

邹平南部岩浆侵入岩有:中生代燕山晚期二长岩、辉长岩,侵入于中生代白垩纪地层中。

第三节 水文地质条件

一、地下水系统

大气降水、地表水、地下水构成了陆地水循环系统。地下水系统是陆地水循环系统的组成部分,它是在一定的边界条件下,由若干具有一定独立而又相互联系、相互影响的子系统或更次一级系统所组成。它的水动力场和水化学场等受到气象、水文、地质地貌和含水介质的影响和制约,形成了从补给到排泄的一个有机整体。依据含水层埋藏条件、含水介质类型、水化学类型等,将地下水系统(500 m 深度内)划分为浅层、中层和深层 3 个含水层系统。

(一)浅层地下含水层系统

浅层地下水含水层系统为开放型地下水系统,直接接受大气降水、灌溉回渗和河渠侧渗等垂直入渗补给,通过蒸发、人工开采等向外排泄。它与外部环境关系密切,环境条件的改变直接影响着系统功能的变化,且反应迅速。

浅层地下含水层系统覆盖全区,以松散岩类孔隙水类型为主,同时还包括了丘陵山区岩浆岩和变质岩类裂隙水,以及碳酸盐岩类裂隙—岩溶水。根据区域水文和水文地质特征,可划分为黄河地下水系统、鲁中南丘陵北坡诸河冲洪积平原地下水系统、胶东低山丘陵北坡地下水系统 3 个浅层地下水含水层系统,每个系统又由几个子系统组成,共划分为 12 个子系统(表 2－3、图 2－3)。

表 2－3 研究区浅层地下水系统划分一览表

地下水系统		地下水子系统		面积(km^2)
系统名称	代号	子系统名称	代号	
黄河地下水系统	Ⅰ	宁津—庆云古河道带地下水子系统	I_1	813
		怀仁—阳信古河道带地下水子系统	I_2	2 080
		商河—桑落树古河道带地下水子系统	I_3	1 114
		黑里寨—永安古河道带地下水子系统	I_4	1 027
		黄河冲积海积平原咸水子系统	I_5	10 570
		黄河现代影响带地下水系统	I_6	2 820

（续表）

地下水系统		地下水子系统		面积(km^2)
系统名称	代号	子系统名称	代号	
鲁中南丘陵北坡诸河冲洪积平原地下水系统	Ⅱ	鲁中南丘陵北坡冲洪积扇地下水子系统	$Ⅱ_1$	3 281
		羊角沟—虎头崖咸卤水子系统	$Ⅱ_2$	2 582
胶东低山丘陵北坡地下水系统	Ⅲ	王河—朱桥河流域地下水子系统	$Ⅲ_1$	836
		沙河流域地下水子系统	$Ⅲ_2$	708
		小沽河流域地下水子系统	$Ⅲ_3$	301
		土山咸卤水系统	$Ⅲ_4$	368

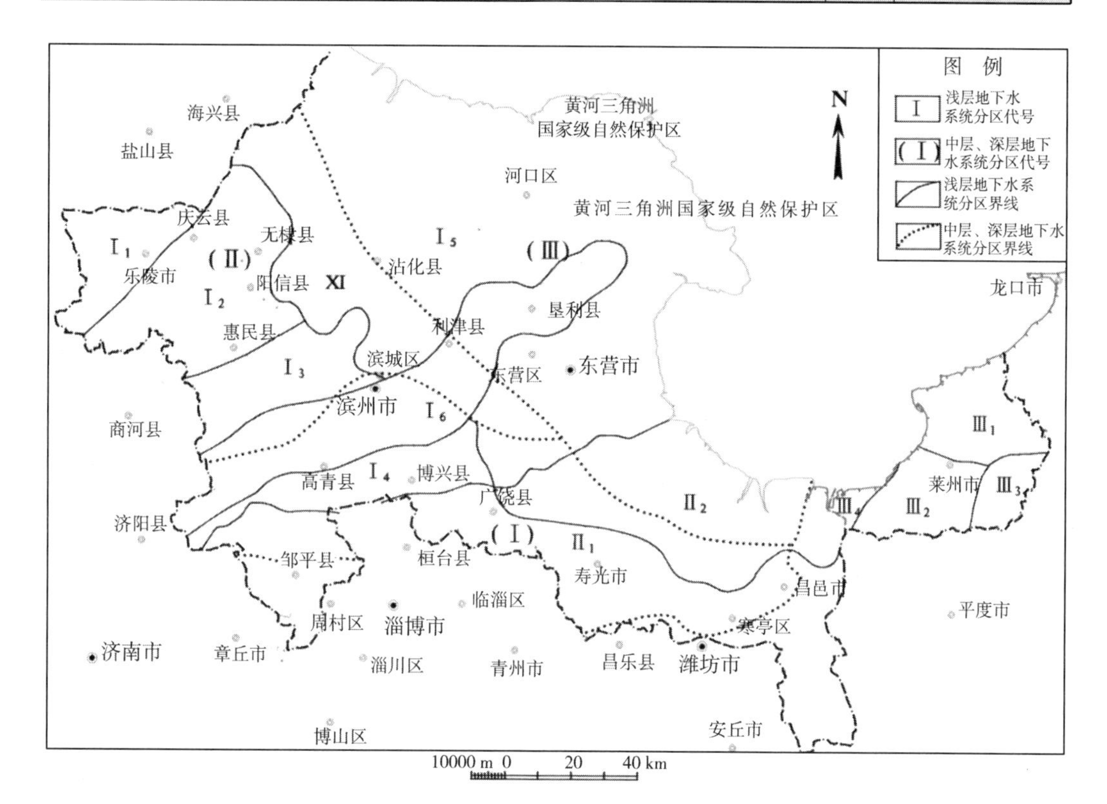

图 2－3　研究区地下水系统划分图

（二）中层咸水含水层系统

中层咸水含水层系统是指鲁北地区咸水含水层组，属半封闭型地下水系统，分布于除全淡区外的广大区域，研究程度低，基本未被开发利用。

（三）深层淡水含水层系统

深层地下淡水含水层系统包括了鲁北地区深层淡水含水层组和南部冲洪积扇区中深层淡水含水层组。属半封闭型地下水系统。开采条件下，以消耗不同形式的储变量为主，侧向径流与来自相邻含水层组的微弱越流补给为辅，人工开采成为唯一的消耗方式。

根据沉积物来源和成因类型，深层地下淡水含水层系统可划分为山前冲积洪积平原地下水系统、冲积湖积平原地下水系统和滨海海积冲积平原地下水系统。中深层含水层组底界面埋深190～220 m，对应于第四系中更新统和下更新统地层，它与下伏的含水层组之间一般发育有一层厚度大于20 m的黏性土隔水层。

二、地下水类型和富水性特征

（一）松散岩类孔隙水

1. 黄河冲海积平原浅层孔隙水

小清河以北为黄河冲积平原区，黄河冲积平原浅层孔隙水赋存于50～60 m深度范围内第四系松散岩类地层中。岩性以细砂与粉砂为主，在垂向上呈多层透镜体状，含水层间有多层黏质砂土、砂质黏土或黏土；水平方向上砂层受古河道控制，多呈带状分布。水质复杂，从淡水到卤水均有分布；地下水赋存条件、富水性和水质均相对较差。浅层淡水底界面埋深主要受古河流沉积环境控制，由古河道带向古河道间带埋深变小；按垂向水化学特征分为上淡下咸型、全咸型。浅层淡水砂层厚度受古河道带和咸淡水界面控制，砂层厚度大于5 m区大致呈北东向带状分布，顶板埋深15 m左右，底板埋深35 m左右。

鲁北平原古河道带呈南西—北东向条带状分布，是浅层地下水的重要富集带。在古河道主流带，主要为淡水，淡水底界面埋藏深，含水层颗粒较粗、厚度大，地下水赋存条件、富水性能，单井涌水量一般500～1 000 m^3/d。由古河道带向两侧至古河道间带，厚度急剧变薄，颗粒变细，地下水赋存条件和富水性相应变差，单井涌水量一般小于500 m^3/d。据大量钻孔揭露，在40～50 m深度内主要含水砂层可达3～5层，其中有一层分布较稳定的含水层，呈带状富集，其展布方向与地表水流方向一致，顶板埋深15 m左右，底板埋深35 m左右。

黄河北古河道带有两条：冠县—宁津古河道带（Ⅰ）和莘县—临邑古河道带（Ⅱ），本区位于古河道带的下游边缘。冠县—宁津古河道带在本区反映的是马颊河两岸附近的砂层富集带。莘县—临邑古河道带在下游的临邑分叉为两支，进入本区为淄角—桑落墅（$Ⅱ_1$）和大年陈—滨州砂层富集带（$Ⅱ_2$）。其次位于黄河南侧邹平—高青境内，还有魏桥—唐坊古河道带，其规模较小。

2. 鲁中南丘陵北坡诸河冲洪积平原浅层孔隙水

鲁北平原小清河以南冲洪积平原由多个扇缘交接的冲洪积扇群所组成，其前缘被海积物或黄河冲积物所掩埋。浅层淡水底界面埋深由南向北逐渐变浅；按垂向水化学特征分为全淡区、上淡下咸型、全咸型。南部冲洪积扇为全淡区，向北逐步过渡到咸水—卤水区。

冲洪积扇区地下水赋存条件、富水性和水质均较好。含水层颗粒粗、厚度大，并具有多层结构。在垂向上，呈现出自下而上含水层颗粒由粗变细的趋势，而在水平方向上则具有冲洪积扇的水文地质特征。主要含水层顶板埋深5～30 m，岩性在扇区为各类砂及砂砾石，在扇间扇缘地带则为粉细砂、粉砂及亚砂土夹姜石。总体上由扇轴部位向两侧颗粒变细，即由扇轴附近的砾质砂、中粗砂渐变为扇间地区的粉细砂。各主要冲洪积扇特征如下：

(1)淄河冲洪积扇浅层孔隙水

淄河冲洪积扇南起临淄，北与黄河冲积层交叠，西临孝妇河冲洪积扇，东与弥河冲洪积扇相接。该冲洪积扇主要含水层颗粒粗大、富水性强，进入本区为冲洪积扇向下游和前缘地带。冲洪积扇主流带分布于广饶县的南部，主要有三个大致南北向条带，即李鹊—石村、西营—稻庄、大王镇—南郭。含水层岩性以细砂、中细砂为主，局部有中粗砂和含砾粗砂，砂层顶板埋深 5 ~ 15 m，砂层厚度 10 ~ 20 m，水位埋深 10 ~ 20 m，单井涌水量大于 1 000 m^3/d。冲洪积扇主流间带大致呈南北向条带状展布，含水层岩性以细砂、中细砂为主，砂层顶板埋深 5 ~ 15 m，砂层厚度 5 ~ 10 m，单井涌水量 500 ~ 1 000 m^3/d。冲洪积扇前缘带主要分布于广饶县城北部附近，含水层岩性以细砂、粉细砂为主，累计厚度小于 5 m，顶板埋深 5 ~ 15 m。

(2)弥河冲洪积扇浅层孔隙水

弥河冲洪积扇自青州口埠镇进入工作区，向北至全淡水区边界与北部滨海海积平原相接，西部与淄河冲洪积扇迭交，东至寿光市稻田镇。主要含水层埋藏略深，上部 20 m 深度内有分布不稳定的粉砂层，深度 20 m 以下含水层颗粒变粗，多为细、中砂层，据部分边缘孔分析，大约在 40 m 以下可遇中粗砂或砂砾石。主要含水层岩性以粗砂夹砾石为主，向北及两侧渐变为含砾中细砂。砂层厚度 2.5 ~ 32 m，顶板埋深 5 ~ 40 m，冲洪积扇轴部王家—岳家铺一带富水性最强，单井涌水量大于3 000 m^3/d；向两侧富水性略减弱，单井涌水量 1 000 ~ 3 000 m^3/d，至冲洪积扇边缘地带一般小于 1 000 m^3/d。

(3)白浪河冲洪积扇浅层孔隙水

白浪河冲洪积扇位于潍坊市城区北部寒亭区境内，由潍坊市城区北部进入本区，向北与北部的滨海海积平原相接，西到高里镇，东至固堤镇。含水层岩性为粉砂、中粗砂夹砾石，厚度 6.5 ~ 30 m，顶板埋深 7 ~ 40 m。冲洪积扇轴部的则尔庄—安固一带富水性最强，单井涌水量大于 2 000 m^3/d，向两侧富水性略减弱，单井涌水量1 000 ~ 2 000 m^3/d，至冲洪积扇边缘地带变小，一般小于 1000 m^3/d。

(4)潍河冲洪积扇浅层孔隙水

该冲洪积扇位于 309 国道以北寒亭—昌邑境内，向北与北部的滨海海积平原相接，西到双台，东至围子镇。含水层相互叠置，岩性以中细砂、粗砂夹砾石为主。朱里以东含水层单一，颗粒粗，一般为砂砾石层；至下游围子东冢有两个或两个以上含水层。上部含水层为中粗砂和粗砂夹砾石，顶板埋深 8 ~ 20 m，厚度 6 ~ 13 m；下部含水层岩性为细砂或中粗砂，顶板埋深 22 ~ 35 m，厚度 6 ~ 11 m。含水层富水性较好，单井涌水量冲洪积扇轴部地带大于 3 000 m^3/d，向两侧富水性略减弱，单井涌水量 1 000 ~ 3 000 m^3/d，至冲洪积扇边缘地带变小，一般小于 1 000 m^3/d。

3. 胶东低山丘陵北坡冲洪积扇浅层孔隙水

胶东低山丘陵北坡地下水系统孔隙水主要分布在王河—朱桥河流域和沙河流域下游

冲洪积扇平原。该区冲洪积扇中上部为全淡区，浅层孔隙水水质较好，但埋藏较浅（一般小于40 m）、厚度较小（一般小于5 m），由山前向海边水质由优质淡水变化到咸卤水。

（1）王河—朱桥河流域地下水子系统孔隙水

王河流域中下游堆积物厚度10 m左右，含水层顶板埋深7 m左右，厚3.5 m左右，富水性中等，单井涌水量500 ~1 000 m^3/d。下游地段为山前平原，堆积物厚度13.5 ~25 m，有两个含水层，上层为细砂，顶板埋深6 ~10 m，厚3 m左右；下层岩性为粗砂或砂砾石，顶板埋深13 ~21 m，厚3 m左右。富水性中等，单井涌水量500 ~1 000 m^3/d。

朱桥河河流上游河谷堆积物不发育，谷地较窄，朱桥以南，堆积物厚9 m左右，含水层为粗砂，顶板埋深4 m左右，厚度不足5 m，富水性较弱，单井涌水量小于500 m^3/d。朱桥以北，堆积物厚9 ~15 m；谷地中心部位含水层为砂砾石层，顶板埋深2 ~8 m，厚5 ~12 m，富水性较强，单井涌水量1 000 ~3 000 m^3/d；谷地边缘含水层为粗砂，顶板埋深5 ~8 m，厚2 ~4 m，富水性中等，单井涌水量500 ~1 000 m^3/d。朱桥镇、朱宋、北石家向西北扩展为山前平原，堆积物厚度10 ~20 m；中心部位含水层为砂砾石，顶板埋深6 ~10 m，厚度大于6 m，单井涌水量1 000 ~3 000 m^3/d；边缘部位含水层为中、粗砂，顶板埋深7 ~10 m，厚2 ~4 m，富水性中等，单井涌水量500 ~1 000 m^3/d。

（2）沙河流域地下水子系统孔隙水

丁家以东上游河段河谷含水层不发育，富水性弱，单井涌水量小于500 m^3/d。朱旺至丁家之间的主河谷，堆积物厚10 ~12 m；含水层为粗砂或砂砾石，顶板埋深0.5 ~6.5 m，厚3 m左右，富水性中等，单井涌水量500 ~1 000 m^3/d。沙河、土山、院上一带河谷中心部位，含水层顶板埋深3.5 ~7 m，厚5 m左右，富水性较强，单井涌水量1 000 ~3 000 m^3/d。

4. 鲁北平原中深层与深层孔隙水

中深层含水层组顶板埋深在50 ~60 m，底板埋深150 ~200 m，它与上覆浅层含水层间多发育一层分布较稳定的厚度10 ~20 m的黏性土隔水层。受古沉积环境的影响，中深层地下淡水分布于鲁北平原南部的临淄敬仲镇—潍坊一线以北、码头—焦桥—唐坊—丁庄—稻田—昌邑一线以南；含水层厚度受古淄河、弥河冲洪积扇控制，以广饶一带厚度最大（60 ~80 m）。

深层全淡水区分布于邹平—博兴—广饶—昌邑一线以南地区，由南往北、由西往东深层淡水埋深逐渐增大，在利津—东营—昌邑一线以东地区深层淡水埋深大于500 m。深层淡水砂层厚度以广饶—滨州等地带最大，在60 m以上（图2 -4）。

中深层、深层淡水含水层组富水性差别较大，广饶一带富水性较强，单井涌水量1 000 ~2 000 m^3/d；滨州—乐陵一带富水性较弱，单井涌水量500 ~1 000 m^3/d。其他区域的外围富水性差，单井涌水量100 ~500 m^3/d。

（二）碳酸盐岩类裂隙—岩溶水

本区碳酸盐岩类地层主要为大理岩夹片岩、石灰岩。除局部裸露外，大部分为片岩、板岩覆盖，地下水为浅埋藏的承压水和潜水。岩溶裂隙水含水层巨屯组石墨大理岩、张格庄组白云石大理岩，地处准平原或隐伏于河谷冲洪层下，补给较充足，富水性较强，单井涌水量大于 1 000 m^3/d。莱州市南部等地，岩溶裂隙水含水层皆为巨屯组石墨大理岩、张格庄组白云石大理岩，地处准平原，有河溪流经其间，其岩溶较发育，补给亦较充足，富水性中等，单井涌水量 500～1 000 m^3/d。

（三）岩浆岩类裂隙水

岩浆岩裂隙水主要为块状岩类裂隙水，主要分布于莱州东南部。各类侵入岩具构造裂隙及风化裂隙，由于岩石细密坚硬，完整性好，抗风化能力强，裂隙狭小且发育不深，风化带厚度一般在 20 m 以内，地下水主要为潜水，富水性较弱，单井涌水量小于 100 m^3/d，仅在岩脉、断裂附近单井涌水量可大于 100 m^3/d。

（四）变质岩类裂隙水

变质岩类裂隙水含水层岩性为胶东群变粒岩、角闪岩、片岩、片麻岩、石英岩等，主要分布于莱州市西南部、昌邑市南部等地，各类变质岩片理、片麻理发育，风化强烈，风化带厚度 30～50 m，裂隙稠密、均匀，形成连续的储水空间。含水层裸露或覆盖较薄，地下水主要以潜水形式贮存于浅部风化及构造裂隙中，由于裂隙细微，富水性较弱，单井涌水量小于 100 m^3/d。

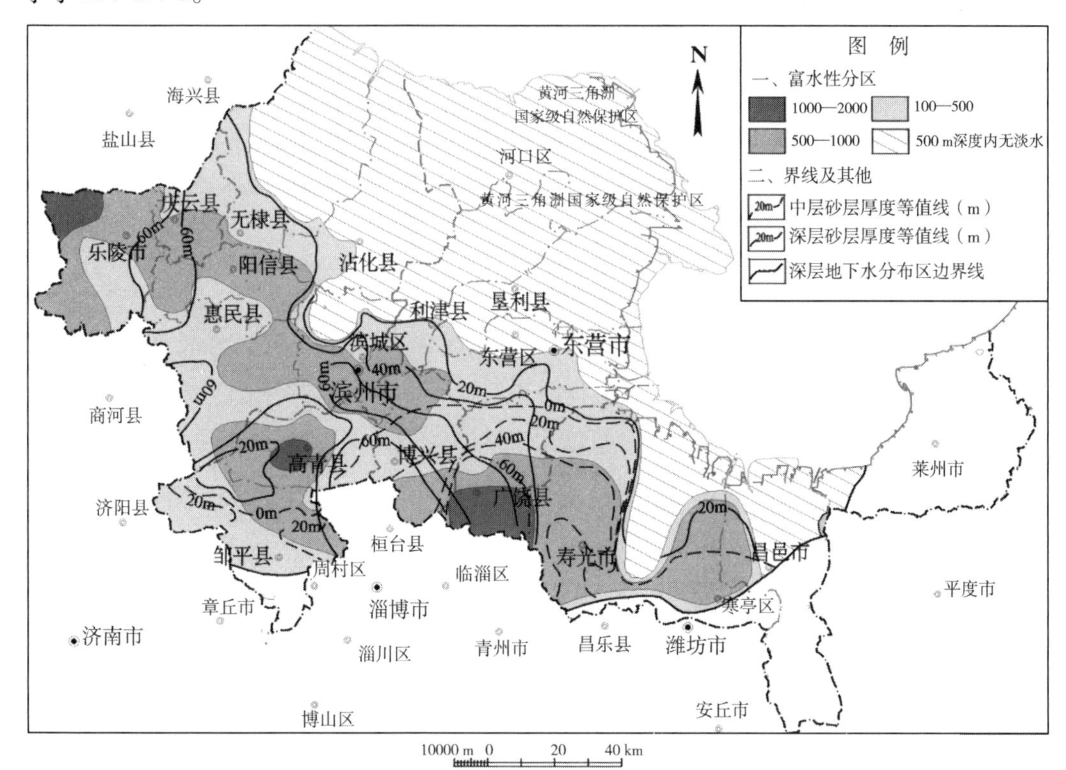

图 2－4 研究区深层地下水文地质略图

第四节 工程地质条件

一、地震

华北平原地震区是我国主要的地震活动区之一，黄河三角洲位于华北平原地震区，紧邻河北平原地震带、燕山渤海地震带，郯庐地震带从工作区中东部穿过。

1. 历史地震分析

有史以来工作区发生过 4.75 级以上地震 10 余次，说明本区新构造运动较为活跃。区域强震等震线长轴优势方向为北北东、北东和北西西向。说明在现代构造应力场作用下，北东、北北东向断裂是主控发震构造，北西西向断裂则是重要的发震构造。区内地震活动多发生在郯庐地震带、燕山渤海地震带（渤海海域），以及深大断裂带所牵制的构造交汇、叠加及复合部位（如益都断裂与齐河—广饶断裂的交汇地段）。

地震活动频度和强度随时间分布是不均匀的。主要表现在地震活动具有高潮期（活跃期）和平静期间布的周期性特征。据统计，华北地震区自公元 1 000 年至今，地震活动大体经历了 3 个活跃期和 3 个相对平静期。16 世纪以来，华北地震区地震活动逐渐增强。20 世纪是地震活动的高潮期。18 世纪和 19 世纪地震活动相对较弱，为地震活动的低潮期；近几年来地震活动仍处在 20 世纪以来的地震活跃期内。根据周期统计分析，区内大地震积累过程大约要 300 年时间，而大地震能量的衰减过程长达几十年时间，从活动时间序列特征而言，具有阶段性和周期性。

2. 地震动参数特征

根据中国地震动参数区划图（图 2 -5），研究区沂沭断裂带、黄河三角洲东北端，地震动峰值加速度最大为 0.15 g，地震反应谱特征周期为 0.40 s；工作区西部，即邹平—高青—滨州—沾化一线以西，地震动峰值加速度为 0.05 g，地震动反应谱特征周期为 0.45 s；工作区中部及鲁东地区，地震动峰值加速度为 0.10 g，地震动反应谱特征周期多为 0.45 s，局部地段为 0.40 s。

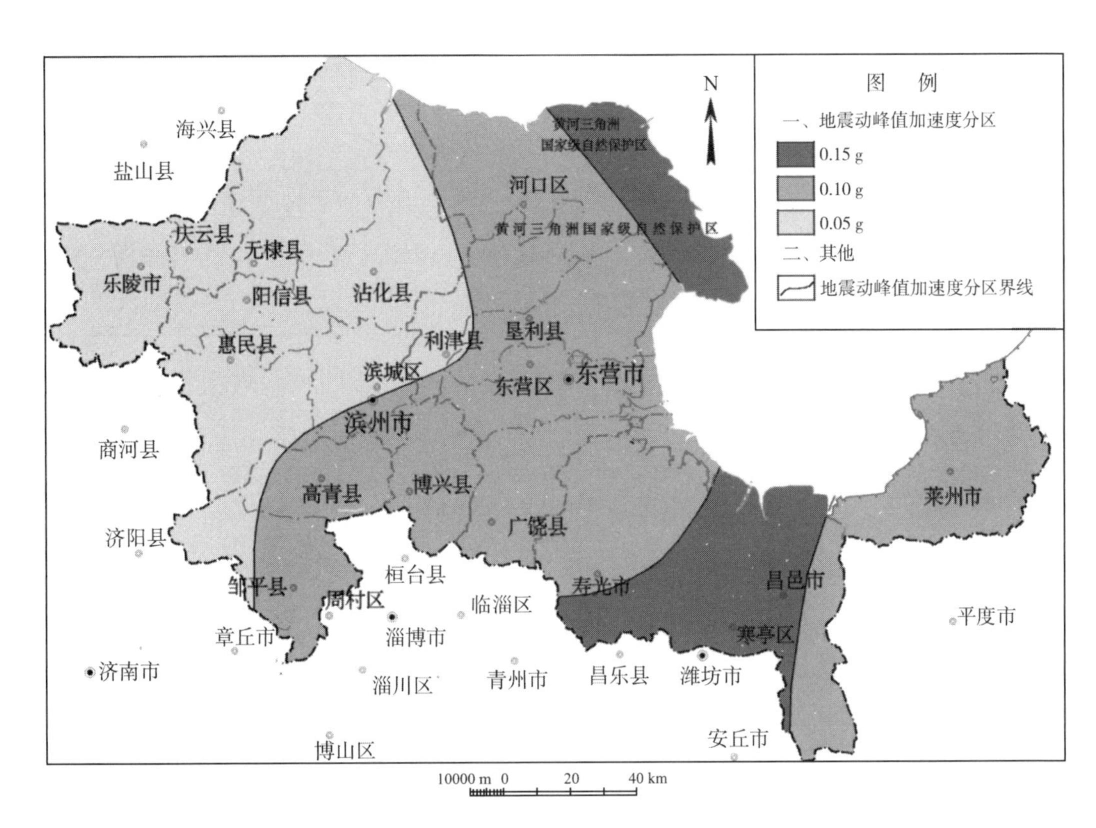

图 2 –5 研究区地震动峰值加速度区划图

二、工程地质分区

按不同的地貌单元区内的岩土体工程地质特征可分为三个工程地质区(图 2 –6)。

(一)低山丘陵工程地质亚区(Ⅰ)

1. 邹平中低山丘陵稳定工程地质亚区($Ⅰ_1$)

邹平中低山丘陵稳定工程地质亚区位于邹平县南部,区内有活动断裂,地震烈度 6 ~ 7 度。以古生代青山群和白垩纪莱阳群火山岩,侏罗纪淄博群碎屑岩大面积的出露为主要特征,岩石坚硬,块状,厚层或似层状,柱状节理发育,力学强度高,极限干抗强度 100 ~ 140 MPa。第四纪冲洪积、坡积物发育面,土层多具单层结构。

2. 昌邑低山丘陵稳定—较不稳定工程地质亚区($Ⅰ_2$)

昌邑低山丘陵稳定—较不稳定工程地质亚区位于昌邑市南部,以元古代荆山群沉积变质岩、中生代莱阳群和王氏群河湖相碎屑岩、青山群火山岩的出露为特征。区内东西向断裂发育,地震烈度 7 ~8 度,元古代荆山群沉积变质岩,岩石坚硬致密,力学强度高,片岩软弱夹层强度低,岩石易风化,风化带厚度 30 ~40 m,坚硬沉积变质岩极限干抗强度 160 ~180 MPa,岩石饱和极限抗压强度 120 ~140 MPa。青山群火山岩系,岩石坚硬,柱状节理发育,工程地质性质良好,风化层厚度20 ~30 m,极限干抗强度 100 ~140 MPa。

3. 莱州低山丘陵稳定—较不稳定工程地质亚区($Ⅰ_3$)

莱州低山丘陵稳定—较不稳定工程地质亚区位于莱州市,活动断裂发育,断裂破碎带较多见，地震烈度7度。地层以大面积分布的大泽山元古代震旦—吕梁期侵入花岗岩体为特征，在莱州市西部还有古元古代粉子山群沉积变质岩系出露。侵入岩体岩石裂隙不发育，整体性好，坚硬致密，力学强度高，透水性弱，适宜兴建水工建筑，工程性质良好；风化带厚度低山区小于3 m，丘陵及准平原区20～30 m。岩体极限干抗强度130～170 MPa，岩石饱和极限抗压强度90～130 MPa。古元古代粉子山群沉积变质岩系，岩石坚硬，力学强度高，浅部裂隙较发育，极限干抗强度50～130 MPa。

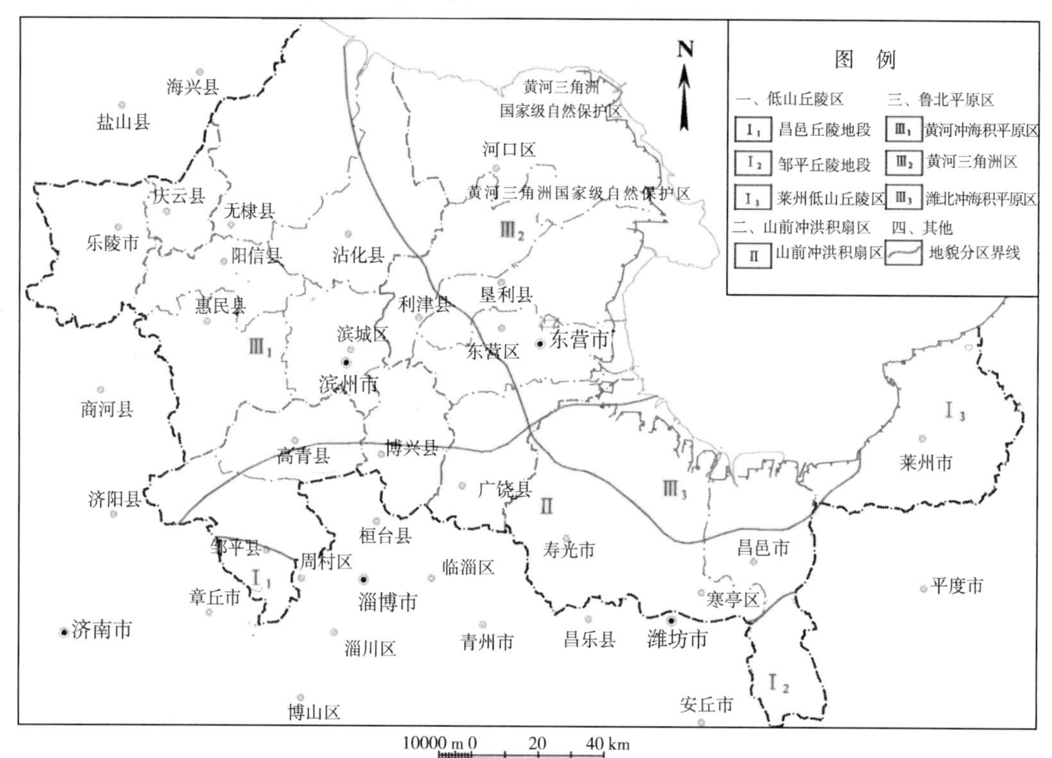

图2－6 研究区工程地质分区图

（二）山前冲积洪平原工程地质亚区（Ⅱ）

山前冲积洪平原工程地质亚区位于鲁南山前平原，地震烈度6～8度，该区地面下25 m为淄河、弥河、白浪河、潍河等流域第四系全新统冲洪积物。冲洪积层以上部黏性土的双层、多层结构为主及黏性土单层结构为主，少见淤泥质土。上部黏性土为粉土、粉质黏土、黏土，中等压缩；下部土为中粗砂、细砂、砂砾石，紧密状态，承载力140～250 kPa。土层物理力学性质较好，承载力较高，地基稳定性好。但处于沂沭断裂活动带，地壳稳定性较差。人类工程活动强，分布有广饶、寿光、潍坊、寒亭、昌邑等重点城镇区，地下水开发利用程度高，区域地下水位大幅度持续下降，早已产生了区域性广饶—寿光—昌邑浅层地下水降落漏斗。

（三）鲁北平原工程地质区（Ⅲ）

1. 黄河冲海积平原稳定工程地质亚区（$Ⅲ_1$）

黄河冲海积平原稳定工程地质亚区位于无棣—沾化—东营西城区一线西部，地域辽阔平坦，地势由西南向东北、由黄河向两侧微倾，由于黄河频繁改道，多见高、陡、洼相间的地貌景观。隐伏构造较发育，无五级以上地震活动，地震烈度6度，地形形变沉降速率2～3 mm/a，新构造运动较弱，地壳较稳定，人类活动较强，有滨州、博兴等地石油、天然气开采和滨州—博兴深层地下水降落漏斗引发的地面沉降等地质灾害。土体以黄河冲积物为主，为多层结构的砂性土、粉土、黏性土，有淤泥类土、盐渍土及液化砂土层分布，土体承载力100～250 kPa，地下水埋深2～3 m，地基较稳定。

2. 黄河三角洲稳定—较不稳定工程地质亚区（$Ⅲ_2$）

地震烈度7～8度，渤海有7级以上地震活动，东部昌邑北部有活动性断裂构造发育，地面形变沉降速率3～5 mm/a。人类工程活动强，有石油、天然气、卤水等的开采引起的地面沉降地质灾害。

古黄河三角洲地面下25 mm沉积物为第四系全新统冲积、海积、湖沼相沉积，上部多为土黄色—褐黄色粉土、粉质黏土，古河道带有粉砂分布，中部为粉质黏土—粉土互层夹灰黑色淤泥质粉质黏土，局部有粉砂分布，下部以土黄色粉土、粉砂为主。现代黄河三角洲地面下25 m的沉积物为第四系全新统冲积、海积层，上部多为土黄—灰黄色粉土、粉质黏土，中部为灰黑色粉质黏土或淤泥质土，下部多为浅灰色粉砂。土层的物理力学性质在水平和垂直上均有较大的变化，软土分布面积较大，盐渍土呈片状分布，为弱—中等盐渍土。

3. 潍北冲海积平原较不稳定工程地质亚区（$Ⅲ_3$）

潍北冲海积平原较不稳定工程地质亚区位于沂沭断裂带北端，地震烈度7～8度，区内主要为第四系冲海积层。冲海积层以上层砂性土多层结构为主，部分为上层黏性土双层结构。区内有盐渍土和淤泥类土分布，土体承载力80～150 kPa。人类工程活动强，有石油、天然气、卤水等开采，特别是黄河三角洲高效生态经济开发区95%以上的卤水开采集中于该区。

第五节　主要环境地质问题

黄河三角洲地区地质背景条件复杂，成陆时间较短，地质环境比较脆弱，以往调查成果表明，直接影响区内社会经济可持续发展的重大地质环境问题主要有崩塌、滑坡、泥石流、海岸带变迁、海（咸）水入侵、区域地下水降落漏斗、地面沉降、水土污染和土壤盐渍化等。

一、采空塌陷

采空塌陷主要分布在莱州市境内。由于开采历史悠久、浅部采空区分布广、情况复杂，特别是20世纪七八十年代至20世纪90年代初期形成的采空区，规模较大，不明空区较多，且受现代采矿震动等因素的影响，岩体变形日益向表层发展，随着时间推移，岩石自重与地面加荷之和将逐渐超过岩石力学强度，随即发生采空塌陷地质灾害，主要分布在莱州市优游山—粉子山、东北部金矿开采区等矿区。

二、崩塌、滑坡、泥石流

崩塌、滑坡、泥石流主要分布在莱州市境内，主要为岩质崩塌，根据其成因不同又分为自然岩质崩塌和人工岩质崩塌两类。自然岩质崩塌主要是由于山体顶部或山坡处硬质岩石长期风化破碎，在重力、暴雨等各种内、外力作用下坠落而成；人工岩质崩塌主要是由于人类采石或修路等工程活动，不合理的开挖山体造成边坡临空面过大，甚至出现上凸下凹的坡形，坡体卸荷裂隙发育，岩石破碎，在暴雨或重力作用下坠落产生崩塌。崩塌点分布标高范围一般在100～400 m，原生岩质崩塌多位于标高大于300 m的山区，人工岩质崩塌多分布于各县(市、区)的建材采场范围内，标高一般在300 m以下。另外，随着修路、开挖地基等工程活动强度的增强，城建区、公路等处不稳定边坡的崩塌隐患也日益突出。

莱州市的滑坡主要为岩质滑坡，区内露天开采的矿区比较多，沿线上发现的矿区无论是在采还是停采的，大部分都未进行恢复治理，杂石碎石沿山而堆积，为滑坡提供了条件。通过对附近居民的走访，发现于1953年6月19日在莱州市东部的驿道镇初家村荒山发生过自然岩质滑坡，其他的滑坡主要是发生在露天的开采区。

区内泥石流以沟谷型为主，由于出露的古元古代岩浆岩经受了多期变质作用，表面风化较为强烈，沟谷植被发育，在矿山活动强度低的山区物质来源主要为崩滑岩体和山坡田间垒石，泥石流类型主要为水石流。

三、海岸带变迁

黄河三角洲是当今我国乃至世界各大河三角洲中海陆变迁最活跃的地区，特别是黄河口地区造陆速率之快，尾闾迁徙之频繁，更为世所少见。但在淤进造陆的同时，三角洲也受到海洋动力的侵蚀作用，而且这种侵蚀作用是一种大范围的整体行为。正是由于河流与海洋这两种动力的强烈作用，黄河三角洲的海岸线迅速地发生着淤进蚀退交替的演变过程。

黄河三角洲的海岸线演变取决于黄河流路的位置及海洋动力输沙作用。一般而言，在流路行水年限内河口的海岸线总的是逐年向外延伸，而在流路改道后，原来流路的河口则发生蚀退。在同一流路不同时期的河口海岸线，当来沙量大时淤积，而当来沙量大量减少时在局部时段内发生蚀退。

海洋动力综合的输沙能力可对黄河口沙嘴产生强烈的侵蚀和搬运作用，黄河口在汛期由于来沙多，出现强烈的堆积期，而在非汛期，由于径流量少，海洋动力作用相对强烈，出现侵蚀的动力特征。

根据遥感影像数据统计(表2-4)，在不含岛屿海岸线的情况下，黄河三角洲高效生态经济区1980—2011年海岸线长度逐年增加，2011年与1985年相比，以蚀退为主，人工海岸增加较快，由1980年的0 km增加到166.7 km。理论上，随着人类活动对自然岸线裁弯取直和人工改造，海岸线变短应是十分迅速的，但是本次研究统计结果并非如此，海岸线长度增长比较迅速，原因是人类活动虽使海岸线形态趋于平直，如原来曲折的海岸线被平直的海堤、坝、虾池、盐田等人工岸线取代，但也会形成新的人工岸线，如不规律的滩涂围垦和填海造地会使海岸线向海延伸，尤其在淤泥质海岸和砂质海岸，会明显增加岸线长度。

表 2-4 研究区海岸线长度统计表

年份	海岸线长度(km)	蚀退岸(km)	淤长岸(km)	稳定岸(km)	人工岸(km)
1980	623.03	—	—	623.03	0.00
1985	648.47	145.60	220.42	282.45	0.00
1990	761.38	162.30	295.07	272.48	31.53
1995	743.56	337.24	92.18	279.67	34.47
2000	774.10	414.00	47.66	276.97	35.47
2005	745.77	95.43	430.92	124.39	95.03
2011	928.30	345.21	76.47	339.92	166.70

四、海(咸)水入侵

(一)海(咸)水入侵历史和现状分布

区内海(咸)水入侵始于20世纪70年代末农田灌溉浅层地下水开采。1976年，在工作区内的寿光、寒亭、莱州等地地下水动态长期监测井中首先发现水质变咸、Cl^-浓度增高等海(咸)水入侵现象，当时仅为几处孤立的点状入侵，整个20世纪70年代末至20世纪80年代初，工作区的海(咸)水入侵也只发生在个别点上，发展比较缓慢，入侵面积小。20世纪80年代中后期，由于降水量的减少及开采量的增加，海(咸)水入侵速度加快，入侵面积迅速扩大，整个莱州湾东、南沿岸连为一片，东营、潍坊、莱州和滨州等地都存在海(咸)水入侵。20世纪90年代以来，海(咸)水入侵速度有所减缓，局部地段有减弱趋势，在寿光—留吕地带，海(咸)水入侵区范围基本无大变化。

现状阶段咸淡水界面线位于广饶县石村—稻田—寿光抬头—昌邑双台—柳疃—夏店—莱州一线，海(咸)水入侵扩展总面积达650 km^2，根据不同岸段海岸环境差异和入侵物源的不同，分为沙河河口—邑北部潍河河口平原海咸水混合入侵区和寒亭广饶平原地下咸水入侵区、土山东海水入侵区3种类型区。

1. 沙河河口—昌邑北部潍河河口平原海(咸)水混合入侵区

该区处于莱州市土山至昌邑县柳疃之间的岸段，为莱州湾滨海平原海岸，滨海低地区较宽广，第四系沉积层厚度大，分布有大面积的高矿化度地下咸水和卤水埋藏体；又有胶莱河和潍河两条较大的入海河流，河口区较宽、长，海水倒灌区影响范围向内陆达20 km左右。本岸段在河谷两侧形成以海水入侵为主的大面积侵染区，远离河谷的地区则为以地下咸水入侵为主的侵染区，海(咸)水入侵范围同时受现代海水和地下咸水的影响。1980年潍河附近咸淡水分界线，顺潍河河道向内陆明显伸出。2012年入侵锋线位于昌邑的柳疃南—夏店北—仓街镇和莱州灰埠镇—珍珠西，1983—2013年入侵面积128 km^2，年入侵速率4.3 km^2/a。

2. 寒亭广饶平原地下咸水入侵区

该区为滨海平原海岸，低地平原宽阔，第四系沉积层厚度在200 m以上，其中赋存有厚

60～100 m以上的地下咸水及卤水体,形成宽 30 km 以上的地下咸水、卤水区带,分布于滨海地带。本岸段无较大入海河流,狭窄河口区的海水倒灌影响区很小,特大风暴增水也难以将海水跨越地下咸水带推进到内陆淡水区;海水入侵物源几乎全部来自埋藏古海水一地下咸水及卤水层,成为典型地下咸水入侵类型区,海(咸)水入侵范围基本呈平行于咸水分布界线发展。2012 年入侵锋线位于博兴的寨郝—广饶的石村—稻庄镇、寿光的彭家道口—抬头镇—广陵—五台乡—双台北一线,1983—2013 年入侵面积452 km^2,年入侵速率 15.1 km^2/a。

3. 土山东海水入侵区

2012 年海水入侵锋线位于虎头崖—莱州市—平里店—西由东一线,1983—2013 年入侵面积 70 km^2,年入侵速率 2.3 km^2/a。

(二)海(咸)水入侵与资源开发的关系

1. 淡水资源超量开采

在 20 世纪 70 年代中期以前,研究区地下水系统的输入主要为天然输入。其中大气降水与河流入渗呈现季节性脉冲式补给。地下水系统处于动态平衡状态。自 20 世纪 70 年代后期以来,随着经济建设发展速度加快,工农业和生活用水开采量迅速增加,使系统输入成为天然和人为混合输入,地下水系统成为复合系统。特别是进入 20 世纪 80 年代中期到 20 世纪 90 年代,降水量偏少,地下水超采严重,据 1983—1992 年的统计资料,大气降水入渗补给量为 15 323 万 m^3/a,河流入渗量为 152 万 m^3/a,南部基岩侧向补给量为 996 万 m^3/a,灌溉回渗量为1 076 万 m^3/a。淡水开采量为 20 761 万 m^3/a,卤水开采量为 880 万 m^3/a。原有的动态平衡被破坏,即地下水系统中淡水子系统处于负均衡状态。这时地下淡水水位下降,并低于咸水系统水位,在水动力和水化学动力作用下,咸水以对流、扩散一弥散等方式侵染淡水,以达到新的动态系统平衡。

2. 卤水开发和海水养殖

卤水开发(盐田)和海水养殖(虾池)在沿海地带形成陆地海洋,不断向内陆方向推进,已接近浅(表)层淡水地区,在潍河一带已经接触到淡水。盐田和虾池在生产季节蓄水水位为地表水位,明显高于地下水位,虽然有防渗层相隔,但在水位差长时间作用下,卤、海水仍有大量渗入,对地下水咸水(或淡水)产生补给,无疑对浅(表)层淡水有咸化作用。靠近“陆地海洋”一带的农作物近几年明显减产,土壤土质降低可说明这一问题。

五、地下水降落漏斗

本区黄河以北抽取地下水较少,工农业用客水,而黄河以南,除靠近黄河的地段主要利用黄河水外,大部分则抽取地下水。随着工农业生产的迅速发展,人们对地下水的开采量越来越大,在地下水集中开采区长期处于开采量大于补给量的超采状态,导致地下水水位持续下降,形成区域性地下水开采漏斗。

地下水漏斗的形成改变了地下水的天然流场,随着降落漏斗的发展,不仅会造成井吊泵,而且会直接导致北部咸水入侵及地面沉降等地质环境问题的产生。

区内地下水降落漏斗根据含水层的埋藏条件可分为浅层地下水降落漏斗和深层地下

水降落漏斗(图 2 -7)。

(一)浅层地下水漏斗

鲁北平原区浅层地下水质量较差,咸水广布。北部地区浅层地下水开采量小,仅局部富水地段存在较小的开采漏斗。由于该区的浅层地下水长期处于强超采状态,形成浅层地下水降落漏斗并不断加深加大,工作区内漏斗圈定的面积(按 0 m 等水位线圈定)约为 1 729 km^2。

浅层地下水降落漏斗沿调查区南部边界,呈串珠状集中分布在淄河、弥河、白浪河、潍河冲洪积扇中下游地区。从规模上,以西部广饶—寿光漏斗最大,昌邑漏斗次之,寒亭漏斗最差。从形成时间上,以寒亭漏斗最早,广饶次之,依次为寒亭、广饶、留吕、牛头、昌邑、寿光城西。1990 年以前,广饶、寿光牛头、留吕业已形成统一的区域性降落漏斗,寿光城西形成漏斗后也迅速与业已存在的广饶—寿光漏斗成为统一的漏斗整体;整个广饶—寿光漏斗经历了 1985 年前的形成、1985—1990 年的快速发展、1990—1995 年的发展减缓、1995—2005 年的相对稳定阶段、2005 年后的新的发展时期,并逐渐向南移动发展。寒亭漏斗东南部为基岩浅埋区,东西两侧又有昌邑、留吕漏斗,潍城发展的结果逐渐减少了地下开采,使漏斗现状条件下逐渐萎缩减小。昌邑漏斗形成晚于广饶—寿光漏斗,发展规律基本相同,只是漏斗规模和发展速率较小,近几年来明显处于相对稳定阶段(表 2 -5)。

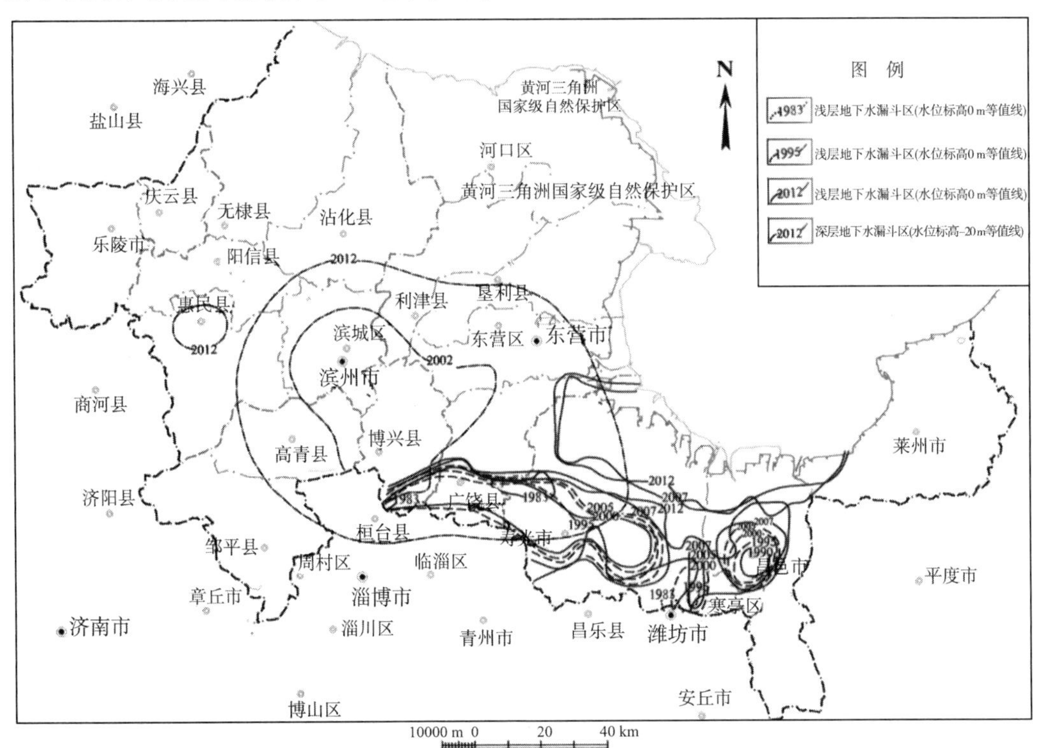

图 2 -7　研究区地下水降落漏斗分布图

表 2-5 研究区浅层地下水降落漏斗形成及发展变化统计表

漏斗名称	项目		1985 年	1990 年	1995 年	2000 年	2005 年	2012 年
广饶—寿光	广饶	面积（km²）	170	220	370	390	437	1358
	牛头镇（化龙）		160	590	630	395	530	
	寿光城		280					
	留吕					261	300	
寒亭	寒亭		280	50	40	48	38	58
昌邑	昌邑		44	93	92	249	240	313
广饶—寿光	广饶	中心埋深（m）	12.73	21.13	29.04	27.18	27.96	35
	牛头镇（化龙）		8.29	15.30	27.45	28.30	26.21	26.90
	寿光城		3	23.50	31.98	33	35.10	38
	留吕		15.38	21.47	25.60	35	28.60	33.80
寒亭	寒亭		36.20	48.20	52.80	53.86	27.33	23.90
昌邑	昌邑		8.60	17.69	17.75	23.50	24.10	25.40
广饶—寿光	广饶	下降速率（m/a）	0.95	1.68	1.58	-0.37	0.16	0.42
	牛头镇（化龙）		2.39	1.40	2.43	-0.28	0.47	-0.70
	寿光城			4.10	1.70	0.20	0.42	0.04
	留吕		4.18	1.22	0.83	1.88	-1.28	0.42
寒亭	寒亭		4.44	2.40	0.92	0.21	-2.31	0.34
昌邑	昌邑		0.06	1.82	0.01	1.15	0.12	0.48

1. 广饶—寿光漏斗

广饶—寿光降落漏斗呈一长条带状近于东西向分布，位于博兴店子—广饶石村—稻庄—寿光—留吕一带，东到白浪河，南到广饶县、寿光市界，范围包括广饶、寿光南部，以及博兴东南部的部分地段，境内面积 1 328 km²。漏斗中心区域主要沿南部边界地带发育，自西向东分布有博兴店子、广饶李鹊、广饶稻庄、寿光牛头镇、寿光城西、留吕等五个漏斗中心，水位埋深超过 20 m，面积达 1 789 km²；其中以广饶李鹊—寿光城西水位埋深最大，形成漏斗中心带，其最大水位埋深 68.2 m。

（1）广饶漏斗中心由于地形高，引黄条件差，同时又是淡水分布区，地下水赋存和资源条件良好，该区浅层地下水一直是农业、生活和城镇供水的主要水源。自 20 世纪 60 年代末的农村抗旱打井，便开始了浅层地下水的大量开发利用，1980 年浅层地下水水位埋深已达 8 m。1985 年惠民地下水动态监测报告广饶漏斗面积为 160 km²，漏斗中心水位埋深已达 12.73 m，主要分布在广饶城区以北；此时广饶漏斗已与寿光牛头镇漏斗连为一体，以后漏斗逐渐向南偏移，并迅速向纵深发展。截至 1995 年，漏斗面积已达 370 km^2，漏斗中心水位 29.04 m，水位降速 1.5 ~ 1.7 m/a。1995—2000 年持续加速下降，2000 年后漏斗水位及漏斗面积略有增加，但水位变幅较小，漏斗发展相对平衡。

(2)牛头镇(化龙)漏斗中心形成于 1984 年，1985 年漏斗面积 280 km^2，漏斗中心水位埋深 8.29 m。从形成初期到 1995 年，发展迅速，水位降速达 1.5 ~ 2.5 m/a。1995—2000 年速率下降速率加快，2000—2011 年相对稳定期，但进入 2012 年降速又有所增加。

(3)寿光市西部漏斗中心形成于 1990 年前，1985 年水位埋深 3 m，截至 1990 年为 23.5 m，与牛头、留吕组成统一的寿光漏斗，总面积 590 km^2。寿光西部漏斗区形成初期发展迅速，到 1990 年水位降速 4.1 m/a，寿光漏斗总面积也达 630 km^2，以后水位降深速率逐渐减缓，面积逐渐增加，1995—2005 年漏斗水位发展相对平衡。2005 年后又进入一个新的漏斗发展期，水位降速达 1.35 m/a，寿光漏斗总面积也达 1 038 km^2。

(4)留吕漏斗中心形成于 1983 年前，截至 1983 年漏斗面积已达 110 km^2，中心水位埋深 10.67 m。漏斗形成初期发展很快，水位降速达 1.5 ~ 4.2 m/a，截至 1985 年漏斗面积达 280 km^2，水位埋深 21.47 m。1985 年后水位降速减缓(小于 1 ~ 2 m/a)，漏斗处于相对平稳发展期，甚至 2000 年后出现漏斗回升期。

2. 昌邑漏斗

分布于昌邑市城区周围，北到龙池、柳疃，东到夏店、围子，南到昌邑市界，西到夹沟河，范围包括昌邑市城区、奎聚、都昌、龙池、柳疃、夏店和围子等镇办的部分区域，面积 313 km^2，漏斗平面形态近似于椭圆状。漏斗中心区域分布于城区到柳疃区段，最大水位埋深 26.8 m。

昌邑漏斗形成于 1984 年，当时漏斗面积 170 km^2，漏斗中心水位埋深 8.26 m。同其他漏斗一样，经历了 1990 年前的快速形成和发展时期，1990 年后的相对稳定阶段，但较其他漏斗水位下降速率明显较小(一般小于 2 m/a)；特别是 1995 年后水位基本稳定，且逐渐向四周扩展。

3. 寒亭漏斗

寒亭漏斗规模小，平面形态近似于长条状，分布于寒亭区西省道 S222 两侧，南起区界，北到仲寨，面积 170 km^2。漏斗中心区域分布于寒亭区西南，中心水位埋深 24 m。

寒亭漏斗形成时间较早，到 1983 年漏斗面积达 24 km^2，中心水位埋深 26.03 m。1985 年之前，水位降速很快，达 4 ~ 6 m/a；1985—1990 年的五年间，水位降速减缓到 2 ~ 3 m/a，1990—2000 年水位降速减缓到 1 m/a 以下；2000 年之后水位不但没降，反而有大幅度的上升。受东部昌邑漏斗和西部留吕漏斗的影响，寒亭漏斗面积没有大的变化，一直维持在 50 km^2 左右。

浅层地下水降落漏斗分布区为淡水区，特别是南部边界区段为全淡区，为地下水开发利用奠定了基础。自20世纪60年代该区就成为井灌区，随着大规模的抗旱打井，浅层地下水大量用于农田灌溉，到目前为止，浅层地下水仍是该区的农田灌溉的主要水源。同时，浅层地下水一直是该区的农村和城镇主要供水水源。农田灌溉、城镇供水的大量持续开发利用浅层地下水是形成区域浅层地下水降漏斗的主要原因。

（二）深层地下水漏斗

1. 漏斗现状

区内深层地下水降落漏斗是一个以滨城市区—博兴县城为中心区域的复合型区域地下水降落漏斗，范围包括滨州市滨城区和博兴县大部，高青县赵店、东营区等区域，-20 m等水压线圈闭的面积约为7 355 km^2。从漏斗的平面形态分析，博兴地段的降落漏斗呈近似椭圆形，长轴方向北西南东向，水力坡度为7/1 000；短轴方向北东南西向，水力坡度为15/1 000。滨城区内降落漏斗的形状在-80 m等水位线范围内基本上呈一圆形，-70米等水位线将其变为鸭梨形，南北向水力坡度为6/1 000，东西向水力坡度为5/1 000。-50 m的地下水等水位线将滨城、博兴两个漏斗连为一体，勾画出滨州深层地下水区域性降落漏斗的基本形态。

另外，在西部的乐陵市和惠民县城区也有局部的深层地下水降落漏斗分布。

2. 漏斗形成原因及发展过程

滨洲—博兴和东营市以南地段，深层地下水含水层厚度大、水质好，具有一定的供水意义，多年来一直是工业生产、采油作业及生活的重要供水水源。区内深层地下水的开发利用初期，由于没有对地下水资源进行统一管理，形成了任意打井、盲目开采、随意取水的局面，从而破坏了地下水的天然动态与均衡，20世纪70年代开采强度相对较小，仅在滨城杜店一带形成了小范围的降落漏斗。进入20世纪80年代以后，随着产业结构的调整，经济进入了快速发展阶段，对水资源的需求量越来越大，然而滨州市适合工业生产用水的水源并不丰富，因此各大厂矿企业不同程度地加大了对深层地下水资源的开发利用，使得本来可以自流的深层地下水水位逐年下降，并逐渐形成了以滨城、博兴为中心的区域性降落漏斗。

（1）滨州—博兴地区

滨州市深层地下水开发利用始于20世纪60年代末，开采初期，地下水在静水压力作用下均可自溢而流出地表，当时工业相对落后，对水资源需求量不是很大，深层地下水开发主要用于胜利油田采油作业。据1980年动态资料显示，全区大部分地段深层地下水水位下降幅度并不大，仅在滨城区西部杜店地段形成了小区域的降落漏斗，水位标高-20 m，漏斗区面积不足100 km^2，中心最大水位埋深28.35 m。当时位于博兴县城东北部董高村处水位标高为7.84 m，水位埋深仅有0.04 m。

随着国民经济的迅速发展，工业用水量不断加大，开采强度逐年增加，地下水位逐年下降。到1990年，滨城区最大水位埋深为49.64 m，水位标高为-38.62 m；博兴县董高村水位埋深为44.44 m，水位标高为-36.56 m，逐步形成了以滨城区、博兴县城为中心的区域性降落漏斗。截至2000年，漏斗中心滨城区水位埋深达到92.10 m，水位标高为 -81.08 m，10年间下降了42.46 m，水位平均下降速率为4.24 m/a；博兴县北部董高村水位埋深达到了84.51 m，水位标高为 -76.63 m，10年间下降了40.07 m，水位平均下降速率为4 m/a。2005年，两个漏斗中心的水位埋深均超过130 m，下降速度十分惊人。通过近几年的水位观测数据分析，在区域上博兴东南部的湖滨至店子一带，因为尚未引进黄河水，工业及生活都主要依靠深层地下水，水位下降速度较快，年下降速率2～3 m/a，湖滨西部、曹王、纯化及滨城的西北部地段水位下降速度相对较慢，年下降速率1～2 m/a。目前，滨城城区和博兴县城，水位埋深均已大于140 m。

(2)东营—广饶地区

东营市对深层地下水的开发利用始于20世纪60年代末期，由于没有对地下水资源进行统一管理，形成了任意打井、盲目开采、随意取水的局面，从而破坏了地下水的天然动态与均衡，使得本来可以自流的深层地下水水位逐年下降。根据水位观测数据，广饶县城区一带1991年时水位为 -10.01 m，2012年水位为 -59 m，22年下降了49 m，年下降速率2.2 m，可以看出水位下降是相当快的。目前，深层水集中开采区集中在广饶县经济开发区、大王镇、稻庄镇及等地，主要作为工业用水，其次用于城镇、农村生活供水和乐安油田采油注水。东营城区—牛庄一带主要是油田开采用于注水采油，多年来深层地下水位下降不大。在目前的开采条件下，已形成了以东营区史口化工总厂、胜利电厂、广饶县城、稻庄、草桥、大王镇的区域性降落漏斗。漏斗中心位于广饶县城，最大水位埋深64 m，漏斗的形状基本上呈椭圆形，从近几年的发展变化分析，长短轴的比例渐渐变小，-40 m等水压线已经与滨州—博兴漏斗相连接。

六、地面沉降

黄河三角洲地区地面沉降现象较为显著，伴随着黄河三角洲的形成和发展，巨厚的新近纪沉积物和海相淤积层的自重固结过程引起地面沉降业已存在。后天的地下水大规模的开发利用和石油开采等人类的经济活动所引起的黄河三角洲地区地面沉降地质灾害也早已产生。2000年，中国地质环境监测院在《黄河三角洲油气聚集区地质环境评价》项目大地形变和高程点资料分析中，揭示了地面沉降的存在。2004年对黄河三角洲东营市区域地下水降落漏斗区域进行了地面沉降调查研究，揭开了黄河三角洲地区地面沉降地质灾害调查研究的序幕。

(一)地面沉降现状

通过2004年东营、2005年滨州、2008年滨州及东营、2012年滨州及东营沉降测量成果分析得出，在研究区存在五个明显的沉降区域，一是以广饶县城北为中心的沉降区，二是以滨州博兴县城为中心的沉降区，三是以滨州市滨城区为中心的沉降区，四是东营牛庄为中心的沉降区，五是河口地面沉降区。整个研究区 -10 mm/a 沉降等值线所围面积为3 675 km^2(图2-8)。滨城区、博兴县、广饶县沉降中心年平均沉降量都接近或超过

50 mm,沉降速率比较大,以此推算必将演变成环境地质灾害,对城市防洪、高层建筑造成潜在的威胁。

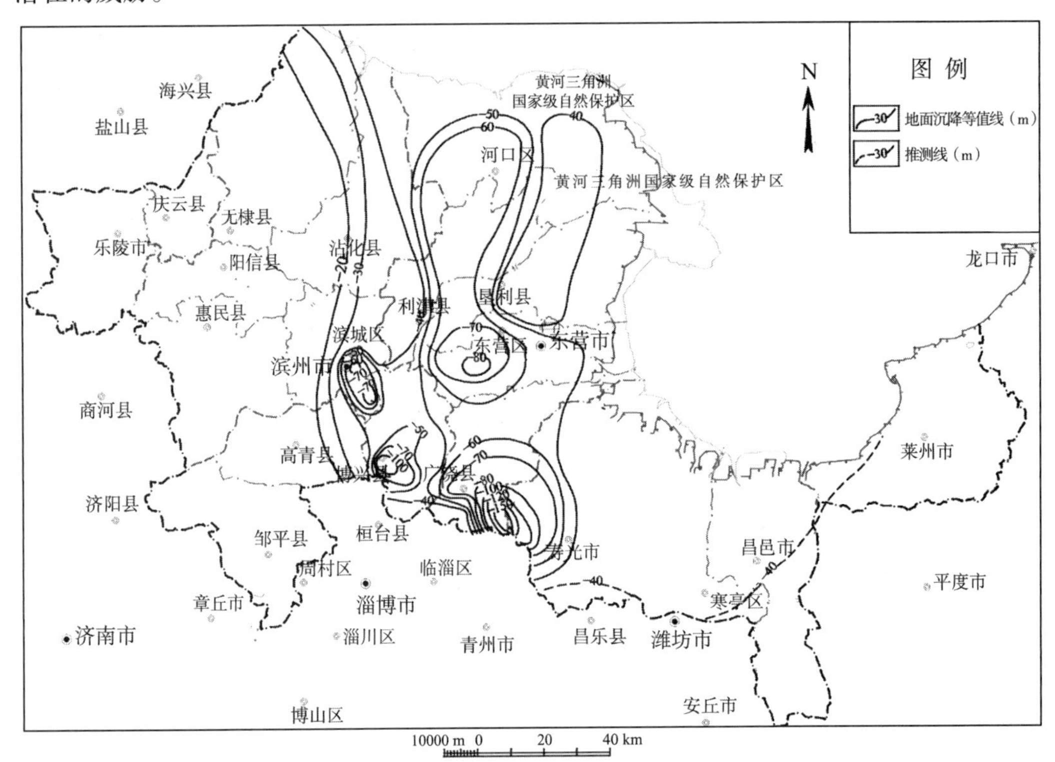

图 2－8 研究区地面沉降分布图

1. 广饶县城北沉降区

广饶县城北沉降区以广饶县城北开发区为沉降中心,累计沉降量大于－300 mm(沉降期 97 个月)区面积为 503 km^2,范围包括广饶的李鹊—西刘桥—花官—博兴的店子蔡寨。其沉降中心 97 个月累计沉降量－915 mm,多年平均年沉降速率－113.2 mm/a,比 2008 年之前的多年平均沉降速率－74.2 mm/a 增加了 39 mm/a。

2. 滨州市博兴县沉降区

滨州市博兴县沉降区以滨州市博兴县城为沉降中心,沉降中心点 87 个月累计沉降量－432 mm,2005—2012 年平均年沉降速率－59.6 mm/a,比 2005—2008 年之间的年沉降速率增大了5.2 mm/a,该沉降区已与东边的广饶沉降区连为一体,被－200 mm 沉降线包围。

3. 滨州市滨城沉降区

滨州市滨城沉降区以滨州市滨城区为沉降中心,中心点 87 个月累计沉降量－361 mm,平均年沉降速率－49.8 mm/a,比 2005—2008 年之间的年沉降速率 57.8 mm,减缓了 8 mm/a。

4. 东营牛庄沉降区

东营牛庄沉降区为东营东城与牛庄沉降的局域沉降,97 个月累计沉降量分别为

148 mm和171 mm,多年平均沉降速率18.3 mm/a和21.2 mm/a,较2008年之前的-22.7 mm/a和-22.9 mm/a也呈减缓趋势。

5.河口沉降区

该沉降区为老黄河口沉积区,上部沉积物形成年代较新,自重固结过程尚未完成,因此很容易在石油开采等人类经济活动的影响下产生地面沉降,其面积为289 km^2。

沉降中心位于军马三分场,97个月累计沉降量-119 mm,是现有沉降监测沉降量最小的地区。多年平均沉降速率-14.7 mm/a,较2008年之前的-18.2 mm/a呈减缓趋势;多年平均量(2009年11月—2012年8月11个观测点的平均值)仅为12.5 mm/a。

(二)地面沉降与资源开发的关系

1.油气资源开发

黄河三角洲地区油气资源丰富,自20世纪60年代开采以来持续高产、稳产,储油气层的压力下降较大,导致了储油层本身及其上部黏性土层的压缩,从而产生了地面沉降。东营、河口及广饶的沉降中心范围与油气资源开采区范围基本吻合。

2.浅层地下水开采

广饶地下水降落漏斗是广饶南部地面沉降的主要影响因素。小清河以南地区为井灌区,同时也是城镇主要供水水源,地下水长期大量开采,浅层、中深层—深层含水层早已产生了降落漏斗。广饶县东部高地面沉降区与浅层地下水开采漏斗无论是平面形状特征,还是剖面形态趋势均基本一致。漏斗负压形成,促使浅层地层特别是浅层黏性土层压缩,从而诱发地面沉降产生。

3.深层地下水开采

滨州—博兴段地面沉降形成的主要原因是深层地下水长期大量开采。滨州地面沉降漏斗的主要范围、漏斗中心区分布与深层地下水降落漏斗相吻合。地面沉降中心和深层地下水降落漏斗中心均为博兴和滨城城区,地面沉降剖面与深层地下水降落漏斗剖面趋势高度一致。漏斗规模之大,产生了巨大的地层负压,引起承压含水层、特别是黏性弱透水层压缩,从而产生地面沉降。

七、土壤盐渍化

土壤盐渍化是干旱、半干旱地区主要的土地退化问题。由于黄河三角洲是海陆交互作用形成的退海之地,土壤盐渍化广泛分布。除小清河以南山前倾斜平原区和黄河河滩高地外,东营、滨州、潍坊、德州等地均发生了不同程度的盐渍化。

(一)黄河三角洲盐渍地分布情况

通过遥感解译、盐渍化采样分析,结合实地验证和以往资料分析,区内盐渍地总面积为13 578 km^2(表2-6、图2-9),占全区面积的51%。主要分布于黄河三角洲滨海平原区,地貌类型为冲积海积平原和黄河三角洲平原区,地面标高小于10 m。

表2-6 研究区盐渍地分布情况

盐渍化程度	分布面积(km^2)	占全区面积的(%)
盐土	4 643	18%
重度盐渍化	1 733	7%
中度盐渍化	2 010	8%
轻度盐渍化	5 192	20%
非盐渍化	12 922	49%
合计	26 500	100%

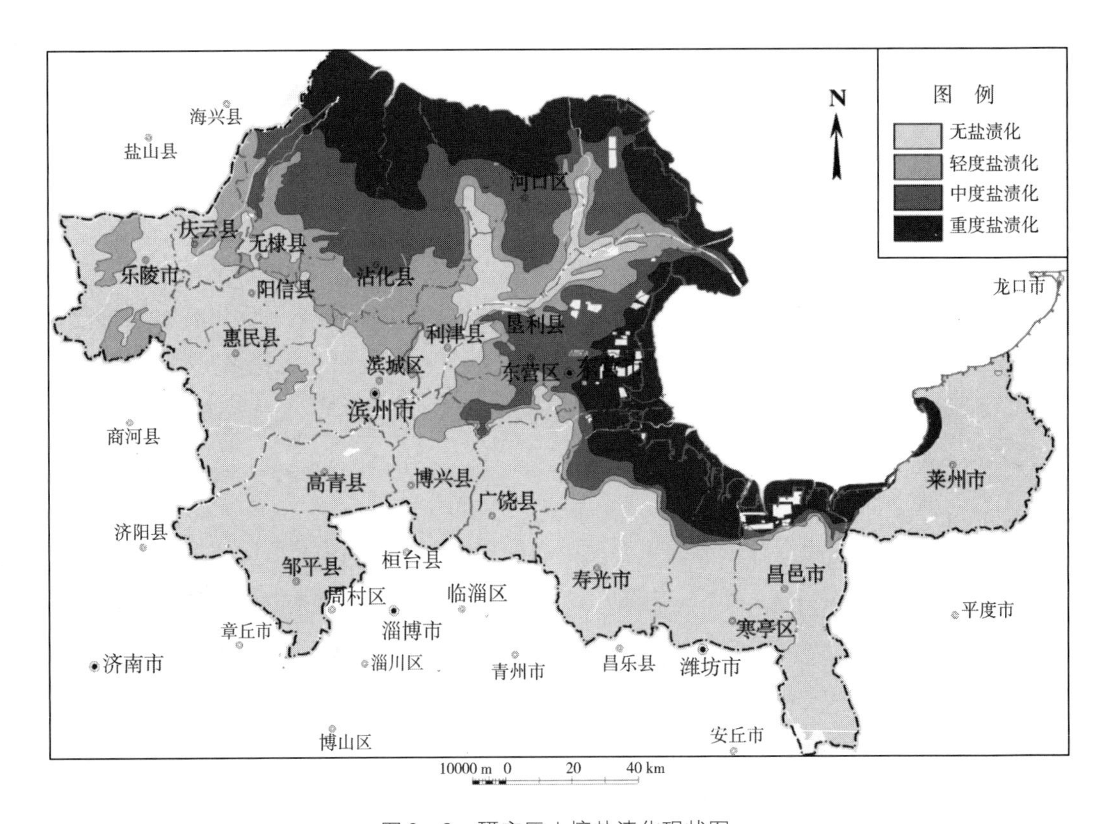

图2-9 研究区土壤盐渍化现状图

根据土壤含盐量大小,将盐渍化土壤分为四级:轻盐渍化土(全盐量:0.1~0.2 g/100 g土)、中盐渍化土(全盐量:0.2~0.4 g/100 g土)、重盐渍化土(全盐量:0.4~0.6 g/100 g土)、盐土(全盐量>0.6 g/100 g土)。

1. 盐土

主要分布在无棣—沾化—东营—潍坊一带的广大滨海地区,呈大面积的片状出现,成因主要是被海水浸渍所致,面积4 643 km^2,占全区面积的18%。盐土分布区内地面标高多在3 m以下,潜水埋深1~2 m,潜水矿化度高,加上海水浸渍影响,盐分组成氯化物占

80%以上，阳离子中以钠为主，大部分土地为光板地，局部洼地在雨季积蓄淡水后，生长一些盐生植物，但雨季过后受积盐影响会很快死亡。在离海较远的地区，因地势平缓排水不畅，潜水中的盐分随蒸发积聚地表，使0～20 cm土层含盐量达到0.6%以上，有的达到3.0%，形成大片盐荒地，植被以黄须菜、马绊草等盐生植物为主。土壤中盐分组成以氯化钠、氯化钾占绝对优势，Cl^-/SO_4^{2-}比值大于7，盐渍化类型为氯化物型。

2. 重盐渍化土

重盐渍化土主要分布在盐土外围低平地以及低平地与缓平坡地交界地带，大部分分布在海拔3～4 m左右的地方，呈条带状分布，总面积1 733 km^2，占全区面积的7%。地下水埋深2 m左右，矿化度一般在5～10 g/L左右。另外在内陆滨州市的滨城县、东营市的陈官和高青县的唐坊等地也有零星分布。该区内由于地下水矿化度较高，水位埋藏浅，经强烈蒸发浓缩，土壤盐分增高，土体表层含盐量0.4%～0.6%，土壤中的盐分，阳离子以K^+、Na^+为主，Cl^-/SO_4^{2-}比值为5.8，属钾、钠型氯化物盐化潮土。

3. 中等盐渍化土

中等盐渍化土主要分布在重度盐渍土周围地区的缓平坡地上，呈窄条带状。另外，在惠民的淄角镇、滨州的里则、滨城县、高青的唐坊乡等也有零星分布，面积2 010 km^2，占全区总面积的8%。土壤表层含盐量0.2%～0.4%，有季节性变化，土盐化学类型以氯化物型和硫酸盐型为主。地表植被以蒿类和海蔓菁为主。

4. 轻度盐渍化土

轻度盐渍化土主要集中在一些地形比较低洼的地段内，庆云—无棣—利津—广饶石村—寒亭的萧家营一带，海拔6～9 m，潜水埋深小于2～4 m，本区耕作历史较长。另外，在黄河沿岸、乐陵的丁坞、昌邑的石埠和莱州的大朱杲等地也有零星小岛状分布，化学类型以硫酸盐—氯化物型为主，面积5 192 km^2，占全区总面积的20%。地表植被以芦苇和白茅为主。

（二）黄河三角洲盐渍地成因

土地盐渍化成因复杂，主要受气象、水文、地形、水文地质条件等因素的影响，由于地下水位的年、季变化而引起的盐类在土壤剖面中的重新分配，在很大程度上控制着盐渍地的形成和发展。

黄河三角洲属暖温带半湿润气候区，多年平均降水量561 mm，平均蒸发量1 400 mm左右，蒸降比为2.5。本区地下水位高，地下水埋深小于2 m。浅层地下水矿化度大，大部分大于3 g/L。成土母质主要是河冲积物和海积物（盐渍淤泥），包气带岩性主要为黏质砂土与粉细砂互层，潜水蒸发系数较大。除南部山前平原井灌区外，主要靠引黄河水发展灌溉农业。另外，区内第四纪曾发生数次海侵，海相地层发育，地层内的含盐量较高。沿海滩涂开发、水产养殖和制盐业发达，也加重了盐渍化发育程度。

在自然和人为活动共同作用下，三角洲盐渍地因利用方式、开发与保护程度的不同，导致各种用地类型向两个截然不同的方向发展。但无论是好转还是恶化，都遵循空间上就近转化的规律。例如，由于轻盐渍地与耕地斑状镶嵌分布，它们之间转化频繁，合理利用会使轻盐渍地变为耕地，不合理利用则导致耕地次生盐渍化。由海向陆，滩涂、光板地、重盐渍地、水体（虾池）、林草苇地、轻盐渍地、耕地呈带状分布，光板地与滩涂、重盐渍、水体、林草苇地之间相互转化，轻盐渍地与重盐渍地、耕地之间相互转化。这是黄河三角洲盐渍地区域分布和不同盐渍地类型之间的转换特征。根据这一特征，可用来指导盐渍地的治理和发展生态经济。

八、湿地退化

黄河三角洲地区海陆变化剧烈，是我国重要的湿地资源蕴藏地。区内湿地类型复杂多样，山东省划分的四大类 17 种亚类，大部分均有分布，尤以天然湿地为主。天然湿地主要类型包括：河流湿地、河口湿地、草甸沼泽湿地、浅海水域、海岸滩涂湿地等；人工湿地主要包括人工水库、坑塘、鱼池、虾田、盐田、稻田等湿地类型。

通过采用遥感与 GIS 相结合的方法，对 20 世纪八九十年代及现阶段黄河三角洲湿地的变化等进行定量提取和分析，获取了黄河三角洲高效生态经济区从 1989—1999 年、2000—2012 年的各类湿地面积、湿地内部的各类自然湿地和人工湿地比例变化的规律和趋势。

1. 自然湿地面积下降，人工湿地面积上升

黄河三角洲高效生态经济区人工湿地与自然湿地进行着此消彼长的发展变化，自然湿地总面积在不断下降，共减少 1 090.28 km^2，其中 1989—1999 年自然湿地面积减少 264.6 km^2；1999—2012 年，自然湿地面积减少 825.68 km^2，自然湿地面积减少率增加较快。人工湿地总面积在不断上升，共增加 1 416.13 km^2，其中 1989—1999 年人工湿地面积增加 786.4 km^2；1999—2012 年人工湿地面积增加 629.73 km^2（表 2－7）。

表 2－7 研究区湿地面积统计

分类	一级分类	二级分类	1989 年面积（km^2）	1999 年面积（km^2）	2012 年面积（km^2）
湿地	天然湿地	水域	998.38	1 088.07	930.34
		滩涂	1 221.78	1 123.01	484.12
		草地	942.83	687.31	658.26
		小计	3 162.99	2 898.39	2 072.72
	人工湿地	盐田	91.66	382.79	835.10
		养殖水面	710.68	1 205.95	1 383.37
		小计	802.34	1 588.74	2 218.47
	合计		3 965.33	4 487.13	421.19
非湿地	未利用地		3 396.13	2 618.29	327.04
	其他		19 138.54	19 394.57	21 881.77

2. 盐田、养殖水面增加迅猛

在巨大的经济利益驱动下，区内盐田、养殖区面积广布，密度较大，主要集中在滨海区域的滨州、东营和潍坊。1989—1999 年，盐田面积增加了 291.13 km^2，养殖水面面积增加了 495.27 km^2。1999—2012 年，盐田面积增加了 452.31 km^2，养殖水面面积增加了177.42 km^2。

3. 滩涂面积急剧减少

1989—2012 年滩涂减少的主要原因是由于黄河改道，原来的黄河口由于没有黄河携带泥沙的淤积，逐渐被海浪侵蚀，新的黄河口尚未发育，所以滩涂面积从海域自然增长较少；滩涂淤积时间久了之后，植被群落开始生长，有些已经发育草地及植被稀疏的未利用地。另外，养殖水面及坑塘水域也占据了一部分的滩涂。20 世纪以来，由于黄河三角洲自然生态保护区的建立，滩涂被建成草地及未利用地。随着经济的发展，流向养殖水面、盐田及坑塘水面的面积转移概率也增大，虽然黄河口有自然淤积面积，但是仍然不能减缓滩涂的减少。

4. 未利用地开发强烈

随着经济发展对未利用地的开发逐渐增强，未利用地在人类活动干扰之下减少迅速。1989—1999 年，未利用地多转换为坑塘水域、耕地，有的则自然发育为草地，有的转为盐田及养殖水面；1999—2012 年，未利用地则主要流向耕地、草地和坑塘水面。

5. 时间上湿地动态变化较剧烈

两个时段上黄河三角洲高效生态经济区湿地演化速率都较大，湿地动态变化较剧烈。但是盐田、养殖水面、草地在 1989—1999 年演化速率最大，同时也是在整个研究时期中演化速度最快的地类，演化速率达到 31.763%（图 2－10）。

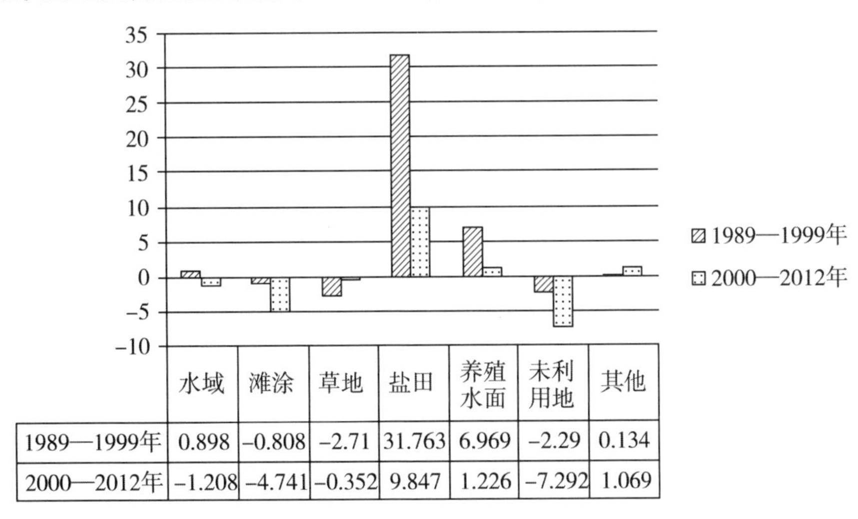

	水域	滩涂	草地	盐田	养殖水面	未利用地	其他
1989—1999年	0.898	−0.808	−2.71	31.763	6.969	−2.29	0.134
2000—2012年	−1.208	−4.741	−0.352	9.847	1.226	−7.292	1.069

图 2－10　研究区 1989—2012 年湿地演化速率

6. 类型上湿地的演化速率高

湿地的演化速率普遍大于非湿地的演化速率，湿地中自然湿地演化速率23年来不断减小。演化最活跃的自然湿地是滩涂湿地，演化速率最大为4.741%。演化最活跃的人工湿地是盐田、养殖水面，养殖水面演化速率最大达到6.969%。

湿地退化的原因较多，主要有滩涂的开发与围垦、油田开发以及人类建筑施工造成的影响等。

第六节　资源概况

由于黄河三角洲高效生态经济区独特的地理位置，资源条件较好，大片的未利用地资源、储量丰富的矿产资源、具有“地球之肺”美称的湿地资源、水系密布的地表水资源等，共同构建了丰富多彩的资源库。土地资源、水资源、矿产资源以及海洋资源在对应的单要素承载力评价章节中详细介绍，故不重复介绍。

一、湿地资源

(一)湿地面积

根据山东省林业监测规划院2010年8月编制的《山东省黄河三角洲高效生态经济区林业发展规划》中的湿地数据资料统计，该区域湿地总面积54.48万 hm^2(表2－8)，其中，近海及海岸湿地面积最大，占湿地总面积的85.0%，分居第二、三、四位的依次是河流湿地、库塘湿地、沼泽湿地，各占湿地总面积的6.2%、5.0%、2.7%，以湖泊湿地面积最小，仅占1.1%。

黄河三角洲湿地资源丰富，是我国暖温带最年轻、最完整和最典型的湿地生态系统，拥有黄河三角洲国家级自然保护区等多处湿地保护区(表2－9)。

表2－8　研究区湿地面积分类统计表　　单位：hm^2

地区	库塘湿地	近海及海岸湿地	河流湿地	湖泊湿地	沼泽湿地	合计
东营区			4 620.0			4 620.0
河口区	17 483.8	66 910.6	4 620.0		12 609.0	101 623.4
广饶县	333.3	7 066.7	4 099.6	11 499.6		
利津县		35 820.0				35 820.0
垦利县		62 546.0				62 546.0
莱州市		13 975.0				13 975.0
寒亭区		5 800.0		594.0		6 394.0
昌邑市		12 400.0	2 800.0			15 200.0
寿光市	2 400.0	25 905.0	4 000.0	3 000.0		35 305.0

（续表）

地区	库塘湿地	近海及海岸湿地	河流湿地	湖泊湿地	沼泽湿地	合计
乐陵市	2 010.0		1 575.0		1 933.0	5 518.0
庆云县	334.0		2 478.8			2 812.8
滨城区	1 690.9		2 576.0			4 266.9
惠民县	213.3		2 571.5			2 784.8
阳信县	1 800.0		2 600.0			4 400.0
无棣县		80 480.0				80 480.0
沾化县		152 000.0				152 000.0
博兴县	939.0		394.0	2 060.0		3 393.0
邹平县	57.7		1 502.0	576.6		2 136.3
合计	27 262.0	462 903.3	33 836.9	6 230.6	14 542.0	544 774.8

表 2－9　黄河三角洲滨海重点湿地保护区

主要湿地名称	行政隶属	面积（hm^2）	湿地类型
黄河三角洲国家级自然保护区	东营	153 000	新生湿地生态系统及濒危鸟类
贝壳堤岛与湿地国家级自然保护区	滨州	80 480	海洋自然遗迹
徒骇河国家级城市湿地公园	滨州	13 000	滩涂湿地
利津刁口湾湿地自然保护区	东营	—	滩涂湿地
羊口北芦苇湿地保护区	潍坊	14 700	滩涂湿地
潍坊柽柳湿地保护区	潍坊	9 900	滩涂湿地
大芦湖湿地自然保护区	高青	4 000	滩涂湿地

（二）地域分布

该区域的湿地在各区、市、县的分布不均匀，以沾化县、河口区、无棣县、垦利县湿地较多，分别占湿地总面积的 27.90%、18.65%、14.77%、11.48%，共占湿地总面积的 72.81%；其次是利津县和寿光市，共占 13.06%；湿地面积最少的是邹平县，仅占 0.39%。

（三）类型分布

1. 近海及海岸湿地分布

沾化县、无棣县、河口区、垦利县该类湿地面积分居第一、二、三、四位，所占比例分别为 32.84%、17.39%、14.45%、13.51%，共占 78.19%，利津县、寿光市、莱州市、昌邑市、广饶县、寒亭区也有少量的该类湿地，其他县区无近海及海岸湿地分布。

2. 河流湿地分布

东营区、河口区、广饶县、寿光市该类型湿地面积分居前四位，所占比例分别为13.65%、13.65%、12.12%、11.82%，共占51.24%；乐陵市、邹平县、博兴县该类型湿地面积较少，仅占10.25%。

3. 库塘湿地分布

河口区、寿光市、乐陵县该类湿地面积分居前三位，所占比例分别为64.13%、8.80%、7.37%，共占80.30%；阳信县、滨城区次之，博兴、庆云、广饶、惠民和邹平县该类型湿地面积较少。

4. 湖泊湿地分布

该区域湿地面积最小的类型是湖泊湿地，仅在寿光市、博兴县、寒亭区和邹平县境内有分布，面积分占该类型湿地面积的48.15%、33.06%、9.53%、9.25%。

5. 沼泽湿地分布

该类湿地仅在河口区和乐陵市有分布，各占该类湿地总面积的86.71%、13.29%。

（四）湿地分布特点

沿海地区湿地面积广阔、分布集中；随着向内陆的深入，湿地面积逐渐减少，分布也较零散，形成这一分布状态的主要原因是黄河和海洋相互作用的结果。由于黄河水挟带大量的泥沙流入渤海，夜以继日地进行着填海造陆运动，以及历史上黄河数次决堤改道，致使此处形成了全国最大的一块新生湿地，组成了黄河三角洲湿地的主体。与此同时，由于黄河穿越该区域，黄河水又是工农业生产和人民生活的重要水源，沿黄周边出现的大批引黄水渠和蓄黄水库、流经该地入海的一些中小型河流、因海拔较低而出现的坑塘湿地、独特的自然环境而产生的人工养殖湿地等等，构筑了该区域内陆湿地少、分布散的框架。

二、地学旅游资源

黄河入海口景观、三角洲湿地生态系统、无棣贝壳堤地质自然奇观、泥质海滨滩涂在全国具有较高知名度和独特吸引力；以胜利油田为主体的现代石油工业景观则具有重要的科普教育意义；万亩枣林、蔬菜基地等生态农业景观不仅自然风光优美，而且特色果蔬生态产品也独具价值。

黄河三角洲生态功能保护区和自然保护区为区内的主要旅游资源。保护区主要有两类：一是有代表性的自然生态系统、珍稀濒危野生动植物的天然集中分布区、有特殊意义的自然遗迹所在区，包括黄河口原生湿地生态保护区、滨州古贝壳堤与湿地自然保护区等海岸、近海海域生态系统，是生物多样性和海洋自然遗迹型保护的重点控制区；二是水源涵养生态功能保护区，包括湿地和森林两类，具有蓄水调水、净化、维持生物多样性等功能。黄河三角洲重要的湿地生态功能保护区主要包括河口海岸湿地、河流湿地、湖泊水库湿地以及稻田湿地等；森林生态系统局部分布在邹平和莱州山区（表2－10）。

表 2-10 研究区各级自然保护区

保护区名称	行政区域	面积（hm^2）	主要保护对象	类型	级别	始建时间	主管部门
黄河三角洲自然保护区	东营市	153 000	原生性湿地生态系统及珍禽	海洋海岸	国家级	1990-12-27	林业
无棣县贝壳堤岛屿湿地	滨州市	80 480	贝壳堤岛、湿地、珍稀鸟类、海洋生物	海洋海岸	国家级	1998-10-01	海洋
沙窝林场	惠民县	485	森林、鸟类	森林生态	县级	1999-11-01	林业
马谷山	无棣县	20	地质遗迹	地质遗迹	省级	1999-10-01	国土
滨州海滨湿地	沾化县	168 200	海滨湿地、鸟类	海洋海岸	市级	1991-10-01	林业
引黄济青渠道	博兴县	300	鸟类	野生动物	县级	1992-12-01	林业
马庄流域	邹平县	1 247	森林植被、水源	森林生态	县级	1991-10-01	林业
大基山	莱州市	6 030	森林、山脉景点、石刻	森林生态	市级	1997-09-01	林业

三、植被资源

黄河三角洲植物资源种类繁多，该区域共调查鉴定出高等植物 608 种，隶属于 4 门 111 科 380 属。其中维管植物 107 科 377 属 602 种，分占中国维管植物总科数、总属数、总种数的 26.8%、11.3%、2.2%，分占山东总科数、总属数、总种数的 72.8%、61.2%、26.2%。其中野大豆为国家三级保护植物。该区域湿地高等植物计有 74 科 201 属 301 种，占黄河三角洲高等植物总种数的 49%，占中国湿地高等植物总种数的 22%。黄河三角洲共有海岛 88 个，海岛高等植物计有 65 科 285 属 448 种，占黄河三角洲高等植物总种数的 73.17%。

黄河三角洲自然保护区属暖温带落叶阔叶林区域，暖温带北部落叶栎林亚地带，黄、海河平原栽培植被区。由于自然保护区是新生湿地这一特殊的立地条件和植物区系成分特点，决定了自然保护区内基本没有地带性植被，多属隐域性植被。植物种类的分布受周围生境的影响比较明显，在黄河及引黄灌渠的两岸、坑塘和洼地，水分充足，土壤潮润，潜育化明显，形成了以芦苇植被为主的沼泽植被。地势低平，受海潮侵蚀的广大滩涂，土壤含盐量高，主要分布着一年生碱蓬和多年生柽柳、芦苇等盐生植物。由滩涂向内地推进，盐生碱蓬逐渐增多，构成单优势的肉质盐生植物群落（主要是翅碱蓬群落），同时在有柽柳种植的地方逐渐发育成以柽柳为主的灌丛。随着地势的升高，当海拔在 3 m 以上时，地表含盐量减少，有机质增加，形成了有一定抗盐特征的一年生和多年生草甸植被，建群种和优势种主要有篙类、獐茅、白茅、狗尾草、中华补血草等。在黄河的北侧河滩地上，土壤的含盐量较低，土壤较为肥沃，分布着天然实生柳林，主要品种有旱柳、杞柳、龙爪柳等。

黄河三角洲范围内分布的主要植被类型有：落叶阔叶林、盐生灌丛、典型草甸、盐生草甸等。

第三章 Chapter 3

黄河三角洲地区土地资源承载力评价

根据土地资源所具有的特征可知，土地资源承载力包括土地对人口的供养能力、空间承载能力、经济活动的支撑能力以及对区域生态的保障能力等四个方面。土地资源是资源环境中非常重要的一个方面，是人类社会经济活动所不可或缺的一个因素。

第一节　土地资源基础条件

一、土地资源总量分析

黄河三角洲土地资源丰富，2009 年全区土地总面积 265.24 万 hm^2，占全省土地总面积的 16.88%（表 3－1）。人均土地面积约 2 667 m^2，是全省平均水平的 1.6 倍。该区域也是我国东部沿海土地后备资源最多的地区，拥有未利用地近 54.83 万 hm^2，占山东全省 33.19%，其中国家鼓励开发的盐渍地 17.80 万 hm^2、荒草地 9.70 万 hm^2、滩涂 14.10 万 hm^2。未利用地大多集中分布于渤海沿岸的莱州、昌邑、寒亭。寿光、广饶、东营区、垦利、利津、河口、沾化、无棣等县（市区）。丰富的土地资源是黄河三角洲吸引要素聚集、发展高效生态经济的核心优势，也是山东全省社会经济发展的重点潜力要素。

表 3－1　研究区土地资源现状条件

指标		黄河三角洲（万 hm^2）	山东省（万 hm^2）	占全省比重（%）
土地总面积		265.24	1 571.30	16.88
农用地		164.20	1 157.20	14.19
建设用地		46.21	242.30	19.07
未利用地		54.83	165.20	33.19
其中	荒草地	9.70	53.90	18.00
	盐渍地	17.80	22.40	79.46
	滩涂	14.10	25.40	55.51

二、土地利用区域分布

（一）农用地的区域分布

农用地面积最大的是莱州市，占农用地总面积的8.55%；农用地面积最小的是庆云县，占农用地总面积的2.26%。耕地面积最大的是寿光市，占耕地总面积的8.98%；耕地面积最小的是东营区，占耕地总面积的2.29%。耕地面积最大的寿光市为耕地面积最小的东营区的3.92倍。

（二）建设用地的区域分布

建设用地面积最大的是寿光市，占建设用地总面积的12.72%；最小的是庆云县，占建设用地总面积的2.87%。城乡建设用地面积最大的是寿光市，占总城乡建设用地面积的9.42%；最小的是庆云县，占总城乡建设用地面积的2.73%。城乡建设用地面积最大的寿光市为城乡建设用地面积最小的庆云县的3.45倍。

（三）未利用地的区域分布

未利用地面积最大的是东营市河口区，占未利用地总面积的20.98%；未利用地面积最小的是滨州市阳信县，占未利用地总面积的0.48%。未利用地面积最大的河口区为未利用地面积最小的阳信县的43.71倍。

区内土地数量大，但耕地所占比例相对较小且质量较差，中低产田约占2/3。全区耕地面积112.7万 hm^2，占农用地的68.6%，占全区土地面积的43%。全区人均耕地1.7亩（0.11 hm^2），其中阳信、庆云人均耕地低于山东省人均耕地面积1.21亩（0.08 hm^2），河口区耕地面积最高，达6.3亩（0.42 hm^2）（图3－1）。

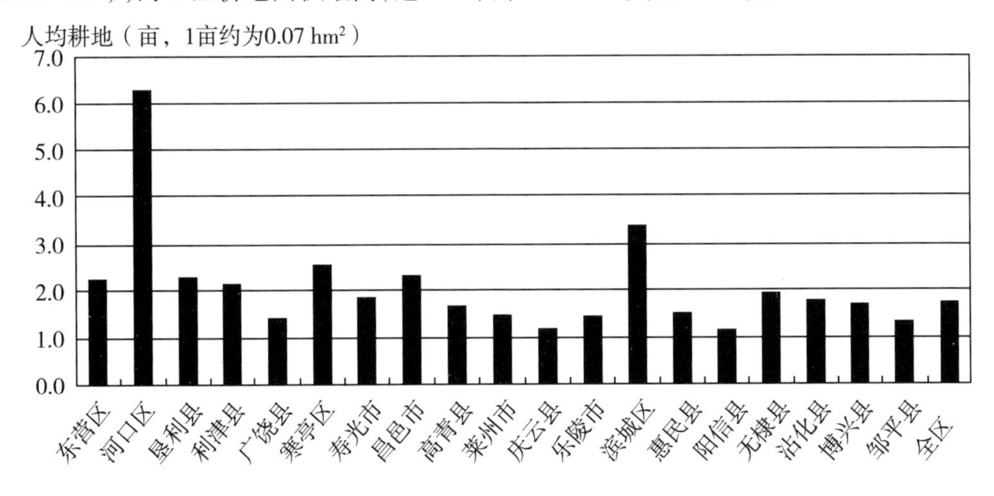

图3－1　研究区各地人均耕地数量

三、土地后备资源情况

区内未利用土地面积53.1万 hm^2，占全省未利用土地的32%，是我国东部沿海土地后备资源最多的区域。其中国家鼓励开发的盐渍地18万 hm^2、荒草地9.8万 hm^2、滩涂14万 hm^2，其他11.3万 hm^2；另有浅海面积近100万 hm^2。这些未利用地的89.7%集中于渤海沿岸的莱州、昌邑、寒亭、寿光、广饶、东营区、垦利、利津、河口、沾化、无棣等11个县(市、区)。由于区内为退海新生陆地,土壤类型主要是潮土和盐土两大类,从内陆向近海,土壤逐渐由潮土向盐土递变。多数土地后备资源土壤呈高盐性,且地势低洼,地下水埋藏浅,蒸降比为3.5:1,土壤次生盐渍化威胁大。过去的耕地由于开发利用不当,也有部分因次生盐渍化而撂荒。适应黄河三角洲这种地理环境的耐盐渍植物种属多,但数量少,自然植被以草甸为主,由于利用不当,大部分天然草场已经退化。另外,水利基础设施、水土保持等工程配套不完善,长期重灌轻排,造成地下水位上升,加剧了土壤次生盐渍化。

该区水土流失较为严重。据全国第二次遥感普查数据及近年统计分析结果显示,该区2006年底共有水土流失面积约7.58万hm^2,其中风力侵蚀面积约4.06万hm^2,占流失总面积的53.56%,主要分布在17个平原县区;水力侵蚀面积约3.52万hm^2,占流失面积的46.44%,主要集中在邹平县、莱州市。

四、土地利用主要特点

1. 土地资源丰富,人均耕地较多

黄河三角洲地区土地资源丰富,人均土地占有量为0.26 hm^2,人均耕地为0.11 hm^2,分别是全省平均水平的1.53倍和1.38倍。全区农业生产条件优越,种植业发达,耕地所占比重大。2009年,耕地面积为1126 643.10 hm^2,占农用地面积的68.62%,占土地总面积的42.80%,是区域土地利用面积分布最广、所占比例最大的土地利用类型。基本农田保护区总面积为965 531.25 hm^2(表3-2)。

2. 盐田等采矿业用地比重高

黄河三角洲地区独立工矿用地59 825.73 hm^2,以盐田为主的其他建设用地106 481 hm^2,两者合计166 306.73 hm^2,占建设用地总面积的35.99%。作为主要矿业用地的使用者胜利油田,其下属单位遍布东营市和滨州市,其独立工矿用地7 136.42 hm^2,占全区域独立工矿用地的11.93%,在全区域建立了近百个油田和油气集输、供水、电力、通信、交通等工程,直接影响土地的成片开发利用和区域整合。

3. 土地后备资源丰富,便于大规模开发利用

黄河三角洲地区未利用地面积528 084.59 hm^2,占土地总面积的20.06%,主要分布在东营市和滨州市。其中自然保留地面积283 393.21 hm^2,占未利用地总面积的53.66%。按照土地适宜性评价结果,由于受自然条件限制,大部分未利用地不适宜农业开垦。但是,区域地势平坦,大面积的未利用地适合进行成片的建设用地开发,后备建设用地资源潜力巨大。

4. 地区间土地利用效益差异大

各县(市、区)的土地利用效益的差异比较大。从建设用地二、三产业增加值来看,较高的邹平县为92.16万元/hm^2,滨城区为74.51万元/hm^2,广饶县为67.74万元/hm^2,莱

州市为 67.37 万元/hm²。较低的无棣县为 13.20 万元/hm²，河口区为 14.92 万元/hm²。最高的县是最低县的 6 倍。

表 3-2 研究区耕地和基本农田保护区面积分布表

县市区	土地总面积(hm^2)	耕地面积(hm^2)	基本农田保护区面积(hm^2)	保护率(%)
莱州市	187 807.57	80 092.07	72 840.00	88.80
寒亭区	88 955.50	38 096.65	30 432.60	81.37
寿光市	228 012.85	101 168.64	87 749.37	87.16
昌邑市	181 219.98	85 200.80	73 523.20	88.00
东营区	115 562.00	25 812.57	22 706.99	75.10
河口区	213 879.07	38 375.99	36 989.47	87.50
垦利县	220 406.78	41 731.91	27 816.44	69.60
利津县	128 690.50	53 639.97	41 040.85	78.15
广饶县	113 787.29	61 388.78	56 012.60	89.90
滨城区	104 062.27	57 134.82	50 800.00	85.70
惠民县	136 416.76	86 730.15	70 879.70	86.30
阳信县	79 780.14	47 532.39	40 332.92	86.62
无棣县	197 888.14	71 518.17	60 811.00	83.94
沾化县	170 159.02	60 102.57	52 000.00	85.91
博兴县	89 986.24	54 287.85	46 502.34	86.50
邹平县	124 967.63	71 657.73	64 100.00	85.60
高青县	83 131.28	50 616.83	43 310.77	85.46
庆云县	50 180.84	29 063.90	25 572.00	89.20
乐陵县	117 241.54	72 491.31	62 111.00	85.69
合计	2 632 135.40	1 126 643.10	965 531.25	85.08
全省	15 712 631.00	7 504 903.80	6 634 743.87	88.42

五、土地利用主要问题

1. 土地生态环境比较脆弱

黄河三角洲地区海岸防护设施完备程度不高，现有的防潮堤标准低，风暴潮威胁较大，海岸蚀退明显。土地盐渍化程度较高，林木覆盖率低于全省平均水平。生态环境治理与土地恢复整理难度大，土地沙化面积较大，旱、涝、风沙等自然灾害频繁发生，地质构造背景复杂，面临着地面沉降的潜在安全问题，土地生态环境比较脆弱。

2. 农用地质量总体较差

区域土地资源很大一部分是百余年来由黄河泥沙淤泥而形成的新成土。这些土地虽然地形平坦，起伏不大，但由于泥沙沉积物不同，土壤土体构型复杂繁多，浅层地下水埋深较浅,矿化度高,土壤盐分重,有机质含量低,缺乏团粒结构,普遍存在旱、涝、碱、瘦的问题。根据土地资源调查评价分析,区域宜农一等地、宜农二等地和宜农三等地分别仅占土地总面积的2.90%、6.10%和18.80%。

3. 土地利用比较粗放

一是建设用地占土地总面积的比例达到17.56%,建设用地比例偏高。二是农村建设用地分布散,面积大,空置、超占多,现状农村居民点面积为164 930.97 hm^2,占城乡建设用地的比例高达62.48%,人均农村居民点用地为245.71 m^2,远高于人均150 m^2的国家规定标准。

4. 土地利用结构不够合理

区域土地利用率偏低,建设用地所占比重偏高。在农用地结构中,耕地、园地、林地、牧草地分别占土地总面积的42.80%、3.31%、2.59%和1.23%,林地和牧草地的比例偏低;且从1997年以来,林地和牧草地比例不断下降。建设用地结构中,交通用地比例偏低,仅占土地总面积的1.10%,居民点及工矿用地比例过高。整体上,土地利用结构有待调整和优化。

5. 城镇用地布局有待优化

大多数城镇居民点用地规模小,功能相对独立,基础设施重复建设,土地资源浪费,既影响了规模化经济的发展,又不便于综合配套,直接制约了城镇的发展。城镇土地利用布局的问题突出表现在:

(1)城镇布局较为分散

黄河三角洲地区小城镇密度为0.71个/100 km^2,其中建制镇密度为0.47个/100 km^2,低于全省平均水平0.99个/100 km^2和0.68个/100 km^2,城镇间的平均距离为14.8 km,其中建制镇间的平均距离为18.6 km,均大于全省的平均水平10.1 km和11.2 km。具体到各县(市、区),城镇密度全部低于全省平均水平,而城镇之间的平均距离均大于省平均值。可以看出,与全省相比,黄河三角洲地区城镇布局分散,地广人稀。

(2)城镇用地分布内陆密而沿海疏

黄河三角洲范围内,城镇密度从内陆向沿海降低,城镇间平均距离逐渐扩大。将黄河三角洲19个县(市、区)分为沿海(包括莱州市、昌邑市、寒亭区、寿光市、广饶县、东营区、垦利县、利津县、河口区、沾化县、无棣县)和非沿海(包括滨城区、惠民县、阳信县、博兴县、邹平县、高青县、乐陵市、庆云县)两部分,沿海县(市、区)的城镇密度为0.47个/100 km^2,其中建制镇密度为0.35个/100 km^2,城镇密度相对较低,非沿海的县(市、区)相应密度为1.05个/100 km^2和0.80个/100 km^2,略高于全省的平均水平。城镇间平均距离,非沿海的县(市、区)为10.7 km,而沿海的县(市、区)的城镇间平均距离26.7 km。

第二节 土地适宜性评价

一、土地适宜性评价的意义

评价是获得土地质量状况的必要手段，是土地利用决策的一项重要基础性工作。联合国粮农组织（FAO）在 1993 年出版的《土地利用规划指南》中指出，土地适宜性评价（下称土宜评价）可称之为"技术导向"的土地利用规划阶段，是土地合理利用的基础工作，因此备受重视。在我国，尤其是现阶段，人地矛盾日益突出，生态健康频受威胁，在此背景下，土宜评价迅速发展，在指导合理利用土地资源方面起到了积极的作用，其应用领域逐步拓展，体系不断丰富，应用技术及研究成果引人注目。

开展土地评价的科学研究和实践，对于缓解人地矛盾，科学合理、高效地利用土地尤其是耕地，实行土地的可持续利用将发挥愈益重要的作用。土地适宜性评价就是评定土地对于某种用途是否适宜以及适宜的程度，是土地评价最基本的工作，也是土地利用和土地规划的主要依据，长期以来受到国内外的广泛关注。它是进行土地利用决策，科学地编制土地利用规划的基本依据。同时也为发挥土地的最大生产潜力，合理利用土地、制订土地规划创造条件。

二、土地适宜性评价方法

（一）评价原理

土地适宜性评价是根据土地的自然和社会经济属性，研究土地对预定用途的适宜与否、适宜程度及其限制状况。根据评价的预定用途不同，土地适宜性评价可分为土地的农业适宜性评价和土地的城市建设适宜性评价。通过评价阐明区域土地适宜于农、果、林、水产养殖等各业生产以及适宜于城市建设的土地资源及利用不合理的土地资源的数量、质量及其分布，从而为区域土地利用结构和布局的调整、土地利用规划分区等提供科学依据。因此，土地适宜性评价是土地利用的基础评价。

1. 农业用地适宜性

对某块土地是否适宜发展农业及其适宜程度如何进行综合评定，是土地评价最基本的工作，也是土地利用和土地规划的主要依据。

2. 城市建设适宜性

对某块土地是否适宜作为城市建设，能够容纳多少的人口、提供多大的环境承载进行评价。随着经济的高速增长和人口的不断增加，我国耕地资源也在不断地减少，存在土地不合理利用的现象。与此同时，中国城市化进程的加快，城市建设对土地的要求从质和量两方面在不断提升，城市内部出现了结构、功能不合理的状况。因此，必须在分析城市建设用地质量评价特点和意义的基础上，定性和定量相结合，得出城市建设用地质量等级，为城市规划发展提供基础。

(二)评价方法

近年来,随着学者们把模糊数学、多元统计等方法和遥感、地理信息系统(GIS)等手段引入到土地评价中,通过大量信息的处理,得出反映土地适宜性的综合指标,比较有效地避免了评价者的主观影响。影响土地适宜性的主要因子如气候、地质、地形、水文、土壤等都具有较强的区域差异性,表现为空间数据,而地理信息系统作为一种计算机化的地理信息的数字分析处理系统,可以使土地评价的空间信息与属性信息很好地结合在一起,使土地适宜性评价更加定量化、规范化、综合化。

利用 GIS 技术,对评价因子进行提取和叠加分析,对黄河三角洲地区的农业用地和建设用地进行土地适宜性评价,分析了各等级用地的空间分布,最后绘制了黄河三角洲地区农业用地和建设用地适宜性等级图。

1. 建立评价体系

参照 FAO《土地评价纲要》和《县级土地利用总体规划编制规程》的规定,根据土地对评价用途的适宜性程度、限制性强度和生产能力的高低,将参评土地分为 4 个等级:

适宜(一等地):土地质量最好,土地利用高度适宜,土地质量评价的各项因子均处于最优或较优的状态。土地对所定用途可持续利用无明显限制,土地具有较高的生产率和较好的效益。

较适宜(二等地):土地质量较好,土地利用中度适宜,土地质量评价各项因子处于较优状态,土地对所定用途具有轻微的限制性,经济效益一般,但明显低于一等地。

中等适宜(三等地):土地质量较低,土地对所定用途具有较为明显的限制性,勉强适宜于所定用途,土地的生产率或效益很低,利用不当容易引起土地退化。

较不适宜(四等地):是指在当前的社会技术经济条件下,这类土地对所定用途不能利用或不能持续利用。

2. 选定参评因子,确定评价指标

确定土地资源评价因子,选取评价指标是土地资源评价的核心。在土地适宜性评价中,主要以土地的自然属性对土地利用能力或土地利用适宜性的影响大小作为评价尺度,同时也考虑社会经济因素的影响,针对土地的不同用途,正确选择不同的参评因子是科学地揭示土地质量差异的前提。土地适宜性评价参评因子的选择主要遵循以下原则:①选择起主导作用的因子;②选取有明显差异、能够出现临界值的因子;③选择比较稳定的参评因子;④选择可量度的因子;⑤选择相对独立的因子。

在上述原则的指导下,结合黄河三角洲地区的实际情况,并与专家交流,反复论证筛选,经过综合分析后,针对不同的土地利用方式,分别选取农用地、建设用地适宜性评价的两方面因素及其分别对应的各因子作为参评因子。并建立层次结构,将土地适宜性等级作为目标层,把影响土地适宜性等级的因素作为准则层,再把影响准则层中各元素的因子作为指标层,得出农用地适宜性评价的参评因子分别是地貌、土壤有机质含量、土壤 pH、有效灌溉面积、年降水量、地下水埋深、地表水分布和土壤盐渍化程度等 8 个因子。建设用地适宜性评价选取了坡度、地貌、地质灾害易发性、地震烈度、水资源总量、地下水埋深、人均 GDP、公路客运强度和人口密度等 9 个参评因子。

（三）层次分析法

层次分析法以一种广泛使用的确定权重方法，在本报告其他要素的评价中也用到该方法，相应位置不再赘述，现对层次分析法（AHP）工作原理进行简要说明。

层次分析法是一种定量与定性相结合，将决策者对复杂系统的主观判断过程用数量形式表达和处理的方法（定量化）。运用这种方法，决策者通过将复杂问题分解为若干个层次和若干因素，在各个因素之间进行简单的计算和比较，就可以得出不同的方案的重要性程度权重，为最佳方案的选择提供依据。层次分析法从本质上讲是一种思维方式，它把复杂的问题分解为各个组成因素，又将这些因素按支配关系分组形成递阶层次结构。通过两两比较的方式确定各个因素的相对重要性，然后综合决策者的判断，确定决策方案相对重要性的总的排序。

运用层次分析法进行决策时，大体上可分为 4 个步骤：

（1）分析系统中各因素之间的关系，建立系统的递阶层次结构；

（2）对同一层次各元素关于上一层次中某一准则重要性进行两两比较，构造两两比较判断矩阵；

（3）由判断矩阵计算被比较元素在该准则下的相对权重；

（4）计算各层元素对系统目标的综合权重，并进行排序。

下面分别说明这 4 个步骤的实现方法：

1. 递阶层次结构的建立

在研究社会的、经济的等复杂的实际问题时，首先要把问题条理化、层次化，构造出一个层次分析的结构模型。在模型中，复杂问题被分解为人们称之为元素的组成部分。这些元素又按属性分成若干组，形成不同层次。同一层次的元素作为准则对下一层的某些元素起支配作用，同时它又受上一层次元素的支配。

层次可分为三层：

最高层：这一层次中只有一个元素，它是问题的预定目标或理想结果，因此也叫目标层；

中间层：这一层次包括了为实现目标所涉及的中间环节，所需要考虑的准则。该层可由若干层次组成，因而有准则和子准则之分。这一层也称为准则层；

最低层：这一层次包括为实现目标可供选择的各种措施、决策方案等，因此也称为措施层或方案层。

上层元素对下层元素的支配关系所形成的层次结构我们称为递阶层次结构。当然，上一层的元素可以支配下一层的所有元素，但也可能只支配其中部分元素。层次结构如图 3－2 所示。

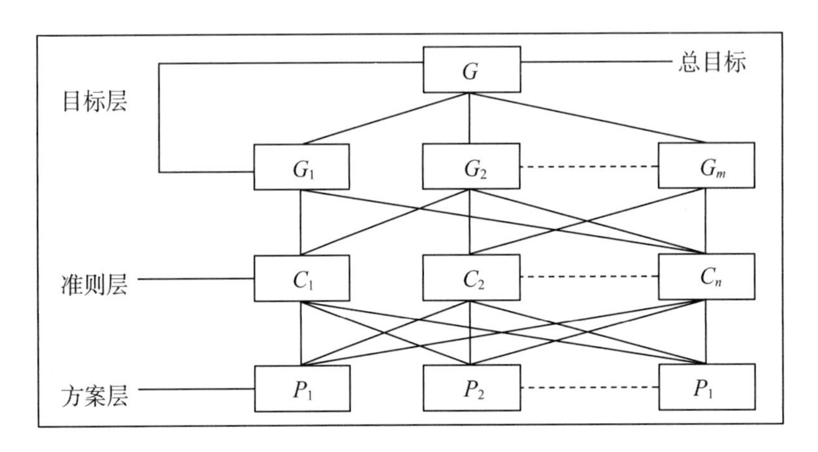

图 3-2　层次分析法的递阶层次结构

递阶层次结构中的层次数与问题的复杂程度及需要分析的详尽程度有关，可不受限制。每一层次中各元素所支配的元素一般不要超过 9 个，因为支配的元素过多会给两两比较判断带来困难。一个好的层次结构对于解决问题好与否极为重要，因而层次结构建立得好与坏和决策者对问题的认识是否全面和深刻有很大关系。

2. 构造两两比较判断矩阵

在递阶层次结构中，设上一层元素 C 为准则，所支配的下一层元素为 $A_1, A_2, \cdots A_n$，我们要确定元素 $A_1, A_2, \cdots, A_n$ 对于准则 C 相对的重要性即权重，可分两种情况：

如果 $A_1, A_2, \cdots, A_n$ 对 C 的重要性可定量（如直接费用、重量等），其权重可直接确定。

如果问题复杂，$A_1, A_2, \cdots, A_n$ 对于 C 的重要性无法直接定量，而是一些定性的，确定权重用两两比较法。针对准则 C；A_i 与 A_j 哪一个重要，重要的程度怎样，层次分析法提出了对于矩阵元素 a_i；a_j 之间的比较程度问题。当比较两个可能具有不同性质的因素对于上层因素的影响时，采用怎样的相对尺度 a_{ij}较好？Saaty 等人通过研究，提出采用 1 ~ 9 级标度法，a_{ij}的取值范围是 1，2，…，9 及其互反数 $1, \frac{1}{2} \cdots, \frac{1}{9}$。在 9 级标度法中，$a_{ij}$值与被比较元素的相对重要程度之间的对应关系如下：

A_i 与 A_j 同等重要　　$a_{ij} = 1 a_{ji} = 1$

A_i 与 A_j 稍微重要　　$a_{ij} = 3 a_{ji} = \frac{1}{3}$

A_i 与 A_j 明显重要　　$a_{ij} = 5 a_{ji} = \frac{1}{5}$

A_i 与 A_j 非常重要　　$a_{ij} = 7 a_{ji} = \frac{1}{7}$

A_i 与 A_j 极端重要　　$a_{ij} = 9 a_{ji} = \frac{1}{9}$

如果被比较元素的相对重要程度介于上述判断相邻两种判断之间，a_{ij} 可取 2，4，6，8。

相应地，a_{ji}可取$\frac{1}{2},\frac{1}{4},\frac{1}{6},\frac{1}{8}$。但这里要说明的是，$A$ 中的元素不具有传递性，即不要求满足等式 $a_{jk}=a_{ik}$，层次分析法对这种判断允许有一定的偏差。当然，如果偏差太大就不能通过一致性检验，需要重新构建矩阵。所以，在实际判断时应采取个人与多人、专业与专家等相结合的方式，减少随意性，这样就可以建立以 C 为判断准则的元素 $A_1,\cdots A_n$ 间两两比较判断矩阵。如果判断矩阵记作 A，其矩阵形式如下：

$$A=\begin{bmatrix} & A_1 & A_2 & \cdots & A_j & \cdots & A_{jn} \\ A_1 & a_{11} & a_{12} & \cdots & a_{1j} & \cdots & a_{1n} \\ A_2 & a_{21} & a_{22} & \cdots & a_{2j} & \cdots & a_{2n} \\ \vdots & \vdots & \vdots & \cdots & \vdots & \cdots & \vdots \\ A_i & a_{i1} & a_{i2} & \cdots & a_{ij} & \cdots & a_{in} \\ \vdots & \vdots & \vdots & \cdots & \vdots & \cdots & \vdots \\ A_n & a_{n1} & a_{n2} & \cdots & a_{nj} & \cdots & a_{nn} \end{bmatrix} \tag{3-1}$$

矩阵中 A 的元素 a_{ij}反映针对准则 C 元素 A_i 相对于 A_j 的重要程度。可以看出，矩阵 A 是一个互反矩阵 a_{ij}（其中 $i=1,2,\cdots,n;j=1,2,\cdots,n$）有如下性质：

$$a_{ij}>0a_{ij}=\frac{1}{a_{ij}}a_{ii}=1 \tag{3-2}$$

称判断矩阵 A 为正互反矩阵，由它所具有的性质知，一个 n 个元素的判断矩阵只需给出其上（或下）三角的$\frac{n(n-1)}{2}$个元素就可以了，即只需作$\frac{n(n-1)}{2}$个比较判断即可。

若判断矩阵 A 的所有元素满足

$$a_{ij}\cdot a_{jk}=a_{ik} \tag{3-3}$$

则称 A 为一致性矩阵。不是所有的判断矩阵都满足一致性矩阵，也没有必要这样要求，只是在特殊情况下才有可能。

3. 单一准则下元素相对权重的计算

已知 n 个元素 $A_1,A_2,\cdots A_n$ 对于准则 C 的判断矩阵为 A，求：$A_1,A_2,\cdots,A_n$ 对于准则 C 的相对权重 $\omega_1,\omega_2,\omega_3,\cdots,\omega_n$，即向量矩阵$(\omega_1,\omega_2,\omega_3,\cdots,\omega_n)^T$。

权重计算方法主要有：

（1）Γ 法

取判断矩阵 A 的 n 个行向量归一化后的算术平均值近似作为权重向量，即

$$\omega_i=\frac{1}{n}\sum_{j=1}^{n}\frac{a_{ij}}{\sum_{k=1}^{n}a_{kj}} \tag{3-4}$$

计算步骤如下：

第一步：A 的元素按行归一化；

第二步：将归一化后的各行相加；

第三步：将相加后的向量除以 n 即得权重向量。

类似的还可用列和归一化方法计算：

$$\omega_i = \frac{\sum_{j=1}^{n} a_{ij}}{\sum_{k=1}^{n}\sum_{j=1}^{n} a_{kj}} \quad i = 1,2,\cdots,n \tag{3-5}$$

（2）根法（即几何平均法）

将 A 的各个行向量采用几何平均，然后归一化，得到的行向量就是权重向量，其公式为：

$$\omega_i = \frac{\left(\prod_{j=1}^{n} a_{ij}\right)^{\frac{1}{n}}}{\sum_{k=1}^{n}\left(\prod_{j=1}^{n} a_{kj}\right)^{\frac{1}{n}}} \quad i = 1,2,\cdots,n \tag{3-6}$$

计算步骤为：

第一步：A 的元素按列相乘得一新向量；

第二步：将新向量的每个分量开 n 次方；

第三步：将所得向量归一化后即为权重向量。

上述两种方法在精度要求不高或只需笔算时采用。

（3）特征根法（简记 EM）

解判断矩阵 A 的特征根问题。

$$AW = \lambda_{\max} W \tag{3-7}$$

$\lambda_{\max}$ 是 A 的最大特征根，是相应的特征向量，所得到的 W 经归一化后就可作为权重向量。

特征根法在层次分析法中提出较早，应用广泛，它对层次分析法的发展在理论上有特别重要的意义。

（4）对数最小二乘法

用拟合方法确定权重向量 $W = (\omega_1, \omega_2, \omega_3, \cdots, \omega_n)^T$，使残差平方和为最小。

$$\sum_{1 \leqslant i < j \leqslant n}\left[\log a_{ij} - \log\left(\frac{\omega_i}{\omega_j}\right)\right]^2 \tag{3-8}$$

（5）最小二乘法

确定权重向量 $W = (\omega_1, \omega_2, \omega_3, \cdots, \omega_n)^T$，使残差平方和为最小。

$$\sum_{1 \leqslant i < j \leqslant n}\left[a_{ij} - \frac{\omega_i}{\omega_j}\right]^2 \tag{3-9}$$

4. 判断矩阵的一致性检验

在计算单准则下相对权重向量时，还必须进行一致性检验。前面讲过，在判断矩阵的构造中，并不要求判断具有传递性和一致性，即不要求（3－3）式严格成立。这是由客观事物的复杂性与人的认识的多样性所决定的。但要求判断矩阵有大体上的一致性是应该的，如果出现“甲比乙极端重要，乙比丙极端重要，而丙又比甲极端重要”的判断显然是违反常识的，如果出现乱的经不起推敲的判断矩阵有可能导致决策上的失误。而且上述各种计算排序权重向量（即相对权重向量）的方法当判断矩阵过于偏离一致性时，其可靠程度也就值得怀疑了，因此需要对判断矩阵的一致性进行检验，检验步骤如下：

（1）计算一致性指标 C. I.（Consistency Index）

$$C.I. = \frac{\lambda_{max} - n}{n - 1} \tag{3-10}$$

（2）查找相应的平均随机一致性指标 R. I.（Random Index）

表 3－3 给出了 1～15 阶正互反矩阵计算 1 000 次得到的平均随机一致性指标。

（3）计算一致性比例 C. R.（Consistency Ratio）

$$C.R. = \frac{C.I.}{R.I.} \tag{3-11}$$

表 3－3　平均随机一致性指标 *R. I.*

矩阵阶数	1	2	3	4	5	6	7	8
R. I.	0	0	0.58	0.89	1.12	1.26	1.36	1.41
矩阵阶数	9	10	11	12	13	14	15	
R. I.	1.46	1.49	1.52	1.54	1.56	1.58	1.59	

当 $C.R. < 0.1$ 时，认为判断矩阵的一致性是可以接受的；当 $C.R. \geqslant 0.1$ 时，应该对判断矩阵做适当修正。

为了讨论一致性，需要计算矩阵最大特征根 λ_{max}，除特征根方法外，可用以下公式：

$$\lambda_{max} = \sum_{i=1}^{n} \frac{(AW)_i}{n\omega_i} = \frac{1}{n}\sum_{i=1}^{n} \frac{\sum_{j=1}^{n} a_{ij}\omega_j}{\omega_i} \tag{3-12}$$

5. 各层元素对目标层的总排序权重

上面得到的是一组元素对其上一层中某元素的权重向量，最终要得到各元素，特别是最低层中各方案对于目标的排序权重，即所谓总排序权重，从而进行方案选择。总排序权重要从上而下地将单准则下的权重进行合成，并逐层进行总的一致性检验。

设 $W^{(k-1)} = (\omega_1^{(k-1)}, \omega_2^{(k-1)}, \cdots, \omega_{n_{k-1}}^{(k-1)})^T$ 表示第 $k-1$ 层上 n_{k-1} 个元素相对于总目标的排序权重向量，用 $P_j^{(k)} = (p_{1j}^{(k)}, p_{2j}^{(k)}, \cdots, p_{n_kj}^{(k)})^T$ 表示第 k 层上 n_n 个元素对第 $k-1$ 层上第 j 个元素为准则的排序权重向量，其中不受 j 元素支配的元素权重取为零。矩阵 $P^{(k)} = (P_1^{(k)}, P_2^{(k)}, \cdots, P_{n_{k-1}}^{(k)})$ 是 $n_n \times n_{k-1}$ 阶矩阵，它表示第 k 层上元素对第 $k-1$ 层上各元素的排序。那么第 k 层上元素对目标的总排序 $W^{(k)}$ 为：

$$W^{(k)} = (\omega_1^{(k)}, \omega_2^{(k)}, \cdots, \omega_{n_k}^{(k)})^T = P^{(K)} W^{(k-1)} \tag{3-13}$$

或

$$\omega_i^{(k)} = \sum_{j=1}^{n_{k-1}} p_{ij}^{(k)} \omega_j^{(k-1)} \qquad i = 1, 2, \cdots, n \tag{3-14}$$

并且一般公式为：

$$W^{(k)} = P^{(k)} P^{(k-1)} \cdots W^{(2)} \tag{3-15}$$

其中 $W^{(2)}$ 为第二层上元素的总排序向量，也是单准则下的排序向量。

要从上到下逐层进行一致性检验。若已求得 $k-1$ 层上元素 j 为准则的一致性指标

$C.I._{j}^{(k)}$,平均随机一致性指标 $R.I._{j}^{(k)}$,一致性比例 $C.R._{j}^{(k)}$, $j=1,2,\cdots,n_{k-1}$;则 k 层的综合指标为:

$$C.I.^{(k)} = (C.I._{1}^{(k)},\cdots,C.I._{nk-1}^{(k)})W^{(k-1)} \tag{3-16}$$

$$R.I.^{(k)} = (R.I._{1}^{(k)},\cdots,R.I._{n_{k-1}}^{(k)})W^{(k-1)} \tag{3-17}$$

$$C.R.^{(k)} = \frac{C.I.^{(k)}}{R.I.^{(k)}} \tag{3-18}$$

当 $C.R.^{(k)}<0.1$ 时认为递阶层次结构在 k 层水平以上的所有判断具有整体满意的一致性。否则就要对各层次的各个判断矩阵进行调整,直至层次总排序的一致性检验达到要求为止。

三、土地适宜性评价结果计算

影响农业发展和城市建设的主要因素各不相同。对于农业发展来说,水土资源因素和社会因素是决定性因子,是否适合农业的发展取决于这两个因子的组合情况;对于城市建设我们也主要从社会、水土和地质因素出发,对影响社会、水土和地质因素的因子进行分析对比,确定最终的敏感因子(表3-4)。

表3-4 土地适宜性分析评价指标体系

目标层	准则层	指标层
农用地适宜性	水土因素	地貌
		土壤有机质含量
		土壤 pH
		地表水分布
		地下水埋深
		土壤盐渍化
		年降水量
	社会因素	有效灌溉面积
建设用地适宜性	地质因素	地貌
		地质灾害易发性
		坡度
		地震烈度
		水资源总量
	水土因素	地下水埋深
		人口密度
	社会因素	人均 GDP
		公路客运强度

通过对各种用地适宜性评价的敏感因子出发，进行单因子叠加，即将评价因子各自的得分值乘上各自的权重进行叠加求和，最后得出研究区各用地适宜性评价结果图。

（一）参评因子权重的确定

运用层次分析法，通过建立各评价体系递阶层次结构和构造判断矩阵，计算出各参评因子的权重。在此次土地适宜性评价中对不同的土地利用方式采用不同的评价因子体系和不同的权重体系，所构造的判断矩阵均经过一致性和随机性检验，符合层次分析法的应用条件（表 3－5、表 3－6）。

表 3－5　农业用地适宜性判断矩阵

农业用地适宜性	水土因素	社会因素	W_i
水土因素	1.000 0	9.000 0	0.900 0
社会因素	0.111 1	1.000 0	0.100 0

表 3－6　建设用地适宜性判断矩阵

建设用地适宜性	水土因素	地质因素	社会因素	W_i
水土因素	1.000 0	0.200 0	0.500 0	0.118 0
地质因素	5.000 0	1.000 0	4.000 0	0.681 0
社会因素	2.000 0	0.250 0	1.000 0	0.201 0

各类评价因子对目标层的总权重见表 3－7、表 3－8 所示。

表 3－7　农业用地适宜性评价因子权重

利用类型	评价因子	权重
农用地	地貌	0.240
	土壤有机质含量	0.142
	土壤 pH	0.026
	地表水分布	0.052
	地下水埋深	0.017
	年降水量	0.081
	土壤盐渍化	0.340
	有效灌溉面积	0.100

表 3－8 建设用地适宜性评价因子权重

利用类型	评价因子	权重
建设用地	地貌	0.054
	地质灾害易发性	0.334
	坡度	0.086
	地震烈度	0.208
	地下水埋深	0.089
	水资源总量	0.030
	人均 GDP	0.125
	人口密度	0.019
	公路客运强度	0.057

（二）评价数据库与评价单元

黄河三角洲地区土地适宜性评价是在 ArcGIS 地理信息系统软件支持下进行的，通过对各参评因子图进行数字化并采集其属性信息，建立起包括空间及属性信息的评价数据库，应用 ArcGIS 空间分析功能，进行土地资源适宜性评价。土地评价单元是土地的自然属性和社会属性基本一致的空间客体，是土地适宜性评价的基本单位。此次评价中，评价单元为以黄河三角洲地区底图形成的不规则网格。

（三）评价单元总分计算

单元综合分值是确定土地适宜等级的基本依据。首先，用专家打分法将各评价单元的参评因子分值给出，再分别乘以参评因子的权重，最后进行加权求和。

1. 单指标区划和得分

农用地适宜性评价的参评因子分别是地貌、土壤有机质含量、土壤 pH、年降水量、地下水埋深、地表水分布、土壤盐渍化和有效灌溉面积等 8 个因子。建设用地适宜性评价选取了坡度、地貌、地质灾害易发性、地震烈度、水资源总量、地下水埋深、人均 GDP、公路客运强度和人口密度这 9 个参评因子。对于不同用地适宜性分析，相同的评价指标对于不同的目标层所起的影响是不一样的。为了体现各类用地的适宜性，在专家打分的时候对其影响程度加以区别。

在查阅山东省统计年鉴（2010 年）及前人对黄河三角洲地区的研究资料的基础上，整理得到黄河三角洲地区评价单元的单指标源数据。

2. 各评价指标的含义

（1）地貌

首先，地貌类型对农作物的生长有很大的约束作用，地貌类型的不同使得各地区水文地质条件呈现出不一样的规律，从而控制着农作物根系对地下水的吸收量。其次，地貌类型的不同还影响土壤的有效土层厚度。黄河三角洲地区地貌以平原为主，莱州市大部分地区、邹平县南部和昌邑市南部则为丘陵地貌。

（2）土壤有机质含量

土壤有机质含量是表征土壤肥力大小的指标，是决定该地区是否适合发展种植业的关键因子。土壤有机质虽是作物养分的重要来源,但同时也是改善土壤一系列物理、化学性质的物质。因此,土壤有机质能调节土壤水、肥、气、热等肥力因素,对土壤肥力影响极大。有关有机质的相关研究已经表明,有机质含量在一定范围内与产量呈明显正相关。土壤有机质含量还有助于提高土壤的环境容量。当土壤有机质含量较高时,其对重金属的吸附及吸收作用较强,自净能力较强,从而使土壤动态容量较大。土壤有机质含量同时也是影响农药削减的一个重要指标。

(3)土壤 pH

土壤的酸碱性是反映土壤溶液中存在着 H^+ 和 OH^- 的多少,其数量的多少决定土壤溶液的酸碱程度,它是土壤的一个重要特性,也是影响土壤肥力和植物生长的一个重要因素。一般农作物需要在中性、弱酸性、弱碱性土壤条件下适宜生长,pH 过大或过小都会影响作物生长。在过酸土壤中 Fe^{3+}、Al^{3+} 增加,与磷酸化合形成难溶解的磷酸铁和磷酸铝,降低磷的有效性。在碱性土壤中,磷酸又可与碳酸钙作用而形成难溶解的磷酸三钙、磷酸十钙等难溶性的化合物,同样降低磷的有效性,因此,土壤的酸碱性也是影响土壤肥力的重要因素。土壤 pH 值也是影响重金属元素的关键因子。土壤 pH 主要是通过影响重金属化合物在土壤溶液中的溶解度来影响重金属元素的行为,这样有助于土壤的改良。黄河三角洲地区的土壤 pH 主要为 7.6~8.5,属于弱碱性土壤。

(4)地表水分布

任何植物的生长都离不开水,地表水是农作物灌溉的重要水源。黄河三角洲地区的地表水资源量比较丰富,能够满足农作物的灌溉需要。

(5)地下水埋深

地下水埋深不宜过大或过小,过小容易造成内涝或是土壤盐渍化,过大则会使得农作物供水不足,汲取地下水耗能大,成本高。如果能够保持在一定的范围之内,则土壤养分丰富,土壤保水、保肥性能好,生产潜力大,抵抗自然灾害能力也会加强。黄河三角洲大多数地区的地下水年均埋深较小,基本不超过 4 m。

(6)年降水量

水分状况是最重要的气候特征之一,也是影响本研究区农业发展的最重要的因素之一,降水量、降水强度以及降水时空分布等对农作物的生长、产量、分布等都有直接影响。对于半湿润区,降水基本可满足作物生长的需求,但是在半干旱区,降水对作物的生长影响非常显著,有时候甚至会起到决定性作用。

(7)土壤盐渍化

黄河三角洲地区表层土壤全盐量可高达 3.396%,平均为 0.820%。阴离子中 Cl^- 明显高于其他离子,平均含量达 0.409%,SO_4^{2-} 平均含量为 0.043%,HCO^{3-} 平均含量为 0.027%。Na^+ 含量在阳离子中占绝对优势,平均达到 0.224%;Ca^{2+}、Mg^{2+} 次之,平均含量分别为 0.033%、0.019%。

黄河三角洲地区土壤盐渍化广泛分布。通过遥感解译,结合实地验证和以往资料分析区内盐渍地总面积为 12 000 km^2。研究区盐渍地主要分布于黄河三角洲滨海平原区,地貌类型为冲积海积平原和黄河三角洲平原区,地面标高小于 10 m。

(8)有效灌溉面积

有效灌溉面积指具有一定的水源,地块比较平整,灌溉工程或设备已经配套,在一般年景下当年能够进行正常灌溉的耕地面积,反映了人类活动对土地的改造利用。降水少的地区,农业的主要限制性因素就是水,而灌溉恰能弥补这一劣势,使原本少雨的地区能够通过灌溉的方式发展农业。

(9)公路客运强度

公路客运强度是指该地区的公路客运总人数/地区总面积。该指标可以有效反映一个地区的交通通达性和交通优势度。

(10)地质灾害易发性

黄河三角洲降水时间和空间分布极不均匀,又是矿产资源相对丰富而水资源严重短缺的地区之一。加之不合理的矿产资源开发、地下水资源的过量开采和其他不合理的工程经济活动,导致研究区的地面沉降、地面塌陷和沿海地区的海(咸)水入侵等地质灾害日趋严重,研究区中丘陵区的崩塌、滑坡、泥石流、山前平原、山间盆地、谷地的地面塌陷和地裂缝频繁发生。地质灾害易发性严重区域一般都分布在研究区以北和沿海地区,地质灾害易发性评价可以为建设用地适宜性提供科学依据。

(11)地震烈度

地震基本烈度是指未来50年内在一般场地条件下可能遭遇的超越概率为10%的地震烈度值。基本烈度是一般建设工程的设防烈度,也可以叫作一般建设工程的抗震设防要求。黄河三角洲地区基本烈度的存在范围为6~8度。

(12)水资源总量

某特定区域在一定时段内地表水资源与地下水资源补给的有效数量总和,即扣除河川径流与地下水重复计算部分。显而易见,水资源总量的多寡很大程度上决定一个地区的发展建设规模。

(13)人均GDP

GDP是体现一个地区经济发展水平的量化指标。

(14)人口密度

人口密度是单位面积土地上居住的人口数。它是表示各地人口的密集程度的指标。通常以每平方千米或每公顷内的常住人口为计算单位。人口密度的大小对城市的基础建设起到积极的促进作用,特别是对于我国正处于经济发展的初级阶段,各种基础建设都需要大量的人力。

3. 评价因子赋值

结合各指标含义及其指标对目标的贡献程度,根据专家打分得到不同单因子的分值,具体情况如下:

(1)农业用地评价因子

农业用地适宜性的影响因子以不同的分值代表该因素对适宜性的贡献程度,其中分值范围从0~10。根据不同贡献度给影响因子打分,得分情况见表3-9至3-16所示。

表3-9 地貌因子得分表

地貌	平原区	盆地	丘陵区	山地
得分	10	8	5	2

表3-10 土壤有机质含量得分表

土壤有机质含量(%)	>5.517%	3.448%~5.517%	2.155%~3.448%	1.086%~2.155%	<1.086%
得分	10	7	4	2	1

表3-11 土壤pH得分表

土壤pH	4.5~5.5	5.5~6.5	6.5~7.5	7.5~8.5	>8.5
得分	1	8	10	3	1

表3-12 地表水分布得分表

地表水分布(亿t)	0.2~0.5	0.5~0.8	0.8~1.1	1.1~1.4	>1.4
得分	2	4	6	8	10

表3-13 地下水埋深得分表

地下水埋深(m)	<2	2~4	4~8	>8
得分	10	7	4	1

表3-14 年降水量得分表

年降水量(mm)	<550	550~600	>600
得分	4	7	10

表3-15 有效灌溉面积得分表

有效灌溉面积(万 hm^2)	1.6~3.2	3.2~4.8	4.8~6.4	6.4~8.0	>8.0
得分	2	4	6	8	10

表3-16 土壤盐渍化程度得分表

土壤盐渍化程度	无	轻度	中度	重度
得分	10	7	4	1

(2)建设用地评价因子

环境用地适宜性的影响因子以不同的分值代表该因素对适宜性的贡献程度,其中分值范围从0~10。根据不同贡献度给影响因子打分,得分情况见表3-17至3-25所示。

表3-17 地貌因子得分表

地貌	平原区	盆地	丘陵区	山地
得分	10	8	5	2

表 3-18 地质灾害易发性得分表

地质灾害易发性	严重	较严重	中等	较轻	轻微
得分	1	3	6	8	10

表 3-19 坡度得分表

坡度(度)	0~2	3~6	7~12	13~18	>18
得分	10	7	5	2	1

表 3-20 地震烈度得分表

地震烈度	5 度区	6 度区	7 度区	8 度区
得分	10	8	6	4

表 3-21 地下水埋深得分表

地下水埋深(m)	<2	2~4	3~8	>8	丘陵	水库
得分	1	4	7	10	10	

表 3-22 水资源总量得分表

水资源总量(亿 m^3)	<0.4	0.3~1	1~1.5	1.5~2	>2
得分	2	4	6	8	10

表 3-23 人均 GDP 得分表

人均 GDP(万元)	1~2	2~3	3~4	3~5	5~6	6~7	>7
得分	2	4	5	7	8	9	10

表 3-24 人口密度得分表

人口密度(人/km^2)	<100	100~200	200~300	300~400	400~500	500~600	>600
得分	2	3	5	6	7	9	10

表 3-25 公路客运强度得分表

公路客运强度(万人次/km^2)	<1	1~3	3~5	>5
得分	2	6	9	10

(3)综合得分

根据加权求和的原则,得到土地适宜性综合得分,根据得分排序进行适宜性等级划分。根据 ArcGIS 进行单指标空间属性叠加,将最后叠加得到的区文件赋予综合得分属性即可生成综合评价分布图。

4. 适宜性等级的划分

采用加权平均法计算得分后,根据总分值频率直方图和专家的意见确定适宜等级。黄河三角洲地区农用地、建设用地的适宜性评价等级划分见表 3 - 26。

表 3 - 26 适宜性结果分等

分值	一等	二等	三等	四等
农用地	7.733 ~ 9.039	7.043 ~ 7.733	6.002 ~ 7.044	3.205 ~ 6.002
建设用地	7.785 ~ 8.983	7.115 ~ 7.785	5.896 ~ 7.115	4.881 ~ 5.896

5. 结果统计与分析

(1)农用地适宜性评价

用 ArcGIS 软件得到评价如图 3 - 3 所示。依图所示,农业用地适宜性分区评述如下:

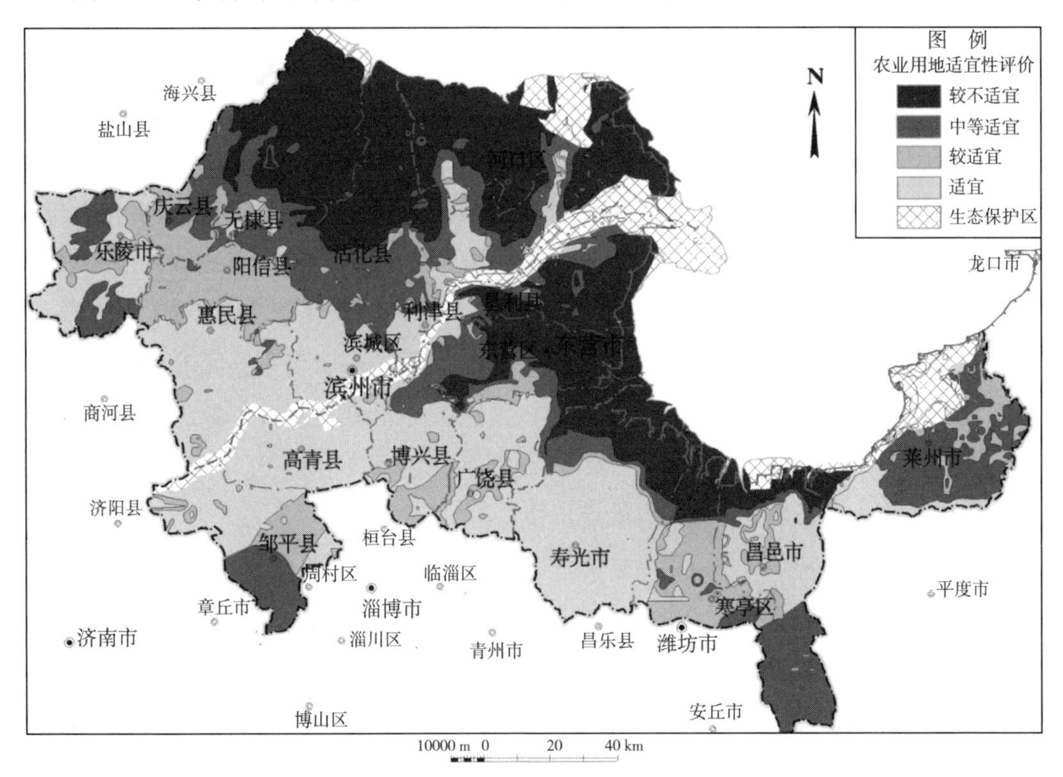

图 3 - 3 研究区农业用地适宜性评价分区图

①生态保护区:生态保护区主要包括黄河三角洲国家级自然保护区、滨州贝壳堤与湿地系统国家级自然保护区、山东昌邑海洋生态特别保护区、莱州湾湿地自然保护区、大芦湖湿地自然保护区、重点水库河流水源地保护区和海岸保护带。

②农业用地适宜区：适宜区（一等地）主要分布在高青县、惠民县、寿光市全境，乐陵市中部、滨城区大部分区域，昌邑市北部及莱州市西部、北部部分区域，其特点是地势平坦、土壤 pH 适中、地下水埋深较小、水资源丰富、有效灌溉面积大、交通便利，其中寿光市更是我国有名的蔬菜之乡。

③农业用地较适宜区：较适宜区（二等地）主要分布在阳信县全境、寒亭区大部分区域、邹平县东北部及昌邑市和莱州市零星区域，该区域土壤质地较好、地表水分布一般、地下水埋深较小、灌溉条件较好且无明显的土壤环境问题，较适宜用作农业用地。

④农业用地中等适宜区：中等适宜区（三等地）一部分分布在邹平县、昌邑市和莱州市南部，此区域地貌以丘陵为主，坡度较大，导致土壤中的养分流失量加大，使农作物产量降低；另一部分分布在乐陵市、沾化县以及滨城区局部，这些区域地表水分布一般，灌溉条件一般，属于农用地中等适宜区。

⑤农业用地较不适宜区：较不适宜区（四等地）主要分布在东营市的东营区、河口区及垦利县，滨州市的无棣县和沾化县，主要原因是因为利津县、垦利县、东营区和河口区的重盐渍地块对作物生长极为不利。

（2）建设用地适宜性评价

用 ArcGIS 软件得到评价如图 3－4 所示。依图所示，建设用地适宜性分区评述如下：

①生态保护区：生态保护区主要包括黄河三角洲国家级自然保护区、滨州贝壳堤与湿地系统国家级自然保护区、山东昌邑海洋生态特别保护区、莱州湾湿地自然保护区、大芦湖湿地自然保护区、重点水库河流水源地保护区和海岸保护带。

②建设用地适宜区 ：建设用地适宜区（一等地）主要分布在邹平县大部分区域、博兴县、广饶县、寿光市南部区域，昌邑市中部。该区所涉及区域，地貌以平原为主，地质灾害极少发生，地下水埋深大，区域稳定性较好，地震烈度较低，交通发达。综合考虑各项因素，这些地区较为适合规划较大规模的建设用地。

③建设用地较适宜区：建设用地较适宜区（二等地）分布在乐陵市东部、高青县、滨城区及利津县部分区域，另外还有莱州市中部部分区域。该区所涉及区域，地势较为平坦，地质灾害易发性较弱，地震烈度稍大，水资源较丰富，交通也比较便利。

④建设用地中等适宜区：建设用地中等适宜区（三等地）分布区域很广，在乐陵市、阳信县、惠民县、无棣县、沾化县、东营区、河口区、垦利县、利津县、博兴县、广饶县、寿光市、寒亭区均有大面积分布。所在区域地质灾害易发性较强，地下水埋深较浅，导致地基稳定性较差，属于建设用地中等适宜区。但从土地利用现状来看，滨州市和东营市的建成区面积均较大，城市发展较快，与评价结果不太一样。

⑤建设用地较不适宜区：建设用地较不适宜区（四等地）包括阳信县东部、东营区中

部和莱州市沿海区域，面积较小，莱州沿海地下水埋深极浅，且易引发海水入侵等环境地质问题，阳信县、东营区地质灾害易发性严重，地基稳定性差，较不适宜作为建设用地来大规模地开发，因此这些地区属于建设用地较不适宜区。

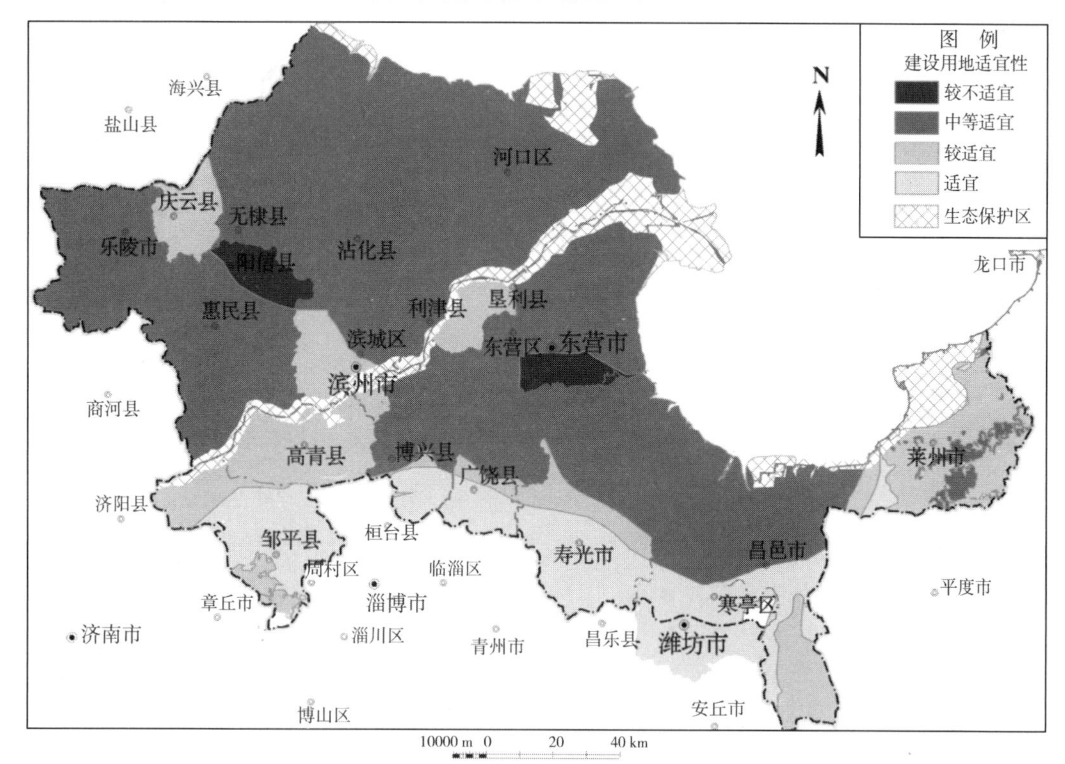

图 3－4 研究区建设用地适宜性评价分区图

四、土地资源产业布局建议

（一）产业布局原则

1. 大力发展高效生态农业

充分考虑黄河三角洲地区土地资源和水资源的特点，突出生态、绿色等特色，改变传统的忽视生态环境保护的资源开发模式以及无视市场需求、粗放地扩大加工能力的再生产方式，重点发展高效节水生态农业及生态旅游农业，建设生态林业基地、绿色农业基地，建设高效生态农业示范区。

2. 优化发展能源和盐化工业

在利用能源和盐化工优势的同时，坚决遏制高耗能、高污染、过度消耗资源的行业过快增长，促进节能环保低排放，大力发展循环经济产业体系，打造全国重要的高效生态重化工生产基地。

3. 提升发展传统产业

运用高新技术产业和信息技术改造传统制造业，将纺织服装和装备制造业培育成全省乃至全国重要的生态基地。

4. 积极发展现代服务业

以市场化、产业化、社会化为方向，发展生态旅游业、现代物流业、金融保险业和商务服务业，优化发展环境，拓宽领域、规范市场，开创服务业繁荣发展的新局面。

（二）产业布局建议

根据黄河三角洲地区农用地适宜性和建设用地适宜性分区图，结合当地产业的实际发展状况，提出各区县产业布局建议如下：

1. 寒亭区

山东沿海重要的海洋化工和水产养殖基地，重点发展盐溴化工、机械制造以及水产养殖和加工。

2. 寿光市

全国重要的花卉和蔬菜生产基地，山东省重要的造纸包装和原料化工基地，加快蔬菜精加工和综合利用的步伐。

3. 东营区

全国重要的油田化学品生产基地，山东重要的石油机械生产制造基地，壮大支柱产业，积极发展替代产业，加快高新技术产业的培育和成长。

4. 河口区

黄河三角洲重要的石油生产服务和旅游服务基地，重点培育壮大石油化工、盐及盐化工、精细化工三大支柱产业。

5. 广饶县

重点发展造纸、橡胶、化工、纺织、机电和食品加工等六大优势产业集体。

6. 利津县

鲁北重要的化工、制药、机械制造、纺织基地；生态化、标准化的农业产业化基地。

7. 垦利县

黄河三角洲重要的生态农业、生态旅游及石油化工基地，重点发展化工、纺织、机电、农副产品加工和建材五大支柱产业。

8. 滨城区

鲁北地区现代化工商中心，黄河三角洲纺织服装研发与设计中心、新兴的装备制造业基地、山东省重要的食品加工基地。

9. 惠民县

中国绳网之都，发展壮大纺织、地毯、绳网、食品、机械加工等传统产业，积极培育新兴产业。

10. 阳信县

山东省重要的家纺、家饰用品和农副产品加工基地。

11. 无棣县

全国循环经济示范基地，生态电源基地，绿色化工基地，山东重要的海盐基地，重点发展电力、化工、盐业、纺织、农副产品加工、船舶制造等支柱产业。

12. 沾化县

山东省重要的电力工业和食品加工基地，黄河三角洲新兴的装备制造基地。

13. 博兴县

中国厨都，重点发展化工、粮油及食品、机械、纺织及服装、板材、厨具等主导产业。

14. 邹平县

山东省重要的纺织服装、食品医药、冶金建材和造纸产业基地。

15. 高青县

山东省重要的棉花和油脂加工基地、纺织服装产业基地、优质粮食酒生产基地。

16. 乐陵市

重点发展汽车零部件、体育器材、五金工具、纺织服装、调味品加工、畜牧养殖六大产业。

17. 庆云县

北方商贸名城，山东省重要的小型电子、机械和轻工产业基地。

第三节　土地资源承载力评价

一、土地资源承载力评价的意义

人类必须依赖所处的土地作为生活、生产活动的基础。人口增加、耕地面积减少及质量退化致使人地关系紧张状况日趋严重。如何协调人地关系，建立人口适宜数量的合理判断标准，是保证区域可持续发展的基础工作之一。土地面积的有限性和土地需求的增长性之间的矛盾需要借助于合理、科学的土地优化配置来提高土地承载力。土地承载力的分析以及优化配置研究为定量、定性研究区域性人地关系开辟了有效途径。

土地资源不仅仅指耕地，还包含建设用地等在内；承载对象不仅是人口，还包括人类的各种经济、社会活动，如承载的城市建设规模、经济规模、生态环境质量等。土地资源承载力评价考虑到土地生产供给能力和土地空间承载能力，同时考虑土地生态保障能力和对经济的承载能力，因此，评价项目从土地资源生产承载力、生活空间承载力、经济承载力和生态承载力四方面进行。最后,对土地资源综合承载力进行分析。

二、土地资源承载力评价方法

(一)评价指标体系构建原则

土地资源承载力研究涉及社会、经济、人口、环境和资源等各个方面,包含众多因子,是一项复杂的工作,体现着不同尺度区域自然环境与社会经济系统之间物质、能量和信息方面的流动联系以及协调发展关系。为了清晰明了地表达这一复杂的多维矢量,评价指标体系的构建应遵循以下几个原则:

1. 科学性原则

评价指标的物理意义必须明确,指标的选择、指标权重的确定、指标的计算与合成,必须以公认的科学方法为依据,量度单位统一采用国际标准,这样才能保证结果的科学性与客观性,此项综合评价才具有科学实际意义。

2. 可行性原则

土地承载力研究为区域可持续发展提供了具有极强可操作性的切入点,这就要求其指标选取、计算与合成、数据资料的获取以及体系结构的建立必须做到内涵明确,可量化、合理性、易取性、实用性,减少类似制度与管理等主观成分的干扰,具有可操作性。

3. 综合性原则

土地承载力的提高是各系统长期综合开发利用的系统工程,必须把单一的经济观点(主要是粮食生产)转变为土地—人口—经济—社会—生态环境的协调发展的观点。因此,在指标筛选过程中尽量选取带有共性的代表性指标。选取的指标要能综合反映影响区域土地承载力提高的各种因素,同时尽量用处理后的组合指标,而较少用单一指标,使反映的问题更深刻也更具有实际意义,如水土资源是否协调、生态环境的保护与治理状况、经济系统是否高效等。

4. 动态性原则

土地承载力在时空上是变化的,具有动态特征。因而,评价指标体系不仅要反映出变化的水平状况,更应揭示出其动态特征和发展的趋势与潜力,这就要求在评价指标筛选过程中合理选择一些具有动态特征的量化指标,如土地面积增长率。

5. 层次性原则

土地资源系统巨大而又复杂,所反映的问题往往带有区域整体性特征,使得评价体系也十分复杂。因此,该评价指标体系应包含目标层、准则层和指标层。

(二)评价结构

基于土地资源承载力提升的目标与要求,根据土地资源的构成及内涵,设计的土地资源承载力评价指标体系包括四个部分:土地生产承载力评价、生活空间承载力评价、经济承载力评价、生态承载力评价。最后,进行土地资源综合承载力评价。

1. 土地生产承载力评价

土地生产承载力包括土地生产承载力现状评价和土地生产承载力预测。土地生产承载力现状评价是指在自然边界条件下(以行政区划图为基础)得到现状年农用地上可以生产的最大资源量。土地生产承载力预测是根据现实生产力和生产潜力进行未来年份的预测。

2. 生活空间承载力评价

生活空间承载力分为农村和城市生活空间承载力,将研究区实际值与理想值或全省平均水平进行对比得到。

3. 生态承载力评价

生态承载力是指在一定的区域环境条件下,保持生态性能稳定和趋于良好所需的生态用地限度,通常可用森林和城市绿地面积等代表。

4. 经济承载力评价

经济承载力表达的是在一定的经济技术条件和城市区位条件下,城市土地的经济价值产出能力,它从土地资源角度反映了城市的经济规模和增值潜力,通常用单位用地经济效益等指标表示,是衡量城市土地利用效益的重要指标。

5. 土地资源综合承载力评价

土地资源综合承载力评价是对上述三个方面土地资源承载力进行的综合评价。通过土地资源综合承载力评价可以全面认识区域土地资源承载力全貌,反映土地资源系统与人口系统、农业生产系统、消费系统、经济社会系统、生态系统的相互关系,为促进区域土地、人口、经济社会和环境协调发展提供准确信息。

三、土地资源承载力计算

(一)土地生产承载力评价

1. 各县市土地生产现实承载力和2020年土地生产承载潜力

土地生产现实承载力(*LCC*)主要反映区域土地、粮食与人口的关系,可以用一定粮食消费水平下区域土地生产力所能持续供养的人口规模(万人)或承载密度(人/km^2)来度量。以公式表示为:

$$LCC = \frac{G}{Gpc}$$

式中 *LCC*——为土地生产现实承载力;

G——为土地生产量(kg);

Gpc——为人均粮食消费标准,现实承载力以400 kg/人计。

土地生产承载潜力(LCC_t)是指未来在一定粮食消费水平下,区域土地生产力所能供养人口的能力。如土地生产现状承载力一样,可以用所能持续供养的人口规模(万人)或承载密度(人/km^2)来度量。以公式表示为:

$$LCC_t = \frac{G_t}{Gpc_t}$$

式中 LCC_t——为土地生产承载潜力;

G_t——为未来 t 年份土地生产量(kg);

Gpc_t——为未来 t 年份人均粮食消费标准。

考虑到黄河三角洲地区经济发展速度,到2020年各市基本达到小康生活水平,因此,土地生产承载潜力计算时人均粮食消费标准 Gpc_t 设为450 kg/人;以2009年为现状年,假定2009年与2020年粮食生产力相同,2020年耕地面积和人口总量预测可以通过历年耕地面积和人口数据回归分析来实现,粮食生产力与耕地面积乘积即为粮食生产量。计算结果见表3-27、表3-28。

2. 土地生产承载力指数

(1)评价与分区方法

①土地生产承载力指数:土地生产承载力指数($LCCI$)是指区域人口规模(或人口密度)与土地生产承载力(或承载密度)之比,反映区域土地、粮食与人口之关系。$LCCI$ 及其相关指数的计算公式如下:

$$LCCI = \frac{Pa}{LCC}$$

$$Rp = \frac{(Pa - LCC)}{LCC \times 100\%}$$

$$Rg = \frac{(LCC - Pa)}{LCC \times 100\%}$$

式中 $LCCI$——为土地生产承载指数;

LCC——为土地生产承载力(万人);

Pa——为现状或预期人口数量(万人);

R_P——为土地超载率;

Rg——为粮食盈余率。

表 3－27　研究区各县市土地生产承载力表（a）

县市	粮食生产力（kg/hm^2）	2009 年耕地面积（hm^2）	2009 年粮食生产量 G（kg）	2009 年人口数量（万人）	土地生产现实承载力 LCC（万人）	2020 年预期耕地面积（hm^2）	2020 年预期粮食生产量 G_t（kg）	2020 年预期人口数量（万人）	2020 年土地生产承载潜力 $LCCt$（万人）
东营区	6 311.1	25 813	162 908 424.3	61.9	40.7	29 270	184 725 897.0	65.2	41.1
河口区	5 622.0	38 376	215 749 872.0	21.4	53.9	39 428	221 664 216.0	22.5	49.3
垦利县	5 630.2	41 732	234 959 506.4	22.0	58.7	43 179	243 106 405.8	23.2	54.0
利津县	5 534.3	53 640	296 859 852.0	29.8	74.2	56 344	311 824 599.2	31.4	69.3
广饶县	7 326.5	61 389	449 766 508.5	49.5	112.4	62 982	461 437 623.0	52.1	102.5
滨城区	6 378.9	57 135	364 458 451.5	46.7	91.1	63 989	408 179 432.1	51.5	90.7
惠民县	6 819.3	86 730	591 437 889.0	63.9	147.9	88 416	602 935 228.8	70.5	134.0
阳信县	6 438.9	47 532	306 053 794.8	44.9	76.5	49 502	318 738 427.8	49.5	70.8
无棣县	5 846.6	71 518	418 137 138.8	42.1	104.5	74 169	433 636 475.4	46.5	96.4
沾化县	6 534.5	60 130	392 919 485.0	38.0	98.2	61 807	403 877 841.5	41.9	89.8
博兴县	7348.3	54 288	398 924 510.4	48.6	99.7	56 785	417 273 215.5	53.6	92.7
邹平县	7 280.3	71 658	521 691 737.4	72.8	130.4	77 523	564 390 696.9	80.3	125.4
庆云县	5 606.9	29 064	162 958 941.6	30.8	40.7	30 709	172 182 292.1	32.9	38.3
乐陵市	6 720.1	72 491	487 146 769.1	69.0	121.8	73 723	495 425 932.3	73.7	110.1
寒亭区	6 015.4	38 097	229 168 693.8	42.6	57.3	39 731	238 997 857.4	55.9	53.1
寿光市	6 792.2	101 169	687 160 081.8	103.3	171.8	102 099	693 476 827.8	135.5	154.1
昌邑市	6 460.9	85 201	550 475 140.9	58.1	137.6	85 923	555 139 910.7	76.2	123.4
莱州市	6 513.7	80 092	521 695 260.4	85.9	130.4	81 673	531 993 420.1	87.3	118.2
高青县	7 073.7	50 617	358 049 472.9	36.5	89.5	51 824	366 587 428.8	36.8	81.5

表3－28 研究区各县市土地生产承载力表(b) 单位:万人

县市	人口数量		土地生产承载力		盈余人口	
	2009	2020	2009	2020	2009	2020
东营区	61.9	65.2	40.7	41.1	－21.2	－24.1
河口区	21.4	22.5	53.9	49.3	32.5	26.7
垦利县	22.0	23.2	58.7	54.0	36.7	30.9
利津县	29.8	31.4	74.2	69.3	44.4	37.9
广饶县	49.5	52.1	112.4	102.5	62.9	50.4
滨城区	46.7	51.5	91.1	90.7	44.4	39.2
惠民县	63.9	70.5	147.9	134.0	84.0	63.5
阳信县	44.9	49.5	76.5	70.8	31.6	21.3
无棣县	42.1	46.5	104.5	96.4	62.4	49.9
沾化县	38.0	41.9	98.2	89.8	60.2	47.8
博兴县	48.6	53.6	99.7	92.7	51.1	39.1
邹平县	72.8	80.3	130.4	125.4	57.6	45.1
庆云县	30.8	32.9	40.7	38.3	9.9	5.3
乐陵市	69.0	73.7	121.8	110.1	52.8	36.4
寒亭区	42.6	55.9	57.3	53.1	14.7	－2.8
寿光市	103.3	135.5	171.8	154.1	68.5	18.6
昌邑市	58.1	76.2	137.6	123.4	79.5	47.2
莱州市	85.9	87.3	130.4	118.2	44.5	30.9
高青县	36.5	36.8	89.5	81.5	53.0	44.7

②土地生产承载力分区:根据土地生产承载指数(*LCCI*)及其人粮平衡关系,以市为基本单元,可以将黄河三角洲区域不同地区划分为土地超载地区、人粮平衡地区和粮食盈余地区等3种不同类型区,分区标准见表3-29。

表3-29 基于*LCCI*的生产资源承载力分级及分区标准表

土地生产承载力		土地生产承载力评价指标		人均粮食
类型	级别	*LCCI*	*Rg/Rp*	kg
粮食盈余	富裕有余	0.50	*Rg*≥50%	800
	富裕	0.75	25%≤*Rg*<50%	533~800
	盈余	0.88	12.5%≤*Rg*<25%	457~533
人粮平衡	平衡有余	1.00	*Rg*<12.5%	400~457
	临界超载	1.13	12.5%	356~400
土地超载	超载	1.25	*Rp*<25%	320~356
	过载	1.50	25%≤*Rp*≤50%	267~320
	严重超载	*LCCI*>1.50	50%<*Rp*	<267

(2)评价结果与分区

按照上述土地生产承载力指数测算公式和分区标准,各市现状和2020年土地生产承载力指数及分区结果见表3-30。

从表3-30可以看出:由于评价区大部分地区主要是以农业为主,因此评价区的土地生产承载力水平总体较高,大部分县市处于粮食盈余的承载力状态。黄河三角洲地区粮食单产分布呈现南高北低的特征,黄河南部地区各县市粮食单产均高于黄河三角洲平均水平6 632 kg/hm^2,其中博兴县粮食单产最高,为7 348 kg/hm^2;黄河口地区垦利县、利津县和河口区受土壤盐渍化影响,粮食单产处于区内最低水平,分别为5 630 kg/hm^2、5 534 kg/hm^{2}和5 622 kg/hm^2。

根据现状年评价,评价区土地生产承载力指数存在地域差异特征,东营区作为东营市乃至整个评价区城市化程度最高的行政单元,人均农业用地数量最少,处于土地超载状态,粮食需求以外调为主,耕地保障能力最弱;垦利县、利津县、河口区虽然粮食单产水平较低,但由于人口数量少,因此也能满足粮食需求且有处于粮食盈余状态;广饶县、昌邑市、高青县、惠民县、乐陵市、阳信县和邹平县是传统的农业县,人均粮食产量远高于全省456 kg的人均水平,均处于粮食盈余且富裕有余或富裕的状态;博兴县、沾化县由于粮食单产最高,处于粮食盈余且富裕有余状态;无棣县虽然粮食单产较低,但耕地面积较大,人口数量一般,因此也处于粮食盈余且富裕有余状态;滨城区、寒亭区、莱州市均处于粮食盈余且富裕状态;庆云县耕地面积较少,处于粮食盈余状态。

表 3－30 研究区土地生产承载力指数（*LCCI*）及分区表

县市	*LCCI* 及类型级别划分									
	2009					2020				
	LCCI	R_p（%）	*Rg*（%）	类型	级别	*LCCI*	R_p（%）	*Rg*（%）	类型	级别
东营区	1.52	52.0	－52.0	土地超载	严重超载	1.59	58.7	－58.71	土地超载	严重超载
河口区	0.40	－60.3	60.3	粮食盈余	富裕有余	0.46	－54.3	54.27	粮食盈余	富裕有余
垦利县	0.37	－62.5	62.5	粮食盈余	富裕有余	0.43	－57.1	57.14	粮食盈余	富裕有余
利津县	0.40	－59.8	59.8	粮食盈余	富裕有余	0.45	－54.7	54.74	粮食盈余	富裕有余
广饶县	0.44	－56.0	56.0	粮食盈余	富裕有余	0.51	－49.2	49.19	粮食盈余	富裕
滨城区	0.51	－48.7	48.7	粮食盈余	富裕	0.57	－43.2	43.19	粮食盈余	富裕
惠民县	0.43	－56.8	56.8	粮食盈余	富裕有余	0.53	－47.4	47.37	粮食盈余	富裕
阳信县	0.59	－41.3	41.3	粮食盈余	富裕	0.70	－30.0	30.05	粮食盈余	富裕
无棣县	0.40	－59.7	59.7	粮食盈余	富裕有余	0.48	－51.8	51.79	粮食盈余	富裕有余
沾化县	0.39	－61.3	61.3	粮食盈余	富裕有余	0.47	－53.3	53.28	粮食盈余	富裕有余
博兴县	0.49	－51.3	51.3	粮食盈余	富裕有余	0.58	－42.2	42.16	粮食盈余	富裕
邹平县	0.56	－44.2	44.2	粮食盈余	富裕	0.64	－35.9	35.95	粮食盈余	富裕
庆云县	0.76	－24.4	24.4	粮食盈余	盈余	0.86	－13.9	13.94	粮食盈余	盈余
乐陵市	0.57	－43.3	43.3	粮食盈余	富裕	0.67	－33.0	33.02	粮食盈余	富裕
寒亭区	0.74	－25.6	25.6	粮食盈余	富裕	1.05	5.2	－5.20	土地超载	超载
寿光市	0.60	－39.9	39.9	粮食盈余	富裕	0.88	－12.1	12.09	人粮均衡	平衡有余
昌邑市	0.42	－57.8	57.8	粮食盈余	富裕有余	0.62	－38.2	38.23	粮食盈余	富裕
莱州市	0.66	－34.1	34.1	粮食盈余	富裕	0.74	－26.1	26.14	粮食盈余	富裕
高青县	0.41	－59.2	59.2	粮食盈余	富裕有余	0.45	－54.9	54.87	粮食盈余	富裕有余

值得一提的是,根据2020年土地生产承载潜力评价结果,相比于2009年承载力类型和分级,降级的地区有广饶县、博兴县、惠民县、寒亭区、寿光市和昌邑市,这些地区应采取相应措施,如控制人口数量、增加粮食单产或增加耕地面积等措施,以避免出现土地生产承载力严重下降的情况。

(二)生活空间承载力评价

生活空间承载力分为城市和农村生活空间承载力,将研究区实际值与理想值或全省平均水平进行对比得到。参照山东省建设厅制定的《山东省建设用地集约利用控制标准》中对城市建设用地控制标准分别进行了规定,要求市辖区和县城的人均建设用地分别控制在110 m^2和120 m^2;山东省2009年全省农民人均建设用地为32.4 m^2/人。计算方法为:

$$SI = CI \times \omega_1 + NI \times \omega_2$$

$$CI = \frac{M_c}{M_k};\ NI = \frac{M_n}{M_s}$$

式中 SI——生活空间承载力指数;CI——城市生活空间承载力指数;

M_c——城市人均建设用地面积;M_k——城市人均建设用地控制面积;

NI——农村生活空间承载力指数; M_n——农村人均居住面积;

M_s——山东省农村人均居住面积。

ω_1、ω_2——分别为城市生活空间承载力和农村生活空间承载力的权重值,评价中视为同等重要,即权重值各取0.5。评价结果等级划分参照表3-31。

表3-31 生活空间承载力等级划分

生活空间承载力等级	等级标准	含义
Ⅰ(强)	$SI \geqslant 2$	城市建设用地集约利用潜力很大,土地利用效率存在较大提升空间;农村建设用地挖潜能力很大,可通过土地整理,增加耕地面积
Ⅱ(较强)	$1.5 \leqslant SI < 2$	城市建设用地集约利用潜力较大,土地利用效率存在一定提升空间;农村建设用地挖潜能力较大,可通过土地整理,改变农村居住和生活环境
Ⅲ(一般)	$1 \leqslant SI < 1.5$	城市建设用地集约利用潜力一般,土地利用效率基本合理;建设用地基本能满足农村生活空间需求,并有一定潜力
Ⅳ(较弱)	$0.5 \leqslant SI < 1$	城市建设用地集约利用程度较高,土地利用效率较高,几乎没有提升空间;建设用地仅能够满足农村生活空间需求,土地利用集约程度高,几乎没有挖潜能力
Ⅴ(弱)	$SI < 0.5$	城市建设用地集约利用程度和土地利用效率均处于很高状态,城市发展受到一定限制;建设用地不能满足农村生活空间需求,需要占用一定数量其他用地

由生活空间承载力等级划分结果,评价区绝大多数县市处于Ⅲ级及以上等级,主要原因是黄河三角洲地区人均城市建设用地普遍超过建设用地控制标准,不利于土地集约利用,土地利用效率存在很大提升空间和潜力。生活空间承载力Ⅳ级地区有寒亭区、昌邑市和莱州市,生活空间承载力较弱,见表3-32。

表 3-32 研究区各县市生活空间承载力表

县市	城市建成区面积（km^2）	城市人口（万人）	城市人均建设用地（km^2）	山东省建设用地集约利用控制标准（m^2）	城市生活空间承载力指数	农村人均居住面积（m^2）	山东省农村平均水平（m^2）	农村生活空间承载力指数	生活空间承载力指数	生活空间承载力等级
东营区	99	50.31	150.85	110	1.37	34.78	34.2	1.02	1.19	Ⅲ
河口区		15.32		110	1.37	30.63	34.2	0.9	1.13	Ⅲ
垦利县	20.9	3.62	577.78	120	4.81	32.25	34.2	0.94	2.88	Ⅰ
利津县	24	4.61	520.42	120	4.34	36.77	34.2	1.08	2.71	Ⅰ
广饶县	14.87	5.46	272.13	120	2.27	32.87	34.2	0.96	1.61	Ⅱ
滨城区	81	50.19	161.38	110	1.47	45.25	34.2	1.32	1.4	Ⅲ
惠民县	15.5	6.36	243.58	120	2.03	34.48	34.2	1.01	1.52	Ⅱ
阳信县	15.3	3.41	449.11	120	3.74	39.29	34.2	1.15	2.45	Ⅰ
无棣县	27.37	4.78	572.63	120	4.77	32.46	34.2	0.95	2.86	Ⅰ
沾化县	14.11	4.36	323.91	120	2.7	33.98	34.2	0.99	1.85	Ⅱ
博兴县	25	16.71	149.59	120	1.25	39.19	34.2	1.15	1.2	Ⅲ
邹平县	52	19.44	267.44	120	2.23	33.01	34.2	0.97	1.6	Ⅱ
庆云县	33	5.96	553.94	120	4.62	27.62	34.2	0.81	2.71	Ⅰ
乐陵市	66.97	18.11	369.84	120	3.08	31.11	34.2	0.91	2	Ⅰ
寒亭区	20.67	27.56	75.01	110	0.68	34.2	34.2	1	0.84	Ⅳ
寿光市	46.89	48.12	97.44	120	0.81	49.59	34.2	1.45	1.13	Ⅲ
昌邑市	24.95	21.66	115.19	120	0.96	26.9	34.2	0.79	0.87	Ⅳ
莱州市	35	30.98	112.98	120	0.94	33.3	34.2	0.97	0.96	Ⅳ
高青县	11.42	5.54	206	110	1.87	29.67	34.2	0.87	1.37	Ⅲ

（三）经济承载力评价

经济的发展实力同时也左右着一个区域的人口承载力，故本研究也从经济角度分析各市的土地生产效益，为各地区的产业布局和经济规划提供参考。

1. 经济承载力概念

早在1949年Allan提出土地承载力的概念时就将其定义为“在维持一定水平并不引起土地退化的前提下，一个区域能永久地供养人口数量及人类活动水平”，而衡量人类活动水平的最主要指标是某一地区一定发展阶段的经济发展水平。因此，研究一个区域的土地承载力，除了要考虑土地粮食生产力、生活空间承载力外，还要考虑经济承载力。经济承载力可定义为以理想状态区域作为参照标准，将研究区域与参考区域进行对比而得到的相对水平上某区域内经济实力可承载的适度人口数量。

2. 基于GDP的区域经济承载力评价

当前，国内生产总值是一个区域经济发展情况的象征，因此本文选取各市县的国内生产总值作为衡量指标，以全国水平作为参考区域，测算黄河三角洲地区各市县的经济承载力，并且分析当前区域承载人口盈余状况，见表3－33。

表3－33 经济承载力等级划分

经济承载力等级	等级标准	含义
Ⅰ（强）	$Ip \geq 2$	区域经济承载力强，区域经济实力完全能够承担供养区域人口数量并有非常大的盈余人口空间
Ⅱ（较强）	$1.5 \leq Ip < 2$	区域经济承载力较强，区域经济实力能够承担供养区域人口数量并有一定的盈余人口空间
Ⅲ（一般）	$1 \leq Ip < 1.5$	区域经济承载力一般，区域经济实力基本能够承担供养区域人口数量，基本没有盈余人口空间
Ⅳ（较弱）	$0.5 \leq Ip < 1$	区域经济承载力较弱，区域经济实力基本不能承担供养区域人口数量，没有盈余人口空间
Ⅴ（弱）	$Ip < 0.5$	区域经济承载力很弱，区域经济实力完全不能承担供养区域人口数量

具体计算公式如下：

$$Cre = Ie \times Qe$$

$$Ip = Cre/R$$

式中 Cre——为区域经济承载人口；

Ie——为参考经济资源承载指数；

Ip——为评价区经济承载力指数；

R——为各个县市实际人口量；

Qe——为各市扣除第一产业（农林牧副业）增加值的国内生产总值。

其中 $Ie = \dfrac{Qpi}{Qli}$

Qpi——为参照区人口数；

Qli——为参照区国内生产总值。

参考2009年统计年鉴数据，可得：

$$Ie = \frac{133\ 474}{340\ 506.9} = 0.392\ 0（人/万元）。$$

结合各县市的2009年第二、三产业国内生产总值，计算出各地区的区域经济承载人口量（表3-34）。

由经济承载力评价结果可知，评价区大部分县市经济承载力处于Ⅲ级及以上等级，同时存在一定的地区差异性，得益于地方采矿业、制造业和农业产业化影响。垦利县、广饶县、滨城区、邹平县、莱州市和寿光市第二、三产业增加值高，地方经济发展较为迅速；而惠民县、沾化县、庆云县、乐陵市和高青县等普通农业县则第二、三产业经济相对较为薄弱，区域经济承载力弱。

表3-34　研究区各县市经济承载力

县市	第二、三产业GDP（亿元）	经济承载人口量（万人）	实际人口量（万人）	盈余人口量（万人）	经济承载力指数	经济承载力等级
东营区	198.04	77.63	61.90	15.73	1.25	Ⅲ
河口区	99.98	39.19	21.40	17.79	1.83	Ⅱ
垦利县	175.39	68.75	22.00	46.75	3.13	Ⅰ
利津县	99.60	39.04	29.80	9.24	1.31	Ⅲ
广饶县	350.87	137.54	49.50	88.04	2.78	Ⅰ
滨城区	271.77	106.53	46.70	59.83	2.28	Ⅰ
惠民县	76.95	30.16	63.90	-33.74	0.47	Ⅴ
阳信县	63.19	24.77	44.90	-20.13	0.55	Ⅳ
无棣县	129.26	50.67	42.10	8.57	1.20	Ⅲ
沾化县	72.43	28.39	38.00	-9.61	0.75	Ⅳ
博兴县	156.14	61.21	48.60	12.61	1.26	Ⅲ
邹平县	450.34	176.53	72.80	103.73	2.42	Ⅰ
庆云县	64.77	25.39	30.81	-5.42	0.82	Ⅳ
乐陵市	100.38	39.35	69.00	-29.65	0.57	Ⅳ
寒亭区	73.00	28.62	42.60	-13.98	0.67	Ⅳ
寿光市	391.50	153.47	103.30	50.17	1.49	Ⅲ
昌邑市	188.40	73.85	58.10	15.75	1.27	Ⅲ
莱州市	354.25	138.87	85.90	52.97	1.62	Ⅱ
高青县	83.94	32.90	36.50	-3.60	0.90	Ⅳ

(四)生态承载力评价

土地资源的生态承载力集中体现了经济社会发展,是地区建设与生态平衡之间的协调和矛盾关系。评价过程中选取人均绿地面积和区域森林覆盖率两个指标来进行评价。其中人均绿地面积参照《山东省建设用地集约利用控制标准》所规定的不低于 9 m^2/人进行评价,森林覆盖率参照《中华人民共和国森林法实施细则》相关规定的 30% 作为评定标准。将评价区人均绿地面积实际指标与标准值进行对比,得到人均绿地指数;将区域森林覆盖率与法律规定的森林覆盖率进行对比得到森林覆盖指数;然后将两者进行加权计算得到区域生态承载力指数。计算方法如下:

人均绿地指数 I_{ld} = 评价区人均绿地面积/《山东省建设用地集约利用控制标准》标准值;

森林覆盖率指数 I_{sl} = 森林覆盖率/《中华人民共和国森林法实施细则》标准值;

生态承载力指数 $Ist = \omega_1 \times I_{ld} + \omega_2 \times I_{sl}$,其中 ω_1、ω_2 为指标权重,评价中视为同等重要,即 $\omega_1 = \omega_2 = 0.5$。

评价等级划分依据表 3-35。

表 3-35 生态环境承载力等级划分

生态承载力等级	等级标准	含义
Ⅰ(强)	$Ip \geq 2$	生态环境承载力强,区域经济建设与生态平衡协调发展
Ⅱ(较强)	$1.5 \leq Ip < 2$	生态环境承载力较强,区域经济建设与生态平衡较协调
Ⅲ(一般)	$1 \leq Ip < 1.5$	生态环境承载力一般,区域经济建设与生态平衡基本协调
Ⅳ(较弱)	$0.5 \leq Ip < 1$	生态环境承载力较弱,生态环境一定程度上限制区域经济建设发展
Ⅴ(弱)	$Ip < 0.5$	生态环境承载力很弱,生态环境不利于区域经济建设发展

由生态承载力评价结果看,评价区大部分县市处于Ⅲ级及以上等级,生态承载力较强,区域经济建设与生态环境之间协调发展。乐陵市生态承载力最小,其森林覆盖率和城市绿化面积均较低;评价区北部及东部地区生态承载力较强,主要由于该地区是黄河三角洲高效生态经济区核心保护地区,绿化水平较高见表 3-36。

表 3-36 研究区土地生态环境承载力

县市	人均绿地指数	森林覆盖指数	生态承载力指数	生态承载力等级
东营区	1.86	0.69	1.28	Ⅲ
河口区	1.86	0.53	1.20	Ⅲ
垦利县	1.95	0.58	1.27	Ⅲ

（续表）

县市	人均绿地指数	森林覆盖指数	生态承载力指数	生态承载力等级
利津县	1.54	0.53	1.04	Ⅲ
广饶县	1.67	0.69	1.18	Ⅲ
滨城区	2.42	1.20	1.81	Ⅱ
惠民县	2.53	1.52	2.03	Ⅰ
阳信县	2.74	1.22	1.98	Ⅱ
无棣县	4.56	1.04	2.80	Ⅰ
沾化县	1.10	0.62	0.86	Ⅳ
博兴县	0.80	0.99	0.90	Ⅳ
邹平县	2.56	1.02	1.79	Ⅱ
庆云县	1.43	0.68	1.06	Ⅲ
乐陵市	0.39	0.70	0.55	Ⅳ
寒亭区	0.76	0.95	0.86	Ⅳ
寿光市	1.22	0.90	1.06	Ⅲ
昌邑市	1.88	1.01	1.45	Ⅲ
莱州市	1.02	1.17	1.10	Ⅲ
高青县	2.31	0.71	1.51	Ⅱ

（五）土地资源承载力综合评价

以土地资源的承载能力为评价核心，从耕地粮食供需和人口生存角度入手，从土地生产承载力、生活空间、经济承载力和土地生态承载力四个方面建立评价指标体系，运用层次分析法确定各指标权重，建立综合评价模型，最后运用加权综合评价模型计算出黄河三角洲地区土地资源承载力。

1. 综合评价指标体系及权重

为了充分反映黄河三角洲地区土地资源承载力现状，从土地生产力、生活空间、经济承载力和生态承载力四个方面进行科学的指标选取。

采用层次分析法确定评价区土地资源综合承载力指标体系权重，首先根据专家意见对四个单项承载力指标的重要性进行两两比较，其重要性先后顺序为：土地生产承载力 > 生活空间承载力 > 经济承载力 > 生态承载力；构造判断矩阵，判断一致性并求得各指标权重，见表 3－37。

表 3－37 土地资源承载力综合评价指标体系

目标层	准则层	权重
土地资源承载力	土地生产承载力	0.466
	生活空间承载力	0.277
	经济承载力	0.161
	生态承载力	0.096

2. 综合承载力指数及评价标准

在前四节各准则层单项指标的基础上，按其各自分级标准和权重通过加权计算准则层的综合承载力指数，计算公式为：

$$C=\sum(F_i\times W_i)\quad(i=1,2,3,4)$$

式中 C——为某评价单元的综合承载力指数；

F_i——为某准则层的单项承载力指数；

W_i——为某准则层对应的权重值。

得到黄河三角洲地区土地资源综合承载力评价分区，如图 3－5 所示。

由表 3－38 土地资源承载力综合评价分级标准及表 3－39 黄河三角洲地区土地资源承载力综合评价结果可知，评价区大部分地区土地资源综合承载力处于Ⅲ级及以上地区，仅东营区土地资源承载力较弱。

表 3－38 土地资源承载力综合评价分级标准

承载力分级	承载力强区（Ⅰ）	承载力较强区（Ⅱ）	承载力一般区（Ⅲ）	承载力较弱区（Ⅳ）	承载力弱区（Ⅴ）
综合指数值	$C>2.0$	$1.5<C\leq2.0$	$1<C\leq1.5$	$0.5<C\leq1$	$0<C\leq0.5$

垦利县、利津县、广饶县和无棣县综合承载力强，四县市各承载力指数均较高。寒亭区、寿光市和莱州市为土地资源综合承载力一般区，寒亭区除土地生产承载力外均较弱，但由于土地生产和生活空间承载力指数大且权重高，导致其综合评价结果为均衡区，其他两市各项承载力指数较均衡。东营区土地生产承载力弱，受其影响综合评价结果为较弱区。其他各县市土地资源承载力均较强，其中惠民县、阳信县、庆云县、高青县经济承载力较弱，博兴县生态承载力较弱，沾化县和乐陵市经济承载力和生态承载力较弱。

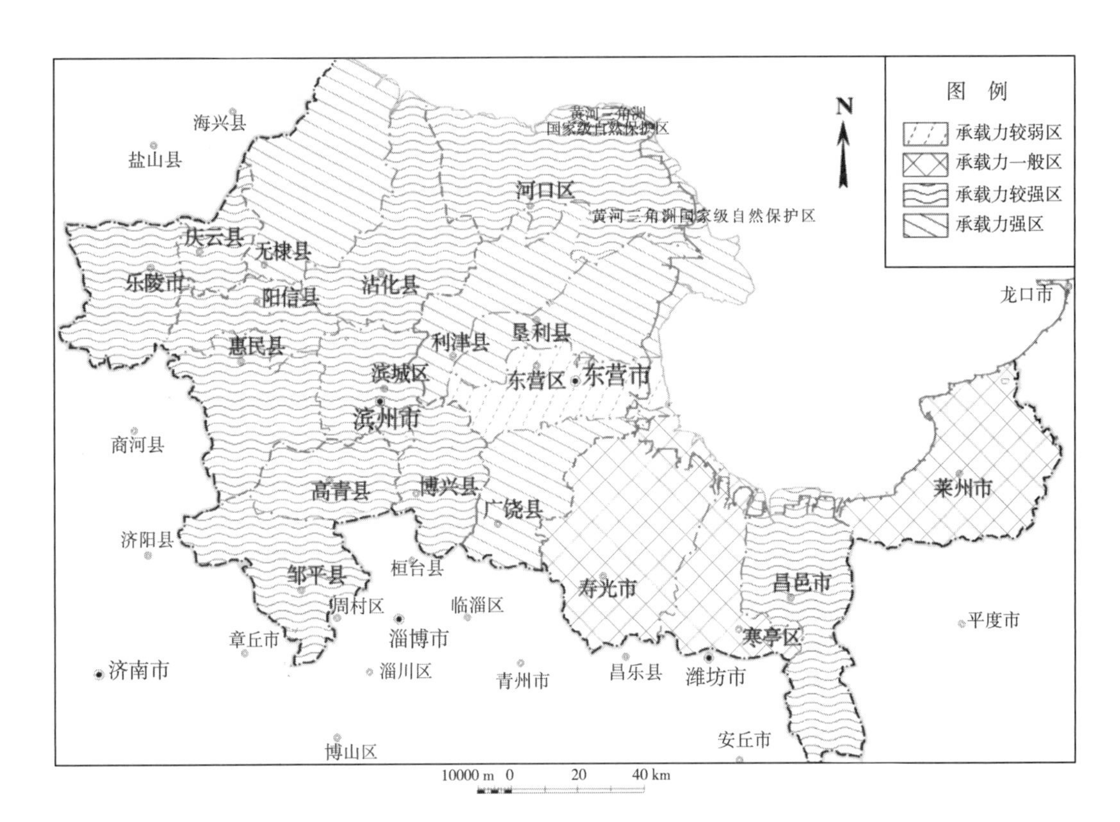

图 3－5 研究区土地资源综合承载力

表 3－39 研究区土地资源承载力综合评价结果表

县市＼指数＼单要素承载力	评价指标				综合承载力指数	综合承载力分级
	土地生产承载力	生活空间承载力	经济承载力	生态承载力		
东营区	0.66	1.19	1.25	1.28	0.96	Ⅳ
河口区	2.52	1.13	1.83	1.20	1.90	Ⅱ
垦利县	2.67	2.88	3.13	1.27	2.67	Ⅰ
利津县	2.49	2.71	1.31	1.04	2.22	Ⅰ
广饶县	2.27	1.61	2.78	1.18	2.07	Ⅰ
滨城区	1.95	1.40	2.28	1.81	1.84	Ⅱ
惠民县	2.31	1.52	0.47	2.03	1.77	Ⅱ
阳信县	1.70	2.45	0.55	1.98	1.75	Ⅱ
无棣县	2.48	2.86	1.20	2.80	2.41	Ⅰ
沾化县	2.58	1.85	0.75	0.86	1.92	Ⅱ
博兴县	2.05	1.20	1.26	0.90	1.58	Ⅱ

（续表）

县市 \ 单要素承载力指数	评价指标				综合承载力指数	综合承载力分级
	土地生产承载力	生活空间承载力	经济承载力	生态承载力		
邹平县	1.79	1.60	2.42	1.79	1.84	Ⅱ
庆云县	1.32	2.71	0.82	1.06	1.60	Ⅱ
乐陵市	1.77	2.00	0.57	0.55	1.52	Ⅱ
寒亭区	1.34	0.84	0.67	0.86	1.05	Ⅲ
寿光市	1.66	1.13	1.49	1.06	1.43	Ⅲ
昌邑市	2.37	0.87	1.27	1.45	1.69	Ⅱ
莱州市	1.52	0.96	1.62	1.10	1.34	Ⅲ
高青县	2.45	1.37	0.90	1.51	1.81	Ⅱ

东营市作为黄河三角洲高效生态经济区核心发展地区，土地资源比较丰富，且后备资源充足，地区发展高效生态农业基础较好，同时土地开发空间较为广阔，建设用地供应充足。滨州市受经济发展水平影响，地区土地开发利用强度较低，同时受土壤盐渍化影响，耕地质量较差，农业发展受限，各地区发展不尽相同，但是总体承载水平较高，能够为地区发展规划的实施提供土地资源保障。

第四章 Chapter 4

黄河三角洲地区水资源承载力评价

水是人类及一切生物赖以生存的必不可少的重要物质，是工农业生产、经济发展和环境改善不可替代的极为宝贵的自然资源。我国水资源人均占有量少，且经济发展造成水资源污染严重，使得我国水资源面临先天不足和后天污染的双重困境。如何处理好水资源与人口、环境和经济可持续发展之间的关系，成为全社会普遍关心的问题，也是科学界研究的热点。2009 年，国务院正式批复《黄河三角洲高效生态经济区发展规划》，黄河三角洲高效生态经济区建设上升为国家战略，在高效生态经济区的建设过程中，水资源是不得不考虑的重要因素。

黄河三角洲是我国三大河口三角洲之一，在环渤海地区发展中具有重要的战略地位。受自然条件限制，黄河三角洲淡水资源短缺，导致居民生活及工农业生产用水紧张、地下水位漏斗不断扩展、入海水量减少、咸水入侵、海洋生态环境退化等问题，水资源成为制约当地社会经济发展的“瓶颈”。针对黄河三角洲水资源现状，科学评估黄河三角洲高效生态经济区水资源承载力，提出具有可操作性的提升区域生态环境承载力的途径，以减少生态环境压力，从而为区域社会经济的大发展提供较为宽阔的环境空间。

第一节　水资源基础条件

一、水资源量分析

（一）降水量

黄河三角洲是山东省降水最少的区域，多年平均降水量仅为 580 mm，且降水年内年际分布不均匀，70% 以上的降水集中于 7—9 月份。从黄河三角洲各县（市、区）多年平均降水量情况来看，地区分布不均匀（表 4 - 1）。潍北的寿光、寒亭和昌邑已超过 600 mm，而黄河以北东营北部的利津、河口则低于 550 mm。总体上来看，黄河三角洲地区降雨空间分布呈现自南向北、自东向西逐渐递减的特征。

表4-1 研究区各县(市、区)多年平均降水量

名称	所属地市	多年平均降水量(mm)
莱州市	烟台市	562.8
昌邑市	潍坊市	628.7
寒亭区		626.7
寿光市		600.1
东营市	东营市	555.9
河口区		551.6
广饶县		557.1
利津县		544.4
垦利县		574.4
滨州市	滨州市	566.7
惠民县		589.4
阳信县		572.1
无棣县		579.7
沾化县		564.5
博兴县		568.2
邹平县		569.5
乐陵市	德州市	587
庆云县		594.3
高青县	淄博市	593.6

(二)地表水资源量

多年平均地表水资源量为17.5亿 m^3。该区域地表水具有分布极不均匀的特点,以莱州市2.3亿 m^3 为最大,庆云县0.2亿 m^3 为最小,后者仅相当于前者的1/10(图4-1、表4-2)。

(三)地下水资源量

黄河三角洲多年平均地下水资源量为15.2亿 m^3。大部分地区地下水埋深浅,矿化度高,淡水资源缺乏。沿海地区地下水多为微咸水、咸水和苦咸水,甚至为地下卤水资源,难以利用。该区地下淡水资源主要分布于东营市的广饶县,滨州的博兴县、邹平县和惠民县,潍坊的寿光市、昌邑市、淄博的高青县、烟台的莱州市等地区(图4-2),而且地下水普遍超采严重,大都出现地下水漏斗区。

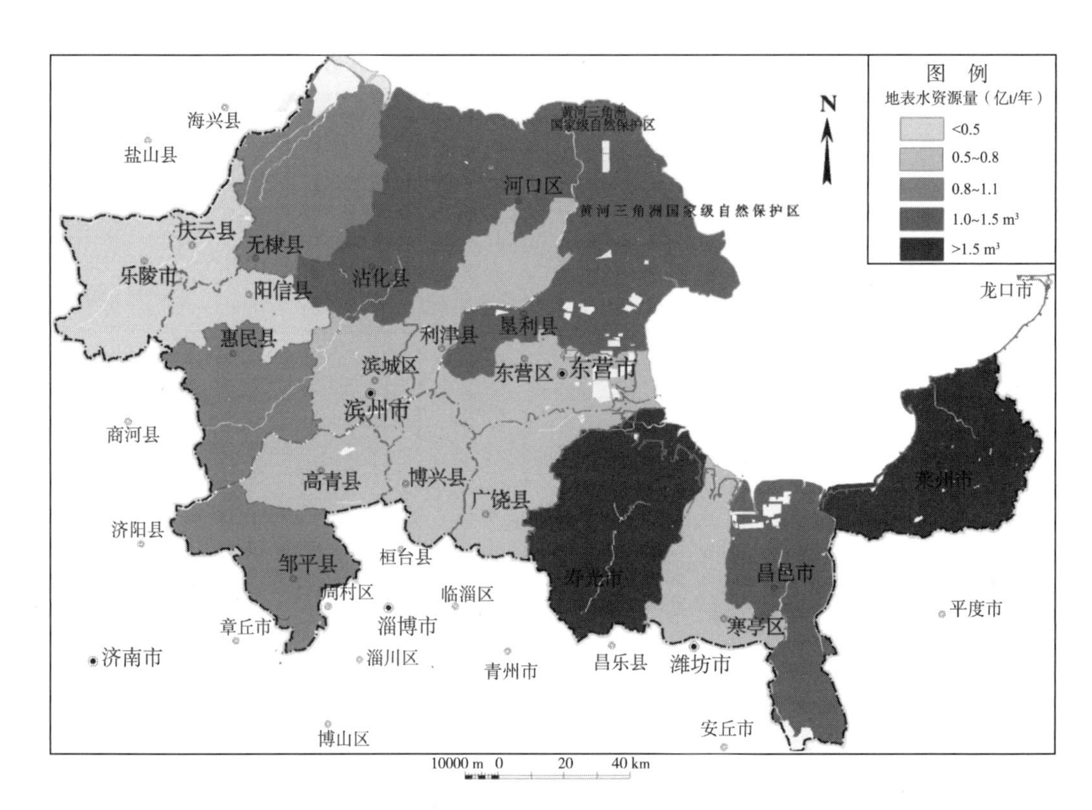

图 4－1 研究区地表水资源空间分布

表 4－2 研究区多年平均水资源量情况

地区名称	多年平均水资源量（亿 m^3）				人均水资源量（m^3）
	地表水资源量	地下水资源量	重复计算量	水资源总量	
莱州市	2.30	1.59	0.62	3.27	381.1
昌邑市	1.38	1.52	0.40	2.50	368.4
寒亭区	0.71	0.46	0.04	1.13	335.4
寿光市	1.88	1.14	0.00	3.02	298.4
东营市	4.47	0.85	0.00	5.32	109.8
东营区	0.67	0.00	0.00	0.67	595.1
河口区	1.22	0.00	0.00	1.22	311.7
广饶县	0.65	0.85	0.00	1.50	236.4
利津县	0.69	0.00	0.00	0.69	583.0
垦利县	1.24	0.00	0.00	1.24	295.8
滨州市	5.55	6.53	1.92	10.16	210.7
滨城区	0.60	0.84	0.24	1.20	342.8
惠民县	0.81	1.89	0.56	2.15	239.3

（续表）

地区名称	多年平均水资源量(亿 m^3)				人均水资源量(m^3)
	地表水资源量	地下水资源量	重复计算量	水资源总量	
阳信县	0.44	0.85	0.24	1.05	230.1
无棣县	0.93	0.10	0.02	1.01	325.9
沾化县	1.19	0.09	0.02	1.26	265.0
博兴县	0.55	0.99	0.27	1.27	311.5
邹平县	1.02	1.78	0.57	2.22	278.1
乐陵市	0.46	1.32	0.30	1.49	225.5
庆云县	0.20	0.27	0.06	0.42	139.8
高青县	0.53	1.47	0.93	1.07	296.6
合计	17.48	15.16	4.26	28.37	293.8

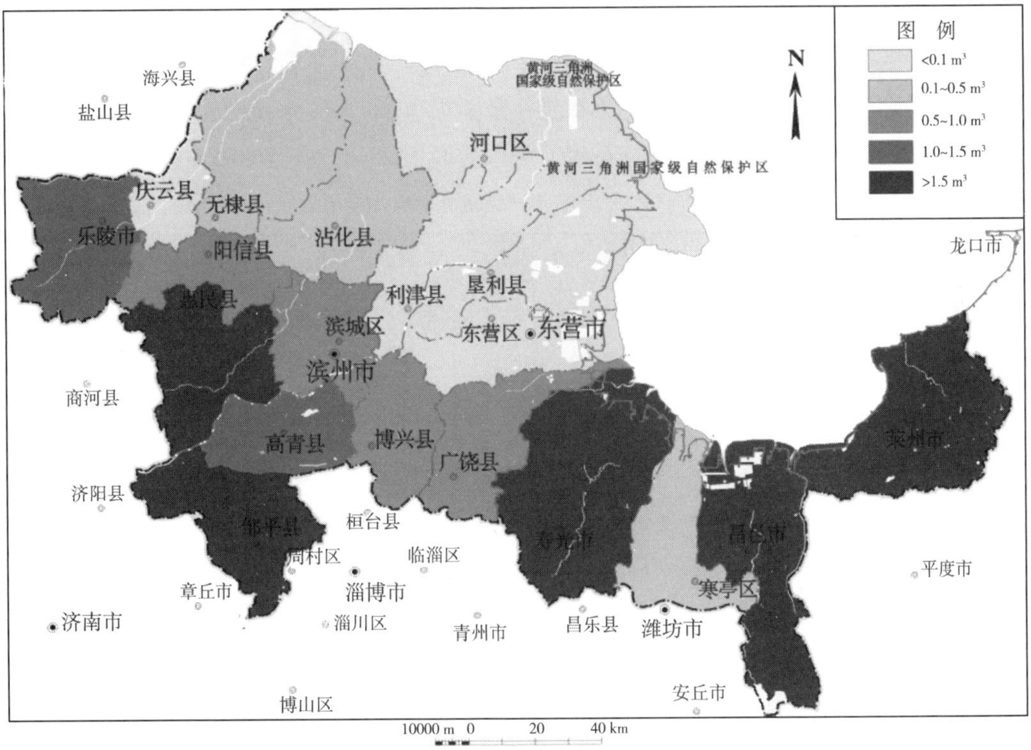

图 4-2　研究区地下水资源空间分布

（四）水资源总量

黄河三角洲多年平均地表水资源量为 17.48 亿 m^3，地下水资源量为 15.16 亿 m^3，扣除地表水、地下水重复计算量，多年平均水资源总量为 28.37 亿 m^3。人均水资源占有量为 303 m³，低于全省人均 344 m³ 的平均水平，不足全国人均水平的八分之一，更远低于国际公认的人均水资源 1 000 m³ 的紧缺标准，属资源型缺水区域。

二、水资源质量状况

水质污染是当前环保工作中一个比较突出的问题，不仅影响人体健康，而且由于水质污染不能饮用，使原已供不应求的供水水源更趋紧张。众所周知，“三废”是造成水质污染的主要来源，特别是工业废水，不仅直接使河流湖泊遭到严重污染，而且极易通过各种不同途径，如排污沟、污水库、污灌等渗入地下，导致地下水污染。矿压层矿、工业废渣以及城市垃圾等固体废物，也是主要污染源。农业大量使用农药、化肥，同样对水质造成不利影响。

（一）地表水水质

随着黄河三角洲经济的迅速发展，工业污水和生活污水排放量日益增加，水质污染有加重趋势。从河流水系分析，以小清河和广利河污染最为严重，综合污染超过国家Ⅴ类标准。湖泊水库氮、磷营养盐超标，潜在水质富营养化的危险。陆源污染和油气开发形成的石油类污染，导致近海海域水质下降，海水养殖超容量发展，使养殖海域富营养化。

根据 2009 年黄河三角洲地区河流与水库各监测断面年度 12 次水质监测数据，并统计出 2009 年各断面水质类别数量的汇总，见表 4 - 3。2009 年监测的 35 个河流断面中，符合国家《地表水环境质量标准》Ⅲ类水质标准断面 3 个，占监测断面比例为 8.6%；Ⅴ类水质断面 9 个，占监测断面的 25.7%；劣Ⅴ类水质断面 23 个，占监测断面的 65.7%。

表 4 - 3　研究区 2009 年河流监测断面水质类别统计

统计项目	监测断面水质类别						
	Ⅰ类	Ⅱ类	Ⅲ类	Ⅳ类	Ⅴ类	劣Ⅴ类	合计
断面数(个)	0	0	3	0	9	23	35
比例(%)	0	0	8.6	0.0	25.7	65.7	100

由黄河三角洲高效生态经济区 2009 年河流各断面主要超标因子和超标倍数数据，分析可知监测的 35 个断面中，化学需氧量超标的有 26 个，超标频率为 74.3%；五日生化需氧量超标的有 23 个，超标频率为 65.7%；高锰酸盐指数超标的有 19 个，超标频率为 54.3%；其他超标因子还有溶解氧、氨氮、氟化物、汞、挥发酚和石油类。2009 年监测断面的主要污染物是化学需氧量、五日生化需氧量和高锰酸盐指数和氨氮，年均值超标严重的断面是：东营市支脉河的陈桥，石油类的超标倍数为 24.60 倍；潍坊市小清河的羊口，石油类的超标倍数为 17.50 倍；东营市阳河的苏庙闸，氨氮的超标倍数为 9.26 倍（具体数据见第五章）。

（二）地下水水质

浅层含水层与深层含水层间多分布有分布较稳定、厚度较大的弱透水层，所以深层地下水防污能力较强。调查水分析资料表明，深层地下水目前尚未受人为污染，浅层地下水防污能力较弱,大部分地区遭到了不同程度的污染。

地下水污染主要集中于各排污河附近、老油田区和潍北区段,以小清河和淄河附近污染最为严重,以重度污染为主。另外,部分县市的城区附近地下水也存在污染现象。其中广饶县的污染面积占整个县面积的9.75%,博兴县的污染面积占整个县面积的11.49%,滨州市和东营市的污染面积分别占整个县面积的4.65%、3.88%等。

从滨州市和东营市的地质环境监测报告中可以获知,小清河和淄河附近区域的浅层地下水阳离子特征为重碳酸硫酸氯化物型,阳离子为钠钙镁型,污染物主要以有机化合物为主,污染的原因主要有三个方面:一是小清河水的侧渗,二是引小清河水灌溉,三是其他河道污水的渗漏。

东营市和垦利县城区西侧地下水水质污染严重,主要原因是该区域是胜利油田主要石油开发区,东营市的主要工业企业也在区内,地下水受到不同程度污染,主要污染物为油、挥发酚和重金属镉、铅等。

三、水资源开发利用现状

(一)供水量

1. 供水结构

多年来,黄河三角洲现状供水总量为37.8亿m^3,其中地表水供水量为5.7亿m^3,占供水总量的15.0%,地下水供水量为10.3亿m^3,占供水总量的27.1%;客水资源供水量为21.7亿m^3,占供水总量的53.4%(表4-4)。客水资源(主要指引黄河水)在黄河三角洲地区具有重要性。其中,东营市、滨州市、乐陵市、庆云县、高青县主要依赖于黄河客水资源,而莱州市、昌邑市、寒亭区和寿光市,主要依赖地下水资源供水。

表4-4 研究区现状供水情况表 单位:亿m^3

地区名称	地表水	地下水	客　水	其他水源	合　计
莱州市	0.2	1.7			1.9
昌邑市	0.4	1.2	0.6		2.2
寒亭区	0.28	0.14			0.42
寿光市	0.4	1.67	0.1	0.12	2.28
东营市	1.11	0.85	7.8		9.76
东营区					
河口区					
广饶县	1.53	1.01	0.92		3.46
利津县	0	0	2.21	0.24	2.45
垦利县					
滨州市	1.13	2.54	11.12	0.09	14.87

（续表）

地区名称	地表水	地下水	客　水	其他水源	合　计
滨城区	0.07	0.15	1.98	0	2.19
惠民县	0.11	0.51	1.7	0	2.32
阳信县	0.1	0.19	1.56	0	1.84
无棣县	0.14	0.02	1.92	0.06	2.13
沾化县	0.4	0	1.5	0.01	1.91
博兴县	0.32	0.76	0.9	0.02	2
邹平县	0	0.91	1.56	0	2.47
乐陵市	0.55	0.96	1		2.7
庆云县		0.25	0.9		1.15
高青县	1.62	0.94	1.37		2.56
合　计	5.68	10.25	21.72	0.20	37.85

资料来源：黄河三角洲各县（市、区）水利局供水数据。

2. 供水设施及供水能力

黄河三角洲大部分地区为平原地区，海拔高程低，地面坡度平缓，地下水埋深浅，矿化度高，当地水资源匮乏。黄河水是黄河三角洲最主要的客水资源，决定着该地区的经济发展命脉。但是，自1972年开始黄河出现断流，特别是进入20世纪90年代，黄河断流时间越来越早，断流天数越来越多，使东营市、滨州市、高青县等各县（市、区）工农业生产及人民生活用水发生困难，水资源供需矛盾日益加剧。再加上1999年国家对黄河水实行统一调度，保证黄河不断流，以维持河口生态用水，由此进一步加剧了黄河三角洲的供用水矛盾，黄河水已可用不可靠。为了彻底解决该地区的用水矛盾，东营、滨州、高青等各县（市、区）区内建设了大批的平原水库及河道拦蓄工程，利用有限的黄河水调剂当地水资源。

截至2008年底，黄河三角洲共有大、中、小型河道80多条，河道总长度约3 000 km；建成大、中、小型水库700多座，总库容15.85亿m^3。其中，大型水库1座，总库容1.14亿m^3，中型水库49座，总库容9.67亿m^3。建成各类河道拦蓄工程143座，总拦蓄水量为4亿m^3；万亩以上灌区56处，灌溉面积约68.33万hm^2，其中，列入国家2万hm^2以上的大型灌区11处，灌溉面积约52.60万hm^2；机井14万眼，灌溉面积约25.47万hm^2；塘坝2 360座，灌溉面积约3.47万hm^2。

但目前，黄河三角洲有几十座中、小型病险水库需除险加固；大部分河流堤防标准低、质量差，存在着严重的防洪隐患；农村水利基础设施建设仍显薄弱，大型灌区的骨干建筑物完好率不到60%；已建的排灌站工程普遍存在标准低、老化失修严重，效益衰减等问题，农业抗御自然灾害能力明显不足；农业灌溉水利用系数为0.55，远低于先进国家的水平。

多年来，黄河三角洲供水能力达 218.5 万 m^3/d，其中地下水供水能力为 49.5 万 m^3/d，占总供水能力的 22.7%。东营市供水能力为 122 万 m^3/d，其中地下水 2 万 m^3/d，仅占总供水能力的 1.64%；滨州市供水能力为 46.2 万 m^3/d，其中地下水仅为 11 万 m^3/d，占总供水能力的 23.81%，地下水供水能力相对较低（表 4-5）。

表 4-5 黄河三角洲供水能力表（多年平均）

县区名称	综合生产能力（万 m^3/d）	
	合 计	其中，地下水
莱州市	15	3.5
寿光市	12.3	12.3
昌邑市	11.2	11.2
东营区	106.5	2
垦利县	6	0
利津县	2	0
广饶县	7.5	0
滨城区	18.7	0
惠民县	5.8	0.8
阳信县	1.5	0
无棣县	6.5	0
沾化县	2.5	0
博兴县	3.2	3.2
邹平县	8	7
庆云县	1.9	0.4
乐陵市	8	8
高青县	1.9	1.1

资料来源：省建设厅基础数据。

（二）用水量

近几年来，黄河三角洲现状总用水量为 37.9 亿 m^3，其中农业用水量为 30.5 亿 m^3，占用水总量的 80.4%；工业用水量为 4.3 亿 m^3，占用水总量的 11.3%；生活用水量为 2.6 亿 m^3，占用水总量的 6.8%；生态环境用水量为 0.6 亿 m^3，占用水总量的 1.5%（表 4-6）。农业用水在黄河三角洲地区用水结构中所占比重最大，生活用水和生态环境用水比例较低。可以预见，随着黄河三角洲高效生态经济区建设的加快，工业用水和生态环境用水在用水结构中的比重将不断提高。

表4-6 研究区现状用水分析表

单位：亿 m^3

地区名称	农业用水	工业用水	生活用水	生态环境用水	合 计
莱州市	1.55	0.19	0.17	0	1.9
昌邑市	1.2	0.8	0.2	0	2.2
寒亭区	0.24	0.13	0.06	0	0.42
寿光市	1.8	0.31	0.18	0	2.29
东营市	6.83	1.31	0.68	0.3	9.12
东营区					
河口区					
广饶县	2.62	0.51	0.08	0.25	3.46
利津县	1.81	0.51	0.12	0.02	2.45
垦利县	1.21	0.28	0.11	0.01	1.6
滨州市	13	0.9	0.8	0.17	14.87
滨城区	1.59	0.29	0.2	0.12	2.19
惠民县	2.19	0.01	0.12	0	2.32
阳信县	1.67	0.09	0.08	0	1.84
无棣县	1.93	0.11	0.08	0	2.13
沾化县	1.82	0.05	0.04	0	1.91
博兴县	1.76	0.14	0.08	0.03	2
邹平县	2.04	0.21	0.2	0.02	2.47
乐陵市	2.28	0.03	0.2	0.02	2.54
庆云县	1.75	0.08	0.08	0.08	1.98
高青县	1.81	0.53	0.23	0	2.56
合 计	30.45	4.28	2.59	0.57	37.88

资料来源：黄河三角洲各县（市、区）用水数据。

（三）水资源开发利用程度

由表4-7可知，现状条件下，黄河三角洲供水总量为37.85亿 m^3，需水总量为37.88亿 m^3，二者相差0.05亿 m^3，供水量与需水量基本相等，说明该区域水资源供需基本达到平衡，供水能力基本能够满足国民经济的需水要求。从不同县（市、区）的现状供需水的情况来看，莱州市、昌邑市、寒亭区、广饶县、利津县、滨州市的所有县（市、区）、高青县等地区的供水量与需水量相等，达到平衡；东营市和乐陵市的现状供水量大于需水量，而寿光市和庆云县则表现为缺水状态。其中，庆云县缺水形势最为严重，缺水程度达41.9%，是该地区经济社会发展的关键制约因素。

表 4-7 研究区现状供需水分析 单位：亿 m^3

地区名称	供水量	需水量	余缺量(±)	余缺率(±,%)
莱州市	1.9	1.9	0	0
昌邑市	2.2	2.2	0	0
寒亭区	0.42	0.42	0	0
寿光市	2.28	2.29	-0.01	-0.4
东营市	9.76	9.12	0.64	7.0
东营区				
河口区				
广饶县	3.46	3.46	0	0
利津县	2.45	2.45	0	0
垦利县		1.6		0
滨州市	14.87	14.87	0	0
滨城区	2.19	2.19	0	0
惠民县	2.32	2.32	0	0
阳信县	1.84	1.84	0	0
无棣县	2.13	2.13	0	0
沾化县	1.91	1.91	0	0
博兴县	2	2	0	0
邹平县	2.47	2.47	0	0
乐陵市	2.7	2.54	0.16	6.3
庆云县	1.15	1.98	-0.83	-41.9
高青县	2.56	2.56	0	0
合　计	37.85	37.88	-0.05	-0.1

资料来源：黄河三角洲各县(市、区)水利(务)局供水与用水数据。

第二节　水资源承载力评价方法

一、概述

在充分对黄河三角洲高效生态经济区水资源开发利用现状及水资源供需平衡分析的基础上，运用模糊综合评判法对黄河三角洲地区水资源承载力进行了评价研究，具体研究步骤如下：

（1）基础资料的收集。收集与黄河三角洲水资源承载力相关的社会、经济、水资源、水环境、地质、生态等各方面的基础资料，收集黄河三角洲水资源规划、国土规划、经济社会发展规划、生态环境保护规划等相关研究成果和文献资料。

（2）黄河三角洲水资源及其开发利用现状。分析黄河三角洲的降水、地表水、地下水资源特征，确定地表水和地下水资源量、水资源总量、地表水和地下水的可利用量大小；分析各地市水资源开发利用现状，以及水资源开发、经济社会发展所带来的各种环境影响和危害。

（3）黄河三角洲在规划水平年的需水预测。预测在未来时期黄河三角洲的生活需水量、工业需水量、农业需水量、生态需水量。

（4）黄河三角洲在规划水平年的可供水量预测。分析黄河三角洲的水资源开发利用潜力，预测在未来时期地表水、地下水和其他水源的可供水量。

（5）黄河三角洲水资源承载力计算与模型研究。

（6）黄河三角洲水资源承载力的计算与评价。

（7）研究提高黄河三角洲水资源承载力的水资源合理配置方案。设计多个水资源配置方案，在对各方案评价和比选的基础上提出推荐方案。

（8）结合水资源配置方案情景分析结果，分析并选择在水资源承载力控制目标下的经济社会合理发展模式。

（9）依据水资源配置方案情景分析结果，提出今后提高黄河三角洲水资源承载力的非工程措施体系与重大水利工程总体布局建议。

二、水资源承载力的界定

水资源承载力（Carrying Capacity of Water Resources，CCWR）研究，是开展区域水资源保护规划工作和实现人水和谐发展的基础。到目前为止，国际上很少有专门以水资源承载力为专题的研究报道，大都将其纳入可持续发展的范畴，进行经济社会与水资源、生态环境可持续发展研究。近年来，我国由于面临巨大的经济社会发展和水资源短缺、生态环境恶化的压力，对水资源问题的认识也日益提高，因此逐步演化出“水资源承载力”这一概念，并正成为资源与环境研究领域一个新的热点。

现从国内外学者中关于水资源承载力的研究观点中选取几种比较有代表性的定义。

一个国家或地区的水资源承载力是指在可以预见的期间内，利用水资源和智力、技术等条件，在保证符合其社会文化准则的物质生活水平条件下，该国家或地区能持续供养的人口数量。（联合国教科文组织）

某一地区的水资源，在一定社会历史和科学技术发展阶段，在不破坏社会和生态系统的前提下，最大可承载的农业、工业、城市规模和人口的能力，是一个随着社会、经济、科学技术发展而变化的综合目标。（施雅风）

在一定的技术经济水平和社会生产条件下，水资源中最大供给工农业生产、人民生活

和生态环境保护等用水的能力，也即水资源最大开发容量。（许有鹏）

某一区域的水资源条件在自然—人工二元模式影响下，以可以预见的技术、经济、社会发展水平及水资源的动态变化为依据，以可持续发展为原则，以维护生态环境良性循环发展为条件，经过合理优化配置，对该地区社会经济发展能提供的最大支撑能力。（惠央河）

在一定的流域或区域内，其自身的水资源能够持续支撑经济社会发展规模，并维系良好的生态系统的能力。（汪恕诚）

在一定的水资源开发利用阶段，满足生态需水的可利用水量能够维系该地区人口、资源与环境有限发展目标的最大的社会—经济规模。（夏军、朱一中）

提供给社会与经济的潜在水量中对工业、农业、城市等部门发展支撑的那部分水量。（刘吕明）

上述组织或学者的论述虽然各有不同，但仍有一定的相同之处：

（1）水资源承载力的研究都是针对某个区域或流域所进行的研究。

（2）对于水资源承载力大小的表征，主要分为两大类：一是一定的水资源量能够支撑多大的人口、社会经济规模；二是支撑一定人口、社会经济规模所需的水资源量。

（3）约束条件是为了维持良好的生态环境。

水资源承载力是区域综合承载力的一个重要方面，它是指在一定区域、一定时期，维系良好生态环境最基本需求的下限目标，水资源系统支撑经济社会发展的最大规模（图4－3）。

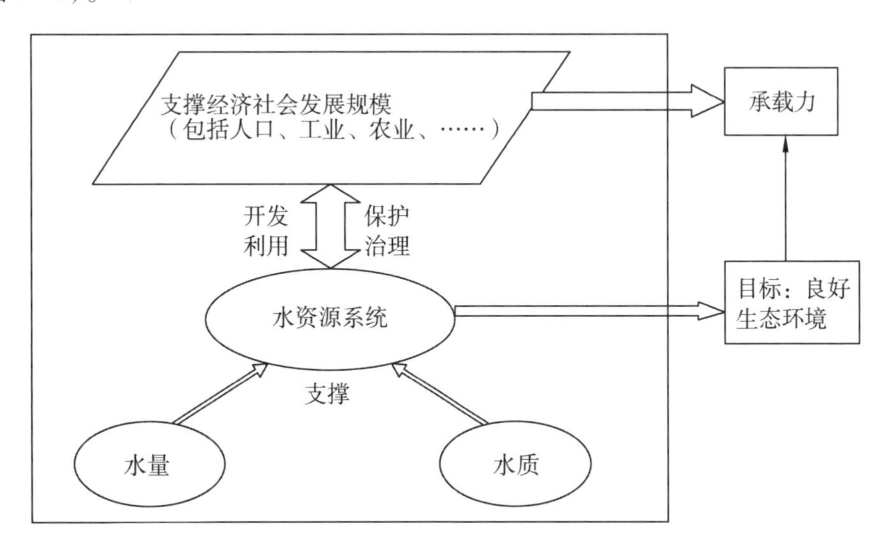

图4－3　水资源承载力计算概念图

综上所述,本次研究对区域水资源承载力定义如下:水资源承载力是指在可以预见到的期间内,在一定的生产力发展水平和技术水平下,以可持续发展原则为指导,以维护生态环境良性循环发展为条件,某一区域、流域或生态系统提供的水资源量所能够支撑的人口、社会、经济发展规模的最大能力。

第三节　水资源承载力评价

对于水资源承载力的研究,本文首先对黄河三角洲高效生态经济区在不同水平年条件下的需水量、供水量进行了预测分析和供需平衡分析,在此基础上,选用模糊综合评判的方法对研究区各个行政区现状年下的水资源承载力做出综合评价,然后再对整个研究区在不同水平年下的综合评价。

本部分关于水资源各项需水量和供水量的预测数值和水资源承载力综合评价计算中的指标值主要来自于《黄河三角洲高效生态经济区水利发展规划》《山东省统计年鉴》及各地市统计年鉴。

一、黄河三角洲高效生态经济区水资源供需平衡分析

(一)需水预测

对于黄河三角洲高效生态经济区的预测应符合当地社会经济发展的政策、趋势,以研究区的社会经济发展指标为依据,从人口、经济发展这两大驱动因子入手,在研究区具体的水资源状况和水工程条件下,结合各部门的规划、政策,以及研究区的具体情况,主要研究区域内的生活、农业、工业和生态环境需水情况,并对其特点、变化趋势进行分析,以保证研究结果的科学性、合理性。

1. 生活需水预测

研究区生活需水包括城镇生活用水和农村生活用水两大部分。生活需水的预测要充分考虑研究区内人口的发展变化、社会经济发展状况、节水技术的应用等多方面的因素。本文采用人均日用水量定额法进行生活用水量的预测。

2010 年研究区内总人口数 1 003.21 万,城镇化率为 45%;根据黄河三角洲地区城镇发展规划、省及各式规划,黄河三角洲地区将积极推进城市化进程,在中心城市、沿海港口和产业园区的依托下,形成布局合理、服务功能健全的城镇体系。预测到 2020 年,黄河三角洲高效生态经济区人口数可达 1 200 万,城镇化水平达到 67%;到 2030 年,形成 1 127 万的人口规模,城镇化率达到 71%。

2010 年,黄河三角洲地区城镇生活用水定额为 110 L/d · 人,农村生活用水定额为 70 L/ d · 人,人均生活用水定额是随着人们生活水平和生活质量的提高而增大的,依据研究区域的社会经济发展水平,参考国内外关于同类区域的生活用水定额指标和国家部

门指定的居民生活用水定额标准，拟订出研究区内各年的生活用水定额。基于此预测研究区内2020年、2030年城镇生活用水定额分别为150 L/d·人、160 L/d·人，农村生活用水定额分别为90 L/d·人、100 L/d·人。

黄河三角洲高效生态经济区在2010年的生活需水量为3.2亿 m^3；据预测，到2020年黄河三角洲高效生态经济区生活需水量为5.8亿 m^3，见表4－8。

表4－8 研究区生活需水量 单位：亿 m^3

年份	城镇生活需水量	农村生活需水量	生活总需水量
2010	1.8	1.4	3.2
2020	4.4	1.4	5.8
2030	4.0	1.3	5.3

2. 农业需水预测

农业需水量的预测采用农业综合灌溉定额法进行分析。2010年，黄河三角洲地区耕地面积为112.45万 hm^2，有效灌溉面积为74.47万 hm^2，农业综合灌溉定额为4 095 m^3/hm^2，则农业需水量31.9亿 m^3。

黄河三角洲地区属于资源型缺水地区，农业需水量的预测要充分考虑研究区的农业发展状况、耕种条件以及农业技术的进步和灌溉技术的进步等因素，依据以往实际灌溉统计资料，将调查统计、历史资料和理论计算等方法结合起来，拟定研究区在2020年、2030年的农业综合灌溉定额分别是3 900 m^3/hm^2、3 840 m^3/hm^2。根据黄河三角洲高效生态经济区规划，预计到2020年黄河三角洲地区有效灌溉面积可达77.80万 hm^2，2030年可达78.53万 hm^2。

预测到2020年黄河三角洲地区的农业需水量为30.3亿 m^3；到2030年，黄河三角洲地区的农业需水量为30.2亿 m^3，见表4－9。

表4－9 研究区农业需水量预测

年份	有效灌溉面积（万 hm^2）	农业综合灌溉定额（m^3/hm^2）	农业需水量（亿 m^3）
2010	74.47	4 290	31.9
2020	77.80	3 900	30.3
2030	78.53	3 840	30.2

3. 工业需水预测

工业需水量的大小受多种因素的影响，主要有工业发展的速度、工业结构、工业生产水平、节水用水的程度、用水管理水平、供水条件等。工业需水采用万元增加值用水量定额法进行分析。根据《黄河三角洲高效生态经济区发展规划》预测，到2020年工业增加值达到7 070亿元，万元增加值用水量为10 m^3/万元，则黄河三角洲高效生态经济区工业需水预测结果见表4－10。

表 4－10　研究区工业需水预测值

年份	工业增加值(亿元)	万元增加值需水量(m^3/万元)	工业需水量(亿 m^3)
2010	3 481	16	5.57
2020	7 070	10	6.92
2030	8 864	7	6.20

4. 生态需水预测

所谓生态需水量，是指为了维持和改善给定区域的生态环境质量，以及保持区域内生态系统的平衡稳定所需要的总水量。黄河三角洲高效生态经济区作为我国最后开发的一块三角洲经济区，生态系统类型独特，生态环境得天独厚，生物资源丰富，拥有中国乃至世界暖温带唯一一块保存最完整、最典型、最年轻的湿地生态系统。区域内有两个国家级自然保护区(山东黄河三角洲国家级自然保护区、滨海贝壳堤岛湿地国家级自然保护区)及潍坊径柳林、莱州湾、大声湖、麻大湖、芽庄湖、青纱湖等重要的湿地保护区。根据有关规定，在规划水平年，黄河三角洲国家级自然保护区将进行调整，扩大面积和规模，调整滨州海岸湿地保护区的面积并晋升国家级；新建利津刁口湾和广饶支脉河口湿地及野生动物省级自然保护区；实施黄河三角洲、潍坊莱州湾、滨州渤海湾 3 项湿地恢复工程，对区内 11.6 万 hm^2 退化和破坏的湿地进行恢复和重建，全面维护湿地生态系统的生态特征和基本功能，促进湿地资源的良性循环和可持续发展。

秉承全系统优化原则、多功能协调原则，结合研究区内经济社会发展水平、水资源开发利用状况、水资源演变情势等，确定切实可行的生态环境保护、修(恢)复和建设目标，分别进行河道外和河道内的生态环境需水量的预测。河道外生态环境需水量参与水资源的供需平衡分析，而河道内生态环境需水量不参与水资源的供需平衡分析。

依据《黄河三角洲高效生态经济区发展规划》，为保护三角洲地区独特的水生态系统，实现人与自然和谐相处，必须保留足够的生态用水量。考虑逐步满足黄河三角洲地区各项生态补水需要，维护湖泊湿地健康生命，保持良好生态环境，估算研究区在 2010 年、2020 年、2030 年的生态需水量分别为 0.55 亿 m^3、2.60 亿 m^3、3.62 亿 m^3。

5. 不同水平年需水预测结果及分析

以 2010 年为基准年，根据黄河三角洲高效生态经济区各项发展规划，参考多方面资料与数据，选用科学的方法，综合上述计算结果，将需水量的预测结果列表(表 4－11)。

表 4－11　不同水平年需水预测结果　　单位：亿 m^3

水平年	生活需水	农业需水	工业需水	生态需水	总需水
2010	3.2	31.9	5.57	0.55	41.22
2020	5.8	30.3	7.07	2.60	45.77
2030	5.3	30.2	6.20	3.62	45.32

由以上不同水平年需水预测成果可以看出，由于区域经济的持续快速发展、城镇化和工业化的稳步推进、人民生活水平和生活质量不断提高、生态环境的改善等原因，未来全社会总需水量呈缓慢增长态势，需水量的增加速度在降低，增幅逐渐减小，2010—2020 年增幅为7.5%，2020—2030 年增幅降到3.2%。这是由于农业灌溉节水设备的利用、各项节水措施及污水重复利用的增加，使得总需水量的增幅降低。其中，生活需水、工业需水、生态需水均有一定幅度的增加，增长率逐步减小；农业需水量最大，但是呈逐步下降的趋势。

农业需水是所有需水中消耗量最大的，但从2010—2030 年农业需水量一直呈递减趋势。由2010 年的31.9 亿 m^3 递减到2020 年的30.3 亿 m^3，到2030 年降到30.2 亿 m^3。农业需水在所有需水量中的比例也呈递减趋势，由2010 年的77%降到2020 年的69%，到2030 年降为66%。这是因为随着各项农业技术的提高，农田灌溉定额逐渐降低，农业耗水系数得到提高，农业需水量开始减少，农业需水量占总需水量的比例也开始下降。

生活需水量呈现出逐渐增加的趋势，由2010 年的3.2 亿 m^3 增加到2020 年的5.8 亿 m^3，到2030 年生活需水量达到5.3 亿 m^3，增幅显著。这是由于随着人们生活水平的提高，城镇和农村的人均生活用水定额都在不断增加，同时，黄河三角洲地区的人口数量是呈增加趋势的，这就导致该区域的生活需水总量不断增加。

工业需水量呈增加趋势，因为该区域工业万元产值用水定额减少的幅度小于工业总产值用水量增加的幅度，但是增加速度逐渐减缓。2010—2020 年增幅为1.3%，2020—2030 年增幅明显减小。这是由于在2010—2020 年，黄河三角洲地区的工业仍处于高速增长阶段，2020—2030 年研究区的工业逐渐趋于稳定发展阶段，增幅减缓。

生态环境需水是需水量最少的一个主体，在总需水量的比例中也是最小的，但是在研究区内的各项环保措施的实施、人们对于生态环境保护意识的提高，生态需水量呈逐年增加的趋势，增加显著。

（二）供水预测

黄河三角洲高效生态经济区的供水水源主要包括地表水、地下水、客水以及非常规水源（包括污水回用、海水利用、微咸水利用等）。随着区域经济的不断发展，黄河三角洲地区的地表水、地下水开发利用率在逐渐增大，目前，研究区当地的水资源开发利用潜力已经不大。今后，研究区供水量的增加将主要依靠客水——黄河水和南水北调东线调来的长江水，以及非常规水源。

1. 地表水可供水量

黄河三角洲高效生态经济区多年平均地表水资源量为17.3 亿 m^3。2010 年，研究区当地的地表水开发利用率为33.2%，地表水开发利用率水平已经较高，虽然尚未达到国际公认的维持河流健康生命的40%的开发利用率水平，但是，黄河三角洲地区主要是滨海平原地区，地表水拦蓄利用难度较大，因此该区域内的地表水开发利用潜力已不大。水资源的优化配置，水系联网工程的建设，部分水库、拦河琐等蓄水工程的新建、改扩建，现有水库的加固，当地地表水和过境洪水的拦蓄等将成为该区域未来地表水开发利用的方向。

依据黄河三角洲高效生态经济区有关规划，2030 年前，黄河三角洲地区拟新建、改建各类拦河坝 128 座，总拦蓄能力达 3.57 亿 m^3，并且对 64 座山丘区水库进行除险加固工程。经计算，以上工程实施后，2020 年、2030 年研究区地表水可供水量分别为6.02 亿 m^3、6.32 亿 m^3，分别比现在年增加 0.28 亿 m^3，0.58 亿 m^3 见表 4－12。

表 4－12　研究区地表水可供水量　　单位：亿 m^3

年份	2010	2020	2030
地表水可供水量	5.74	6.02	6.32

2. 地下水可供水量

地下水可供水量与区域内地下水资源可开采量、机井提水能力、开采范围和用户的需水量等有关，地下水可供水量计算公式为：

$$W_{可供} = \sum_{i=1}^{t} \min(H_i, W_i, X_i)$$

式中　H_i 为 i 时段机井提水能力；W_i 为 i 时段当地地下水资源可开采量；X_i 为 i 时段用户的需水量；t 为计算时段数。

2010 年，黄河三角洲地区共有机电井 14.01 万眼，经计算，地下水供水量为 10.3 亿 m^3。

黄河三角洲地区存在着区域开发不均衡的状况，部分地区的地下水开发程度已达到可开发的最大限度，此部分的地下水可供水量不再增加；对于已经超过开发限度的地区，特别是对于严重超采区，必须禁止开发；对于尚有开发潜力的地区进行适当局部开采，以保证该区域内的浅层地下水得到合理开发利用，且不超过浅层地下水可开采利用量。

根据规划，本着涵养地下水源、保护生态和作为水资源战略储备的原则，2020 年以前，在对地下水超采区采取压采措施的同时，黄河三角洲地区内拟新增机井 7 819 眼，使超采区地下水达到采补平衡。预计 2020 年、2030 年区域内地下水可供水量分别为 10.6 亿 m^3、9.6 亿 m^3，分别比现状年增加 0.3 亿 m^3、－0.7 亿 m^3，见表 4－13。

表 4－13　研究区地下水可供水量　　单位：亿 m^3

年份	2010	2020	2030
地下水可供水量	10.3	10.6	9.6

3. 客水可供水量

(1) 黄河水

黄河作为黄河三角洲地区最重要的客水来源，对于当地的农业灌溉、工业生产用水及日常生活用水具有重要作用。近年来，平均引黄量占多年平均总供水量的一半以上，充分合理地利用好黄河水对该区有至关重要的意义。

根据山东省水利厅、山东省黄河河务局鲁水资号〔2010〕3号文件“关于印发山东境内黄河及所属支流水量分配暨黄河取水许可总量控制指标细化方案的通知”,全省各市共分配黄河干流引水指标65.03亿m^3,黄河三角洲地区分配的黄河水量指标为20.27亿m^3,2010年研究区内的黄河水供水量为18.2亿m^3。

鉴于黄河水来水年际变化大的特点,要提高黄河水供水保证程度,必须加强建设黄河水的调蓄工程,实现黄河水冬引春用、丰蓄枯用,跨年度调节,充分合理用好黄河水。

黄河三角洲现状已建设引黄需水平原水库410座,总库容11.89亿m^3,兴利库容达10.52亿m^3。依据黄河三角洲地区规划,到2020年,新建引黄平原水库21座,改、扩建水库48座,实现总库容达到7.80亿m^3,兴利库容15.43亿m^3。据此,预计到2020年,黄河水供水量达到19.1亿m^3,2030年黄河水供水量为20.27亿m^3。

(2)南水北调东线工程调引的长江水

南水北调东线工程规划分三期实施。从长江下游扬州江都抽引长江水,利用京杭大运河及与其平行的河道逐级提水北送,出东平湖后分两路输水:一路向北,在位山附近经隧洞穿过黄河;另一路向东,通过胶东地区输水干线经济南输水到烟台、威海。

山东省将南水北调东线调取的长江水主要用于供给城市和工业用水,供水保证率为95%。根据《南水北调工程总体规划》及山东省供水区内各市的承诺水量,南水北调东线一期工程山东省调取的长江水为16.47亿m^3(保证率95%的情况下),其中黄河三角洲地区调水水量为4.65亿m^3、5.15亿m^3,见表4-14。

表4-14 研究区客水供水量预测 单位:亿m^3

年份	黄河水供水量	长江水供水量	客水供水量
2010	18.20	0	18.20
2020	19.10	4.65	23.75
2030	20.27	5.15	25.42

4.非常规水可供水量

非常规水源有别于传统意义上的地表水、地下水的(常规)水资源,是指经过处理后可以再生利用的水资源,包括雨水、再生水(经过再生处理的污水和废水)、海水、空中水、矿井水、苦咸水等。黄河三角洲高效生态经济区当地水资源先天不足,对黄河水依存度高,调引外域水源的成本较高,因此,加强非常规水的开发利用成为缓解黄河三角洲地区水资源不足的重要途径。

(1)污水处理回用

污水处理回用是将废水或污水经二级处理和深度处理后重新用于工业生产或生活杂用。随着城市人口的增加,工业的发展,废污水的排放量逐年增加。污水回用不仅可以缓解淡水资源不足的状况，而且减少了污水和废水对水环境的污染，具有重要的环境、经济效益。

现状年城市污水集中处理率约为78%，回用率约为28%，则2010年黄河三角洲地区污水回用量为0.51亿m^3。根据黄河三角洲不同水平年工业及城市废污水排放情况、污水集中处理回用设施建设情况等，预测污水处理回用量。根据山东省水污染防治、污水集中处理及回用等有关规划及计划资料，结合区域污水处理能力及回用现状，确定2020年、2030年研究区污水集中处理率分别为80%、85%，污水回用率分别为30%、35%。经计算，2020年、2030年区域内污水回用量分别为1.12亿m^3、1.96亿m^3。

（2）海水利用

黄河三角洲高效生态经济区北临渤海，海岸资源丰富，具备利用海水资源的有利条件。充分利用海水资源，以缓解当地淡水资源短缺的问题，对于解决研究区水资源问题具有重要的现实意义和战略意义。海水利用主要分为直接利用和淡化利用两种。

目前，海水直接利用主要是用做工业冷却用水，大力推行直接用海水代替淡水进行海水直流冷却和循环冷却，这是海水利用的重中之重，潜力巨大。另外，在沿海城市，可将海水用于家庭冲厕用水、消防及人工喷泉等对于水质没有严格要求的行业。

海水淡化即利用海水脱盐生产淡水。目前国内外海水淡化技术已非常成熟，成本也在不断降低，而且完全可以大规模地建设使用，未来可在黄河三角洲地区适宜的地方建设海水淡化生产企业，这将成为解决研究区内水资源紧缺状况的重要补充措施。

2010年研究区内海水替代淡水量约0.22亿m^3。规划2020年前黄河三角洲海水淡化规模达到4万m^3/d，海水直接利用量达到20亿m^3。预测到2020年、2030年海水替代淡水量年均分别达到0.45亿m^3、0.65亿m^3。

（3）其他非常规水源

其他非常规水源主要包括微咸水利用、洪水利用、坑矿水利用等。此部分所能提供的可用水资源量较少，2010年约为0.05亿m^3。预测2020年、2030年其他非常规水源平均供水量为0.10亿m^3、0.20亿m^3见表4-15。

表4-15 研究区非常规水供水量预测 单位：亿m^3

年份	污水利用	海水利用	其他非常规水	总计
2010	0.51	0.22	0.05	0.78
2020	1.12	0.45	0.10	1.67
2030	1.96	0.65	0.20	2.81

5. 不同水平年供水预测结果及分析

综合上述预测结果，以2010年为现状年，预测2020年、2030年的供水量，具体见表4-16。

表 4－16　不同水平年研究区供水预测结果

年份	地表水	地下水	客水	非常规水	总供水量
2010	5.74	10.3	18.20	0.78	35.02
2020	6.02	10.6	23.75	1.67	42.04
2030	6.32	9.6	25.42	2.81	44.15

通过以上分析可以看出，通过进一步开发地表水，合理开发利用地下水，充分用好黄河水，利用南水北调东线调引的长江水以及加大非常规水的开发利用等措施的实施，研究区的供水量有了增加，为黄河三角洲高效生态经济区的发展提供了一定的保障。

（三）水资源供需平衡分析

依据黄河三角洲高效生态经济区规划，参照水资源合理配置系统模型，在充分合理开发研究区水资源利用潜力分析的基础上，进行不同水平年水资源供需平衡分析，成果见表 4－17。

表 4－17　研究区水资源供需平衡分析表

年份	总需水量（亿 m^3）	总供水量（亿 m^3）	余缺水量（亿 m^3）	缺水率（%）
2010	41.22	35.02	－6.20	15.04
2020	45.77	42.04	－3.73	8.15
2030	45.32	44.15	－1.17	2.58

由水资源供需平衡分析结果可以看出，不同水平年，水资源的需水量、供水量、余缺量是不同的。其中，需水量、供水量都是呈现增加的趋势，余缺量在减少。这说明，随着经济社会的发展，研究区对于水资源的需求量不断增加；同时，通过地表水和地下水的合理开发、客水的引入、非常规水利用技术的进步等多项措施的实施，研究区的供水潜力充分合理的开发，使得其供水量增加，以满足当地社会、经济、人口等发展的需要。

2010 年，研究区缺水量达 6.20 亿 m^3，缺水率为 15.04%。随着各项优化水资源配置措施的实施，区域的缺水状况不断好转。预测到 2020 年，缺水量为 3.73 亿 m^3，缺水率为 8.15%；到 2030 年，由于各项供水量的进一步增加、用水效率的不断提高，缺水率进一步下降，约为 2.58%。研究区的供水量不能满足对于水资源的需求，会对区域经济发展产生一定的限制作用。因此，今后应加大节水措施的实施力度，提高水资源的利用效率，以保证研究区的国民经济发展。

二、黄河三角洲高效生态经济区水资源承载力计算

（一）水资源的承载力计算方法评述

水资源的承载力的研究方法是在坚持可持续发展原则的条件下，依据区域的社会经济发展状况，运用科学合理的研究方法建立数学模型，分析区域的水资源状况。最初对于

水资源承载力的研究指标比较单一，且仅进行简单的静态分析，经过几十年的研究，发展到如今的多目标、动态综合分析。目前，研究水资源承载力的方法很多，比较有代表性的主要是常规趋势法、背景分析法、模糊综合评价法、系统动力学法及多目标分析法等。

1. 常规趋势法

该方法依据区域的可开采水量，以满足维持生态环境的基本要求为前提，合理分配国民经济各部门的用水比例，统计分析区域水资源现状和所能承载的工农业及人口的最大阈值。

2. 背景分析法

该方法主要是运用对比分析的原理，在一定历史时段内，对自然条件、社会发展状况相似的研究区域进行对比，以此分析出对比区域的承载能力。

3. 模糊综合评价方法

该方法首先选取对水资源承载能力有影响的各个因素，并进行单因素评价，在此基础上，将这些单因素组合建立起一个综合的评价指标体系，通过综合评判矩阵对区域水资源承载能力进行多因素综合评价。

4. 系统动力学法

该方法最早是由美国麻省理工学院 ForresterJW 创立的一门分析研究信息反馈的学科，基于系统动力学的水资源承载力模型，通过微分方程组来模拟预测社会经济、生态、环境和水资源系统多变量、非线性、多反馈与复杂反馈等过程，把经济社会、资源与环境在内的大量复杂因子作为一个整体，对一个区域的资源承载能力进行动态计算。

5. 多目标分析法

该方法选取能够反映研究区水资源承载力的社会与环境的若干目标，而影响这些目标的主要因素具有相互依存、相互制约的关系，在社会可持续发展原则的基础上，按照整体性原则，追求研究区整体的最优。

水资源的承载力评价的方法很多，每种方法都有其优势，也都存在着一定的缺陷。

通过以上对各种评价方法的评述及其优缺点的比较，根据研究区的自然、社会、经济、人口等实际情况，本次研究选用模糊综合评价法作为研究黄河三角洲高效生态经济区水资源的承载力的方法。虽然模糊综合评价法自身存在着一定的不足，但该方法在单因素分析的基础上建立综合评价指标体系，通过综合评价矩阵对研究区的水资源的承载力进行综合研究，在评价过程中尽量克服信息丢失、因子权重主观赋值等不足，力求可以较为全面地分析出研究区的水资源承载力状况。

（二）水资源承载力评价指标体系的建立

1. 指标选取的原则

综合评价研究区水资源承载力所选取的各项指标是进行定量评价的基础、判断依据。参考前人的研究，对于指标的选取必须坚持以下这些原则：

(1)指标的选取要有坚持科学性、相对独立性、层次性等原则。要在科学的基础上进行指标和数据的选取,所选指标必须能够反映研究区的水资源状况和发展趋势,以保证预测内容合理;各个指标要相对独立,尽量避免指标间信息的重复;建立若干子系统,由多层子系统构成总的系统。

(2)依据评价目标进行指标的选取,评价指标要尽量简洁,避免烦琐。

(3)指标体系的构建是为了衡量人类社会经济及生态环境与当地水资源的关系的,因此所选指标必须是可以度量的,具有可操作性。

(4)指标体系的建立要兼顾区域性和综合性的原则。水资源承载力研究是以一定区域为主体目标进行综合评价,研究区可以是行政区域,也可以是流域,评价时不仅要考虑水资源本身的状况,还要注意区域的社会、经济、人口等因素,力求指标全面,评价合理。

2. 水资源承载力评价指标体系的建立

水资源承载力评价指标体系的建立是水资源承载力研究中的一个关键问题。由于水资源承载力受到多种因素的影响,且涉及多个方面,所以不同的学者所选指标不尽相同。

根据水资源承载力指标选取原则,结合研究区的具体情况,在充分考虑研究区的社会经济与生态系统相互作用的关系的基础上,将水资源承载力的评价指标体系分为4大类:水资源条件、供水状况、需水情况和生态环境状况。在各类指标体系中先拟订几个比较有针对性和代表性,且具有可比性、易于量化的待选指标,见表4-18。

表4-18 水资源承载力综合评价指标

分类	水资源条件类	供水类	需水类	生态环境类
指标	人均水资源量 产水模数 干旱指数 地表径流模数 地下水补给模数	人均可供水量 水资源利用率 供水率 地下水开采率 供水模数 供水总量	城镇人口需水量 农村人口需水量 万元产值需水量 人均需水量 生活用水定额 工业用水重复率 耕地灌溉率 需水模数 需水总量	污水回用率 河道污染率 生态环境用水率

3. 评价指标的选取

如果仅从供需平衡角度简单地对研究区水资源承载力进行分析,不能准确地反映该地区水资源承载力,必须对影响本区水资源供需的主要指标做出全面分析,才能对水资源承载力做出多要素的综合评价。

影响供需平衡的指标是多方面、多角度、多层次的,可在表4-19待选指标体系的基础上,采用灰色关联模型对指标进行分析、蹄选,选取若干代表性好、针对性强、易于量化、便于相互比较、能反映研究区水资源特点的指标。

(1)参考指标及比较指标的确定

水资源承载力与水资源开发利用程度密切相关,在23个待选指标中,水资源利用率作为其第一影响因素,指定为第一参考指标。为了突出生态需水的重要性,将生态环境需水率作为其第二影响因素,指定为第二参考指标。其余21个指标作为待选比较指标,记作 $X_i(k)$ $(i=1,2,\cdots,m,m$ 为比较指标的个数)。

(2)比较指标的无量纲化

在水资源承载能力指标体系中,待选指标涉及水资源系统的各方面,量纲不统一,不便于进行比较计算,必须进行无量纲化处理。本文采用均值法,即所有数据均用其平均数除,从而得到一个新数列。

(3)关联系数的计算

各比较指标 $x_{i(k)}$ 对参考指标 $x_{o(k)}$ 的灰色关联系数计算模型为:

$$\zeta_i=\frac{\min_j\min_k|x_{o(k)}-x_{i(k)}|+\rho\max_j\max_k|x_{o(k)}-x_{i(k)}|}{|x_{o(k)}-x_{i(k)}|+\rho\max_j\max_k|x_{o(k)}-x_{i(k)}|}$$

式中 $\rho\zeta$ 为分辨系数,一般在0~1之间选取;$\min_j\min_k|x_{o(k)}-x_{i(k)}|$ 为 i、k 两级的最小差;$\max_j\max_k|x_{o(k)}-x_{i(k)}|$ 为 i、k 两级的最大差。

(4)关联度的计算

由于计算出的关联系数很多,信息过于分散,不便于比较,为此有必要将各分区的关联系数集中处理为一个值,求平均值便是这种信息处理的一种方法。

关联度的一般表达式为 $r_i=\frac{1}{N}\sum_{k=1}^{N}\zeta_i(k)$,式中 r_i 为第 i 各比较指标对参考指标的关联度。

(5)指标体系的选择及确定

水资源承载力指标体系的确定直接影响到综合评判结果的精度。本文在全面分析影响水资源承载力的各因素的基础上,参照全国水资源供需平衡分析中的指标体系和其他水资源一些评价指标体系及其标准,根据黄河三角洲高效生态经济区社会经济发展状况和水资源实际利用情况,最终确定了人均水资源量、水资源利用率、人均供水量、供水模数、生活用水定额、耕地灌溉率、万元工业产值需水量、需水模数、生态环境用水率9个主要因素,组成黄河三角洲生态区水资源承载力综合评价的指标体系见表4-19。

各因素定义如下:

人均水资源量:可供水资源量/总人口数量;

水资源利用率:供水量/可供水资源量;

人均供水量:实际供水量/总人口数量;

供水模数:供水总量/土地面积;

生活需水定额:生活需水总量/总人口;

耕地灌溉率:灌溉面积/耕地面积;

万元工业产值需水量:工业需水量/工业产值;

需水模数:需水总量/土地面积;

生态环境用水率:生态环境需水量/总需水量。

表 4-19 研究区水资源承载力综合评价的指标体系

分类	评价指标	关联度
水资源条件类	人均水资源量	0.785
	水资源利用率	参考指标
供水类	人均供水量	0.891
	供水模数	0.906
需水类	生活用水定额	0.923
	耕地灌溉率	0.876
	万元工业产值需水量	0.835
	需水模数	0.849
生态环境类	生态用水率	参考指标

4. 评价指标的分级和评分

按照上述 9 个评价因素对区域水资源承载力的影响程度,借鉴了其他水资源承载力的一些评价标准,将上述因素对水资源承载能力影响程度划分为 3 个等级,每个因素各等级的数量指标见表 4-20。其中 V_3 级表示状况较差,水资源承载力已接近饱和值,进一步开发潜力较小,如果按照原定社会经济发展方案继续发展将会发生水资源短缺现象,水资源将成为国民经济发展的瓶颈因素,应采取相应的对策和措施;V_1 级属情况较好级别,表示研究区水资源仍有较强的承载能力,水资源开发利用程度较小,水资源能够满足研究区社会经济发展对水资源的需求;V_2 级介于 V_3 级和 V_1 级之间,这一级别表明研究区水资源供给、开发、利用已有相当规模,但仍有一定的开发利用潜力,如果对水资源加以合理利用,注重节约保护,研究区内国民经济发展对水资源需求供给将有一定的保证。

表 4-20 评价指标的分级表

评价因素	单位	V_1	V_2	V_3
人均水资源量	m^3/人	>600	600~400	<400
人均供水量	m^3/人	>400	200~400	<200
生态环境用水率	%	>5	2~5	<2
水资源利用率	%	<30	30~80	>80
生活用水定额	m^3/d·人	<0.08	0.08~0.13	>0.13

（续表）

评价因素	单位	V_1	V_2	V_3
耕地灌溉率	%	<40	40~80	>80
需水模数	$\times 10^4\ m^3/km^2$	<10	10~60	>60
万元工业产值需水量	m^3/万元	<20	20~50	>50
供水模数	$\times 10^4 m^3/km^2$	<10	10~60	>60
评分值		0.95	0.5	0.05

为了更好地反映各等级水资源承载力情况，对 V_1、V_2、V_3 进行 0~1 之间的评分，取 $a_1=0.95$，$a_2=0.50$，$a_3=0.05$，这样可以反映各等级因素对承载力的影响程度，数值越高，表明水资源开发潜力越大，数值越低则反之。

（三）水资源承载力分析模型

1. 模糊综合评判模型

水资源承载能力分析的目的是为了揭示水资源、流域经济和人口之间的关系，合理、充分地利用水资源，使经济建设与水资源保护同步进行，促进社会经济持续发展。模糊综合评判方法可以在对影响水资源承载能力的各个因素进行单因素评价基础上，通过综合评判矩阵对其承载能力做出多因素综合评价，从而可较全面地分析出流域水资源承载能力的状况。

给定两个有限域 $U=\{U_1,U_2,\cdots,U_n\}$，$V=\{V_1,V_2,\cdots,V_n\}$，其中 U 代表综合评判因素所组成的集合，V 代表评语等级所组成的集合，则模糊综合评判为 $B=A\cdot R$，式中 A 为 U 上的模糊子集，$A=\{a_1,a_2,\cdots,a_n\}$，$0\leqslant a_i\leqslant 1$，$\sum_{i=1}^{m}a_i=1$，其中，$a_i$ 为 U 对 A 的隶属度，它表示单因素 U_i 在评定因素中所起作用的大小，也在一定程度上代表 U_i 评定等级；而评判结果 B 则是 V 上的模糊子集，$B=A\cdot R=\{b_1,b_2,\cdots,b_n\}$，$0\leqslant b_j\leqslant 1$，其中，$b_j$ 为等级 V_j 对综合评判所得模糊子集 B 的隶属度，它们表示综合评判的结果。

m 个评判因素的评判决策矩阵为：

$$R=\begin{pmatrix} r_{11} & \cdots & r_{1n} \\ \vdots & \ddots & \vdots \\ r_{m1} & \cdots & r_{mn} \end{pmatrix}$$

式中 r_{ij}表示 U_i 的评价对等级 V_j 的隶属度，矩阵 R 中第 i 行 $R_i=(r_{i1},r_{i2},\cdots,r_{in})$，即为对第 i 个因素 U_i 的单因素评判结果。

评价计算中矩阵 A 代表各因素对综合评判重要性的权系数，因此满足 $a_1+a_2+\cdots+a_m=1$。对评判矩阵的合成运算方法通常有两种：一种是主因素决定模型法，即利用逻辑算子 $M(\wedge,\vee)$ 进行取大或取小合成，该方法一般适应于单项最优选择；二是普通矩阵算法，这种方法兼顾了各个方面的因素，适宜于多种因素的排列。在此，模糊变换 $A\cdot R$ 也

就可退化为普通矩阵计算,即

$$b_j = \min\{1, \sum_{i=1}^{m} a_i r_{ij}\}$$

综合评定时,根据设定的评分等级 a_j 的值以及 B 矩阵中各等级隶属度 b_j 的值,按下式分析计算:

$$a = \frac{\sum_{j=1}^{m} b_j \cdot a_j}{\sum_{j=1}^{m} b_j^k}$$

K 值是为了突出占优势等级的作用,干旱区通常取 1。a 值即为基于综合评判结果矩阵 B 的水资源承载力的综合评分值,数值越高,说明其水资源承载力的潜力也就越大。

2. 评判矩阵 R 的计算

从上述分析可以看出,评价因素 $U = \{U_1, U_2, \cdots, U_9\}$ 对应着评语集 $V = \{V_1, V_2, V_3\}$,而评判矩阵 R 中 r_{ij} 即为某因素 U_i 对应等级 V_j 的隶属函数,其值可以通过评价因素的实际数值对照各因素的分级指标来分析计算。为了消除各等级之间数值相差不大,而评价等级相差一级的跳跃现象,使隶属函数在各级之间能平滑过渡,将其进行模糊化处理。对于 V_2 级即中间区间,令其落在区间中点的隶属度为 1,两侧边缘点的隶属度为0.5,中点向两侧按线性递减处理。对于 V_1 和 V_3 两侧区间,则令距临界值越远属两侧区间的隶属度越大,在临界值上则属于两侧等级的隶属度各为 0.5。按照上述设想,构造了如下各评价等级相对隶属函数的计算公式,V_1 和 V_2 的临界值为 K_1,V_2 和 V_3 的临界值为 K_3,V_2 等级区间中点值为 K_2,$K_2 = (K_1 + K_3)/2$。

对于评价因素 U_1、U_2、U_3,各评语级相对隶属函数的计算公式为:

$$u_{v_1} = \begin{cases} 0.5\left(1 + \dfrac{K_1 - U_i}{K_2 - U_i}\right) & U_i \geqslant K_1 \\ 0.5\left(1 - \dfrac{U_i - K_1}{K_2 - K_1}\right) & K_2 \leqslant U_i < K_1 \\ 0 & U_i \leqslant K_2 \end{cases}$$

$$u_{v_2} = \begin{cases} 0.5\left(1 - \dfrac{K_1 - U_i}{K_2 - U_i}\right) & U_i \geqslant K_1 \\ 0.5\left(1 + \dfrac{U_i - K_1}{K_2 - K_1}\right) & K_2 \leqslant U_i < K_1 \\ 0.5\left(1 + \dfrac{K_3 - U_i}{K_3 - K_2}\right) & K_3 \leqslant U_i \leqslant K_2 \\ 0.5\left(1 - \dfrac{K_3 - U_i}{K_2 - U_i}\right) & U_i \leqslant K_3 \end{cases}$$

$$u_{v_3}=\begin{cases}0.5\left(1+\dfrac{K_3-U_i}{K_2-U_i}\right) & U_i<K_3\\ 0.5\left(1-\dfrac{U_i-K_3}{K_2-K_3}\right) & K_3\leqslant U_i<K_2\\ 0 & U_i\geqslant K_2\end{cases}$$

对于评价因素 U_4、U_5、U_6、U_7、U_8、U_9，各评语级相对隶属函数的计算公式为：

$$u_{v_1}=\begin{cases}0.5\left(1+\dfrac{K_1-U_i}{K_2-U_i}\right) & U_i<K_1\\ 0.5\left(1-\dfrac{U_i-K_1}{K_2-K_1}\right) & K_1\leqslant U_i<K_2\\ 0 & U_i\geqslant K_2\end{cases}$$

$$u_{v_2}=\begin{cases}0.5\left(1-\dfrac{K_1-U_i}{K_2-U_i}\right) & U_i<K_1\\ 0.5\left(1+\dfrac{U_i-K_1}{K_2-K_1}\right) & K_1\leqslant U_i<K_2\\ 0.5\left(1+\dfrac{K_3-U_i}{K_3-K_2}\right) & K_2\leqslant U_i<K_3\\ 0.5\left(1-\dfrac{K_3-U_i}{K_2-U_i}\right) & U_i\geqslant K_3\end{cases}$$

$$u_{v_3}=\begin{cases}0.5\left(1+\dfrac{K_3-U_i}{K_2-U_i}\right) & U_i\geqslant K_3\\ 0.5\left(1-\dfrac{U_i-K_3}{K_2-K_3}\right) & K_2\leqslant U_i<K_3\\ 0 & U_i\leqslant K_2\end{cases}$$

通过上述公式可以算出各评判因素对应于各个等级的隶属度 r_{ij}，其中 $r_{i_1}=u_{v_1}(U_i)$，$r_{i_2}=u_{v_2}(U_i)$，$r_{i_3}=u_{v_3}(U_i)$ $(i,i=1,2,\cdots,9)$。

根据各评判因素对水资源承载能力影响程度的大小，将各评判因素对水资源承载能力的影响赋予不同的权重，权重矩阵 $A=(a_1,a_2,\cdots,a_m)$。根据上述 A 和 R 矩阵，将 $B=A\cdot R$按普通矩阵计算规则即可求得水资源承载能力的最终评判结果矩阵，然后根据 V_1、V_2、V_3 分级指标对应的评分值 a_j 即可求得研究区水资源承载力综合评判值，最后进行区域水资源承载力的综合评价分析。

（四）水资源承载力评价

1. 建立因素集 U

根据上文中确定的研究区水资源承载力综合评价指标体系，选取人均水资源量 U_1、人均供水量 U_2、生态环境用水率 U_3、水资源利用率 U_4、生活需水定额 U_5、耕地灌溉率 U_6、

需水模数 U_7、万元工业产值需水量 U_8、供水模数 U_9 等 9 个与研究区水资源可持续发展密切相关的主要因子作为评价的因素集。

2. 黄河三角洲各行政区评价因素的指标数值

为了更好地分析黄河三角洲水资源承载力情况，将黄河三角洲按行政区划划分为 19 个计算单元，首先按行政区进行水资源承载力的综合分析，然后再综合评价。这样可使评价结果更加客观和全面地反映黄河三角洲水资源承载力的实际情况。根据黄河三角洲水资源综合规划和黄河三角洲 2009 年统计年鉴的统计资料，选取 2009 年为现状年，可计算黄河三角洲各行政区及整个黄河三角洲的评价因素的指标数值，见表 4－21、表 4－22。

表 4－21　研究区各行政区评价因素指标值

行政区	人均水资源量（m^3/人）	人均供水量（m^3/人）	生态环境用水率（%）	水资源利用率（%）	生活用水定额（m^3/d·人）	耕地灌溉率（%）	需水模数（$\times10^4 m^3/km^2$）	万元工业产值需水量（m^3/万元）	供水模数（$\times10^4 m^3/km^2$）
莱州市	381.10	221.15	3.44	58.41	0.05	56.00	10.12	12.41	10.12
昌邑市	368.40	378.84	0.79	64.00	0.09	65.14	13.94	11.72	13.94
寒亭区	335.40	98.52	1.92	38.05	0.04	73.85	4.68	10.10	4.68
寿光市	298.40	221.73	0.43	71.85	0.05	79.58	10.50	15.04	10.46
东营区	595.10	231.45	11.07	29.33	0.12	55.36	10.55	12.16	12.39
河口区	311.70	505.60	1.31	10.91	0.12	39.65	3.39	9.29	4.58
广饶县	236.40	508.11	16.67	90.02	0.04	94.18	30.41	9.26	30.41
利津县	583.00	821.75	2.90	77.46	0.17	73.85	14.71	7.84	14.71
垦利县	295.80	728.85	0.80	6.02	0.32	58.83	7.26	9.17	8.89
滨城区	342.80	469.15	10.00	18.33	0.12	57.88	21.06	24.25	21.06
惠民县	239.30	363.13	0.44	28.84	0.05	74.71	17.10	22.15	17.10
阳信县	230.10	409.38	0.39	27.62	0.05	57.28	23.20	17.32	23.20
无棣县	325.90	505.65	1.08	15.84	0.05	51.54	10.66	16.26	10.66
沾化县	265.00	502.18	0.49	31.75	0.03	56.12	9.04	16.39	9.04
博兴县	311.50	411.42	2.36	63.78	0.05	78.13	22.20	11.70	22.20
邹平县	278.10	339.19	0.90	67.12	0.08	75.37	19.73	12.54	19.73
乐陵市	225.50	368.10	1.34	61.74	0.08	56.40	21.67	11.63	23.04
庆云县	139.80	642.58	19.05	59.52	0.07	76.74	39.44	14.87	22.91
高青县	296.60	703.07	2.28	67.29	0.17	65.98	30.81	11.43	30.81
总　计	291.07	159.89	1.33	54.93	0.11	66.22	15.55	16.00	6.05

表 4-22 研究区水资源承载力综合评价成果

评价因素	V_1	V_2	V_3	评分值 a_j	评价结果
莱州市	0.171	0.601	0.228	0.474	较弱区
昌邑市	0.208	0.557	0.239	0.485	较弱区
寒亭区	0.265	0.411	0.324	0.474	较弱区
寿光市	0.214	0.412	0.375	0.428	弱　区
东营区	0.422	0.503	0.075	0.656	强　区
河口区	0.423	0.344	0.233	0.586	较强区
广饶县	0.391	0.334	0.275	0.553	较强区
利津县	0.321	0.490	0.190	0.559	较强区
垦利县	0.384	0.319	0.297	0.539	一般区
滨城区	0.406	0.468	0.126	0.626	强　区
惠民县	0.279	0.457	0.264	0.507	一般区
阳信县	0.333	0.431	0.236	0.544	一般区
无棣县	0.420	0.369	0.210	0.595	较强区
沾化县	0.388	0.382	0.231	0.571	较强区
博兴县	0.294	0.476	0.230	0.528	一般区
邹平县	0.172	0.543	0.285	0.449	弱　区
乐陵市	0.193	0.566	0.241	0.479	较弱区
庆云县	0.286	0.531	0.184	0.546	一般区
高青县	0.199	0.513	0.288	0.469	较弱区
黄河三角洲	0.125	0.539	0.336	0.405	弱　区

3. 综合评价结果分析

依据各评判指标对水资源量的承载力影响程度大小的差别，参考其他水资源评价中的标准，综合考虑黄河三角洲高效生态经济区的具体情况，将人均水资源可利用量、人均供水量、水资源利用率和生态环境需水率4个因素的权重赋值为0.15，其余的评判因子权重都赋值为0.08，则各评价因素权重矩阵为：

$$A=(0.15,0.15,0.15,0.15,0.08,0.08,0.08,0.08,0.08)$$

根据上文水资源量的承载力综合评价指标的隶属度函数，求得各指标因素在不同年份关于 V_1，V_2，V_3 隶属度矩阵 R，然后结合上述权重矩阵 A，可以计算出研究区水资源量的承载力的评判结果矩阵 B，得到评价图4-4。

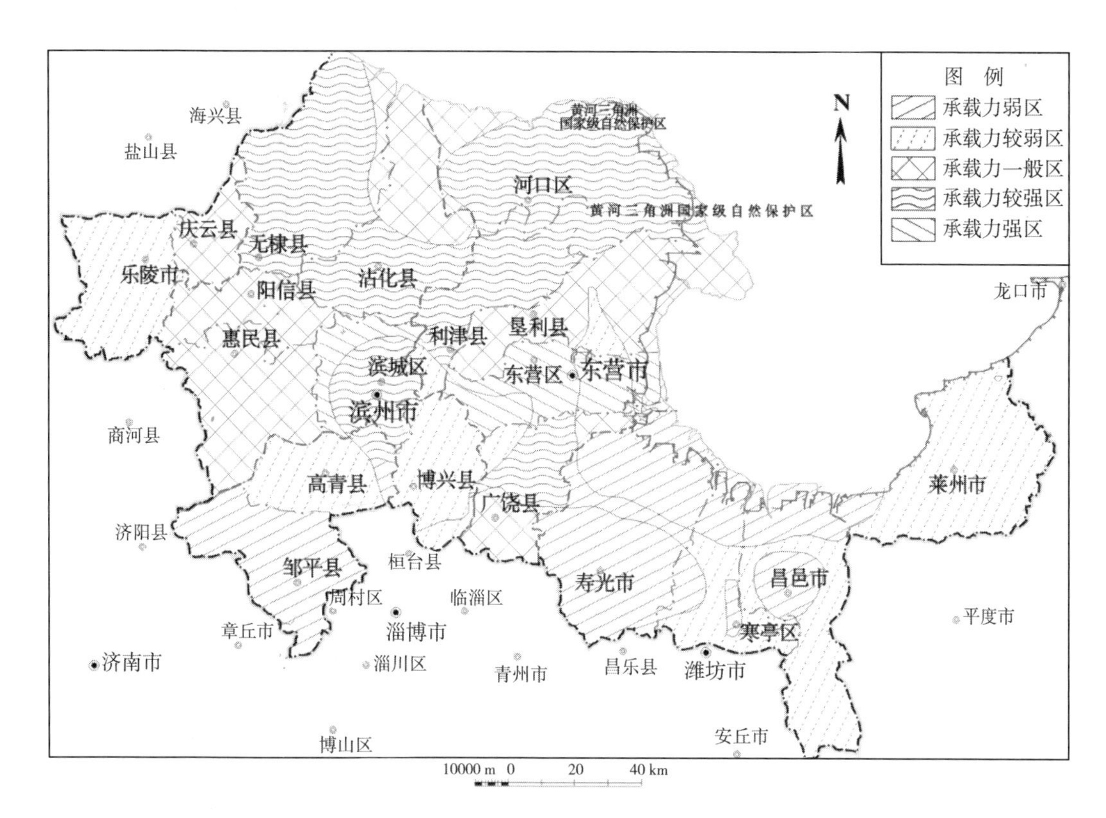

图 4－4 研究区水资源承载力评价分区图

2010 年,黄河三角洲的综合承载力为 0.405,属于“承载力弱区”。其中“承载力强区”有两个,分别是东营区和滨城区。“承载力较强区”有五个,分别是河口区、广饶县、利津县、无棣县、沾化县。“承载力一般区”有五个,分别是惠民县、阳信县、博兴县、庆云县、垦利县。“承载力较弱区”分别是莱州市、昌邑市、寒亭区、乐陵市、高青县。“承载力弱区”分别是寿光市、邹平县。

由表 4－22 可知,东营区、滨城区对 V_2 的隶属度分别为 0.503、0.468,而它们的综合评分值都很高,分别为 0.656、0.626。这说明在现状年这两个地区水资源的开发已经具有相当的规模,但仍有一定的开发利用潜力,他们的综合评分值很高,说明承载级别很高。

根据相关资料得知,东营区的水源主要是靠地表水资源支撑,如果将来想提高该地区的承载级别,就得从客水和提高水资源利用率方面着手。滨城区由于地下水的使用占了一半以上,所以在有浅层地下水漏斗的情况下,滨城区的一部分水资源无法利用,导致滨城区的承载级别降低,这部分地区约占了整个区域的 70%,其他地区则不受影响。

河口区、广饶县、无棣县、沾化县对 V_1 的隶属度分别为 0.423、0.391、0.420、0.388,这说明这四个区的水资源仍有较强的承载能力,水资源开发利用程度较小,水资源能够满足研究区社会经济发展对水资源的需求。它们的承载级别较高,其中广饶县由于深层地下水漏斗的原因导致这部分地区水资源承载级别降低,无棣县、沾化县由于受到海水入侵,导致部分地区的地下水资源严重匮乏，利津县对 V_2 的隶属度为 0.490。这说明在这个地区水资源的开发已经具有相当的规模，但仍有一定的开发利用潜力。这四个地区的综合承载级别较高。

惠民县、阳信县、博兴县、庆云县对 V_2 的隶属度分别为 0.457、0.431、0.476、0.531，这说明在这四个地区水资源的开发已经具有相当的规模，但仍有一定的开发利用潜力，如果对水资源加以合理利用，注重节约保护，区域国民经济发展对水资源需求供给将有一定的保证。这些地区要加强对水资源的合理利用，注重节约保护。垦利县对 V_1 的隶属度为 0.384，表明该地区仍有较强的承载能力，水资源开发利用程度较小，水资源能够满足研究区社会经济发展对水资源的需求。在垦利县中有约 8% 的地方被海水入侵导致这片地区的承载级别降低。这五个地区的综合承载级别相对较平衡。

莱州市、昌邑市、寒亭区、乐陵市、高青县对 V_2 的隶属度分别为 0.601、0.557、0.411、0.566、0.513，这说明在这五个地区水资源的开发已经具有相当的规模，但仍有一定的开发利用潜力。在莱州市、寒亭区有一部分地区的地下水资源被海水入侵遭到破坏，在昌邑市内有浅层地下水漏斗，高青县区域内有深层地下水漏斗区，在这个范围内它的承载级别因此降低。这五个地区的综合承载级别偏低。

寿光市、邹平县对 V_2 的隶属度分别为 0.412、0.543，这说明在这两个地区水资源的开发已经具有相当的规模，但仍有一定的开发利用潜力。但它们的综合承载级别偏低。

以上这些地区的卤水区和地下水漏斗区属于生态环境脆弱区，它们的存在会降低当地水资源承载力等级。在这里，统一把它们的水资源承载能力降一个承载等级。

黄河三角洲高效生态经济区当地水资源的开发已经具有一定的规模，水资源尤其是地下水资源开发利用率已接近最高限值，这一级别表明研究区水资源供给、开发、利用已有相当规模，但仍有一定的开发利用潜力，如果对水资源加以合理利用，注重节约保护，研究区内水资源需求供给对国民经济发展有一定的保证。开发方式由初始的广度开发逐渐向深度开发转变，经济类型由耗水型逐步向节水型过渡，并开始注重水资源的综合管理，水资源仍有一定的开发潜力。故今后要发展经济、保护环境，就必须在合理用水、节约用水上做更多的工作。

黄河三角洲高效生态经济区当地的水资源比较匮乏，开发利用程度较高，尤其是当地地下水的开发利用程度已达 80%，所以，其他水资源的开发利用对解决研究区水资源需求及资源供需矛盾具有至关重要的作用。污水回用、海水淡化等非常规水资源对于提高研究区水资源量的承载力具有一定的作用，但是这部分水资源量较少，在研究区总体水资源量中所占份额小，今后还需要进一步的开发利用此部分的水资源，最大限度发挥这部分水资源的价值。客水作为黄河三角洲高效生态经济区最大的水资源来源，在研究区水资源总量中所占份额最大,对于研究区水资源量的承载力的提高有着举足轻重的作用。因此,如何用好调引的客水资源,解决调引客水过程中的损耗问题,加强措施提高客水的利用率,可以极大地缓解研究区的水资源紧缺问题。今后应加强水资源的合理利用,注意节约保护,以缓解研究区的水资源短缺对社会经济发展的限制,提高黄河三角洲高效生态经济区水资源的承载能力。

第五章 Chapter 5

黄河三角洲地区矿产资源承载力评价

近年来，由于国务院对“黄河三角洲地区高效生态经济区”的政策倾斜，黄河三角洲地区的经济获得了较大的增长，而经济增长发展需要消耗大量的矿产资源。由于上述原因，与全国其他地区相比，黄河三角洲地区已查明矿产资源获得了较大的开发和消耗。近年来，尽管加强了勘查投入，但由于总体勘查工作程度较高、找矿难度的加大，新增资源储量未获根本性突破。为保证区域经济的持续稳定增长，开展矿产资源承载力评价及功能区划研究，处理好资源与经济社会和谐发展就显得尤为重要。

第一节 矿产资源基础条件

一、矿产资源分布情况

黄河三角洲经济区矿产资源比较丰富，成矿地质条件良好，地域分布规律明显。油气矿产和地热资源主要蕴藏在东营市和滨州市；金矿、铁矿和菱镁矿、滑石、花岗岩等矿产主要分布在莱州市、昌邑市；铜钼等多金属矿集中分布在邹平县；天然卤水主要分布于滨州市、东营市和潍坊市寒亭区、寿光市、昌邑市的环渤海湾沿岸地区。

区内已发现矿种 33 种，查明矿种 25 种，其中能源矿产 3 种，金属矿产 7 种（含伴生矿 4 种），非金属矿产 14 种，水气矿产 1 种。查明矿区（床）148 处（不含伴生矿），其中大型矿区 25 个，中型矿区 64 个，小型矿区 59 个。

（一）地热资源分布

黄河三角洲中西部地区在地质构造上属太古界及古生界基底构造基础上发育起来的中、新生代断陷盆地，受差异性升降运动的影响，一直缓慢下降，沉积了巨厚的陆相碎屑岩沉积层。地热水富集在新近系和古近系层状砂岩的孔隙—裂隙和古生界石灰岩的岩溶—裂隙内，热储类型为层状孔隙—裂隙和岩溶—裂隙型。地热资源类型属沉积盆地热传导型，局部为深循环对流型。根据地热资源温度分级，该区地热资源为中低温地热资源，温热水型。

根据载热流体的储集空间类型的不同，区内热储可划分为馆陶组孔隙—裂隙热储、寒武—奥陶系岩溶裂隙热储、上部是馆陶组下部是东营组热储、上部是馆陶组下部是沙河街组热储、上部是馆陶组下部是寒武—奥陶系灰岩热储等五种类型。馆陶组单一热储分布在乐陵、庆云无棣西部区域,寒武—奥陶系单一热储分布在乐陵东南边界和邹平县中南部,上部馆陶组下部东营组分布在滨州、东营两市大部区域,上部馆陶组下部寒武—奥陶系热储分布在广饶县东南部、寿光市大部和寒亭西部,上部馆陶组下部沙河街组主要分布在昌邑市北部。

新近系馆陶组热储除南部山前边缘地带和北部埕子—宁津潜隆局部段有部分缺失外,其余地区皆有分布。受区域构造和基底起伏的控制,在潜陷区埋藏浅、厚度薄,潜陷区埋藏深、厚度大。自南向北埋藏由浅变深,厚度由薄变厚。

顶板埋深一般 300 ~ 1 100 m,局部地段最深可达 1 300 m。齐河—广饶断裂以南的泰山—沂山隆起区一般小于 500 m。齐河—广饶大断裂以北的惠民潜凹、沾化潜凹、东营潜凹等潜凹区大于 1 000 m,中心地带大于 1 100 m;埕子—宁津潜坳以及其他潜陷中的潜凸区 800 ~ 1 000 m,南部潜坳斜坡地带 500 ~ 1 000 m。

底板埋深一般 500 ~ 2 000 m,局部地段最深可达 2 300 m。齐河—广饶断裂以南的泰山—沂山隆起区一般小于 1 000 m。齐河—广饶大断裂以北的潜凹区一般大于 1 500 m;沾化潜凹埋深最大一般在 1 800 m 以上(最深达 2 300 m);东营潜凹中心地带 1 500 m 左右;惠民潜凹最浅,为 1 300 m 左右。埕子—宁津潜坳区一般 1 000 ~ 1 300 m,潜陷构造中的潜凸区 1 200 ~ 1 400 m,南部潜坳斜坡地带 1 000 ~ 1 300 m。

地层厚度 300 ~ 600 m,局部地段可达近 1 000 m。泰山—沂山隆起和埕子—宁津潜隆地层厚度小于 300 m;潜凹区一般大于 400 m,沾化潜凹区最大达 500 ~ 1 000 m,德州潜凹、临清—冠县潜凹和东营潜凹 400 ~ 600 m,临邑潜凹一般 400 ~ 500 m。

(二)卤水资源分布

黄河三角洲沿海近岸广泛分布着地下卤水资源。

浅层卤水是黄河三角洲地区的主要地下卤水资源。浅层地下卤水主要有黄河南、北两片分布区。黄河南浅层卤水分布在莱州湾南岸,北到黄河、东到莱州市土山镇海郑河沿海 10 ~ 25 km的范围内,埋藏深度 0 ~ 100 m,面积约 2 500 km^2,卤水浓度一般 5 ~ 15°Be′。黄河北浅层卤水区主要分布在滨州市北沿海,在全区海岸带年大潮线和多年大潮线之间的 6.74 万 hm^2 的海涂内和沾化县北部,分布有大于 7°Be′的地下卤水,埋藏深度 0 ~ 60 m,面积约 1 230 km^2。

根据已有勘查资料显示,在东营市五号桩地区埋藏有中深层卤水,埋藏深度 101.90 ~ 195.49 m,已查明分布面积 33.82 km^2,卤水浓度 8.87 ~ 11°Be′。

深层盐矿床主要分布于东营凹陷中,盐矿区位于东营凹陷中心的北部边缘,产于新生界沙河街组的沙四段及其以下的孔店组地层,主要分布在现河—基地—胜采—石油大学—八分场一带,埋深 2 990 ~ 4 400 m,面积 600 km^2。深层卤水资源发育在盐矿上部及四周。卤水层主要分布在新生界沙河街组沙二段、沙三段及沙四段,埋深 2 500 ~ 3 000 m,卤水浓度高达 9 ~ 25°Be′。

区内沿海天然地下卤水矿区为大型组分较为均匀的天然卤水矿床,根据《固体矿产资源/储量分类》(GB/T 17766—1999)和2004年国土资源部第23号令《矿产资源登记统计管理办法》规定要求,本次储量估算类别划分为3类(表5-1),估算结果见表5-2。

表5-1 地下卤水估算类别划分表

估算块段				储量类别	估算块段				储量类别
一级	二级	三级	代号		一级	二级	三级	代号	
渤海湾南岸滨州段	无棣	50~7 5 g/L	Ⅰ1	334	莱州湾南岸	寿光	75~100 g/L	Ⅱ4-1	332
	沾化	50~75 g/L	Ⅰ2-1	334			75~100 g/L	Ⅱ4-2	332
		75~100 g/L	Ⅰ2-2	333			>100 g/L	Ⅱ4-3	332
		50~75 g/L	Ⅰ2-3	334			50~75 g/L	Ⅱ4-4	333
	河口	50~75 g/L	Ⅰ3-1	334		寒亭	75~100 g/L	Ⅱ5-1	333
		50~75 g/L	Ⅰ3-2	334			>100 g/L	Ⅱ5-2	332
莱州湾南岸	垦利	50~75 g/L	Ⅱ1-1	333			75~100 g/L	Ⅱ5-3	332
		75~100 g/L	Ⅱ1-2	332			50~75 g/L	Ⅱ5-4	332
		>100 g/L	Ⅱ1-3	332		昌邑	50~75 g/L	Ⅱ6-1	333
	东营区	50~75 g/L	Ⅱ2-1	333			75~100 g/L	Ⅱ6-2	332
		75~100 g/L	Ⅱ2-2	332			>100 g/L	Ⅱ6-3	332
		>100 g/L	Ⅱ2-3	332		莱州	>100 g/L	Ⅱ7-1	333
		50~75 g/L	Ⅱ2-4	333			75~100 g/L	Ⅱ7-2	333
	广饶	50~75 g/L	Ⅱ3-1	333			50~75 g/L	Ⅱ7-3	333
		75~100 g/L	Ⅱ3-2	332					
		50~75 g/L	Ⅱ3-3	333					

(三)油气资源分布

区内油气资源非常丰富,作为我国第二大油田——胜利油田就分布在区内。至1995年底,胜利油田累计探明石油含油面积1 600 km^2,天然气探明含气面积200 km^2,累计找到74个不同类型的油气田(表5-3),探明石油地质储量46.12亿t,气层天然气地质储量382.39亿 m^3,另有溶解气储量1 755.04亿 m^3,已建成3 000万t产能。

(四)金属矿产

铁矿矿产资源规模较小,为中小型矿床和矿点,主要分布在昌邑市潍河以东,以及莱州市西部一带。已探明有13处。其中昌邑市境内9处:中型矿床3处(高戈庄铁矿、莲花山铁矿、郑家坡铁矿、常家屯铁矿),小型矿床2处,矿点4处;莱州市4处:中小型矿床3处,位于土山、海郑、虎头崖镇,矿点1处,位于驿道镇。成因类型为中低温热液型和沉积变质型。矿体形态比较简单,平均厚度数米至数十米,埋深一般在20~350 m,TFe 30%左右,已查明矿石资源量1.5亿t。

表 5-2 地下卤水资源估算成果表

估算块段				估算参数			卤水资源（万 m^3）	矿产资源 平均含量（品位）（mg/L）				矿产资源（万 t）				储量类别
一级	二级	三级	编号	面积（km^2）	含卤层厚度（m）	给水度		NaCl	Br	$MgCl_2$	KCl	NaCl	Br	$MgCl_2$	KCl	
渤海湾南岸滨州段	无棣	50～75 g/L	Ⅰ1	245	25	0.067	41 317	48 269	121	9 086	832	1 994	5.00	375	34.38	334
	沾化	50～75 g/L	Ⅰ2－1	232	25	0.067	39 125	45 269	121	9 086	832	1 889	4.73	355	32.55	334
		75～100 g/L	Ⅰ2－2	259	25	0.067	43 527	66 346	159	11 549	1 168	2 888	6.92	503	50.84	333
		50～75 g/L	Ⅰ2－3	233	25	0.067	39 149	48 269	121	9 086	832	1 890	4.74	356	32.57	334
			小计	724			121 801					6 666	16.39	1 214	115.96	
	河口	50～75 g/L	Ⅰ3－1	243	25	0.067	40 841	48 269	121	9 086	832	1 971	4.94	371	33.98	334
		50～75 g/L	Ⅰ2－2	19	25	0.067	3 269	48 269	121	9 086	832	158	0.40	30	2.72	334
			小计	262			44 110	966 538	242	18 172	1 664	2 129	5.34	401	36.70	
	合计	334		973			163 702					7 902	19.81	1 487	136.20	
		333		259			43 527					2 888	6.92	503	50.84	
		小计		1 231			207 229					10 790	26.73	1 990	187.04	
莱州湾南岸	垦利	50～75 g/L	Ⅱ1－1	165	30	0.065	32 194	46 437	58	10 433	420	1 495	1.87	336	13.52	333
		75～100 g/L	Ⅱ1－2	24	35	0.065	5 404	61 389	58	14 835	420	332	0.31	80	2.27	332
		＞100 g/L	Ⅱ1－3	46	35	0.065	10 496	92 248	58	23 862	420	968	0.61	250	4.41	332
			小计	235			48 094					2 795	2.79	667	20.20	

（续表）

估算块段				估算参数			卤水资源（万 m^3）	矿产资源 平均含量（品位）（mg/L）				矿产资源（万 t）				储量类别
一级	二级	三级	编号	面积（km^2）	含卤层厚度（m）	给水度		NaCl	Br	$MgCl_2$	KCl	NaCl	Br	$MgCl_2$	KCl	
莱州湾南岸	东营区	50～75 g/L	Ⅱ2－1	91	30	0.065	17 776	46 664	155	10 123	400	829	2.76	180	7.11	333
		70～100 g/L	Ⅱ2－2	89	35	0.065	20 281	61 615	155	14 481	550	1 250	3.14	294	11.15	332
		>100 g/L	Ⅱ2－3	44	35	0.065	10 088	102 823	155	30 503	550	1 037	1.56	308	5.55	332
		50～75 g/L	Ⅱ2－4	147	35	0.065	33 415	46 664	155	10 123	400	1 559	5.18	338	13.37	333
			小计	372			81 560					4 676	12.64	1 120	37.18	
	广饶	50～75 g/L	Ⅱ3－1	29	30	0.065	5 665	47 847	164	13 043	550	271	0.93	74	3.12	333
		75～100 g/L	Ⅱ3－2	84	35	0.065	19 150	72 944	164	16 122	550	1 397	3.14	309	10.53	332
		50～75 g/L	Ⅱ3－3	16	35	0.065	3 593	47 847	164	13 043	550	172	0.59	47	1.98	333
			小计	129			28 409					1 840	4.66	430	15.62	
	寿光	50～75 g/L	Ⅱ4－1	143	30	0.091	39 201	47 111	116	11 998	509	1 847	4.55	470	19.95	333
		75～100 g/L	Ⅱ4－2	196	40	0.086	67 134	66 021	155	14 775	719	4 432	10.41	992	48.27	332
		>100 g/L	Ⅱ4－3	333	35	0.086	99 504	103 008	266	22 481	1 512	10 250	26.47	2 237	150.45	332
		75～100 g/L	Ⅱ4－4	235	35	0.086	70 299	66 021	155	14 775	719	4 641	10.90	1 039	50.54	332
			小计	907			276 137					21 170	52.32	4 738	269.22	
	寒亭	75～100 g/L	Ⅱ5－1	89	35	0.104	32 359	63 391	141	13 404	794	2 051	4.56	434	25.69	332
		>100 g/L	Ⅱ5－2	104	35	0.104	37 553	94 922	187	21 358	1 681	3 565	7.02	802	63.13	332
		75～100 g/L	Ⅱ5－3	49	20	0.094	9 161	63 391	141	13 404	764	581	1.29	123	7.27	332
		50～75 g/L	Ⅱ5－4	28	15	0.094	3 997	47 037	98	10 097	702	188	0.39	40	2.81	333
			小计	270			83 070									

（续表）

估算块段				估算参数			卤水资源（万 m^3）	矿产资源 平均含量（品位）（mg/L）				矿产资源（万 t）				储量类别
一级	二级	三级	编号	面积（km^2）	含卤层厚度（m）	给水度		NaCl	Br	$MgCl_2$	KCl	NaCl	Br	$MgCl_2$	KCl	
莱州湾南岸	昌邑	50～75 g/L	Ⅱ6－1	63	20	0.098	1 228	46 963	80	8 195	896	577	0.98	101	11.01	333
		75～100 g/L	Ⅱ6－2	352	40	0.098	137 720	71 091	165	16 703	1 157	9 791	22.72	2 300	159.34	332
		>100 g/L	Ⅱ6－3	30	35	0.098	10 303	90 240	255	17 831	1 811	930	2.63	184	18.66	332
			小计	445			160 311					11 298	26.33	2 585	189.01	
	莱州	>100 g/L	Ⅱ7－1	60	45	0.098	26 411	46 963	80	8 195	896	1 240	2.11	216	23.66	333
		75～100 g/L	Ⅱ7－2	40	30	0.098	11 712	66 049	165	16 413	1 389	774	1.93	192	16.27	333
		50～75 g/L	Ⅱ7－3	21	25	0.098	5 060	101 044	255	21 047	1 859	511	1.29	106	9.41	333
			小计	121			43 182					2 525	5.34	515	49.34	
	合计	333		803			191 311					9 464	22.58	2 101	122.20	
		332		1 675			529 453					41 224	94.77	9 351	557.27	
		小计		2 478			720 763					50 688	117.35	11 452	679.47	
全区合计		334		973			163 702					7 902	19.81	1 487	136.20	
		333		1 062			234 838					12 352	29.50	2 604	173.04	
		332		1 675			529 453					41 224	94.77	9 351	557.27	
		小计		3 709			927 992					61 477	144.07	13 442	866.51	

莱州市金矿资源丰富，以岩金为主，伴生金和砂金较少，共有岩金产地 8 处，具有分布较集中的特点。占山东省黄金产量的 52.7%。

邹平县铜矿资源丰富，其山区探明铜矿储量 3.95 万 t。王家庄铜矿 17 号矿体为小型特富的综合有色金属伴生矿，埋藏深度为 160～210 m，平均含铜 4.3%，最高达 17.03%，铜矿石储量 56.9 万 t，金属铜储量约 3 万 t，其中含铜≥5% 者占矿体总储量的 84%，并伴生有金、银、钼、硫等可综合利用的有益成分。在矿体的下部，有 3 个原生黄铜矿体，含铜品位为 0.57%～0.67%，合计金属铜储量 7 036 t。

表 5－3　研究区油气资源统计表

行政区	油气田		资源量			分布区域
	个	km^2	石油储量(亿 t)	气储量(亿 m^3)		
				气层气	溶解气	
滨州市	16		6	164		除邹平南部山区外，市内整个平原及北部海滩、浅海地下都蕴藏着丰富的石油和天然气，主要分布在滨州市和沾化、博兴等县，代表性油田有单家寺、滨南等
东营市	52	1 148	39.27	210		东营市全境
潍坊市	6		0.85	8.39		主要分布于昌邑县北柳疃，寿光市侯镇、牛头镇、清河
全　区	74	1 800	46.12	382.39	1 755.04	滨州、东营、潍坊北

（五）非金属矿产

区内非金属矿产资源主要有：煤炭，莱州湾西岸的贝壳矿，以及黄河三角洲南部和东部丘陵山区的花岗岩、长石、石英、大理石等石材矿，菱镁矿，滑石矿等。

区内煤炭资源有限，远景区主要有三片，分布在沾化县东北、河口区西部、广饶县东北、寿光市八面河、寒亭区泊子至昌邑县的柳疃一带。埋藏深度均超过 2 000 m，据当前技术条件难以开发利用。

区内贝壳矿产资源丰富，广泛分布于滨州的无棣、沾化，东营的河口、垦利、东营、广饶沿海一带。矿体若连若断绵延数十公里、宽数百米的贝壳梁，沿两条古海岸线呈 NW－SE 方向展布。矿体形状主要有条带形、半(新)月形、椭圆形等，矿床多为埋藏型，矿体埋深一般小于 3 m，平均厚度一般在 0.5～2.0 m，宽 40～120 m。贝壳矿砂一般呈黄色、白黄色或灰白色，主要由贝壳及其碎屑组成，含少量粉砂、粉土等杂质，为砾砂、粗砂级组合，品位一般在 70%～90%，总储量 1 687.6 万 t。

石材矿产以莱州市花岗岩、长石、石英岩和大理岩资源最为丰富，其次，在邹平和昌邑南部丘陵区也石材矿产分布。莱州是中国北方石材出口基地，石材资源丰富，加工设备先进，首都天安门广场、中华世纪坛、北京、上海、深圳国际机场等重点工程都闪烁着莱州石材的风采。邹平县南部山区有开采价值较高的二长岩、辉长岩、辉绿岩等侵入岩类，具有岩相稳定、色彩美观、荒料率高的优点。昌邑市南部丘陵区的石英矿和变质岩饰材等，也具有一定的规模。

菱镁矿分布于莱州市，矿体埋藏浅，露天开采。储量2.9亿吨，年产量15.5万t。

滑石矿分布于莱州市虎头崖镇，储量0.43亿t，年产量13.43万t。

膨润土分布在昌邑市饮马镇以北的吕山至青龙山一带，地质储量为2 100万t，其中大型矿床一处，中型一处，小型两处。矿体厚度大，品位高，构造简单，现与香港合资开采。

二、矿产资源开发与利用状况

（一）地热资源

黄河三角洲地热资源的发现最早起源于20世纪70年代胜利油田的石油勘探，在石油勘探中，最先在东营地区曾打出十几口水温大于50℃的地热井，其中五号桩12地热井，井口水温达98℃，居全省之冠。进入21世纪以来，在德州市的乐陵、庆云，东营市的东营区、河口、孤岛、仙河，滨州市的滨城、博兴、沾化、惠民、无棣、阳信等城镇区，陆续开展了地热资源的开发利用。

地热水开采主要集中在滨城区、沾化县城、乐陵城区、庆云城区、东营市城区、孤岛—仙河镇等地，用于生活供暖、温泉洗浴等，特别是生活供暖形成了一定的规模，总供暖面积达250万 m^3，取得了显著的社会、经济和环境效益。东营天鹅湖温泉的浴池游泳、洗浴开发，乐陵希森集团的娱乐与养殖开发等，都各具特色，展现出广阔的开发前景。地热开发存在的主要问题是地热尾水排放温度较高，利用单一，资源浪费严重。

目前，全区共有54口开采地热井（表5－4），其中馆陶组地热井34眼、东营组地热井8眼、馆陶与东营混合井10眼、奥陶系地热井2眼。地热水以冬季供暖期（11月至翌年3月）开采为主，总开采量1 034万 m^3/a，其中馆陶组热储760万 m^3/a、东营组热储261万 m^3/a、奥陶系热储13万 m^3/a。

表5－4　研究区地热开发利用现状一览表

行政区划		地热井（眼）					开采量（万 m^3/a）			
市	县	馆陶	馆陶＋东营	东营	奥陶	合计	馆陶	东营	奥陶	合计
德州市	乐陵	4				4	92			92
	庆云	3				3	60			60
滨州市	滨城			3		3		36		36
	博兴	1	1			2	29	10		39
	惠民	1	1			2	28	10		38
	沾化	3				3	25			25
	无棣	1				1	21			21

（续表）

行政区划		地热井（眼）					开采量（万 m^3/a）			
市	县	馆陶	馆陶+东营	东营	奥陶	合计	馆陶	东营	奥陶	合计
东营市	东营区	5	7	5		17	199	199		398
	河口区	3				3	21			21
	孤岛	6				6	124			124
	仙河	6				6	155			155
	广饶	1	1		1	3	6	6	6	18
潍坊市	寿光				1	1			7	7
全区		34	10	8	2	54	760	261	13	1 034

（二）卤水资源

地下水卤水开采仅限于浅层卤水，中深层卤水和深层卤水尚处于未勘查开发状态，浅层地下水卤水的开采主要集中于支脉河以南莱州湾南岸。据不完全统计，目前全区生产原盐和溴素的矿山企业有231多家，矿区总面积381.1 km^2，卤水开采量2.34亿 m^3/a，年产原盐2 569 t（表5－5）。大多数小矿山在卤水中提取的主要是石盐与溴，没有对其中的氯化镁、硫酸镁、硫酸钙等化合物进行综合开采。

（三）油气资源

区内油气资源的勘探工作始于1955年，1960年首次在华7井下古近纪沙河街组中发现生油层，1961年在华8井下古近系东营组中获日产8.1 t的工业油流，从而揭开了华北油气勘探的序幕。1962年9月23日，在东营构造上打的营2井获日产555 t油流，为当时全国日产量最高的油井。从1964年开展大规模的石油勘探会战以来，胜利油田已建成了国内第二大石油工业基地。至2005年底，黄河三角洲地区已开发油田达74个，2007年生产原油0.277亿t，其中80%以上来自东营地区。

三、矿产资源开发与利用中存在问题

（一）重要能源和矿产资源后备不足，供需形势严峻

区内能源矿产以石油资源为主，我国第二大油田胜利油田就分布在区内。不过，胜利油田已经开采了50多年，现阶段已到逐步限制开采、出油量减少的阶段。而煤炭资源作为我国的首要能源矿产，在黄河三角洲地区的储量很少，区内煤炭资源有限，远景区主要有三片，分布在沾化县东北、河口区西部，广饶县东北、寿光市八面河，寒亭区泊子至昌邑县的柳疃一带，埋藏深度均超过2 000 m，据当前技术条件难以开发利用，形成了该地区发展能源需求的短板。黄河三角洲沿海近岸广泛分布着地下卤水资源，不过地下水卤水开采仅限于浅层卤水，中深层卤水和深层卤尚处于未勘查开发状态。

表 5-5 研究区卤水资源开发利用统计表

行政区		矿区		开采量			主要矿产品
市	县市区	数量(个)	面积(km^2)	卤水(万 m^3/a)	盐(万 t/a)	溴(万 t/a)	
滨州市	沾化县	1	0.6	50	4		
东营市	东营区	2	10.4	1 600	10		卤、溴
	广饶县	3	29.1	4 500	32	0.06	卤、溴
潍坊市	寿光市	123	122	15 000	1 620		卤、溴
	寒亭区	47	94	1 000	520	3.1	卤、溴
	昌邑市	30	80	2 250	300	4	卤、溴
烟台市	莱州市	25	45	1 300	100	0.8	卤、溴
合计		231	381.1	25 700	2 586	7.96	卤、溴

金属矿产中铁矿和铜矿的矿产资源规模均比较小，且分布区域有限。

(二)矿产资源勘查开发难度加大

由于近几十年的地质工作，地表矿和易开发矿已基本查明和利用，矿产勘查和开发向深部发展，这就加大了矿产资源的勘查和开发难度。比如说煤炭资源，黄河三角洲地区煤炭资源埋藏深度均大于2 000 m，在现有的勘察技术条件下难以实现利用，而这一部分资源的利用，是矿产开发中亟待解决的难题。

(三)矿产资源开发利用粗放，资源浪费和破坏严重

金属、非金属矿产开发利用方式仍然较为粗放，矿山数量多、规模小、布局散、开采技术落后，采矿的回采率低，贫化率高，资源利用率低和经济效益差等现象依然存在，需要进一步治理整顿矿业秩序，加大矿业结构调整力度。

(四)矿产资源综合开发利用水平和深加工能力低

由于缺乏政策法规的保障，部分矿山企业片面追求短期经济效益，采主弃副、采富弃贫、采易弃难现象仍然存在，矿产资源与矿山废弃物综合利用水平低，以出售原矿和初级矿产品为主，科技含量和附加值不高，深加工能力弱，没有形成规模产业和延续产业链，资源效益没有得到充分发挥。

(五)矿山开采利用和地质环境矛盾亟待解决

矿产资源勘查开发占用、破坏大量土地，开发过程产生的矸石、矿渣、尾矿等固体废弃物堆放占地，过量开采引起地面塌陷、地裂，以及废水、废油、废气污染水体，土地和大气，对地质环境破坏严重。目前，山东省正逐步对地质环境严重区域实施治理，但调查程度和资金投入远不能满足全面治理的需要；矿山地质环境治理恢复保证金制度尚处于起步阶段，采矿权人保护与治理矿山地质环境的责任意识和积极性需进一步增强和提高。

第二节　矿产资源承载力评价方法

所谓矿产资源承载力，是指在一个可预见的时期内，在当时的科学技术、自然环境和社会经济条件下，矿产资源的经济可采储量（或其生产能力）对社会经济发展的承载能力。矿产资源对社会经济发展的承载力也就是对社会物质生产、人口、环境的保障程度。

一、概述

矿产资源承载力研究起步较晚，研究较少，目前，研究还处于探讨阶段，还没有一个明确公认的定义。目前，国内学者主要从经济和人口两个角度对矿产资源承载力水平进行研究，在研究方法上主要考虑矿产资源对经济的静态承载力，在资源—环境—经济的系统分析上有待进一步深入。国外矿产资源的研究始于20世纪初期，对矿产资源承载力展开专门研究的较少，相关研究主要是在经济社会可持续发展的框架下，提出承载力的概念并作为区域经济发展的一种制约要素。

由于矿产资源与土地、水资源等不同，矿产资源是不可再生资源，用一点就少一点，虽然随着勘察工作的深入，未知资源的发现会使资源储量有所增加，但是矿产资源量的趋势仍然是不断减少的，也就是矿产资源所表现出的承载能力是一个随时间衰减的函数。这样，矿产资源承载力与土地等承载力就表现出了明显的差异，土地等必须满足在可持续发展条件下的人口阀值，而矿产资源只能满足在一定时间范围内的承载能力，也就是矿产资源承载力必须存在一个保证年限。这个是不难理解的，例如某地在保证年限为一年的情况下矿产资源可承载一百亿GDP，但是一年后当资源耗尽资源得不到补充时，该地国民经济的发展便失去了矿产资源的供应，因此，这个资源承载力是不科学的，是不能为当地发展建设规划提供支持的，没有保证年限情况下计算出来的矿产资源承载力是没有意义的。至此，我们认为，矿产资源承载力是在满足预定开采年限的基础上，在一个可预见的时期内，在当时的科学技术、自然环境和社会经济条件下，矿产资源可支持的经济总量。

矿产资源承载力是在研究土地、水资源承载力的基础上衍生发展出来的。但是由于矿产资源与其他资源所表现出的差异性，矿产资源承载力也具有其独有的特征。

1. 基于保证年限

矿产资源承载力区别于其他可再生资源承载力的最大特点是矿产资源承载力必须要基于保证年限，由于矿产资源是消耗品，且不可再生，因此，在保证经济可持续发展的宏观指导下，必须要对矿产资源设计一个保证开采年限，在保证开采年限的基础上，计算出来的承载力才是有意义的，才能对当地经济的可持续发展提供战略指导。

2. 刚性选择性

矿产资源的用途选择不像土地、森林、水那样选择性较强，矿产资源开发利用周期长，一旦进入消费市场,其使用周期相对较长,这使矿产资源承载力呈刚性特点。

3. 与当地经济发展状况相关

矿产资源的消耗量并不与当地经济发展呈正相关,而是受经济发展状况的制约。一方面,经济的发展影响人类生活水平,从而影响矿产品的需求;另一方面,经济的发展直接影响以矿产资源为基础的能源工业、有色金属工业、钢铁工业、化工工业和建材工业的发展,从而直接决定矿产资源的消耗。

4. 波动性

由于矿产资源的消耗,矿产资源承载力会不断地减小。但是,由于勘探工作的深入和勘探技术的发展,一些新的矿产资源会被陆续发现,从而使矿产资源储量增加,使矿产资源承载力增加,但不会改变矿产资源承载力发展的总趋势,只会引起一定时间范围的波动。并且,由于新资源的发现属于偶然事件,不具有统计规律,因此,这种波动具有不确定性。

5. 与科学技术发展状况相关

采矿技术的发展和采矿成本的降低直接影响到经济可采储量,采矿过程的规范和开采技术的提高可以使矿石贫化率降低,选矿和冶炼技术的发展则可以使选冶综合产率增大。因此,科学技术的发展直接影响到矿产资源地质储量转化为矿产品的利用率,从而影响矿产资源的承载力。

二、评价方法

由于矿产资源承载力评价的特殊性,如果考虑评价单元与外界矿产资源的联系,那么计算模型的设置相当复杂,因此我们所有的承载力计算与评价均未考虑所评价单元与外界进行矿产的输入与输出,即在一个封闭的系统内讨论矿产资源的承载力。

矿产资源承载力与矿产资源储量和预测开采年限有关,公式为:

$$C_t = \frac{R-(n-t)W_t}{S_n} - \sum_{k=1}^{t-1} \mathrm{GDP}_k$$

$$P = \frac{C_t}{\mathrm{GDP}_t}$$

式中 C_t——预测年矿产资源承载力,即第 t 年矿产资源可支持的经济总量;

P——承载力指数,即矿产资源对经济发展的承载程度;

R——矿产资源剩余可利用储量;

n——设计开采年限;

t——预测年数;

W_t——预测期末矿产资源年需求量;

S_n——基准年单位 GDP 资源消耗量;

GDP——国内生产总值。

三、评价指标情景设置

评价指标情景设置见表 5-6。

表 5-6 研究区矿产资源承载力评价指标设置

行政区		东营区	河口区	垦利县	利津县	广饶县	滨城区	惠民县	阳信县	无棣县	沾化县	博兴县	邹平县	庆云县	乐陵市	寒亭区	寿光市	昌邑市	莱州市	高青县
GDP（亿元）	2009	208.37	107.73	187.28	117.34	377.32	286.09	98.75	77.72	154.88	95	170.31	473.26	72.1	122.17	82.9	406.4	201.1	396.04	117.03
GDP增长率	2009—2020	10%	10%	10%	10%	10%	10%	10%	10%	10%	10%	10%	10%	10%	10%	10%	10%	10%	10%	10%
	2020—2030	8%	8%	8%	8%	8%	8%	8%	8%	8%	8%	8%	8%	8%	8%	8%	8%	8%	8%	8%
单位GDP能耗（吨标准煤/万元）	2009	0.78	0.78	0.78	0.78	0.78	1.26	1.26	1.26	1.26	1.26	1.26	1.26	1.25	1.25	0.2	0.44	0.33	0.77	1.14
单位GDP能耗增长率	2009—2020	-7%	-7%	-7%	-7%	-7%	-7%	-7%	-7%	-7%	-7%	-7%	-7%	-7%	-7%	-7%	-7%	-7%	-7%	-7%
	2020—2030	-9%	-9%	-9%	-9%	-9%	-9%	-9%	-9%	-9%	-9%	-9%	-9%	-9%	-9%	-9%	-9%	-9%	-9%	-9%
石油储量（亿吨）	2009	11.64	21	4.11	1.86	0.66	1.1	0.88	0	0	2.98	1.04	0	0	0	0.716	0	0.13	0	0.9
地热储量（万吨标准煤/每年）	2009	79 303	136 118	79 317	63 778	11 823	50 809	43 002	39 287	65 937	81 269	32 193	9 652	17 654	52 947	4 646	17 172	7 923	3145	15 772
盐矿储量（万吨Nacl）	2009	1 722.6		1 618.7		872.7				3 931.2	2 764.5					6 540.3	24 709.6	12 522.4	2 097.4	

（续表）

行政区		东营区	河口区	垦利县	利津县	广饶县	滨城区	惠民县	阳信县	无棣县	沾化县	博兴县	邹平县	庆云县	乐陵市	寒亭区	寿光市	昌邑市	莱州市	高青县
金矿储量（kg）	2009	0	0	0	0	0	0	0	0	0	0	0	0	0	0	0	0	0.0	394 962	0
铁矿储量（Fe 万吨）	2009	0	0	0	0	0	0	0	0	0	0	0	0	0	0	0	0	4 249.15	1 888.54	0
菱镁矿储量（MgO 万吨）	2009	0	0	0	0	0	0	0	0	0	0	0	0	0	0	0	0	0.0	15 339.92	0
石油消耗量（万t）	2009	114.08	58.98	102.53	64.24	206.57	39.80	13.74	10.81	21.54	13.21	23.69	65.83	3.30	5.59	19.49	95.54	47.28	0.03	64.68
	2020	146.50	75.74	131.67	82.50	265.28	51.10	17.64	13.88	27.67	16.97	30.42	84.54	4.24	7.18	25.03	122.69	60.71	0.04	83.06
	2030	123.16	63.68	110.70	69.36	223.03	42.96	14.83	11.67	23.26	14.27	25.58	71.07	3.56	6.03	21.04	103.15	51.04	0.03	69.83
地热利用率	2009	10%	10%	10%	10%	10%	10%	10%	10%	10%	10%	10%	10%	10%	10%	10%	10%	10%	10%	10%
	2020	20%	20%	20%	20%	20%	20%	20%	20%	20%	20%	20%	20%	20%	20%	20%	20%	20%	20%	20%
	2030	40%	40%	40%	40%	40%	40%	40%	40%	40%	40%	40%	40%	40%	40%	40%	40%	40%	40%	40%
盐矿消耗量（万t）	2009	10				32					4					520	1 620	300	100	
	2020	12.84	0.00	0.00	0.00	41.09	0.00	0.00	0.00	0.00	5.14	0.00	0.00	0.00	0.00	667.78	2 080.40	385.26	128.42	0.00
	2030	10.80	0.00	0.00	0.00	34.55	0.00	0.00	0.00	0.00	4.32	0.00	0.00	0.00	0.00	561.42	1 749.03	323.90	107.97	0.00
金矿消耗量（kg）	2009	0	0	0	0	0	0	0	0	0	0	0	0	0	0	0	0	0	7 855.7	0
	2020	0	0	0	0	0	0	0	0	0	0	0	0	0	0	0	0	0	10 088.2	0
	2030	0	0	0	0	0	0	0	0	0	0	0	0	0	0	0	0	0	8 481.4	0
铁矿消耗量（万t）	2009	0	0	0	0	0	0	0	0	0	0	0	0	0	0	0	0	35.73	365.9	0
	2020	0	0	0	0	0	0	0	0	0	0	0	0	0	0	0	0	45.88	469.9	0
	2030	0	0	0	0	0	0	0	0	0	0	0	0	0	0	0	0	3.86	39.50	0
菱镁矿消耗量（MgO 万t）	2009	0	0	0	0	0	0	0	0	0	0	0	0	0	0	0	0	0	12.36	0
	2020	0	0	0	0	0	0	0	0	0	0	0	0	0	0	0	0	0	15.88	0
	2030	0	0	0	0	0	0	0	0	0	0	0	0	0	0	0	0	0	13.35	0

第三节 矿产资源承载力评价

依据黄河三角洲地区矿产资源储量在全国的位次、开发利用程度、对区域社会经济发展的贡献等因素分析，黄河三角洲地区的优势矿产为储量巨大的石油，区内胜利油田是全国第二大油田，石油资源十分丰富，累计探明石油地质储量 41.71 亿 t。地热资源也是黄河三角洲地区的重要矿产资源，总开采量已达到 1 034 万 m^3/a，地热水开采主要集中在滨城区、沾化县城、乐陵城区、庆云城区、东营市城区、孤岛—仙河镇等地，用于生活供暖、温泉洗浴等，取得了显著的社会、经济和环境效益。黄河三角洲沿海近岸广泛分布着地下卤水资源，以浅层卤水居多，但由于各地区的原盐年消费量和储量数据无法获取，故未将卤水资源列为矿产资源承载力评价对象中。此次黄河三角洲地区优势和重要矿产资源承载力评价对象为石油资源承载力和地热资源承载力。

一、矿产资源—石油资源承载力评价

石油资源作为黄河三角洲地区工业生产的主要能源，对支撑地区的经济发展具有重要的作用，同时，随着经济的发展以及城镇化的加速，黄河三角洲地区资源开采量日渐增长，对其进行石油资源承载力评价具有重要意义。

以 2009 年为基准年，我们首先对黄河三角洲各地 2009—2030 年的 GDP 总量进行了预测，计算中，2009—2020 年平均增长率取 10%，2020—2030 年平均增长率取 8%，由计算结果（表 5 - 7）可知，到 2020 年黄河三角洲地区的经济总量将增长到 2009 年的 3 倍，达 1.07万亿元，2030 年的经济，总量将增长到 2008 年的 6.16 倍，达 2.3 万亿元。

表 5 - 7 研究区各地区 GDP 增长预测表

行政区	2009 年 GDP 总量（亿元）	2009—2020 年 GDP 增长率	2020 年 GDP 总量（亿元）	2020—2030 年 GDP 增长率	2030 年 GDP 总量（亿元）
东营区	208.37	10%	594.50	8%	1 283.49
河口区	107.73	10%	307.37	8%	663.58
垦利县	187.28	10%	534.33	8%	1 153.58
利津县	117.34	10%	334.78	8%	722.78
广饶县	377.32	10%	1 076.54	8%	2 324.17
滨城区	286.09	10%	816.25	8%	1 762.22
惠民县	98.75	10%	281.75	8%	608.27
阳信县	77.72	10%	221.74	8%	478.73
无棣县	154.88	10%	441.89	8%	954.01
沾化县	95	10%	271.05	8%	585.17

（续表）

行政区	2009 年 GDP 总量(亿元)	2009—2020 年 GDP 增长率	2020 年 GDP 总量(亿元)	2020—2030 年 GDP 增长率	2030 年 GDP 总量(亿元)
博兴县	170.31	10%	485.91	8%	1 049.05
邹平县	473.26	10%	1 350.23	8%	2 915.12
庆云县	72.1	10%	205.71	8%	444.11
乐陵市	122.17	10%	348.57	8%	752.53
寒亭区	82.9	10%	236.52	8%	510.64
寿光市	406.4	10%	1 159.51	8%	2 503.29
昌邑市	201.1	10%	573.76	8%	1 238.71
莱州市	396.04	10%	1 129.95	8%	2 439.47
高青县	117.03	10%	333.90	8%	720.87
合计	3751.79	10%	10 704.29	8%	23 109.77

在对黄河三角洲各地区的经济总量进行预测的基础上，我们对黄河三角洲地区单位GDP石油资源消耗量进行了预测，考虑到地热、太阳能、风能、核能以及生物质能等新能源的快速发展，我们认为预测计算中2009—2020年单位GDP石油资源消耗量增长率取-7%，2020—2030年单位GDP石油资源消耗量增长率取-9%较为合适。预测计算显示，到2020年，黄河三角洲整体年石油需求量将近1 247万t，其中高青县和东营市单位能耗较高，莱州市、庆云县和乐陵市单位能耗较低；2030年黄河三角洲整体年石油需求量1 048万t。黄河三角洲2009年的石油消耗量为971万t，由此可见，随着经济的发展，该地区对石油的需求量呈先增长再回落的态势，到2020年左右将达到峰值的1 247万t左右，到2030年回落到1 048万t。计算结果见表5-8。

表5-8 研究区单位GDP能耗及石油需求量预测表

行政区	2009 年单位 GDP 石油资源消耗量(t/万元)	2009—2020 年单位 GDP 石油资源消耗量增长率	2020 年单位 GDP 石油资源消耗量(t/万元)	2020—2030 年单位 GDP 石油资源消耗量增长率	2030 年单位 GDP 石油资源消耗量(t/万元)	2020 年石油需求量(万t)	2030 年石油需求量(万t)
东营区	0.55	-7%	0.25	-9%	0.10	146.50	123.16
河口区	0.55	-7%	0.25	-9%	0.10	75.74	63.68
垦利县	0.55	-7%	0.25	-9%	0.10	131.67	110.70
利津县	0.55	-7%	0.25	-9%	0.10	82.50	69.36
广饶县	0.55	-7%	0.25	-9%	0.10	265.28	223.03

（续表）

行政区	2009 年单位 GDP 石油资源消耗量（t/万元）	2009—2020 年单位 GDP 石油资源消耗量增长率	2020 年单位 GDP 石油资源消耗量（t/万元）	2020—2030 年单位 GDP 石油资源消耗量增长率	2030 年单位 GDP 石油资源消耗量（t/万元）	2020 年石油需求量（万 t）	2030 年石油需求量（万 t）
滨城区	0.14	-7%	0.06	-9%	0.02	51.10	42.96
惠民县	0.14	-7%	0.06	-9%	0.02	17.64	14.83
阳信县	0.14	-7%	0.06	-9%	0.02	13.88	11.67
无棣县	0.14	-7%	0.06	-9%	0.02	27.67	23.26
沾化县	0.14	-7%	0.06	-9%	0.02	16.97	14.27
博兴县	0.14	-7%	0.06	-9%	0.02	30.42	25.58
邹平县	0.14	-7%	0.06	-9%	0.02	84.54	71.07
庆云县	0.05	-7%	0.02	-9%	0.01	4.24	3.56
乐陵市	0.05	-7%	0.02	-9%	0.01	7.18	6.03
寒亭区	0.24	-7%	0.11	-9%	0.04	25.03	21.04
寿光市	0.24	-7%	0.11	-9%	0.04	122.69	103.15
昌邑市	0.24	-7%	0.11	-9%	0.04	60.71	51.04
莱州市	0.00	-7%	0.00	-9%	0.00	0.04	0.03
高青县	0.55	-7%	0.25	-9%	0.10	83.06	69.83

通过计算出来的黄河三角洲地区 2009—2030 年的 GDP 总量和预测期末年石油需求量，取保证年限为 100 年，可利用 $C_t = \frac{R - (n - t)W_t}{S_n} - \sum_{k=1}^{t-1} \mathrm{GDP}_k$ 计算各区 GDP 承载力（表 5-9）。

由表 5-9 可知，2020 年黄河三角洲地区石油资源可承载的经济总量为 702 579 亿元，2030 年则为 70 327 亿元。从石油资源可承载的 GDP 总量上来看，河口区的承载力最强，这和胜利油田在该区分布和产油量最多有直接关系，邹平县的承载力最弱，主要是因为该区无石油储备，而该地区的经济发展对石油的需求量比较大，所以邹平县需要大量从外区引进石油资源或开发其他的能源资源来作为经济支撑。承载力为负值的地区有广饶县、阳新县、无棣县、邹平县、庆云县、乐陵市、寿光市、昌邑市和莱州市，说明这些地区的石油储量是无法满足预期年限的经济发展需求的，应加强各项能源供应措施，保证充足的石油供给，着力发展低能耗工业，减少对能源的依赖，同时可适度加大深部石油勘探力度。从石油资源承载力指数来看，东营区、河口区和沾化县的承载力都很高，而阳信县、无棣县、邹平县、庆云县、乐陵市、寿光市和莱州市则是最小的，均为负值，说明这些地区的石油资源是远远达不到当地的经济发展所需求的资源量的。

表5－9　研究区石油资源承载力计算表

行政区	石油储量(*R*)	基准年(2009)单位石油消耗量(Sn)	预测期末石油资源年需求量(*W*t)(万t)		石油资源承载力(*C*)(亿元)		石油资源承载力指数(*P*)	
	亿t	t/万元	2020年	2030年	2020年	2030年	2020年	2030年
东营区	11.64	0.55	146.50	123.16	184 936.10	185 059.30	311.08	144.18
河口区	21	0.55	75.74	63.68	369 270.60	369 334.30	1 201.40	556.58
垦利县	4.11	0.55	131.67	110.70	50 196.63	50 307.33	93.94	43.61
利津县	1.86	0.55	82.50	69.36	18 388.56	18 457.91	54.93	25.54
广饶县	0.66	0.55	265.28	223.03	－38 062.10	－37 839.10	－35.36	－16.28
滨城区	1.1	0.14	51.10	42.96	41 080.04	41 123.00	50.33	23.34
惠民县	0.88	0.14	17.64	14.83	50 147.46	50 162.29	177.99	82.47
阳信县	0	0.14	13.88	11.67	－10 323.10	－10 311.50	－46.55	－21.54
无棣县	0	0.14	27.67	23.26	－20 571.90	－20 548.60	－46.55	－21.54
沾化县	2.98	0.14	16.97	14.27	201 616.20	201 630.50	743.84	344.57
博兴县	1.04	0.14	30.42	25.58	52 145.04	52 170.62	107.31	49.73
邹平县	0	0.14	84.54	71.07	－62 860.70	－62 789.60	－46.55	－21.54
庆云县	0	0.05	4.24	3.56	－9 576.67	－9 573.11	－46.55	－21.56
乐陵市	0	0.05	7.18	6.03	－16 227.20	－16 221.20	－46.55	－21.56
寒亭区	0.716	0.24	25.03	21.04	19 444.84	19 465.88	82.21	38.12
寿光市	0	0.24	122.69	103.15	－53 980.00	－53 876.80	－46.55	－21.52
昌邑市	0.13	0.24	60.71	51.04	－21 181.30	－21 130.30	－36.92	－17.06
莱州市	0	0.00	0.04	0.03	－52 603.90	－52 603.90	－46.55	－21.56
高青县	0.9	0.55	83.06	69.83	741.03	810.86	2.22	1.12

二、地热资源承载力评价

地热能作为新能源中唯一的地下矿藏，集热、矿、水为一体，具有洁净、廉价、易开采、用途广泛等特点，受到世界各国的广泛重视。开发利用地热，在改善生态环境，促进相关产业经济发展，扩大就业等方面，具有显著的经济、社会和环境效益，是构建“资源节约型、环境友好型”社会提倡的矿产资源。黄河三角洲地区地热水开采主要集中在滨城区、沾化县城、乐陵城区、庆云城区、东营市城区、孤岛—仙河镇等地，用于生活供暖、温泉洗浴等，特别是生活供暖形成了一定的规模，总供暖面积达250万m^3，取得了显著的社会、经济和环境效益。黄河三角洲地区地热资源储量见表5－10。

表5－10 黄河三角洲地区地热资源储量

行政区	馆陶组热储	东营组热储	寒武奥陶热储	其他热储	合计	折合标准煤
	(10^{16}J)	(10^{16}J)	(10^{16}J)	(10^{16}J)	(10^{16}J)	(万t)
东营区	1 358.28	962.12			2 320.40	79 302.80
河口区	2 725.09	943.30	314.43		3 982.82	136 118.25
垦利县	2 159.92	108.00	52.90		2 320.81	79 316.81
利津县	1 513.51	315.32	37.32		1 866.15	63 778.20
广饶县	318.64		27.31		345.95	118 23.31
滨城区	833.74	652.93			1 486.66	50 808.61
惠民县	1 060.53	197.72			1 258.25	43 002.39
阳信县	651.41	498.13			1 149.54	39 287.08
无棣县	1 610.53	291.06	27.72		1 929.31	65 936.77
沾化县	1 737.02	534.10	106.82		2 377.94	81 269.31
博兴县	723.93	218.05			941.98	32 193.44
邹平县	185.55	60.86	36.02		282.43	9 652.43
庆云县	491.96		24.60		516.56	17 654.14
乐陵市	1 147.58		401.65		1 549.23	52 947.03
寒亭区			19.08	116.87	135.95	4 646.27
寿光市	392.40		63.22	46.84	502.46	17 172.25
昌邑市				231.82	231.82	7 922.76
莱州市				92.02	92.02	3 144.91
高青县	315.40	122.01	24.07		461.48	15 771.70

由于地热资源属于可再生资源，如果进行合理的开发利用，在做地热资源的承载力计算时可以不考虑资源储量减少以及开采年限的问题，同时我们预测到2020年黄河三角洲地区的地热资源利用率为20%；到2030年黄河三角洲地区的地热利用率为40%，地热资源承载力计算结果见表5－11。

表5－11 研究区地热资源承载力计算表

行政区	地热资源量(万t)	2020开发利用量(万t)	2030开发利用量(万t)	现状单位GDP能耗(吨标准煤/万元)	2020年地热资源承载力(亿元)	2030年地热资源承载力(亿元)
东营区	79 302.80	15 860.56	31 721.12	0.78	16 472.71	28 194.45
河口区	136 118.25	27 223.65	54 447.30	0.78	32 905.75	63 355.19

（续表）

行政区	地热资源量(万t)	2020开发利用量(万t)	2030开发利用量(万t)	现状单位GDP能耗(吨标准煤/万元)	2020年地热资源承载力(亿元)	2030年地热资源承载力(亿元)
垦利县	79 316.81	15 863.36	31 726.73	0.78	16 867.13	29 464.14
利津县	63 778.20	12 755.64	25 511.28	0.78	14 178.94	25 682.44
广饶县	11 823.31	2 364.66	4 729.32	0.78	-3 960.56	-16 524.30
滨城区	50 808.61	10 161.72	20 323.44	1.26	2763.28	-996.49
惠民县	43 002.39	8 600.48	17 200.96	1.26	4 995.82	7 740.08
阳信县	39 287.08	7 857.42	15 714.83	1.26	4 795.80	7 819.54
无棣县	65 936.77	13 187.35	26 374.71	1.26	7 596.05	11 660.72
沾化县	81 269.31	16 253.86	32 507.72	1.26	11 139.43	20 112.79
博兴县	32 193.44	6 438.69	12 877.38	1.26	1 954.03	24.87
邹平县	9 652.43	1 930.49	3 860.97	1.26	-7 237.93	-25 266.50
庆云县	17 654.14	3 530.83	7 061.65	1.25	1 488.57	1 333.20
乐陵市	5 2947.03	10 589.41	21 178.81	1.25	6 207.57	9 629.58
寒亭区	4 646.27	929.26	1 858.51	0.20	3 110.04	4 329.91
寿光市	17 172.25	3 434.45	6 868.90	0.44	274.50	-8 717.20
昌邑市	7 922.76	1 584.55	3 169.11	0.33	1 075.06	-2 435.11
莱州市	3 144.91	628.98	1 257.96	0.77	-6 522.22	-22 074.40
高青县	15 771.70	3 154.34	6 308.68	1.14	598.26	-1 471.84

从表5－11可以看出，黄河三角洲地区地热资源承载力最高的地区为河口区，其2020年地热资源可承载的GDP总量达到32 905.75亿元，承载力比较高的地区有东营区、垦利县、利津县、沾化县，而承载力出现负值的地区有广饶县、邹平县和莱州市，说明这些地区的地热资源储量远不能满足该地区的经济发展需要，这些地区需要从其他地区调入地热资源和有效开发利用新能源。

三、地下卤水资源承载力评价

前已述及，黄河三角洲沿海近岸广泛分布着地下卤水资源，在河口的五号桩地区赋存在中深层卤水，在沾化凹陷与东营凹陷内还赋存盐岩与深层卤水。这里仅对易开采的浅藏卤水的承载力进行评价。

承载力计算过程中，设计开采限设为100年，单位GDP资源消耗量依然与上面石油地热一致，2009—2020年间增长率为－7%，2021—2030间增长率为9%，无开采量的地区即定为0，不参与评价。通过计算得出承载力评价情况见表5－12。

表 5-12 研究区卤水资源承载力计算表

市、区、县	资源储量(*R*)	基准年(2009)单位 GDP 原盐矿消耗量(Sn)	预测期末盐矿资源年需求量(*Wt*)(t)		盐矿资源承载力(*C*)(亿元)		盐矿资源承载力指数(*P*)	
	(万 t)	万 t/亿元	2020 年	2030 年	2020 年	2030 年	2020 年	2030 年
东营区	1 722.60	0.05	12.84	10.80	8 217.12	5 647.77	13.82	4.40
河口区		0.00	0.00	0.00			0.00	0.00
垦利县	1 618.70	0.00	0.00	0.00			0.00	0.00
利津县		0.00	0.00	0.00			0.00	0.00
广饶县	872.70	0.08	41.09	34.55	-39 827.22	-44 479.83	-37.00	-19.14
滨城区		0.00	0.00	0.00			0.00	0.00
惠民县		0.00	0.00	0.00			0.00	0.00
阳信县		0.00	0.00	0.00			0.00	0.00
无棣县	3 931.20	0.00	0.00	0.00			0.00	0.00
沾化县	2 764.50	0.04	5.14	4.32	53 038.52	51 867.11	195.68	88.64
博兴县		0.00	0.00	0.00			0.00	0.00
邹平县		0.00	0.00	0.00			0.00	0.00
庆云县		0.00	0.00	0.00			0.00	0.00
乐陵市		0.00	0.00	0.00			0.00	0.00
寒亭区	6 540.30	6.27	667.78	561.42	-9 968.50	-10 990.71	-42.15	-21.52
寿光市	24 709.60	3.99	2 080.40	1 749.03	-47 781.24	-52 792.43	-41.21	-21.09
昌邑市	12 522.40	1.49	385.26	323.90	-18 316.88	-20 796.58	-31.92	-16.79
莱州市	2 097.40	0.25	128.42	107.97	-44 297.38	-49 180.83	-39.20	-20.16
高青县		0.00	0.00	0.00			0.00	0.00

从表 5-12 可以看出,黄河三角洲地区卤水资源承载力最高的地区为沾化县,其 2020 年盐矿资源可承载的 GDP 总量达到 51 867.11 亿元,其次就是东营区。而承载力出现负值的地区有广饶县、寒亭、寿光、昌邑和莱州市,说明这些地区的地热资源储量还远不能满足该地区将来的经济发展需要,这些地区需要增加卤水资源的开采效率,提高利用率,实现综合开采,其他地区无卤水资源,不参与评价。

四、金矿资源承载力评价

黄河三角洲地区有很丰富的金矿资源,其金矿开采量占整个山东省的一半,集中赋存于莱州地区,其他地区无开采,故这里只对莱州金矿资源进行评价,对于金矿资源评价,设计开采年限为 30 年,评价结果见表 5-13。

表 5-13 研究区金矿资源承载力计算表

市、区、县	资源储量(*R*)	基准年(2009)单位GDP金矿消耗量(Au)	预测期末金矿资源年需求量(*Wt*)(kg)		金矿资源承载力(*C*)(亿元)		金矿资源承载力指数(*P*)	
	(金 kg)	kg/亿元	2020 年	2030 年	2020 年	2030 年	2020 年	2030 年
莱州市	394 962.17	19.84	10 088.24	8 481.39	2 909.47	-7 644.58	2.57	-3.13

从表 5-13 评价结果可知,莱州地区在 2020 年依然资源充足,可以支撑 2 909 亿元的 GDP,是预测 GDP 的 2.5 倍,而到 2030 出现负值,即金矿不再足以支撑当地 GDP 的发展,故为实现莱州地区金矿资源长期健康发展,必须提高金矿资源开采率和利用率,以最小资源实现最大价值。

五、铁矿资源承载力评价

黄河三角洲地区已查明的铁矿资源有 6 318 万 t,主要分布在莱州、昌邑一带,储量十分丰富,品位多在 30% 以上,自 2009 年以来,多处铁矿山处于筹建当中。但此次评价仍以 2009 年实际开采量作为基准。承载力评价结果见表 5-14。

表 5-14 研究区铁矿资源承载力计算表

市、区、县	资源储量(*R*)	基准年(2009)单位GDP铁消耗量(Fe)	预测期末铁矿资源年需求量(*Wt*)(万 t)		铁矿资源承载力(*C*)(亿元)		铁矿资源承载力指数(*P*)	
	(万 t)	万 t/亿元	2020 年	2030 年	2020 年	2030 年	2020 年	2030 年
莱州市	1 888.54	0.10	46.99	39.50	3 439.37	-7 114.69	3.04	-2.92
昌邑市	4 249.16	0.02	4.59	3.86	230 534.40	225 175.30	401.79	181.78

从表 5-14 的评价结果可以看出,在 30 年设计开采年限内,昌邑市铁矿资源承载能力相当强,2020 年达 230 534.4 亿元,2030 年达 225 175.3 亿元,完全能满足当时经济发展需求。而莱州地区,2020 年承载能力较强,但到 2030 年就不足以支持当地经济的发展了。

六、菱镁矿资源承载力评价

黄河三角地区菱镁矿资源相当丰富,其已查明的 MgO 储存量有 15 340 万 t,在全国菱镁矿开发产业中占有重要地位,是山东省重要的菱镁矿产地,主要分布在莱州市。菱镁矿资源承载力评价结果见表 5-15。

表 5－15 研究区菱镁矿资源承载力计算表

市、区、县	资源储量(*R*)	基准年(2009)单位GDP菱镁矿消耗量(MgO)	预测期末菱镁矿资源年需求量(*Wt*)(万t)		菱镁矿资源承载力(*C*)(亿元)		菱镁矿资源承载力指数(*P*)	
	(MgO 万t)	万t/亿元	2020年	2030年	2020年	2030年	2020年	2030年
莱州市	15 339.92	0.03	15.88	13.35	474 361.4	463 807.4	419.81	190.13

从表5－15可以看出,在以2009年为其基准年,设计年限为30年的前提下,莱州市菱镁矿对当时经济有相当强的承载能力,在2020年和2030年支持的GDP分别高达474 361.4亿元和463 807.4亿元,能够较好地满足当地经济长期可持续发展。

七、黄河三角洲地区矿产资源综合承载力评价

前面对黄河三角洲地区的优势矿产承载力进行了评价,现在进行各地区矿产资源的综合承载力评价,在计算过程中,由于不考虑外来资源的输入,故所有承载GDP为负值的选项取值为0。本次评价中,采用层次分析法计算各种矿产资源承载力的权重,计算结果见表5－16。黄河三角洲地区矿产资源承载力计算见表5－17。

表5－16 研究区矿产资源承载力权重计算表

评价因子	石油	地热	卤水	金矿	铁矿	菱镁矿
权重	0.456	0.259	0.137	0.072	0.038	0.038

从表5－17显示的数据来看,黄河三角洲地区矿产资源综合承载力最高的仍为河口区,2020年和2030年其可承载的GDP分别达到176 906.69亿元和184 819.1亿元,说明该地区的矿产资源储量很丰富,完全能够满足当地的经济发展需要,而承载力数据较低的地区有广饶县、阳信县、无棣县、邹平县、庆云县、乐陵市、寿光市和高青县,说明这些地区自身的矿产资源不足以满足经济发展的要求,也就是在保证相应开采年限下,在目前的资源储量基础上,且不考虑资源的输入与输出的情况下,其资源承载力无法支持预测的经济总量,单靠本地区的资源是不能满足当地经济可持续发展的,因此需要加大勘探力度。按目前的消费水平,黄河三角洲的部分地区将面临较为严重的矿产枯竭的局面。所以黄河三角洲地区应充分利用石油、卤水等优势矿产,发展相关产业集群,大力支持发展深加工,高附加值的矿产企业发展壮大,为黄河三角洲地区的持续快速发展提供稳定的能源矿产资源,为黄河三角洲高效生态经济区建设奠定基础。

表 5－17　研究区矿产资源综合承载力计算表

市、区、县	2020 年石油资源承载力	2030 年石油资源承载力	2020 年地热资源承载力	2030 年地热资源承载力	2020 盐矿资源承载力	2030 盐矿资源承载力	2020 金矿资源承载力	2030 金矿资源承载力	2020 铁矿资源承载力	2030 铁矿资源承载力	2020 菱镁矿资源承载力	2030 菱镁矿资源承载力	2020 年矿产资源承载力	2030 年矿产资源承载力
	（亿元）	（亿元）	（亿元）	（亿元）	（亿元）	（亿元）	（亿元）	（亿元）	（亿元）	（亿元）	（亿元）	（亿元）	（亿元）	（亿元）
东营区	184 936.1	185 059.3	16 472.71	28 194.45	8 217.12	5647.77	0	0	0	0	0	0	89 723.86	92 462.02
河口区	369 270.6	369 334.3	32 905.75	63 355.19	0.00	0.00	0	0	0	0	0	0	176 906.69	184 819.1
垦利县	50 196.63	50 307.33	16 867.13	29 464.14			0	0	0	0	0	0	27 256.56	30 568.41
利津县	18 388.56	18 457.91	14 178.94	25 682.44	0.00	0.00	0	0	0	0	0	0	12 056.11	15 065.99
广饶县	0	0	0	0			0	0	0	0	0	0	0	0
滨城区	41 080.04	41 123	2 763.28	0	0.00	0.00	0	0	0	0	0	0	19 447.91	18 752.09
惠民县	50 147.46	50 162.29	4 995.82	7 740.08			0	0	0	0	0	0	24 160.66	24 877.91
阳信县	0	0	4 795.80	7 819.54	0.00	0.00	0	0	0	0	0	0	1 241.63	2 024.48
无棣县	0	0	7 596.05	11 660.72			0	0	0	0	0	0	1 966.62	3 018.96
沾化县	201 616.2	201 630.5	11 139.43	20 112.79	53 038.52	51 867.11	0	0	0	0	0	0	102 103.17	104 272.1
博兴县	52 145.04	52 170.62	1 954.03	24.87	0	0	0	0	0	0	0	0	24 284.04	23 796.24
邹平县	0	0	0	0	0	0	0	0	0	0	0	0	0	0
庆云县	0	0	1 488.57	1 333.2	0	0	0	0	0	0	0	0	385.39	345.17
乐陵市	0	0	6 207.57	9 629.58	0	0	0	0	0	0	0	0	1 607.14	2 493.10
寒亭区	19 444.84	19 465.88	3 110.04	4 329.91	0	0	0	0	0	0	0	0	9 672.04	9 997.45
寿光市	0	0	274.50	0	0	0	0	0	0	0	0	0	71.07	0
昌邑市	0	0	1 075.06	0	0	0	0	0	230 534.4	225 175.3	0	0	8 992.53	8 511.63
莱州市	0	0		0	0	0	2 909.47	0	3 439.37	0	474 361.4	463 807.4	18 271.22	17 531.92
高青县	741.03	810.86	598.26	0	0	0	0	0	0	0	0	0	492.80	369.75

第六章 Chapter 6

黄河三角洲地区土壤环境承载力评价

黄河三角洲地区作为我国东部沿海土地后备资源最多的地区，土地资源优势突出，随着国民经济增长热点区域逐步向北扩展和区域经济一体化战略的深入实施，黄河三角洲地区的优势和发展潜力日益剧增，但由此而带来的环境问题也不容乐观。土壤污染、土壤重金属元素对居民健康和生态平衡产生严重威胁的同时，也限制了黄河三角洲地区经济的长足发展。因此，开展黄河三角洲地区土壤环境承载力研究和合理规划对经济的可持续发展具有重要意义。开展土壤环境容量测算与承载力评价可以为黄河三角洲地区土壤环境质量评价和污染物总量控制、加强环境科学管理、保护生态环境平衡、提高农田土壤生产力水平、保障人体健康提供技术支持和科学依据。

第一节　土壤环境基础条件

一、土壤类型及分布

黄河三角洲地区属于黄河北部冲积平原，黄河历年决口改道，形成沉积物交错分布，黄土母质有成层性，粗黏相间很不一致，区内土壤类型主要为潮土和盐渍土，有少量砂姜黑土。潮土土壤生产潜力较大，是粮、棉主要生产土类；盐渍土、砂姜黑土多为旱作，农业生产水平较低，是低产土壤类型，此外尚有少量水稻土和风沙土，见表 6 - 1。

二、土壤盐渍化现状

黄河三角洲地区土壤盐分含量高，表聚性强，表层土全盐量可高达 3.396%，平均为 0.820%。阴离子中，Cl^-明显高于其他离子，平均含量达 0.409%；其次为 SO_4^{2-}，平均含量为 0.043%；HCO^{3-}的含量一般为 0.01% ~0.04%，平均为 0.027%。Na^+含量在阳离子中占绝对优势，平均达到 0.224%；Ca^{2+}、Mg^{2+}次之，平均含量分别为 0.033%、0.019%。

黄河三角洲地区土壤盐渍化广泛分布。通过遥感解译，结合实地验证和以往资料分析区内盐渍地总面积为 12 000 km^2。工作区盐渍地主要分布于黄河三角洲滨海平原区，地貌类型为冲积海积平原和黄河三角洲平原区，地面标高小于 10 m。（关于盐渍化的具体描述见第三章第五节）

三、土壤石油污染现状

工作区为胜利油田的主产地，油田的生产活动必然会导致土壤的石油污染，其污染源主要为采集原油的储油罐抛撒、石油钻探中钻井岩屑及泥浆的污染、落地原油污染、开采过程中油井附近石油原油抛撒、输油管线泄漏等点线污染源。2005 年以来，区内油区开展清洁生产和污染治理，区内石油污染已有明显减轻。

根据石油类对农作物的影响程度，按土壤中的石油类含量，将土壤石油污染分为未污染（<20 mg/kg）、轻度污染（20～50 mg/kg）、中度污染（50～100 mg/kg）和重度污染（>100 mg/kg）四个级别。根据本次对石油开采区取得的石油类检测数据和收集以往土壤石油污染资料，区内土壤石油污染与油气田分布范围基本一致，主要分布在滨海地区的秦口河—河口—孤岛、黄河—小清河流域的滨南—东营—广饶—羊角沟和莱州湾南岸的潍北油田一带，不同区域土壤中石油类含量的差别较大。

钻井固体废弃物大都集中堆放于泥浆池中，完钻后平整井场，泥浆池被填埋，对附近土壤污染较严重。该区土壤石油类含量高，基本不适合农作物生长。

在油田区内开采井的区域和石油污染河道和浅层地下水灌溉区，土壤中平均石油含量 50～100 mg/kg，抑制农作物的生长。

在油田区内远离开采井区，土壤石油类含量 20～50 mg/kg，主要分布在河口—孤岛黄河以北地区和滨州—东营—广饶及滨州市胜利油田分布区内，农作物比正常作物长势差。

在非石油开采区的广大范围内，其浅表土壤中石油含量小于 20 mg/kg，农作物能正常生长。

表 6－1 研究区土壤类型及分布表

地区		土壤类型	分布
东营市	东营区	潮土、盐土	潮土面积 6.92 万 hm^2，占可利用土地总面积的 59.9%。盐土主要分布在沿海，面积 4.63 万 hm^2，占 40.1%
	河口区	潮土、盐土	潮土土类占 29%，宜种小麦、玉米等；盐土土类占总面积的 71%，适宜生长耐盐植物
	垦利县	潮土、盐土	潮土面积 11.24 万 hm^2，占可利用面积的 53.6%，是垦利县粮棉等作物的生产基地；盐土 9.73 万 hm^2，占 46.4%
	利津县	潮土、盐土、水稻土	潮土土类占全县可利用面积的 62.4%，是主要粮棉种植区；盐土土类占 36.9%，不利于农作物生长；水稻土土类占 0.64%，适种水稻
	广饶县	潮土、褐土、盐土、砂姜黑土	潮土土类 4.45 万 hm^2，占 55%；褐土土类，面积 2.21 万 hm^2，占全县土壤面积的 27.3%；盐土土类 1.13 万 hm^2，占 14.0%。砂姜黑土类 0.29 万 hm^2，占 3.6%
滨州市	滨城区	潮土、盐土	褐土化潮土，主要分布在杜店镇放粮张村周围和宋于村以西，潮土亚类，主要分布在市西部、中部和黄河滩地上；盐化潮土，主要分布在市域东洼地、西南部和中部的零星土地上；盐土，主要分布在单寺乡西部、张集乡东部的浅平洼地
	惠民县	潮土、盐土、风沙土	潮土土类面积 10.25 万 hm^2，占土地总面积的 94.87%，分布于全县各乡镇；盐土土类面积 5 227 hm^2，占土地总面积的 4.85%，分布全县各乡镇。风沙土土类面积 307 hm^2，占土地总面积的 0.28%，分布于大年陈乡
	阳信县	潮土	境内耕地面积 4.67 万 hm^2，全部由潮土类土壤所构成。其中潮土有 3.07 万 hm^2；褐土化潮土有 0.3 万 hm^2，其性能好于潮土；盐化潮土有 1.37 万 hm^2，地力较薄。滨海潮盐土有 0.12 万 hm^2
	无棣县	潮土、盐土	滨海潮土，面积 4.88 万 hm^2，占土壤总面积的 31.27%，各乡镇均有分布，西部、南部较集中；滨海盐化潮土，面积 4.43 万 hm^2，占土壤总面积的 28.36%，生态条件脆弱，多集中于柳堡、车镇西部；滨海潮盐土，面积 3.67 万 hm^2，占土壤总面积的 23.54%，主要分布在佘家巷、西小王、水湾、大山、柳堡、马山子等乡镇，仍保持盐碱荒洼状态；滨海滩地盐土，多为海蚀平地，面积 2.62 万 hm^2，占土壤总面积的 16.72%，未经耕作利用，均系自然土壤，主要分布在马山子、埕口以北

（续表）

地区		土壤类型	分布
滨州市	沾化县	潮土、盐土	潮土土类：分为潮土和盐化潮土两个亚类。滨海潮土系分布于富国以南徒骇河沿岸和秦口河中游东侧海拔 5 m 以上的地段，面积 2.96 万 hm^2，占土壤总面积的 21.6%；滨海盐化潮土面积 5.22 万 hm^2，占土壤总面积的 38.0%，土地瘠薄。盐土土类：滨海潮盐土面积 4.09 万 hm^2，占土壤总面积的 29.8%；滨海滩地盐土面积 1.45 万 hm^2，占土壤总面积的 10.6%。盐土主要分布在县境东部，海拔 3.5 m 以下地段
	博兴县	潮土、褐土、砂姜黑土、盐土	潮土面积为 5.02 万 hm^2，占全县可利用面积的 70.24%，主要分布在麻大湖、小清河沿岸，县境中部河间洼地，浅平洼地和缓平坡地，北部为零星分布；褐土，面积 1.16 万 hm^2，占可利用面积的 16.24%，主要分布在湖滨、寨郝镇南部和曹王、兴福镇北部，以及店子镇大部；砂姜黑土面积 0.59 万 hm^2，占全县可利用面积的 8.25%，主要分布在兴福、曹王两镇南部和店子、湖滨两镇局部地区。盐土面积为 0.38 万 hm^2，占全县可利用面积的 5.27%，主要分布在乔庄、纯化、陈户等乡镇，庞家、察寨、阎坊乡也有零星分布
	邹平县	潮土、褐土、砂姜黑土	潮土面积约占 3/5，主要分布在北部、西北部地区和部分山前倾斜平地上；褐土近 2/5，主要分布东部和南部山区。砂姜黑土近 200 hm^2
德州市	庆云县	潮土、盐土	典型潮土有 2.54 万 hm^2，占可利用面积的 69.89%，盐化潮土有 0.58 万 hm^2，占可利用面积的 16.13%，较好的褐土化潮土 0.26 万 hm^2，占全县可利用面积的 7.22%。盐土类有 0.18 万 hm^2，占可利用面积的 6.77%
	乐陵市	潮土、盐土、风沙土	全市土壤为潮土、盐土、风沙土三大类，分别占全市土壤可利用面积的 95.2%、4.27%、0.53%。典型潮土分布面积遍及全市，占可利用土壤的 70.18%；盐化潮土分布于铁营、丁坞、郭家、胡家、杨安镇、花园等乡（镇），面积占可利用土壤的 20.5%；褐土化潮土主要分布在三间堂以东以南、朱集以北的河滩高地上，占全市可利用土壤的 4.45%。盐土类多分布于洼坡地、浅平洼地和槽状洼地上，不宜耕种。风沙土类分布在决口扇形地上，土地瘠薄，不保水肥，风蚀严重，易受风和干旱威胁

（续表）

地区		土壤类型	分布
潍坊市	寒亭区	潮土、盐土、褐土、砂姜黑土	潮土土类 2.94 万 hm^2，占可利用面积45.62%；褐土土类 1.25 万 hm^2，占 19.42%；盐土土类 2.08 万 hm^2，占32.23%；砂姜黑土土类 0.17 万 hm^2，占 2.73%
	寿光市	潮土、盐土、砂姜黑土	潮土面积 9.22 万 hm^2，占 63.0%；褐土分布于南部缓岗地区，面积 1.44 万 hm^2，占可利用土地面积的 9.8%；砂姜黑土面积为 0.48 万 hm^2，占 3.3%。盐土面积为 3.49 万 hm^2，占 23.9%
	昌邑县	潮土、盐土、褐土、砂姜黑土	依地形、地貌和水文地质条件，由南到北依次分为棕壤、褐土、砂姜黑土、潮土和盐土 5 大类
淄博市	高青县	潮土	潮土分布遍及全县，为主要可利用地
烟台市	莱州市	棕壤土、潮土、褐土、盐土、砂姜黑土	境内土壤分棕壤土、褐土、潮土、盐土、砂姜黑土 5 类。棕壤占总土壤面积的 56.84%，各乡镇皆有分布，总面积 8.5 万 hm^2；褐土，主要分布在西南平原区，面积 2.4 万 hm^2，占总土壤面积的 15.89%；潮土面积 3.0 万 hm^2，占总土壤面积的 19.86%，分布于滨海冲积平原和山丘区的河谷两岸；盐土面积 0.6 万 hm^2，占总土壤面积的 4%，主要分布在近海地带。砂姜黑土面积 0.51 hm^2，占总土壤面积的 3.42%，分布于东北部岭间交接洼地和西南部洼地

四、土壤重金属污染现状

据有关资料显示，山东省大多数城市近郊土壤都受到了不同程度的污染，有许多地方粮食、蔬菜、水果等食物中镉、铬、砷、铅等重金属含量超标和接近临界值。山东省2006年对1 333.3 hm^2 基本农田保护区土壤有害重金属抽样监测，结果发现0.6万 hm^2 土壤重金属超标，超标率达9.1%。在黄河三角洲地区，区域表层土壤重金属元素的含量见表6－2。

表6－2 研究区土壤重金属平均含量表 单位：mg/kg

市(县)		重金属平均含量					
		Cd	Pb	Cu	Cr	As	Hg
东营市	东营区	0.13	19.63	20.97	70.93	11.17	0.03
	河口区	0.13	18.08	19.69	63.25	10.02	0.02
	垦利县	0.13	18.46	22.02	67.00	11.10	0.03
	利津县	0.13	18.04	20.37	69.25	10.33	0.02
	广饶县	0.14	22.47	23.37	70.00	11.48	0.04
滨州市	滨城区	0.14	20.48	22.20	71.20	11.03	0.04
	惠民县	0.12	20.85	21.98	68.50	10.59	0.04
	阳信县	0.15	24.38	23.25	67.75	10.96	0.04
	无棣县	0.20	25.05	27.23	73.19	13.52	0.02
	沾化县	0.15	20.78	23.33	70.00	12.19	0.03
	博兴县	0.15	23.78	27.08	74.65	12.55	0.04
	邹平县	0.15	23.48	27.23	71.85	10.40	0.04
德州市	庆云县	0.21	25.20	28.05	76.13	14.22	0.03
	乐陵市	0.18	22.95	23.93	70.93	11.59	0.03
潍坊市	寒亭区	0.10	21.34	21.96	64.65	7.29	0.03
	寿光市	0.11	21.08	23.03	73.90	7.78	0.03
	昌邑市	0.11	22.28	16.48	58.53	6.89	0.04
烟台市	莱州市	0.11	27.15	17.60	44.88	6.59	0.05
淄博市	高青县	0.16	22.73	25.95	71.68	12.94	0.04

五、土壤农药污染现状

六六六、滴滴涕等有机氯农药和它们的代谢产物化学性质稳定，在农作物及环境中消解缓慢，同时容易在人和动物体脂肪中积累。因而虽然有机氯农药及其代谢物毒性并不高，但它们的残毒问题仍然存在。农药的内吸性、挥发性、水溶性、吸附性直接影响其在植物、大气、水、土壤等周围环境中的残留。温度、光照、降雨量、土壤酸碱度及有机质含量、植被情况、微生物等环境因素也在不同程度上影响着农药的降解速度,影响农药残留。

农药残留量和其使用量密切相关,寿光市、沾化县、乐陵市和昌邑市在2009年农药使用量最多,相对残留量也会较其他地区偏多,而东营区、河口区等会少些(表6-3)。合理使用农药,在有效防治病虫草害的同时,减少不必要的浪费,降低农药对农副产品和环境的污染,而不加节制地滥用农药,必然导致对农产品的污染和对环境的破坏。要遵守《农药合理使用准则》中规定的各种农药在不同作物上的使用时期、使用方法、使用次数、安全间隔期等技术指标。合理使用农药,不但可以有效地控制病虫草害,而且可以减少农药的使用,减少浪费,最重要的是可以避免农药残留超标。

表6-3 2009年研究区农药使用量统计

市(县)		农药使用量(t)	市(县)		农药使用量(t)
东营市	东营区	388	滨州市	滨城区	1 223
	河口区	260		惠民县	556
	垦利县	1 099		阳信县	920
	利津县	1 532		无棣县	1 712
	广饶县	1 654		沾化县	2 493
德州市	庆云县	568		博兴县	1 958
	乐陵市	2 315		邹平县	1 316
潍坊市	寒亭区	1 056	烟台市	莱州市	1 096
	寿光市	2 512	淄博市	高青县	1 291
	昌邑市	2 082			

六、土壤氮、磷污染现状

(一)氮污染现状

过量施用氮肥会使大量氮素盈余进入土壤环境,对环境造成威胁。主要表现为对水体造成的硝酸盐的面源污染、对大气造成的氮氧化物的污染,以及对蔬菜品质的影响。据相关资料显示,不同土壤类型氮元素含量差异较大,冲积平原潮土区氮元素积累少、土壤含氮量低;而水热条件好、自然植被茂密、生物积累量大的土壤(如棕壤水稻土),氮元素矿化慢,故含量较高,其含量和有机质有明显的正相关性。

由统计可知,黄河三角洲地区平均氮肥施用折纯量为11 739 t,其中寿光市、惠民县、利津县施用量最多,河口区、寒亭区最少,见表6-4。在集约化种植蔬菜、水果、花卉的地区,化肥过量使用造成大量硝态氮随水流失形成面源污染。使用量大的地区,相应污染也会较严重些。

氮肥利用率低是困扰农业生产的突出问题。粗略地说,作物当季吸收利用一般为30%~50%,氮素损失可达20%~60%,土壤中残留约25%~35%。据有关专家介绍,我国农业中化肥氮当季作物利用35%，NH_3 挥发损失11%，反硝化损失34%，淋失2%，经济损失5%，另有13%未能明确其去向。不同种类的作物对氮肥的损失率也不尽相同，一些学者曾对北方11个省市1 333个肥效试验数据表明，三大粮食作物当季氮利用率仅为28%，设施农业氮肥利用率更低，我国北方潮土水稻、玉米和小麦施肥后的氨挥发损失率分别为30%～39%、11%～48%和1%～20%。一般来说，硝酸根离子进入植物体内后迅速被同化利用，因而积累的浓度一般在100 μg/g以内，但对某些植物某些部位或某些条件下，也高达1%以上，对人类及环境都会有很大的危害。

表6－4 2009年研究区氮肥施用量（折纯量）统计表

市（县）		氮肥施用折纯量（t）
东营市	东营区	2 983
	河口区	1 271
	垦利县	5 617
	利津县	18 599
	广饶县	9 166
德州市	庆云县	6 964
	乐陵市	16 958
潍坊市	寒亭区	2 592
	寿光市	39 075
	昌邑市	13 775
滨州市	滨城区	8 020
	惠民县	19 200
	阳信县	7 085
	无棣县	16 956
	沾化县	6 279
	博兴县	7 614
	邹平县	17 313
烟台市	莱州市	—
淄博市	高青县	11 833

（二）磷污染现状

土壤中的全磷是指土壤中的磷元素总量，包括有机磷和无机磷两种形态。磷是动植物生长所必需的营养元素，磷素的投入一直被认为是维持动植物产品产量的主要手段，但磷素的大量使用也产生了许多环境问题。研究表明，磷是引起水体富营养化的限制因素，如果磷素未达到一定含量，仅有氮、碳等元素不会引起水体富营养化。

黄河三角洲地区平均施磷肥量为4 270 t，其中寿光市最多，达到13 177 t，见表6－5。近几十年来，随着工业的发展，磷肥在农业中的用量不断增加，由于土壤中特定的理化性状及磷酸盐的化学性质，作物对磷肥的利用率很低，当季利用率一般只有5%～10%，即使考虑作物的后效，一般也不会超过25%，大部分磷肥作为无效态（难溶态）在土壤中进行积累，滞留在土壤中的磷主要集中在土壤表层。土壤中磷的流失决定于土壤本身的流失量，淋溶损失极少。一般认为，随表土流失磷肥不超过施肥量的1%。磷肥中有些含有氟、砷和重金属元素镉、铬、铅、钡等，尤其是含氟磷肥进入土壤中可以在土壤和植物体内蓄积，造成不良影响，长期食用、饮用含氟高的食物和水，可导致氟骨症。

表 6-5　2009 年研究区磷肥施用量(折纯量)统计表

市(县)		氮肥施用折纯量(t)	市(县)		氮肥施用折纯量(t)
东营市	东营区	3 695	滨州市	滨城区	3 394
	河口区	413		惠民县	9 660
	垦利县	2 649		阳信县	1 857
	利津县	8 511		无棣县	249
	广饶县	9 508		沾化县	1 884
德州市	庆云县	513		博兴县	2 660
	乐陵市	3 146		邹平县	7 318
潍坊市	寒亭区	2 592	烟台市	莱州市	—
	寿光市	39 075	淄博市	高青县	11 833
	昌邑市	13 775			

第二节　土壤环境承载力评价方法

一、总述

土壤环境承载力的研究方法有多种,目前常用的定量研究方法包括自然植被净第一生产力估测法、生态足迹法、资源与需求差量法、综合评价法、状态空间法等,每种方法都有各自的特点和适用范围。

本专题研究选用"压力—状态—响应"(PSR)结构模型来评价土壤环境承载力,该模型以反映一定的逻辑关系,即人类活动对环境施加了一定的压力,环境在一定范围内进行自我调节,而社会根据环境调节的状况做出响应,以维持环境系统的健康稳定状态。其中,土壤污染现状及其纳污能力相当于 PSR 框架模型的状态,环境污染控制措施相当于 PSR 框架模型的响应,环境所承载的主要污染物排放量相当于 PSR 框架模型的压力,三者共同构成了土壤环境承载力评估指标体系的 PSR 框架模型。通过对该框架 PSR 模型的压力和响应状况分析,判断环境系统的发展变化趋势,研究环境压力所对应的环境状态,评估土壤环境的承载程度。

为了客观、全面、科学地评价土壤承载力状况,在研究和确定土壤承载力评价指标体系及其评价方法时,要遵循以下项原则。

1. 科学性原则

评价指标的物理意义必须明确,指标的选择、指标权重的确定、指标的计算与合成,必须以公认的科学方法为依据,量度单位采用国际统一标准,这样才能保证结果的真实性与客观性,此项综合评价才具有科学意义。

2. 协调性原则

土壤环境与大气环境,水环境以及人口、经济、社会构成协调统一而又脆弱的整体,因此,影响区域土壤承载力的各种因素应尽量包含在内。

3. 动态性原则

土壤承载力在时空上是变化的,具有动态特征,因而,评价指标体系不仅要反映出变化的水平状况,更应揭示出其动态特征和发展的趋势与潜力,这就要求在评价指标筛选过程合理选择一些具有动态特征的量化指标。

4. 层次性原则

土壤环境系统比较复杂,所反映的问题往往带有区域整体性特征,使得评价体系也十分复杂,因此该评价指标体系至少应包含项目层、状态层和指标层。

5. 可行性原则

土壤承载力研究为区域可持续发展提供了可操作性的切入点,这就要求其指标选取、计算与合成、数据资料的获取以及体系结构的建立必须做到科学性、合理性、易取性及实用性,减少类似制度与管理等主观成分的干扰,具有可操作性。

根据指标选取的 5 个原则建立了黄河三角洲地区土壤环境承载力评价的指标体系,共有 22 项指标,见表 6-6。

表 6-6　土壤环境承载力评价指标体系

项目层	因素层	指标层	单位
压力	人口、经济	人口密度	万人/km^2
		人口自然增长率	%
		人均 GDP	万元
		第二产业产值比重	%
	工业	工业烟尘排放强度	t/km^2
		工业废水排放强度	万 t/km^2
		工业固体废物排放强度	万 t/km^2
	农业	化肥使用强度	万 t/km^2
		农药使用强度	t/km^2
	城市	生活污水排放量	万 m^3
		生活垃圾排放量	万 t
	交通、能源	万元 GDP 能耗	吨标准煤
		公路客运强度	万人次/km^2
状态	污染现状	环境容量指数	无量纲
	生产力状况	土壤肥力综合指数	无量纲

（续表）

项目层	因素层	指标层	单位
响应	环境管理	环保投入占 GDP 比例	%
	工业环境治理	重点污染源工业废水排放达标率	%
		工业废物综合利用率	%
	城市环境治理	城市生活污水处理率	%
		城市生活垃圾无害化处理率	%

二、评价指标选取

数据基准年为2009年,数据的主要来源是山东省六市统计年鉴(2010)。

1. 人口密度 = 城市总人口数/城市总面积;

2. 人口自然增长率,直接查年鉴数据;

3. 人均 GDP = 生产总值/总人口数;

4. 第二产业产值比重 = 第二产业产值/生产总值;

5. 工业烟尘排放强度 = 工业烟尘排放量/城市总面积;

6. 工业废水排放强度 = 工业废水排放量/城市总面积;

7. 工业固体废物排放强度 = 工业固体废弃物排放量/城市总面积;

8. 化肥使用强度 = 化肥使用折纯量/城市总面积;

9. 农药使用强度 = 农药使用量/城市总面积;

10. 生活污水排放量,直接查年鉴数据;

11. 生活垃圾排放量,直接查年鉴数据;

12. 万元 GDP 能耗,直接查年鉴数据;

13. 公路客运强度 = 公路客运量/城市总面积;

14. 土壤肥力综合指数,计算过程详见相关章节;

15. 环境容量指数,计算过程详见相关章节,并通过对6种重金属的静态环境容量值标准归一化得到的;

16. 环保投入占 GDP 比例 = 财政预算中环境保护支出/生产总值;

17. 重点污染源工业废水排放达标率,直接查年鉴数据;

18. 工业废物综合利用率,直接查年鉴数据;

19. 城市生活污水处理率,直接查年鉴数据;

20. 城市生活垃圾无害化处理率,直接查年鉴数据。

三、承载力评价方法

为了将基础数据统一到一个数量级便于评价,采用极差标准化方法进行标准化预处理,使其无量纲化。对于土壤环境有利型指标,其指标值越大越好,按式进行标准化处理;

对于不利型指标,即指标值越小越好,按式进行标准化处理。

$$X_i' = (X_i - X_{min})/(X_{max} - X_{min})$$

$$X_i' = 1 - (X_i - X_{min})/(X_{max} - X_{min})$$

式中 X_i——表示某一指标实测值;

X_{max}——表示某一指标统计范围中的最大值;

X_{min}——表示某一指标统计范围中的最小值;

X'_i——是标准化后的值。

考虑到衡量土壤承载力评价指标既有定性指标,又有定量指标,本要素评价采用层次分析法确定各评价指标的权重。

各指标经一致性检验后的权重分配见表6-7。

四、综合评价值的计算

最后综合评价值的计算是在求出权重的基础上,用处于最末端指标中的某项指标的无量纲效用值乘以该指标对目标层的相应权重,用下列公式表达:

$$Y = \sum_{i=1}^{n} X_i P_i$$

式中 Y——土壤环境承载力总得分;

P_i——第 i 个指标的效用值;

W_i——第 i 个指标对目标层的权重。

表6-7 指标体系权重分配

项目层		因素层		指标层		综合权重
压力	0.230	人口、经济	0.071	人口密度	0.444	0.007
				人口自然增长率	0.222	0.004
				人均 GDP	0.222	0.004
				第二产业产值比重	0.111	0.002
		工业	0.424	工业烟尘排放强度	0.164	0.016
				工业废水排放强度	0.297	0.029
				工业固体废物排放强度	0.539	0.053
		农业	0.134	化肥使用强度	0.5	0.015
				农药使用强度	0.5	0.015
		城市	0.239	生活污水排放量	0.333	0.018
				生活垃圾排放量	0.667	0.037
		交通、能源	0.134	万元 GDP 能耗	0.667	0.021
				公路客运强度	0.333	0.010

（续表）

项目层		因素层		指标层		综合权重
状态	0.648	污染现状	0.667	环境容量指数	1	0.432
		土地生产力	0.333	土壤肥力综合指数	1	0.216
响应	0.122	环境管理	0.539	环保投入占 GDP 比例	1	0.066
		工业环境治理	0.297	重点污染源工业废水排放达标率	0.333	0.012
				工业固体废物综合利用率	0.667	0.024
		城市环境治理	0.164	城市生活污水处理率	0.333	0.007
				城市生活垃圾无害化处理率	0.667	0.013

各项指标中,环境容量指数计算由土壤静态容量得到,土壤肥力综合指数计算见下节。

第三节　土壤环境承载力评价

土壤环境容量又称土壤负载容量,是一定土壤环境单元在一定时限内遵循环境质量标准,既维持土壤生态系统的正常结构与功能,保证农产品的生物学产量与质量,又不使环境系统污染超过土壤环境所能容纳污染物的最大负荷量。不同土壤其环境容量是不同的,同一土壤对不同污染物的容量也是不同的,这涉及土壤的净化能力。

黄河三角洲地区土壤环境承载力评价指标体系中,除了土壤环境容量和土壤肥力指数两个指标需单独计算外,其余指标均可直接获取。

一、土壤环境容量

土壤环境容量可以从环境容量的定义延伸为土壤环境单元所容许承纳的污染物质的最大数量或负荷量。由定义可知,土壤环境容量实际上是土壤污染起始值和最大负荷量的差值。若以土壤环境标准作为土壤环境容量的最大允许极限值,则该土壤的环境容量的计算值便是土壤环境标准值(或本底值),即土壤环境的基本容量;但在尚未制定土壤标准的情况下,环境学工作者往往通过土壤环境污染的生态效应试验研究,以拟定土壤环境所允许容纳污染物的最大限值——土壤的环境基本含量,这个量值(即土壤环境基准减去背景值),有的称之为土壤环境的静容量,相当于土壤环境的基本容量。

(一)土壤静态容量

1. 土壤静态容量数学模型

当土壤环境标准确定后,根据土壤环境容量的概念,可由下式来计算土壤静容:

$$C_S = 10^{-6} M(C_i - C_{Bi})$$

式中　C_S——土壤静容量(kg/hm^2);

M——每公顷耕作层土壤重(2.25×10^{6} kg/hm^{2});

C_i——某污染物的土壤环境标准(mg/kg);

C_{Bi}——某污染物的土壤背景值(mg/kg)。

该式的关键参数是污染物的土壤环境标准。根据国家土壤环境质量标准(GB 15618—1995)中规定的各种重金属的标准值和山东省部分地区土壤重金属的背景值计算静态容量。其中 C_i 采用土壤环境质量标准中的二级标准,即为保障农业生产,维护人体健康的土壤限制值。土壤环境质量标准规定的三级标准值见表 6-8。根据黄河三角洲地区土壤 pH 分布,执行《土壤环境质量标准》(GB 15618—1995)中二级标准 pH >7.5的标准值,具体标准值见表 6-9。

表 6-8 研究区土壤环境质量标准 单位:mg/kg

级别		一级	二级			三级
项目		自然背景	<6.5	6.5~7.5	>7.5	>6.5
镉≤		0.2	0.3	0.6	1	
汞≤		0.15	30	0.5	1	1.5
砷	水田≤	15	30	25	20	30
	旱地≤	15	40	30	25	40
铜	农田等≤	35	50	100	100	400
	果园≤	—	150	200	200	400
铅≤		35	250	300	350	500
铬	水田≤	90	250	300	350	400
	旱地≤	90	150	200	250	300
锌≤		100	200	250	300	500
镍 S		40	40	50	60	200
六六六≤		0.05	0.5			1
滴滴涕≤		0.05	0.5			1

表 6-9 研究区土壤评价标准 单位:mg/kg

评价因子	总镉	总铅	总铜	总铬	总砷	总汞
二级标准值(pH >7.5)	1	350	100	250	25	1

2. 土壤静态容量分布

根据上节标准计算黄河三角洲地区各县市土壤各重金属元素静态容量,结果见表 6-10,然后结合各县市土地面积数据可计算出该地区各县市土壤所能容许的各种重金属的最大值,见表 6-11。

由以上分析结果可看出:黄河三角洲地区土壤重金属元素的静态容量顺序为铅 >

铬 > 铜 > 砷 > 汞 > 镉；同种重金属在不同地区的容量不同、同一地区不同种重金属的容量也不同，这与重金属的种类、背景值、土壤环境质量执行标准、不同地区土壤的性质有关。黄河三角洲地区 19 个县市中，马颊河流域的乐陵市、庆云县、无棣县，小清河流域的邹平县、博兴县土壤重金属静态容量整体较小，这些地区土壤易发生污染超标的现象，应特别注意土壤环境的保护和治理。

（二）土壤动态容量计算

元素在土壤中实际上是处于一个动态的平衡过程中。一是土壤本身含有一定的量值，即土壤背景值。这一量值是土壤成土过程中自然形成的，虽处在人为的元素循环中，但它具有自然的、相对稳定的特征。二是元素的输入是多途径的、多次性的或者连续的过程。三是输入的元素将因地下渗漏、地表径流及作物吸收而损失。这些输出部分一方面影响了土壤元素的存在，另一方面这一存在量也影响着以后的输入。由于元素在土壤中处于这种动态平衡状态，因此，土壤相对于土壤环境质量标准所能容纳的量是一种变动的量值，即土壤具有变动的容量。

表 6－10 研究区各县市土壤重金属元素静态容量 单位：kg/hm^2

市（县）		重金属静态容量					
		Cd	Pb	Cu	Cr	As	Hg
东营市	东营区	2.0	743.3	177.8	402.9	31.1	2.2
	河口区	2.0	746.8	180.7	420.2	33.7	2.2
	垦利县	2.0	746.0	175.5	411.8	31.3	2.2
	利津县	2.0	746.9	179.2	406.7	33.0	2.2
	广饶县	1.9	737.0	172.4	405.0	30.4	2.2
滨州市	滨城区	1.9	741.4	175.1	402.3	31.4	2.2
	惠民县	2.0	740.6	175.6	408.4	32.4	2.2
	阳信县	1.9	732.7	172.7	410.1	31.6	2.2
	无棣县	1.8	731.1	163.7	397.8	25.8	2.2
	沾化县	1.9	740.8	172.5	405.0	28.8	2.2
	博兴县	1.9	734.0	164.1	394.5	28.0	2.2
	邹平县	1.9	734.7	163.7	400.8	32.9	2.2
德州市	庆云县	1.8	730.8	161.9	391.2	24.3	2.2
	乐陵市	1.8	735.9	171.2	402.9	30.2	2.2
潍坊市	寒亭区	2.0	739.5	175.6	417.0	39.9	2.2
	寿光市	2.0	740.1	173.2	396.2	38.8	2.2
	昌邑市	2.0	737.4	187.9	430.8	40.8	2.2

（续表）

市（县）		重金属静态容量					
		Cd	Pb	Cu	Cr	As	Hg
烟台市	莱州市	2.0	726.4	185.4	461.5	41.4	2.1
淄博市	高青县	1.9	736.4	166.6	401.2	27.1	2.2

表6－11　研究区土壤对不同重金属的最大静态容许量（t）

市（县）		重金属静态容量					
		Cd	Pb	Cu	Cr	As	Hg
东营市	东营区	225.9	85 856.2	20 537.9	46 537.1	3 593.6	251.6
	河口区	419.1	159 747.2	38 651.2	89 878.1	7 211.9	472.4
	垦利县	436.2	166 424.8	39 146.5	91 861.4	6 977.5	488.7
	利津县	327.3	124 435.2	29 851.2	67 754.1	5 500.9	366.2
	广饶县	227.0	85 928.8	20 105.2	47 223.0	3 547.0	252.5
滨州市	滨城区	201.3	77 183.0	18 222.7	41 879.4	3 273.3	225.6
	惠民县	268.8	100 942.1	23 928.3	55 661.5	4 419.2	293.3
	阳信县	153.1	58 466.0	13 780.5	32 723.0	2 521.8	171.9
	无棣县	377.8	152 807.7	34 222.4	83 144.9	5 398.5	459.0
	沾化县	424.6	164 299.7	38 264.7	89 829.0	6 392.8	485.9
	博兴县	171.6	66 060.6	14 767.3	35 508.4	2 522.1	195.5
	邹平县	238.6	91 835.2	20 468.0	50 104.7	4 107.7	269.1
德州市	庆云县	89.0	36 686.2	8 126.8	19 639.2	1 217.6	109.1
	乐陵市	216.4	86 243.1	20 061.0	47 222.1	3 536.2	254.9
潍坊市	寒亭区	152.9	55 831.1	13 257.9	31 486.3	3 009.3	164.4
	寿光市	399.7	147 273.9	34 463.3	78 848.8	7 710.3	432.4
	昌邑市	324.8	120 045.7	30 593.4	70 137.3	6 635.5	353.3
烟台市	莱州市	376.6	136 420.3	34 818.1	86 675.6	7 781.3	400.6
淄博市	高青县	156.9	61 192.2	13 845.5	33 342.3	2 254.9	180.1

1. 土壤动态容量数学模型

重金属元素在土壤中的平衡方程为：

$$W(n)=W(n-1)+W_{in}(n)-W_{out}(n)\quad(n\geq1)$$

式中　$W(n)$——某一区域土壤耕作层中，几年后预期某重金属元素的总量（kg/hm^2）；

$W_{in}(n)$——区域土壤第 n 年内该元素的纳入量（kg/hm^2）；

$W_{out}(n)$——区域土壤第 n 年内该元素的输出量（kg/hm^2）。

为简化计算，假设每年污染元素纳入量相等；假设土壤中的元素通过各种途径的迁出量可近似地正比于土壤的元素含量。

由于动态容量一般是要到一定年限后，土壤中重金属含量达到临界值的条件下，才能计算平均每年容许进入土壤的污染元素量：

$$W_{in}(1)=W_{in}(2)=\cdots=W_{in}(n)=Q_n$$

式中　Q_n 为平均动态年容量[$kg/(hm^2 \cdot a)$]。

根据第2个假设有：

$$W_{out}(n)=(1-K)[W(n-1)+Q_n]$$

$$K=W(n)/[W(n-1)+Q_n]$$

式中：K 称作残留率，表示经过一年耕作后，某元素在土壤中的含量与前一年含量和当年输入量之和的比率。K 值可经试验测定，但因影响因素复杂，一般只能提出当地条件下的均值。根据已有资料，山东省的 K 值取0.9。

根据上式可有：

$$W(n)=W(0)\cdot K^n+Q_n\cdot K\cdot\frac{1-K^n}{1-K}$$

式中　$W(0)$——为观察起始年时耕作层中该元素的总量(kg/hm^2)；

n——为控制年限(a)。

上式可演化为：

$$Q_n=[W(n)-W(0)\cdot K^n]\cdot\frac{1-K}{K\cdot(1-K^n)}$$

当规定一定年限或某个目标时，可计算区域土壤的平均动态年容量 Q_n。

2. 土壤动态容量计算

结合2009年山东省部分地区土壤重金属元素背景值及土壤环境质量标准和预测出的黄河三角洲地区2020年及2030年土壤重金属含量值，根据公式可计算出年限分别为11年和21年的土壤平均动态容量，结合各县市面积可计算出各县市土壤对不同重金属的动态年容许量，计算结果见表6-12、表6-13。

在其他条件一定的情况下，土壤形成的重金属元素背景值或现状值越小，其重金属元素静态容量和动态容量就越大；土壤环境质量执行的标准值越大，其重金属元素静态容量或动态容量就越大；土壤重金属元素的静态容量和动态容量相差很大，土壤静态容量未考虑土壤的输出和自净作用，研究土壤环境容量时仅考虑静态容量是不完整的，需要结合动态的观点和方法研究土壤环境容量。

各县市土壤重金属元素含量均未超出土壤环境质量标准，黄河三角洲地区土壤环境质量整体较好；各县市土壤重金属元素的平均动态容量大小排序与相应静态容量排序相同，其中河口区、利津县、寒亭区土壤重金属容量整体较大，庆云县、乐陵市、无棣县、博兴县、邹平县地区土壤重金属元素容量相对较小，应加大对这些地区土壤污染的监测和治理力度，同时可以考虑种植对镉、汞、砷、铅等耐性较强的植物来减少对土壤中重金属元素浓度。

表 6－12　研究区各县市土壤重金属元素动态容量

单位：kg/(hm^2·a)

县市	年限	Cd		Pb		Cu		Cr		As		Hg	
		11a	21a	11a	21a	11a	21a	11a	21a	11a	21a	11a	21a
东营市	东营区	0.17	0.22	70.62	83.61	15.82	21.81	46.54	53.97	4.19	5.27	0.18	0.22
	河口区	0.17	0.22	70.80	83.66	15.97	21.85	47.42	54.20	4.32	5.31	0.18	0.22
	垦利县	0.17	0.22	70.76	83.65	15.70	21.78	46.99	54.09	4.20	5.27	0.18	0.22
	利津县	0.17	0.22	70.80	83.66	15.89	21.83	46.73	54.02	4.28	5.30	0.18	0.22
	广饶县	0.17	0.22	70.30	83.53	15.55	21.74	46.65	53.99	4.15	5.26	0.18	0.22
滨州市	滨城区	0.17	0.22	70.53	83.59	15.68	21.78	46.51	53.96	4.20	5.28	0.18	0.22
	惠民县	0.17	0.22	70.48	83.57	15.70	21.78	46.82	54.04	4.25	5.29	0.18	0.22
	阳信县	0.17	0.22	70.08	83.47	15.56	21.74	46.90	54.06	4.21	5.28	0.18	0.22
	无棣县	0.16	0.22	70.00	83.45	15.10	21.62	46.28	53.90	3.92	5.20	0.18	0.22
	沾化县	0.17	0.22	70.49	83.58	15.55	21.74	46.65	53.99	4.07	5.24	0.18	0.22
	博兴县	0.16	0.22	70.15	83.48	15.12	21.63	46.12	53.85	4.03	5.23	0.18	0.22
	邹平县	0.16	0.22	70.18	83.49	15.10	21.62	46.44	53.94	4.28	5.30	0.18	0.22
德州市	庆云县	0.16	0.22	69.99	83.44	15.01	21.60	45.95	53.81	3.84	5.18	0.18	0.22
	乐陵市	0.16	0.22	70.24	83.51	15.48	21.72	46.54	53.97	4.14	5.26	0.18	0.22
潍坊市	寒亭区	0.17	0.22	70.43	83.56	15.71	21.78	47.26	54.16	4.63	5.39	0.18	0.22
	寿光市	0.17	0.22	70.46	83.57	15.58	21.75	46.20	53.87	4.58	5.38	0.18	0.22
	昌邑市	0.17	0.22	70.32	83.53	16.33	21.95	47.96	54.35	4.68	5.40	0.18	0.22
烟台市	莱州市	0.17	0.22	69.76	83.38	16.20	21.92	49.52	54.77	4.71	5.41	0.18	0.22
淄博市	高青县	0.16	0.22	70.27	83.52	15.25	21.66	46.46	53.94	3.99	5.22	0.18	0.22

表 6-13　研究区各县市土壤对不同重金属的年容许量

单位:t/a

县市	年限	Cd		Pb		Cu		Cr		As		Hg	
		11a	21a	11a	21a	11a	21a	11a	21a	11a	21a	11a	21a
东营市	东营区	19.32	25.47	8 156.89	9 657.17	1 827.1	2 519.42	5 375.45	6 232.91	483.67	608.82	20.62	25.83
	河口区	35.81	47.19	15 144.04	17 894.77	3 414.99	4 674.24	10 142.75	11 593.46	924.04	1 135.1	38.51	47.91
	垦利县	37.3	49.2	15 785.58	18 661.8	3 502.57	4 859.35	10 483.35	12 066.4	936.1	1 176.49	39.97	49.92
	利津县	27.93	36.76	11 795.89	13 937.85	2 646.97	3 637.17	7 785.59	8 999.08	713.8	882.51	29.91	37.3
	广饶县	19.44	25.7	8 196.72	9 738.98	1 812.57	2 534.83	5 438.98	6 295.59	484.18	613.51	20.74	26.05
滨州市	滨城区	17.29	22.93	7 341.68	8 701.28	1 632.12	2 266.82	4 841.62	5 616.84	437.68	549.2	18.53	23.26
	惠民县	22.9	30.09	9 606.75	11 391.17	2 140.47	2 968.92	6 381.29	7 365.53	579.85	720.9	24.15	30.43
	阳信县	13.19	17.56	5 592.33	6 660.59	1 241.56	1 735.1	3 742.92	4 314.16	336.15	421.17	14.15	17.82
	无棣县	33.38	45.67	14 630.46	17 440.06	3 156.71	4 518.79	9 672.89	11 264.06	819.11	1 086.6	37.5	46.78
	沾化县	36.62	48.79	15 634.89	18 537.28	3 448.94	4 822.11	10 346.19	11 975.65	903.01	1 162.21	39.73	49.63
	博兴县	14.83	19.79	6 313.32	7 513.6	1 360.89	1 946.31	4 150.33	4 846.52	362.76	470.61	16.04	20.12
	邹平县	20.6	27.49	8 772.78	10 436.7	1 887.99	2 702.63	5 804.37	6 742.03	534.56	661.88	22.16	27.91
德州市	庆云县	7.93	10.95	3 513.25	4 188.72	753.48	1 084.1	2 306.5	2 701.01	192.73	259.91	8.95	11.22
	乐陵市	18.95	25.67	8 232.4	9 787.34	1 814.39	2 545.86	5 454.57	6 324.65	485.19	616.27	20.9	26.2
潍坊市	寒亭区	12.89	16.72	5 317.19	6 308.72	1 185.83	1 644.61	3 567.99	4 088.88	349.72	406.99	13.48	16.88
	寿光市	33.81	44.03	14 020.76	16 629.87	3 101.12	4 328.22	9 193.92	10 720.77	910.52	1 069.69	35.47	44.48
	昌邑市	27.55	35.99	11 448.01	13 598.76	2 658.91	3 573.63	7 807.63	8 847.45	761.55	879.58	28.99	36.38
烟台市	莱州市	31.87	41.55	13 101.32	15 658.91	3 043.17	4 115.95	9 299.67	10 284.82	884.93	1 016.38	33.1	41.88
淄博市	高青县	13.61	18.25	5 839.27	6 940.24	1 267.25	1 799.96	3 860.41	4 482.55	331.2	433.52	14.79	18.57

二、土壤肥力综合指数计算

土壤肥力综合指数的计算采用层次分析法，权重赋值方法及隶属度函数的计算均按照《土地质量地球化学评估技术要求》(DD 2008—06)进行，并在此基础上进行黄河三角洲地区的土壤肥力综合指数的计算和等级划分。

氮、磷、钾和有机质是评价土壤肥力的四大要素，其含量的高低直接影响农业生产水平。钙、镁、硫也是植物生长必需的中量营养元素。必需微量元素和有益微量元素虽然仅占农作物干体的万分之几至百万分之几，但由于它们多为酶、辅酶的组成成分和活化剂，所以在植物体生长过程中具有不同的生理功能作用，一旦缺少，植物便不能正常生长，是作物生长发育所不可缺少的。根据已有资料和相关文献，最终选取以下土壤元素作为评价指标：必须大量及中量元素 N、P、有机碳、S；必须微量元素 Cl、Zn；有益元素 Se、Ni。

土壤肥力综合指数的计算采用层次分析法，层次分析法的基本原理是排序的原理。层次分析法首先将决策的问题看作受多种因素影响的大系统，这些相互关联、相互制约的因素可以按照它们之间的隶属关系排成从高到低的若干层次，叫作构造递阶层次结构。然后请专家、学者、权威人士对各因素两两比较重要性，再利用数学方法，对各因素层层排序，最后对排序结果进行分析，辅助进行决策。

运用层次分析法解决问题，大体可以分为四个步骤：

1. 建立递阶层次结构(表 6－14)

表 6－14　土壤肥力评价递阶层次结构表

目标层	条件层		指标层	
土壤肥力 R	R_1	必须大量及中量元素	R_{11}	N
			R_{12}	P
			R_{13}	ORC
			R_{14}	S
	R_2	必需微量元素	R_{21}	C1
			R_{22}	Zn
	4_3	有益元素	R_{31}	Se
			R_{32}	Ni

2. 构造判断矩阵及计算指标权重

根据区域土壤环境条件及影响因素分析，分别列出条件层和指标层的判断矩阵，和积法求得各因子权重值 ω_{Rij}，计算各判断矩阵的最大特征值 $\lambda_{\max}$，并进行一致化性检验。见表 6－15 ~ 表 6－18。

表 6-15 条件层 R_i 相对于目标层 R 的判断矩阵

$R \sim R_i$	R_1 必须大量及中量元素	R_2 必须微量元素	R_3 有益元素
R_1 必须大量及中量元素	1	3	5
R_2 必须微量元素	1/3	1	3
R_3 有益元素	1/5	1/3	1
该矩阵特征向量即各指标权重 $\omega_{Ri}=(0.6334, 0.2605, 0.1061)$，最大特征值 $\lambda_{max}=3.038$			
$C.I=\frac{\lambda_{max}-n}{n-1}=0.02$ $C.R=\frac{C.I}{R.I}=0.04<0.1$ 通过一致性检验			

表 6-16 指标层 R_{1j} 相对于条件层 R_1 的判断矩阵

R_1 必须大量及中量元素	R_{11} N 元素含量	R_{12} P 元素含量	R_{13} 有机碳含量	R_{14} S 元素含量
R_{11} N 元素含量	1	2	1/2	5
R_{12} P 元素含量	1/2	1	1/3	4
R_{13} 有机碳含量	2	3	1	6
R_{14} S 元素含量	1/5	1/4	1/6	1
该矩阵特征向量即各指标权重 $\omega_{R1j}=(0.2882, 0.1780, 0.4739, 0.0600)$，最大特征值 $\lambda_{max}=4.066$				
$C.I=\frac{\lambda_{max}-n}{n-1}=0.022$ $C.R=\frac{C.I}{R.I}=0.025<0.1$，通过一致性检验				

表 6-17 指标层 R_{2j} 相对于条件层 R_2 的判断矩阵

R_2 必需微量元素	R_{21} Zn 元素含量	R_{22} Cl 元素含量
R_{21} Zn 元素含量	1	1
R_{22} Cl 元素含量	1	1
该矩阵特征向量即各指标权重 $\omega_{R_j}=(0.5, 0.5)$，最大特征值 $\lambda_{max}=2$		
$C.I=\frac{\lambda_{max}-n}{n-1}=0$，通过一致性检验		

表 6-18 指标层 R_{3j} 相对于条件层 R_3 的判断矩阵

R_3 有益元素	R_{21} Se 元素含量	R_{22} Ni 元素含量
R_{21} Se 元素含量	1	2
R_{22} Ni 元素含量	1/2	1
该矩阵特征向量即各指标权重 $\omega_{R_j}=(0.6667, 0.3333)$，最大特征值 $\lambda_{max}=2$		
$C.I=\frac{\lambda_{max}-n}{n-1}=0$，通过一致性检验		

评价指标权重的合理赋值是决定评估结果的关键因素之一，这里根据不同指标层之间的重要性分析，并反复比较评估结果的差异，最终确定各评价指标的权重见表 6-19。

于是得到土壤肥力指数计算模型如下式：

表 6－19 研究区土壤肥力评价指标权重

目标层	条件层		条件层权重	指标层		指标层权重	指标综合权重 ω_{ij}
土壤肥力 R	R_1	必须大量及中量元素	0.633 4	R_{11}	N	0.288	0.183
				R_{12}	P	0.178	0.113
				R_{13}	ORC	0.474	0.300
				R_{14}	S	0.060	0.038
	R_2	必需微量元素	0.260 5	R_{21}	Cl	0.500	0.130
				R_{22}	Zn	0.500	0.130
	R_3	有益元素	0.106 1	R_{31}	Se	0.667	0.071
				R_{32}	Ni	0.333	0.035

$$S = \omega_{ij} \cdot r_{ij}^T = \omega_{11} \cdot r_{11} + \omega_{12} \cdot r_{12} + \omega_{21} \cdot r_{21} + \omega_{22} \cdot r_{22} + \omega_{31} \cdot r_{31} + \omega_{32} \cdot r_{32}$$

式中 S 为土壤肥力指数综合得分；r_{ij} 为每个指标的级别取值（具体分级见下节）；ω_{ij} 为各指标综合权重。

3. 评价指标分级

根据研究区土壤各元素含量及分布制定评价指标，分级标准见表6－20，共分为4级，即很富足、富足、适量、缺乏，该分级仅作为该研究区内土壤肥力元素相对含量的比较，不代表绝对富足或缺乏。

利用GIS分别做出各单项指标分级图，结合各单指标权重进行叠加，再根据等级划分标准中综合得分分级进行分区合并。最终分区结果如图6－1所示。

研究区土壤肥力一级区（综合得分＞3.3）占27.09%，主要集中分布在西北部乐陵市、庆云县、乐陵县、阳信县，南部邹平县、高青县、博兴县，其他地区零星分布；土壤肥力二级区（综合得分2.5～3.3）占38.51%，分布范围最大，各县市均有一定区域分布或零星分布，主要集中在远海的一级区域周围，近海地区零星分布；土壤肥力三级区（综合得分1.7～2.5）占26.03，集中分布在近海东营市各县市；土壤肥力四级区（综合得分≤1.7）占8.37%，集中分布在近海浅滩地区。

表 6－20 研究区土壤肥力元素含量指标分级标准

含量级别			一级	二级	三级	四级
			很富足	富足	适度	缺乏
必须大量及中量元素 R_1	R_{11}	N	＞0.1	0.08～0.1	0.063～0.08	＜0.063
	R_{12}	P	＞1 000	800～1 000	630～800	＜630
	R_{13}	ORC	＞0.8	0.63～0.8	0.5～0.63	＜0.50
	R_{14}	S	＞800	320～800	200～320	＜200

（续表）

含量级别			一级	二级	三级	四级
			很富足	富足	适度	缺乏
必需微量元素 R_2	R_{21}	Cl	>320	160 ~ 320	80 ~ 160	<80
	R_{22}	Zn	>80	63 ~ 80	50 ~ 63	<50
有益元素 R_3	R_{31}	Se	>0.2	0.16 ~ 0.2	0.125 ~ 0.16	<0.125
	R_{32}	Ni	>32	25 ~ 32	20 ~ 25	<20
单因子得分 r_{ij} 值			4	3	2	1
综合得分 S			>3.3	2.5 ~ 3.3	1.7 ~ 2.5	≤1.7

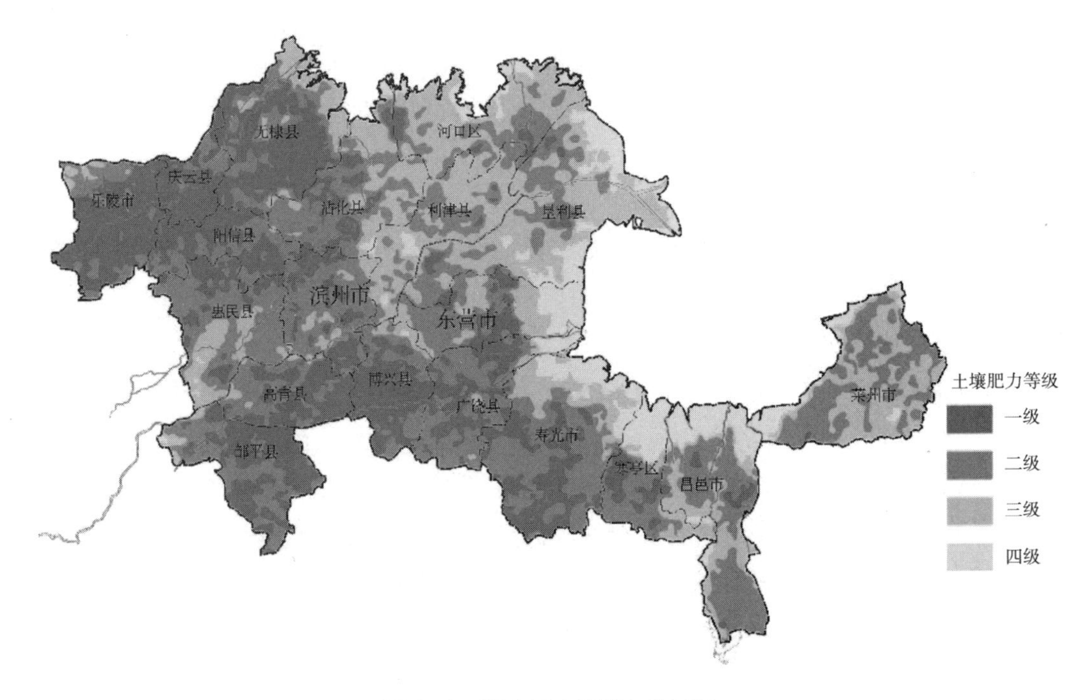

图 6 - 1　研究区土壤肥力分区图

三、土壤环境承载力计算

（一）土壤环境承载力评价计算过程

评价中，指标因子、环境容量指数由第三节土壤环境静态容量计算得到的 6 种重金属的静态环境容量值标准归一化得到，土壤肥力综合指数由上一节土壤肥力综合指数标准归一化得到，其他各指标值由统计年鉴数据标准归一化得到。由各指标权重与各县市数据归一化值乘积得到各地区土壤环境承载力总得分即 $Y=\sum_{i=1}^{n}X_iP_i$。各指标标准化数据见表 6 - 21，土壤环境承载力综合得分见表 6 - 22。

表 6－21　研究区土壤环境承载力评价指标标准化结果（无量纲）

市（县）		人口密度	人口自然增长率	人均GDP	第二产业产值比重	工业烟尘排放强度	工业废水排放强度	工业固体排放强度	化肥使用强度	农药使用强度	（生活）污水排放量	生活垃圾排放量/清运量	万元GDP能耗	公路客运强度	环保投入占GDP比例	工业废水排放达标率	工业废物综合利用率	城市生活污水处理率	城市生活垃圾无害化处理率	土壤肥力综合指数	环境容量指数
东营市	东营区	0.002	0.001	0.003	0.001	0.014	0.021	0.048	0.014	0.014	0	0	0.009	0.010	0	0.012	0.017	0.006	0.013	0.043	0.304
	河口区	0.007	0.001	0.002	0.001	0.014	0.021	0.048	0.015	0.015	0.018	0.034	0.009	0.010	0	0.012	0.017	0.006	0.013	0.001	0.431
	垦利县	0.007	0.001	0	0	0.014	0.021	0.048	0.014	0.013	0.017	0.034	0.009	0.010	0	0.012	0.017	0.006	0.013	0	0.342
	利津县	0.006	0.002	0.002	0.001	0.014	0.021	0.048	0.008	0.008	0.016	0.034	0.009	0.010	0	0.012	0.017	0.006	0.013	0.019	0.384
	广饶县	0.004	0.001	0.001	0	0.014	0.021	0.048	0.006	0.005	0.015	0.030	0.009	0.010	0	0.012	0.017	0.007	0.013	0.118	0.215
滨州市	滨城区	0.003	0.002	0.001	0.001	0.009	0.010	0.034	0.01	0.008	0.005	0.009	0	0.010	0.004	0.004	0.024	0.007	0.013	0.113	0.253
	惠民县	0.003	0.001	0.004	0.002	0.014	0.024	0.052	0.006	0.013	0.017	0.032	0	0.010	0.014	0.004	0.024	0.006	0.011	0.090	0.261
	阳信县	0.002	0.001	0.004	0.002	0.013	0.029	0.053	0.010	0.008	0.018	0.031	0	0.010	0	0.012	0.024	0.006	0	0.158	0.179
	无棣县	0.006	0	0.003	0.001	0.015	0.021	0.035	0.012	0.010	0.018	0.030	0	0.010	0.014	0.012	0.024	0.005	0.010	0.139	0.083
	沾化县	0.006	0.002	0.003	0.002	0.016	0.025	0.049	0.014	0.008	0.018	0.033	0	0.010	0.012	0.006	0.024	0.007	0.013	0.076	0.252
	博兴县	0.002	0.001	0.003	0.001	0.015	0.017	0.049	0.010	0	0.015	0.029	0	0.010	0.066	0.012	0.024	0.006	0.013	0.146	0.119
	邹平县	0.002	0.002	0.001	0	0.001	0.007	0	0.007	0.008	0.007	0.027	0	0.010	0.016	0.005	0.024	0.006	0.013	0.142	0.136
德州市	庆云县	0.002	0.002	0.003	0.001	0.012	0.026	0.052	0.010	0.008	0.017	0.030	0	0.009	0.035	0.005	0.024	0	0	0.216	0
	乐陵市	0.002	0.002	0.004	0.001	0.013	0.029	0.053	0.010	0.002	0.017	0.033	0	0.009	0.035	0	0.024	0.005	0	0.172	0.167
潍坊市	寒亭区	0	0.002	0.003	0.001	0.013	0	0.042	0.005	0.002	0.018	0.029	0.021	0.010	0.020	0.011	0.014	0.007	0.012	0.048	0.386
	寿光市	0.003	0.002	0.002	0.001	0.011	0.019	0.040	0	0.007	0.009	0.014	0.016	0.005	0.020	0.012	0.024	0.007	0.013	0.052	0.320
	昌邑市	0.004	0.003	0.003	0.001	0.015	0.021	0.051	0.009	0.007	0.012	0.028	0.018	0.005	0.020	0.012	0.024	0.007	0.013	0.028	0.432
烟台市	莱州市	0.003	0.004	0.002	0.001	0.016	0.027	0.020	0.009	0.012	0.015	0.022	0.010	0.005	0.004	0.012	0	0.006	0.013	0.027	0.360
淄博市	高青县	0.004	0.003	0.003	0.001	0	0.003	0.004	0.008	0.005	0.013	0.037	0.002	0	0.025	0.012	0.016	0.007	0.013	0.143	0.133

表 6－22　研究区土壤环境承载力综合得分

市(县)		综合得分
东营市	东营区	0.532
	河口区	0.675
	垦利县	0.579
	利津县	0.629
	广饶县	0.546
滨州市	滨城区	0.520
	惠民县	0.587
	阳信县	0.550
	无棣县	0.447
	沾化县	0.575
	博兴县	0.538
	邹平县	0.416
德州市	庆云县	0.453
	乐陵市	0.578
潍坊市	寒亭区	0.641
	寿光市	0.577
	昌邑市	0.712
烟台市	莱州市	0.568
淄博市	高青县	0.430

(二)土壤环境承载力评判标准

根据黄河三角洲地区各县市土壤环境承载力综合得分情况，参考相关文献，本次研究制定 5 个承载力等级，见表 6－23。

表 6－23　研究区土壤环境承载力评判标准

土壤承载力区间值	承载力等级	表征状态
<0.4	Ⅰ	弱承载力
0.4～0.5	Ⅱ	较弱承载力
0.5～0.6	Ⅲ	一般承载力
0.6～0.7	Ⅳ	较强承载力
>0.7	Ⅴ	强承载力

(三)土壤环境承载力综合评价分析

通过对黄河三角洲地区土壤环境承载力综合评价(表 6－24)可知，在评价的 19 个县市中，邹平县、高青县、无棣县、庆云县土壤环境处于较弱承载力状态；利津县、寒亭区、河口区处于较强承载力状态；昌邑市处于强承载力状态；其他大部分县市处于一般承载力状态。得到黄河三角洲土壤环境综合评价分区如图 6－2 所示。

表 6－24　研究区土壤环境承载力综合评价结果

评价单元		综合得分	承载力状态
东营市	东营区	0.532	一般承载力
	河口区	0.675	较强承载力
	垦利县	0.579	一般承载力
	利津县	0.629	较强承载力
	广饶县	0.546	一般承载力
滨州市	滨城区	0.520	一般承载力
	惠民县	0.587	一般承载力
	阳信县	0.550	一般承载力
	无棣县	0.446	较弱承载力
	沾化县	0.575	一般承载力
	博兴县	0.538	一般承载力
	邹平县	0.416	较弱承载力
德州市	庆云县	0.453	较弱承载力
	乐陵市	0.578	一般承载力
潍坊市	寒亭区	0.641	较强承载力
	寿光市	0.577	一般承载力
	昌邑市	0.712	强承载力
烟台市	莱州市	0.568	一般承载力
淄博市	高青县	0.430	较弱承载力

为进一步分析影响各县市土壤环境承载力的主要因子，现将各部分承载力评价得分排序，见表 6－25。

1. 土壤环境处于较弱承载力状态的区域

处于较弱承载力的地区为邹平县、高青县、无棣县、庆云县。其中邹平县、高青县压力项目层排名最低，邹平县人口密度大、工业经济增长快速，第二产业比重大，工业烟尘、工业废水和工业固体废弃物排放强度高，城市生活污水和生活垃圾排放量也较大，这些因素综合起来对土壤环境承载力施加了很大压力。高青县同样人口密度较大，工业烟尘和工业废水排放强度最大，工业固体废弃物排放强度也较大，同时交通方面公路客运量大。同时，邹平县和高青县状态项目层排名也较低，土壤重金属环境容量较低。无棣县和庆云县状态项目层排名最低，由于其环境容量指数小，即现状土壤污染严重，土壤环境中重金属静态环境容量低，导致其综合承载力较低。

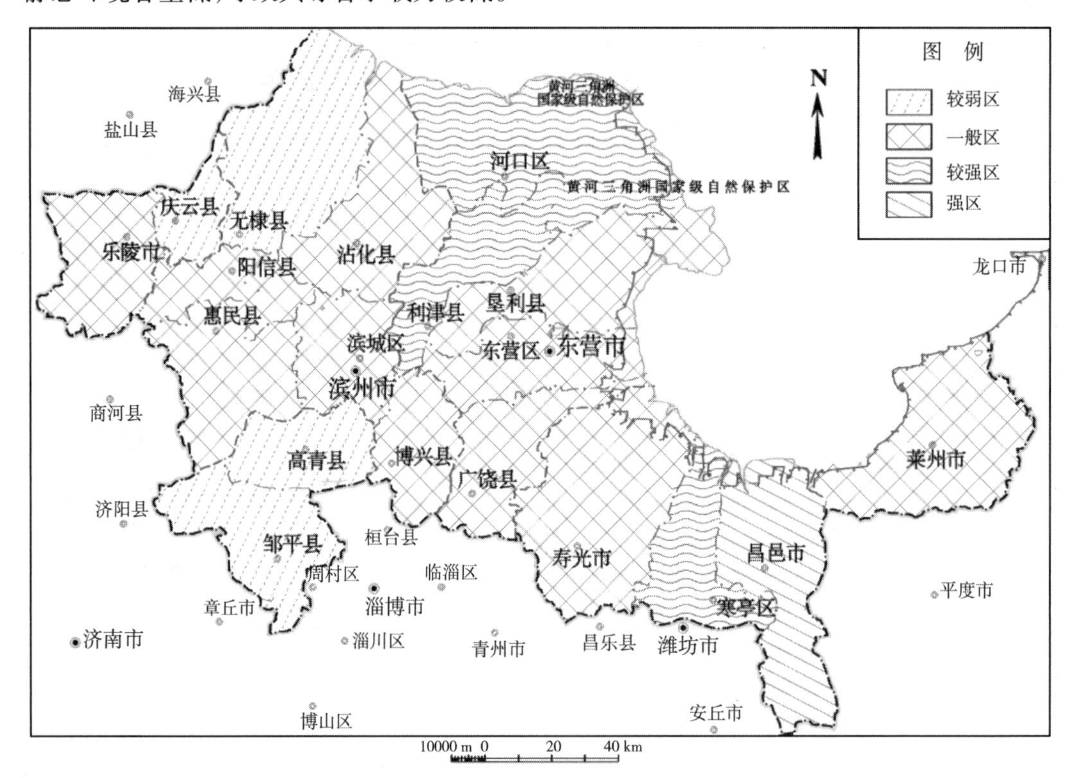

图 6－2　土壤环境承载力评价分区

表 6－25　研究区土壤环境承载力综合评价各县市排名

市(县)	承载力状态	压力	排名	状态	排名	响应	排名
邹平县	较弱	0.072	19	0.278	15	0.065	5
高青县	较弱	0.082	18	0.276	16	0.072	4
无棣县	较弱	0.160	11	0.222	18	0.065	6
庆云县	较弱	0.173	8	0.216	19	0.064	8
滨城区	一般	0.102	17	0.366	7	0.052	12
东营区	一般	0.137	15	0.347	9	0.049	16
博兴县	一般	0.151	12	0.265	17	0.122	1
广饶县	一般	0.164	10	0.333	13	0.049	13
阳信县	一般	0.171	9	0.336	12	0.043	18
莱州市	一般	0.145	14	0.388	5	0.035	19
沾化县	一般	0.185	3	0.328	14	0.062	10

（续表）

市(县)	承载力状态	压力	排名	状态	排名	响应	排名
寿光市	一般	0.129	16	0.372	6	0.076	2
乐陵市	一般	0.174	7	0.340	11	0.064	7
垦利县	一般	0.189	2	0.342	10	0.049	15
惠民县	一般	0.177	5	0.351	8	0.059	11
利津县	较强	0.178	4	0.403	4	0.049	14
寒亭区	较强	0.145	13	0.434	2	0.062	9
河口区	较强	0.195	1	0.432	3	0.048	17
昌邑市	强	0.176	6	0.460	1	0.076	3

2. 土壤环境处于一般承载力状态的区域

研究区19个县市中有11个县市处于一般承载力状态。滨城区、东营区压力和响应项目层排名低，滨城区压力方面，第二产业比重较高，工业烟尘、工业废水和工业固体排放强度较高，生活污水和生活垃圾排放量较高，万元GDP能耗高；响应方面，环保投入较少。东营区压力方面，人口自然增长率较高、生活污水和生活垃圾排放量大。以上因素对土壤环境承载力施加了一定压力。

博兴县状态项目层排名低，土壤环境容量指数小，土壤重金属污染较严重。广饶县状态和响应项目层排名略低，主要受环保投入少、土壤肥力和环境容量指数一般的影响。阳信县、莱州市响应项目层排名最低，阳信县环保投入少、城市生活垃圾无害化处理率低，莱州市受工业废物综合利用率低影响。沾化县状态层得分较低，受环境容量指数影响，土壤重金属含量略高。寿光市压力层排名低，主要受化肥、农药使用强度大影响，其次是人口密度较大、工业三废排放强度较大，生活污水、生活垃圾排放量大，公路客运强度高。乐陵县、垦利县、惠民县各项目层排名整体一般，其中垦利县响应项目层排名较低，受环保投入少的影响；乐陵市虽然工业废水排放达标率和城市垃圾无害化处理率低，但由于环保投入多的影响，导致其响应层排名处于中等水平。

3. 土壤环境处于较强承载力状态的区域

利津县、寒亭区、河口区土壤环境承载力处于较强状态。利津县压力、状态项目层排名较高，但响应层排名略低，主要受环保投入少的影响。寒亭区状态层排名高，但压力层排名略低，受人口密度大、工业三废排放强度较高影响。河口区压力、状态层排名高，但响应层排名很低，受环保投入少影响。

4. 土壤环境处于强承载力状态的区域

昌邑市土壤环境承载力处于强承载力状态，各项目层排名均较强，状态层排名最高，由于其环境容量指数最高，即土壤受重金属污染程度最轻，同时土壤肥力综合指数较高。

第七章 Chapter 7

黄河三角洲地区水环境承载力评价

随着黄河三角洲地区城镇化和工农业的快速发展,并由于其地区自身如盐渍化等问题,致使黄河三角洲某些地区一方面整体上面临着水资源短缺、生态破坏、水环境污染等严重的问题,水环境承载压力日益增大;另一面黄河三角洲地区各地水环境承载力又存在着较大的差异。平原区、山区地表水和地下水环境现状不同,其承受人类活动作用的能力也很不相同。这两个方面决定着整个黄河三角洲地区国土规划中产业选择、城镇布局和发展方向,影响着国家粮食供给的安全。因此,摸清黄河三角洲地区水环境现状,评价该地区水环境承载力大小是正确开展黄河三角洲国土规划的重要基础性工作。

第一节　水环境现状基础条件

一、地表水环境现状

(一)水环境功能区划概况

根据山东省人民政府批准实施的《山东省水环境功能区划》文件,水功能区划采用两级体系,即一级区划和二级区划。一级区划主要考虑从宏观上协调水资源开发利用与保护的关系,在满足城乡居民生活和工农业生产用水的前提下最大限度的考虑维持水资源的可持续发展能力和生态环境对水的需求。二级区划只在一级区划的开发利用区内进行,主要协调各用水部门之间的关系,实现水资源的优化配置,满足经济社会各个方面对水资源的需求。

水功能一级区分为保护区、保留区、开发利用区、缓冲区四类;水功能二级区划只在水功能一级区划中的开发利用区内进行,分饮用水水源区、工业用水区、农业用水区、渔业用水区、景观娱乐用水区、过渡区、排污控制区共七类,其分类情况如图 7 - 1 所示。

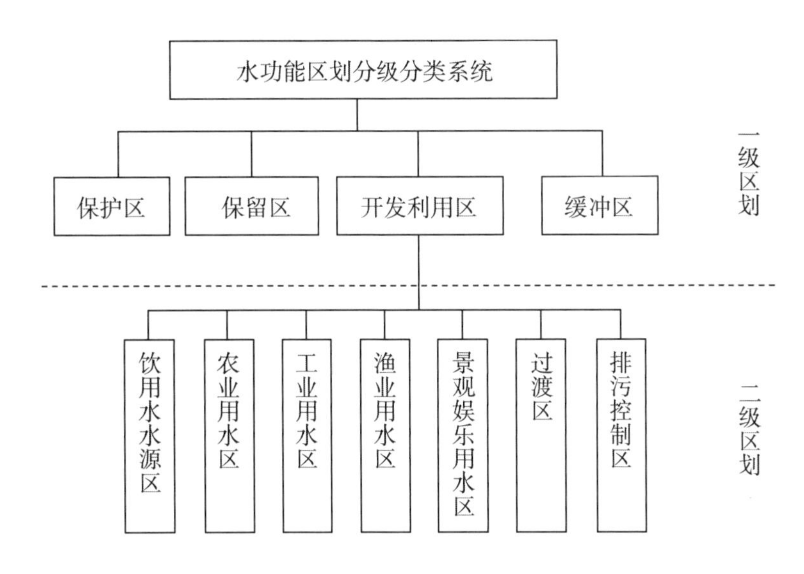

图7－1 水功能区划分级分类图

黄河三角洲地区一级水功能区划情况见表7－1。

表7－1 一级水环境功能区划统计

功能区划		功能区	
一级水功能区划	分类	个数(个)	所占比例(%)
	保护区	0	0.0
	保留区	2	9.5
	开发利用区	19	90.5
	缓冲区	0	0.0
	总计	21	—

按照功能区统计,全流域共划分为19个开发利用区,占全流域功能区的88.8%,此外,划分了2个保留区。

二级水环境功能区共划定57个,表7－2。

表7－2 二级水环境功能区划统计

水功能区类型		功能区	
		个数(个)	所占比例(%)
二级水功能区划	饮用水源区	14	24.1
	工业用水区	4	6.9
	农业用水区	23	41.4
	渔业用水区	11	19.0
	景观娱乐用水区	3	5.2
	过渡区	0	0.0
	排污控制区	2	3.4
	总计	57	—

由表7－2可知，黄河三角洲地区二级区划中，农业用水区最多，占全部的41.4%，其次为饮用水源区以及渔业用水区，分别为14%和11%。此划分中没有设置过渡区。

全流域共划分21个一级水功能区，57个二级水功能区，三个流域的水环境功能区划情况详见表7－3。

表7－3　区内各流域水环境功能区划

流域	一级水功能区		二级水功能区	
	个数（个）	所占比（%）	个数（个）	所占比例（%）
海河	7	38.9	9	15.8
黄河	2	11.1	7	12.3
山东半岛诸河流域	9	50.0	41	71.9
总计	18	—	57	—

由表7－3可以看出，在一级水功能区中，海河流域有7个，占33.3%；黄河流域有2个，占9.5%；山东半岛诸河流域有9个，占42.9%。在全流域57个二级水功能区中，海河流域有9个，占15.8%；黄河流域有7个，占12.3%；山东半岛诸河流域有41个，占71.9%。

1. 海河流域

海河流域主要功能区水质目标见表7－4。海河流域本次区划主要包括8条河流（漳节新河、马颊河、徒骇河、沙河、勾盘河、德惠新河、潮河、太平河），共9个功能区。

表7－4　海河流域水环境功能区水质目标

功能区水质目标	功能区	
	个数（个）	所占比例（%）
Ⅲ	5	55.6
Ⅳ	1	11.1
Ⅴ	3	33.3
总计	9	100

2. 黄河流域

黄河流域主要功能区水质目标见表7－5。

表7－5　黄河流域水环境功能区水质目标汇总表

功能区水质目标	功能区	
	个数（个）	所占比例（%）
Ⅲ	5	71.4
Ⅴ	2	28.6
总计	7	100

黄河流域本次区划主要包括4条河流(黄河干流、挑河、神仙沟、草桥沟),3个水库(胜利水库、城南水库、南郊水库),总共设置有7个功能区。

3. 沿海诸河流域

沿海诸河流域主要功能区水质目标见表7-6。

表7-6 沿海诸河流域水环境功能区水质目标

功能区水质目标	功能区	
	个数(个)	所占比例(%)
Ⅲ	14	35
Ⅳ	8	20
Ⅴ	16	40
待定(排污控制区)	2	5
总计	40	100

沿海诸河流域本次区划主要包括:24条河流(小清河、杏花河、预备河、淄河、支脉河、北支新河、织女河、北阳河、新塌河、张僧河、广利河、溢洪河、东营河、永丰河、弥河、丹河、白浪河、虞河、丰产河、堤河、潍河、北胶莱河、王河、沙河),1个水库(峡山水库),1个湖泊(麻大湖)。其中水质目标待定的河段为排污控制区,其水质目标由上下游河段水质目标来共同确定。

(二)水体水质状况

1. 各河流水质情况

随着黄河三角洲经济的迅速发展,工业污水和生活污水排放量日益增加,水质污染有加重趋势。从河流水系分析,以小清河和广利河污染最为严重,综合污染超过国家Ⅴ类标准。湖泊水库氮、磷营养盐超标,潜在水质富营养化的危险。陆源污染和油气开发形成的石油类污染,导致近海海域水质下降,海水养殖超容量发展,使养殖海域富营养化。

根据2009年黄河三角洲地区河流与水库各监测断面年度12次水质监测数据,统计出2009年各断面水质类别数量的汇总,见表7-7。2009年监测的35个河流断面中,符合国家《地表水环境质量标准》Ⅲ类水质标准断面3个,占监测断面比例为8.6%;Ⅴ类水质断面9个,占监测断面的25.7%;劣Ⅴ类水质断面23个,占监测断面的65.7%。

各监测断面主要超因子及超标倍数见表7-8。由黄河三角洲高效生态经济区2009年河流各断面主要超标因子和超标倍数数据分析可知,在监测的35个断面中,化学需氧量超标的有26个,超标频率为74.3%;五日生化需氧量超标的有23个,超标频率为65.7%;高锰酸盐指数超标的有19个,超标频率为54.3%;其他超标因子还有溶解氧、氨氮、氟化物、汞、挥发酚和石油类。2009年监测断面的主要污染物是化学需氧量、五日生化需氧量和高锰酸盐指数和氨氮。年均值超标严重的断面是:东营市支脉河的陈桥,石油类的超标倍数为24.60倍;潍坊市小清河的羊口,石油类的超标倍数为17.50倍;东营市阳河的苏庙闸,氨氮的超标倍数为9.26倍。

表7-7 研究区2009年河流监测断面水质类别统计

统计项目	监测断面水质类别						
	Ⅰ类	Ⅱ类	Ⅲ类	Ⅳ类	Ⅴ类	劣Ⅴ类	合计
断面数(个)	0	0	3	0	9	23	35
比例(%)	0	0	8.6	0.0	25.7	65.7	100

2. 研究区主要水库水质情况

黄河三角洲地区最主要水库为潍坊市的峡山水库,根据2009年该区内的峡山水库各监测点位水质数据可知,峡山水库入口点位为Ⅳ类水质,其余两个监测点位均符合Ⅲ类水质标准。监测数据见表7-8。

由表7-9可以看出,峡山水库的主要超标因子是总磷。并且在峡山水库的三个水质监测点水质达标情况见表7-10。

由表7-10可知,监测的3个点位中,峡山水库入口点位均不达标,水质规划目标断面达标率为66.7%。

二、地下水环境现状

(一)地下水埋深

地下水埋深指地下水位与地面高程之差。地下水对地基稳定性有一定的影响,地下水位越浅对建筑物地基的影响越大,因此对于城市建设来说要考虑地下水位的影响,但地下水的深浅对地基的影响都可以通过处理来消除,因此可以作为一项权重较低的指标来考虑。

对于黄河三角洲各县市区来说,由于其主要为沿海地区,地下水埋深普遍较浅,地下水位小于2 m的区域主要为黄河三角洲北部沿海县市,包括垦利县、东营市东营区、河口等。2~4 m地区零散分布于黄河三角洲中西部平原,主要包括沾化、高青县等城市。黄河三角洲地区地下水埋深分布最普遍的范围在4~8 m,主要分布在评价区东南方向的莱州、昌邑和寒亭以及西部的阳信、惠民及邹平。地下水位较深的区域主要分布在滨城区、博兴县、寿光市等地下水开采比较严重的地区。

(二)水文地球化学特征

莱州、昌邑丘陵区浅层地下水化学特征受地形地貌、气象、水文地质等综合因素控制,地下水经过溶滤、阳离子交替—吸附、蒸发浓缩等作用具有水平分带性;鲁北平原区地下水化学特征受古沉积环境的影响,也具有明显的垂直和水平分带特征。

1. 浅层地下水化学特征

浅层地下水按舒卡列夫分类法,阴离子水化学类型有HCO_3型、$HCO_3 \cdot Cl$型、

$HCO_3 \cdot SO_4$ 型、$Cl \cdot HCO_3$ 型、Cl 型等 5 种，阳离子类型有 Na 型、Na－Mg 型、Mg－Na 型、Ca－Mg 型、Mg－Ca 型、Ca－Mg 型、Ca 型、Ca－Na 型、Na－Mg－Ca 型等 9 种。平原区以 Na 型、Na－Mg 型、Mg－Na 型为主，丘陵山区以 Ca 型、Ca－Mg 型为主。自西向东、自南向北，由黄河冲积平原到滨海冲海积平原、由山前冲洪积平原到滨海地带，地下水趋于咸化，水化学类型由 HCO_3 和 $HCO_3 \cdot Cl$ 型过渡为 $Cl \cdot HCO_3$ 和 Cl 型，地下水矿化度由小于 2 g/L的淡水和微咸水逐渐过渡到矿化度大于 10 g/L 的盐水和卤水。整体上在可以开发利用的淡水和微咸水中，以南部冲洪积扇区和莱州市中南部地下水水质良好，黄河冲积平原区西部最差。

南部冲洪积扇区含水层厚度大、颗粒粗，补给条件好、径流顺畅，地下水水化学类型主要为 HCO_3 和 $HCO_3 \cdot Cl$ 型，为矿化度小于 1 g/L 淡水和 1～2 g/L 的微咸水；莱州市中南部丘陵山区地下水水力坡度大，径流通畅，水化学类型主要为 $HCO_3 \cdot Cl$ 和 $HCO_3 \cdot SO_4$ 型，为矿化度小于 1 g/L 淡水和 1～2 g/L 的微咸水；黄河冲积平原区西部地形平缓，含水层颗粒较细，地下水径流缓慢，水交替不畅，水化学类型主要为 $Cl \cdot HCO_3$ 型，为矿化度 1～3 g/L的微咸水。滨海冲海积平原区，除中西部黄河河道带水质稍好外（地下水水化学类型为 $HCO_3 \cdot Cl$ 和 $Cl \cdot HCO_3$ 型，为矿化度 1～5 g/L 的微咸水和半咸水），地下水埋藏浅、径流缓慢，垂向潜水蒸发强烈，水质咸化，化学类型为 Cl 型，为矿化度为大于 5 g/L 的咸水、盐水和卤水。

表 7-8　研究区 2009 年河流各监测断面主要超标因子和超标倍数

流域名称	水系名称	河流名称	一级支流名称	二级支流名称	监测断面名称	所在市地	主要超标因子 1	超标倍数	主要超标因子 2	超标倍数	主要超标因子 3	超标倍数
海河流域	漳卫南运河水系	漳卫新河			小泊头桥	滨州	石油类	6.32	COD_{cr}	1.99	BOD_5	1.13
海河流域	徒骇马颊河水系	马颊河			胜利桥	滨州	石油类	7.88	COD_{cr}	1.48	氨氮	1.14
海河流域	徒骇马颊河水系	德惠新河			王杠子闸	滨州	石油类	4.84	COD_{cr}	1.40	BOD_5	0.67
海河流域	徒骇马颊河水系	德惠新河			大山	滨州	石油类	4.94	COD_{cr}	1.01	高锰酸盐指数	0.49
海河流域	徒骇马颊河水系	徒骇河			申桥	滨州	COD_{cr}	0.10				
海河流域	徒骇马颊河水系	徒骇河			富国	滨州	石油类	1.16	COD_{cr}	0.55	高锰酸盐指数	0.09
海河流域	徒骇马颊河水系	潮河			邵家	滨州	氨氮	1.54	COD_{cr}	0.63	BOD_5	0.46
小清河流域	小清河水系	支脉河			堰头	淄博	BOD_5	0.34	高锰酸盐指数	0.12	COD_{cr}	0.03
小清河流域	小清河水系	支脉河			陈桥	东营	石油类	23.60	氨氮	4.48	汞	3.19

（续表）

流域名称	水系名称	河流名称	一级支流名称	二级支流名称	监测断面名称	所在市地	主要超标因子 1	超标倍数	主要超标因子 2	超标倍数	主要超标因子 3	超标倍数
小清河流域	小清河水系	支脉河	北支新河		宋旺桥	淄博	BOD_5	0.98	高锰酸盐指数	0.84	COD_{cr}	0.42
小清河流域	小清河水系	小清河			金家闸	淄博	氨氮	3.59	BOD_5	0.58	COD_{cr}	0.27
小清河流域	小清河水系	小清河			位桥	滨州	氨氮	4.10	溶解氧	1.26	COD_{cr}	0.05
小清河流域	小清河水系	小清河			浮桥	滨州	溶解氧	3.69	氨氮	2.99	BOD_5	1.60
小清河流域	小清河水系	小清河			石村	东营	氨氮	6.53	COD_{cr}	1.73	挥发酚	1.57
小清河流域	小清河水系	小清河			三岔	东营	氨氮	4.38	COD_{cr}	0.91	高锰酸盐数	0.15
小清河流域	小清河水系	小清河			羊口	潍坊	石油类	17.50	氨氮	10.04	BOD_5	5.28
小清河流域	小清河水系	小清河	杏花河		张官庄	滨州	溶解氧	2.79	氨氮	1.75	COD_{cr}	0.84
小清河流域	小清河水系	小清河	孝妇河		长山	滨州	氨氮	4.65	溶解氧	1.53	COD_{cr}	0.70

（续表）

流域名称	水系名称	河流名称	一级支流名称	二级支流名称	监测断面名称	所在市地	主要超标因子1	超标倍数	主要超标因子2	超标倍数	主要超标因子3	超标倍数
小清河流域	小清河水系	小清河	东猪龙河		入小清河处	淄博	BOD_5	0.41	高锰酸盐指数	0.36	COD_{cr}	0.36
小清河流域	小清河水系	小清河	预备河		甄庙	东营	氨氮	3.03	COD_{cr}	1.14	高锰酸盐指数	0.27
小清河流域	小清河水系	小清河	新塌河	织女河	三座楼	东营	氨氮	2.24	COD_{cr}	2.11	挥发酚	1.25
小清河流域	小清河水系	小清河	新塌河	织女河	苏庙闸	东营	氨氮	9.26	COD_{cr}	1.68	BOD_5	1.11
小清河流域	小清河水系	小清河	新塌河	织女河	连城	东营	氨氮	5.03	COD_{cr}	1.75	石油类	0.53
小清河流域	小清河水系	小清河	东张僧河		八面河（清水泊桥）	潍坊	氨氮	2.70	氟化物（F）	2.59	BOD_5	0.79
沿海诸河流域	胶莱大沽河水系	北胶莱河			潍石桥	潍坊	氟化物（F）	0.81	COD_{cr}	0.28	氨氮	0.22
沿海诸河流域	胶莱大沽河水系	北胶莱河			新河闸	青岛	COD_{cr}	0.52	BOD_5	0.15		

表 7-9 峡山水库 2009 年各监测点位主要超标因子和超标倍数

流域名称	水系名称	湖库名称	监测点位名称	所在市地	主要超标因子	超标倍数
沿海诸河流域	潍弥白浪河水系	峡山水库	入口	潍坊	总磷	0.06
沿海诸河流域	潍弥白浪河水系	峡山水库	中心	潍坊	无	无
沿海诸河流域	潍弥白浪河水系	峡山水库	出口	潍坊	无	无

表 7-10 峡山水库 2009 年水质规划目标达标率评价

达标水质监测点位数(个)	水质监测点位总数(个)	水质规划目标点位达标率(%)
2	3	66.7

表 7-11 各县市多年平均地下水位统计

县区名	多年平均地下水位
无棣县	<2
阳信县	4~8
沾化县	2~4
惠民县	4~8
滨城区	>16
邹平区	4~8
博兴县	>16
高青县	2~4
利津县	<2
垦利县	<2
东营区	<2
广饶县	8~16
河口	<2
寿光	>16
寒亭	4~8
昌邑	4~8
莱州市	4~8
乐陵市	2~4
庆云县	8~16

2. 深层地下水化学特征

深层地下水按舒卡列夫分类法，阴离子水化学类型有 HCO_3 型、$HCO_3 \cdot Cl$ 型、$HCO_3 \cdot Cl \cdot SO_4$ 型、$Cl \cdot SO_4$ 型、$Cl \cdot SO_4 \cdot HCO_3$ 型等五种之多，阳离子类型有 Mg 型、Mg·Ca 型、Mg·Na 型、Ca 型、Ca·Na 型等五种。深层地下水水平方向水化学分带明显，山前冲洪积平原地下水系统地下水径流条件较好，循环较强烈，水化学作用处于溶滤阶段，形成低矿化度的 HCO_3 型和 $HCO_3 \cdot Cl$ 型水为主；冲积湖积平原地下水系统地下径流极其缓慢，受古地理环境和古气候影响，大陆盐化作用明显，多为高矿化度 $Cl \cdot SO_4$ 型水为主；滨海海积冲积平原地下水系统受古海水侵入影响，以 Cl 型水为主。

山前冲积洪积平原地下水系统区南部为全淡水区，阴离子类型以 HCO_3 型和 $HCO_3 \cdot Cl$ 型为主，西部高青县附近分布有 $Cl \cdot SO_4$ 型、$Cl \cdot SO_4 \cdot HCO_3$ 型水。阳离子类型总体上由南往北由 Ca 型水，中部的 Ca·Mg 型、Ca·Na 型、Mg·Ca 型、Mg·Na 型，向北部的 Mg 型转化。地下水绝大部分为矿化度小于 1 mg/L 的淡水，边缘过渡带为 1～2 mg/L 的微咸水。F^- 离子含量南部淡水区均小于 1.0 mg/L，北部最高可达 4.0 mg/L，由南往北逐渐增高。

北部冲积湖积平原地下水系统区阴离子类型西部以 HCO_3 型、$HCO_3 \cdot Cl$ 型、$HCO_3 \cdot Cl \cdot SO_4$ 型水为主，中部以 $Cl \cdot SO_4$ 型、$Cl \cdot SO_4 \cdot HCO_3$ 型水为主，东部以 $Cl \cdot SO_4$ 型、$HCO_3 \cdot Cl$ 型、$HCO_3 \cdot Cl \cdot SO_4$ 型水为主。阳离子类型均为 Mg 型。地下水矿化度 1～2 mg/L。F^- 离子含量一般均大于 2 mg/L，有一半以上的地区大于 3 mg/L，最高含量位于乐陵市黄夹镇—宁津县长官镇一带，F^- 离子含量大于 5 mg/L。

海积冲积平原地下水系统区大部分阴离子类型以 Cl 型水为主，边界附近分布有 $SO_4 \cdot Cl$ 型、$HCO_3 \cdot Cl$ 型、$HCO_3 \cdot Cl \cdot SO_4$ 型水，阳离子类型为 Mg 型水，F^- 离子含量 1～2 mg/L，为全咸水分布区。

（三）地下水特殊水质与地方病

地方病是指具有严格的地方性区域特点、在某些特定地域内经常发生并相对稳定，与地理环境中物理、化学和生物因素密切相关的一种疾病。

地方病主要是因为饮用水环境遭到破坏引起的，有地方病分布的地区说明该地区的地下水是被污染的，地区建设发展必须要有地下水的支撑，因此，对黄河三角洲地区地下水环境因素来说需要考虑地方病的影响。目前对于地方病研究的重点和难点为地质环境中有害生物地球化学性疾病，黄河三角洲地区地方病主要有地氟病、地甲病、克山病、大骨节病及地方性肝大等。黄河三角洲境内主要有地方性氟中毒、地方性甲状腺等病，其分布情况如图 7－2 所示。

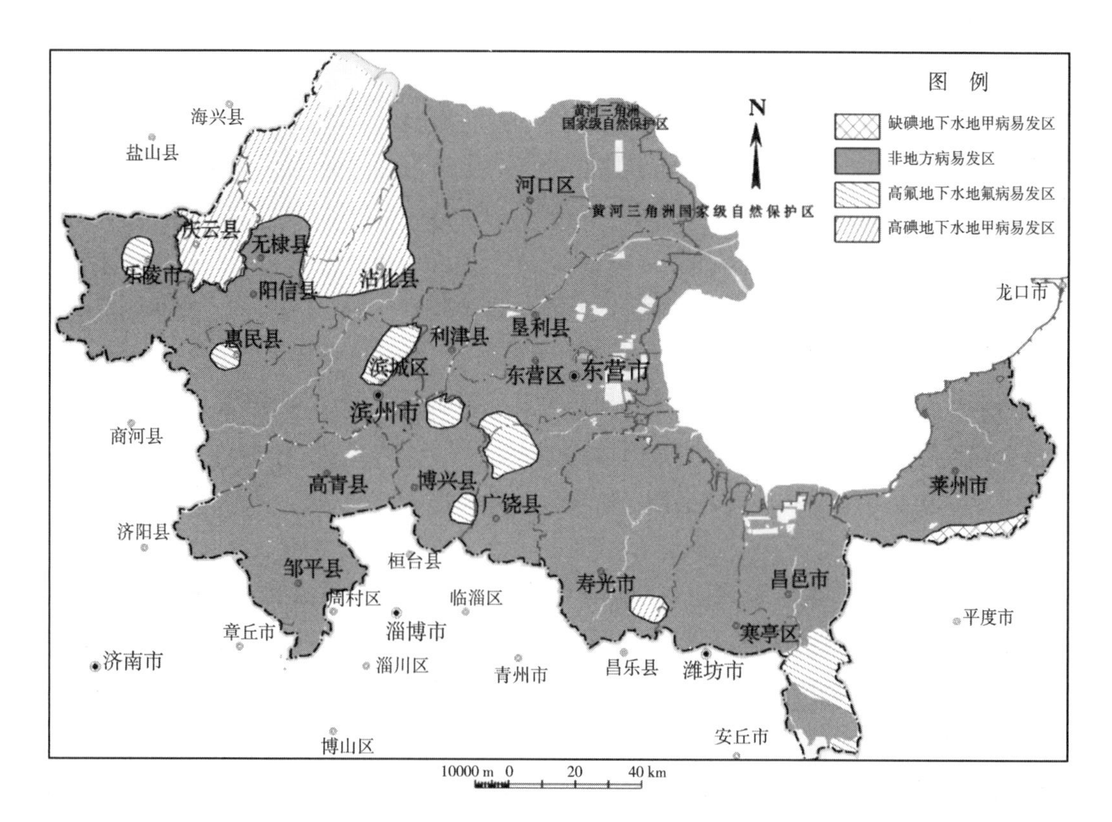

图 7－2 地方病易发性地区分布图

1. 地氟病

地氟病或称为地方性氟中毒，是由于居民长期从生活环境中特别是从饮用水中摄入过量的氟而引起人的骨骼变粗、变硬、四肢变形、关节疼痛、牙齿变黄、变脆的一种慢性全身性地球化学性疾病，俗称“大黄牙”“氟斑牙”“糠骨病”“黑骨风”等。

黄河三角洲地区均有发病，但以潍坊地区最为严重，潍坊市 12 个县(市、区)中都有不同程度的发病，其中寒亭区、寿光市、昌邑市较为严重；病情较轻的病人，表现为牙齿变黄、发黑、脱钙变脆等，重病病人表现为全身关节疼痛、强直变形，甚至导致瘫痪，丧失劳动能力。

经流行性病学调查证实，地方性氟中毒流行的主要原因是饮用水含氟量超标(国家饮水型地方性氟中毒病区划分标准：饮水含氟量大于 1.0 mg/L，GB 17018—1997)。地下水中氟含量的高低与其所处的地形、地貌、地层岩性等有很大的关系。一般病区地形平缓，上游分水岭内侧含氟高的风化基岩被地下水淋溶、分解，使地下水中氟含量增高。高氟地下水径流排泄到坡前低洼地带处，使氟离子聚集，进而影响到下游平原地区，使其地下水中氟含量增高，居民因长期饮用此地下水而导致氟中毒。

2. 地甲病

地甲病全称地方性甲状腺肿，或称碘缺乏病，是由于环境中缺碘，使机体(包括人和动物)因摄入的碘不足而产生的一系列损害，它是一种严重危害人类健康的地方性疾病。地甲病的流行与饮用水中碘含量关系密切，正常人每日需摄取碘素 100 ~ 250 μg；饮水水源中含碘量少于 10 μg/L 的地区，就有可能发生地甲病，而地甲病病区水源中的含碘量一般小于 5 μg/L。由于受地形地貌、地质条件的影响，山区地下水中碘含量较低，极易随地表水流失，同时，一般病区地下水中钙元素含量较高，影响肌体对碘的吸收，长期饮用必然会引发地甲病流行。

成人缺碘的主要表现是甲状腺肿、颈部变粗（即俗称的“粗脖子”），重者可形成巨瘤，影响呼吸饮食功能；胎儿、婴幼儿缺碘还会出现克汀病、亚克汀病（智力障碍），即使是轻度缺碘也会导致程度不同的智力障碍和生长发育迟滞。碘缺乏对人的智力发育影响是最严重的也是最根本的，并且具有不可逆性。

潍坊部分地区为碘缺乏病高发区。据潍坊市地方病防治办资料，碘缺乏病分布在 12 个县（市、区）中，患病总人数 2.88 万人，其中甲状腺肿病人 25 694 人、克汀病人数 60 人。

碘在自然界中总量很少，仅占地壳总重量的一千万分之一，系微量非金属元素。它分布在土壤、水和空气中，各种食物中也有碘的分布。由于自然界中的碘在山区、高原、平原土壤中曾被冰川融化、雨淋后沿江河入海，故碘在自然界中的分布依山区、平原、沿海、海洋的顺序而逐渐递增。生长在这些地区的生物体中的碘含量也依此顺序相应递增。碘缺乏病就是主要分布在位于山区、半山区，这些地区因上述原因自然环境中缺碘，长期生长和生活在这里的人们因饮用缺碘水、呼吸缺碘的空气及摄食缺碘的粮食、蔬菜、动物产品而缺碘，最终导致人本身的碘缺乏病。

（四）地下水污染

水质污染是当前环保工作中一个比较突出的问题，不仅影响人体健康，而且由于水质污染不能饮用，使原已供不应求的供水水源更趋紧张。众所周知，“三废”是造成水质污染的主要来源，特别是工业废水，不仅直接使河流湖泊遭到严重污染，而且极易通过各种不同途径，如排污沟、污水库、污灌等渗入地下，导致地下水污染。矿压层矿、工业废渣以及城市垃圾等固体废物，也是主要污染源。农业大量使用农药、化肥，同样对水质造成不利影响。

浅层含水层与深层含水层间多分布有分布较稳定、厚度较大的弱透水层，所以深层地下水防污能力较强。调查水分析资料表明，深层地下水目前尚未受人为污染。浅层地下水防污能力较弱，大部分地区遭到了不同程度的污染，如图 7 –3 所示。

地下水污染主要集中于各排污河附近、老油田区和潍北区段，以小清河和淄河附近污染最为严重，以重度污染为主，另外，部分县市的城区附近地下水也存在污染现象。

从滨州市和东营市的地质环境监测报告中可以获知，小清河和淄河附近区域的浅层地下水阳离子特征为重碳酸硫酸氯化物型，阳离子为钠钙镁型，污染物主要以有机化合物为主，污染的原因主要有三个方面：一是小清河水的侧渗，二是引小清河水灌溉，三是其他河道污水的渗漏。

东营市区和垦利县城区西侧地下水水质污染严重，主要原因是该区域是胜利油田主要石油开发区，东营市的主要工业企业也在区内，地下水受到不同程度污染，主要污染物为油、挥发酚和重金属镉、铅等。

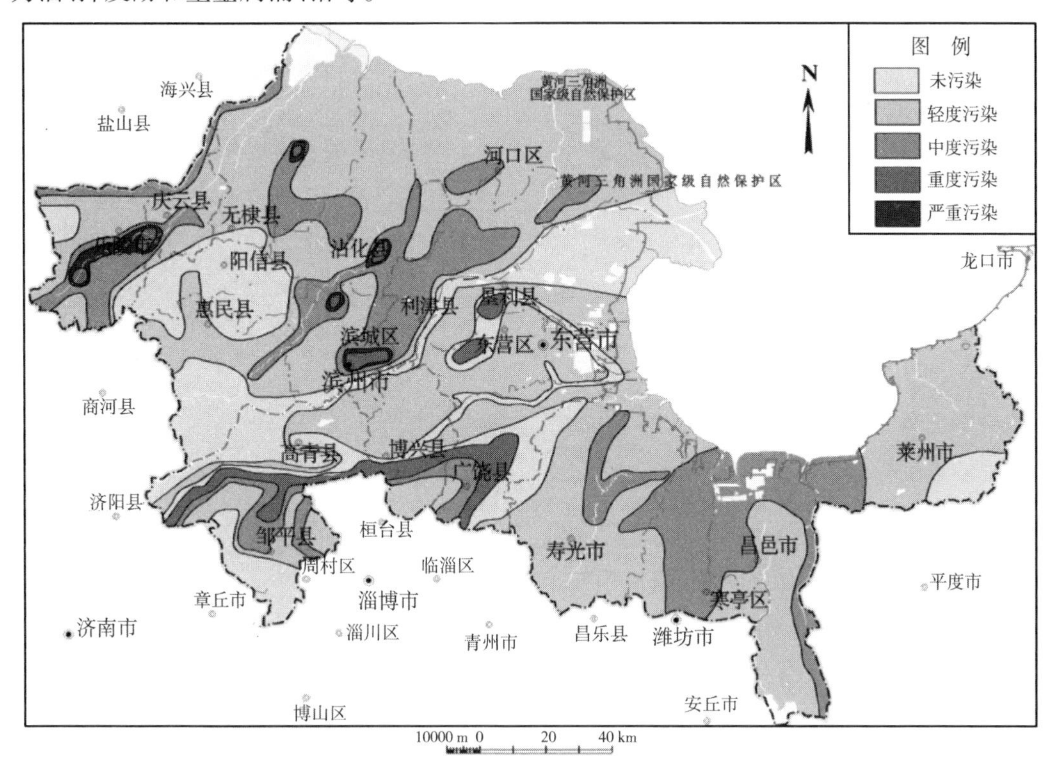

图 7－3　黄河三角洲地区浅层地下水水质污染分区图

第二节　水环境承载力评价方法

一、技术路线

具体技术路线如图 7－4 所示。

本研究将在收集、整理基础资料的基础上，针对黄河三角洲地区水环境特点，识别当前面临的主要水环境问题，分析地表水污染源和评价功能区达标，计算地表水环境容量，校核基于地表水环境容量的总量控制；分析研究区水文地质条件，选择 DRASTIC 模型，评价地下水环境抗污性能；构建水环境承载力指标体系、计算模型和评价方法，计算黄河三角洲水环境承载力。

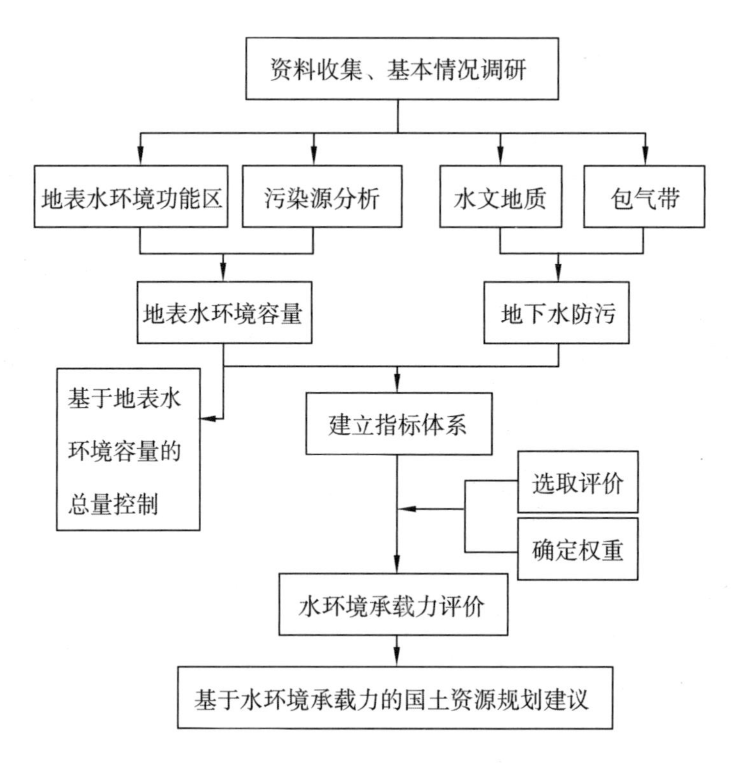

图7－4　技术路线框图

二、水环境容量评估方法

水环境容量是指在水资源利用水域内，在给定的水质目标、设计水量和水质条件的情况下，水体所能容纳污染物的最大数量。按照污染物降解机理，水环境容量 W 由两部分组成，即稀释容量 $W_{稀释}$ 和自净容量 $W_{自净}$，$W = W_{稀释} + W_{自净}$。

同时，水环境容量也是基于对流域水文特征、排污方式、污染物迁移转化规律进行充分科学研究的基础上，结合环境管理需求确定的管理控制目标。水环境容量既反映流域的自然属性（水文特性），同时反映人类对环境的需求（水质目标），水环境容量将随着水资源情况的不断变化和人们对环境需求的不断提高而不断发生变化。

对黄河三角洲地区水环境容量的计算是依据《山东省水功能区划》制定的水质目标和现有参数，对比流域水质现状，以 COD（化学需氧量）和氨氮作为总量控制主要目标，评估黄河三角洲水环境容量。

（一）设计条件

水环境容量计算单元的划分往往采用节点划分法，即从保证重要水域水体功能角度出发，把河道划分为若干较小的计算单元进行水环境容量计算。本次水环境容量核定，原则上以水环境功能区为基本单元，以水环境功能区上、下界面或常规监测断面作为节点。在水环境容量计算时，可以以整条河流作为一个整体进行计算，将各水环境功能区作为水质约束的节点条件出现，将排入各功能区划河段的污染源作为输入条件，进行模拟演算。

黄河三角洲地区河流由于枯水月流量太小或可能断流,选择90Q15(近10年最枯季平均流量)或90V15(近10年最枯季平均库容)作为参考设计水文条件。河流的设计流速为对应设计流量条件下的流速。对于断面设计流速,可以采用实际测量数据,但需要转化为设计条件下的流速。参考上游水环境功能区标准,以对应国家环境质量标准的上限值为本底浓度(来水浓度),以水环境功能区相应环境质量标准类别的上限值为水质目标值。水环境功能区相应环境质量标准具体落实于相应的监控断面,断面达标即意味着水环境功能区水质达标。计算单位时间为一年。

(二)水质模型与计算方法

污染物进入水体后,在水体的平流输移、纵向离散和横向混合作用,同时与水体发生物理、化学和生物作用,使水体中污染物浓度逐渐降低。为了客观描述水体污染物降解规律,可以采用一定的数学模型来描述,最常用的地表水环境容量计算模型主要有零维模型、一维模型。

1.零维模型

设有一河段 i,如图7-5所示,则

$$W_{稀释}=Q_i(C_{si}-C_{0i})$$

$$W_{自净}=K_i\cdot V_i\cdot C_{si}$$

即 $W_i=Q_i(C_{si}-C_{0i})+K_i\cdot V_i\cdot C_{si}$

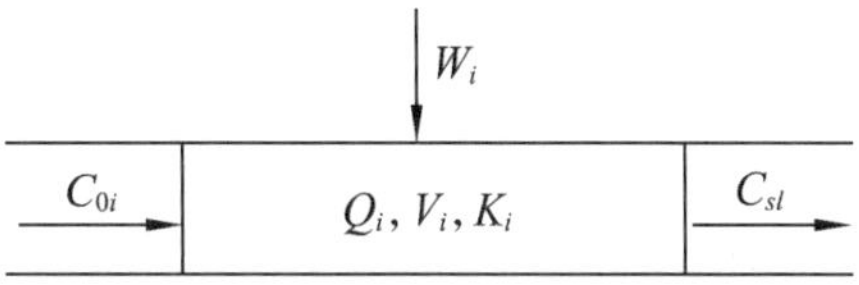

W_i

C_{0i} Q_i, V_i, K_i C_{sl}

图7-5 完全混合型河段概化图

调整量纲,整理成:

$$W_i=86.4Q_i(C_{si}-C_{0i})+0.001K_i\cdot V_i\cdot C_{si}$$

其中

$$C_{0i}=\begin{cases}C_{si},当上方河段水质目标要求低于本河段时\\C_{0i},当上方河段水质目标要求高于或等于本河段时\end{cases}$$

式中 W_i——第 i 河段水环境容量(kg/d);

Q_i——第 i 河段设计流量(m^3/s);

V_i——第 i 河段设计水体积(m^3);

K_i——第 i 河段污染物降解系数(d^{-1});

C_{si}——第 i 河段所在水功能区水质目标值(mg/L);

C_{0i}——第 i 河段上方河段所在水功能区水质目标值(mg/L)。

若所在的水功能区被划分为 n 河段,则该水功能区的水环境容量是 n 个河段水环境容量的叠加,即:

$$W=\sum_{i=1}^{n}Wi$$

2.一维模型

对宽比不大的河流,污染物在较短的河段内,基本上能在断面内均匀混合,污染物浓度在断面上的横向变化不大,可用一维水质模型模拟污染物沿河流纵向的迁移过程。

由此可得一维河流环境容量计算公式如下：

$$W_i = 86.4\left[Q_i \cdot C_{si} \cdot exp\left(\frac{K_i \cdot L_i}{86\,400ui}\right) - C_{0i} \cdot Q_i\right]$$

其中

$$C_{0i} = \begin{cases} C_{si}, 当上方河段水质目标要求低于本河段时 \\ C_{0i}, 当上方河段水质目标要求高于或等于本河段时 \end{cases}$$

式中 W_i——第 i 河段水环境容量(kg/d)；

Q_i——第 i 河段设计流量(m^3/s)；

u_i——第 i 河段设计平均流速(m/s)；

L_i——第 i 河段长度(m)；

K_i——第 i 河段污染物降解系数(d^{-1})；

C_{si}——第 i 河段所在水功能区水质目标值(mg/L)；

C_{0i}——第 i 河段上方河段所在水功能区水质目标值(mg/L)。

3. 湖库模型

当以年为时间尺度来研究湖泊、水库的富营养化过程时，往往可以把湖泊看作一个完全混合的反应器，这样的基本方程为：

$$\frac{VdC}{dt} = QC_E - QC + \gamma(c)V$$

当所考虑的水质组分在反应器内的反应符合一级反应动力学，而且是衰减反应时，$\gamma(c) = -KC$，上式变为以下形式：

$$\frac{VdC}{dt} = QC_E - QC - KCV$$

当反应处于稳定状态时，$\frac{dC}{dt} = 0$，则 $C = \frac{QC_E}{Q + KV}$。

当 C 为湖泊功能区要求浓度标准 Cs 时，则上式变为：

$$Wc = 31.54 \times \left(QCs + \frac{KC_sV}{86\,400}\right)$$

式中 Wc——为水环境容量，t/a；

V——湖泊中水的体积(m^3)；

Q——平衡时流入与流出湖泊的流量(m^3/s)；

C_E——流入湖泊的水量中水质组分浓度(mg/L)；

C——湖泊中水质组分浓度(mg/L)。

(三)参数推求及容量校核

污染物的生物降解、沉降和其他物化过程，可概括为污染物综合降解系数，主要通过水团追踪试验现场观测法、文献设计、实测资料反推、类比法、分析借用等方法确定。本文采用文献设计法,得到设计值见表7-12。

表7-12 河流污染物降解系数的设计值

河流分类	流动状况	地貌类型	COD降解系数 K_c			NH_3-N降解系数 K_N		
			Ⅱ~Ⅲ类	Ⅳ类	Ⅴ类+劣Ⅴ类	Ⅱ~Ⅲ类	Ⅳ类	Ⅴ类+劣Ⅴ类
一般河流	静止	全部	0.12	0.1	0.08	0.1	0.08	0.06
	几乎静止	全部	0.15	0.12	0.1	0.12	0.1	0.08
	流动	中山、低山	0.3	0.25	0.2	0.25	0.2	0.18
		丘陵	0.3	0.25	0.2	0.25	0.2	0.18
		山间平原	0.25	0.2	0.18	0.2	0.18	0.15
		山前倾斜平原	0.25	0.2	0.18	0.2	0.18	0.15
		微倾斜低平原	0.2	0.18	0.15	0.18	0.15	0.12
		黄河三角洲平原	0.2	0.18	0.15	0.18	0.15	0.12
感潮河流	流动	山间平原	0.1	0.08	0.06	0.1	0.08	0.06
		山前倾斜平原	0.1	0.08	0.06	0.1	0.08	0.06
		微倾斜低平原	0.08	0.06	0.05	0.08	0.06	0.05
		黄河三角洲平原	0.08	0.06	0.05	0.08	0.06	0.05

另外,在水环境容量模型计算的基础上,结合流域规划、上下游关系、水质评价和污染源调查结果、混合区范围等因素,进行合理性分析,分析可利用的水环境容量,最终核定水环境容量。

三、总量控制方法理论

总量控制(又称污染物流失总量控制法),是在污染严重、污染源集中的区域或重点保护的区域范围内,通过有效的措施,把排入这一区域的污染物总量控制在一定的数量之内,使其达到预定环境目标的一种控制手段。总量控制使目标管理责任制和城市环境综合整治定量考核制度的实施内容更明确,使环境规划和环境管理更科学,使限期治理、集中控制和排污许可证制度的实施更有的放矢。

(一)基本原则与技术路线

1. 基本原则

(1)综合性原则　综合考虑环境保护目标、污染源特点、排污单位技术经济水平以及环境承载力等多种因素，综合运用环境工程学、环境经济学及环境法学等多学科知识，以保证总量控制顺利实施。

（2）科学性原则　以环境科学的基本理论为基础，以可持续发展为指导思想，遵循社会主义市场经济规律，既要满足环境保护目标的需要，又要考虑经济发展，将环境、经济、社会效益统一起来。

（3）区域性原则　在国家、省、市总量控制的统一规划和部署下实施，结合本流域社会经济发展和环境质量现状，使总量控制具有针对性特点。

（4）分解性原则　总量分解应服从总目标，总体不得突破；实事求是，突出重点；综合平衡，区别对待；效率与公平相结合。总量控制目标的分步实施是考虑到流域目前环境问题历史欠账太多以及当前经济实力，分步实施是实现总量控制最终目标的重要保证。以流域内划分的各小流域为单元进行分配，根据总量控制目标计算结果，考虑其治污能力，给出具体的削减目标。

（5）操作性原则　操作性体现在目标可行、方案具体而具有弹性、措施落实、易分解执行、与现行管理制度和管理方法相结合、目标具有先进性、纳入行政管理部门领导考核体系。

2. 技术路线

根据以上分析和总结，拟定水环境承载力的总量控制技术路线（图 7－6）。

以水环境功能区为单元，以 COD 和氨氮作为主要污染物控制指标，对比现状污染物入河量与流域水环境容量的大小，如果污染物入河量超过水体功能区的环境容量，则需要计算入河削减量和相应的排放量，反之，如果入河污染物尚未超过水体环境容量，则根据实际情况制定入河污染物控制量和排放控制量。制定入河污染物控制量时，应考虑水环境功能区的水质状况、水资源可利用量、经济与社会发展现状和经济社会发展的需求等，一般情况下，对经济欠发达、水资源丰富、现状水质良好的地区，污染物入河控制量可适当放宽，但不得超过水功能区的环境容量。

（二）控制量和削减量的总体方案

1. 污染物入河控制量

根据流域水环境容量和现状污染物入河量，综合考虑水环境功能区水质状况、当地技术经济条件和经济社会发展，确定水环境功能区的污染物入河控制量，具体原则：

（1）若入河量小于水环境容量，则入河量作为其入河控制量；

（2）若入河量大于水环境容量，则如果入河削减量在 30% 以内即可达到水功能区要求的（入河量小于或等于纳污能力），则入河控制量即等于纳污能力；

（3）若入河量大于水环境容量，且入河削减量在 30% 以上仍不能达到水功能区要求的，则按照以下情况确定入河污染物控制量：对于重点水系干流和主要饮用水源区、省界水体等重要水功能区，无论削减量多大，都应在 2020 年达到水质目标要求；对于污染严重的支流和重要城市所在河段，入河污染物削减量应在50%以上；其他功能区的入河削减量应在30%～50%之间。

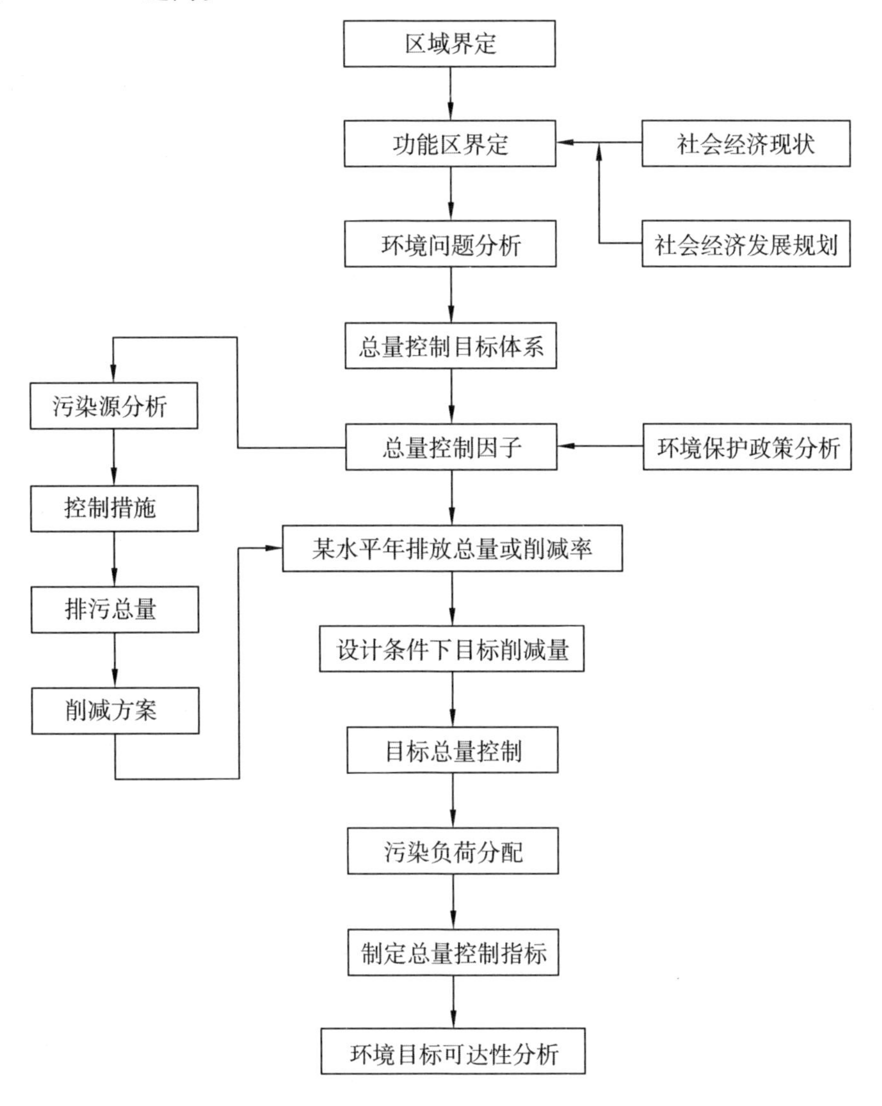

图7－6　研究技术路线框图

2. 污染物入河削减量

将流域各水功能区的污染物入河量与入河量控制量相比较，如果污染物入河量超过污染物入河控制量，则其差值即为该水环境功能区的污染物入河削减量。

四、地下水环境抗污能力评价理论方法

地下水环境是人类环境的一种重要组成部分，是水环境组成的重要分支，占据着举足轻重的位置。人类在日常生活、生产过程中向外界环境中排放的有毒有害元素或污染物由水循环进入地下水环境中，致使地下水环境恶化。恶化的地下水环境反过来对人类的生产和生活产生了不利影响，制约着社会、经济的发展，严重时甚至可能危害到人体健康。

地下水环境污染与地表水环境污染相比更具有隐蔽性和难以逆转性。地下水环境相比地表水环境来说,除了具有地表水体自净功能外,其自身构成对污染物进入水体内部具有阻滞作用,它反映了地下水环境的自我保护能力。地下水环境抗污能力评价就是从有效的保护地下水资源免于遭受污染的角度出发,选择能表征地下水环境抗污能力的评价因子,并建立相应的评分体系和权重体系,划分地下水环境抗污能力等级。

(一)影响因素

1. 土壤

指渗流区最上部具有显著生物活动的部分,土壤的厚度、结构、成分及其黏土矿物含量、有机质的含量、湿度等决定土壤自净能力,土壤的自净能力即土壤对污染物的吸附、降解能力。土壤的自净能力越强,地下水环境的抗污能力就越强。因此,土壤的自净能力是决定地下水环境抗污能力的一个主要指标。

2. 包气带

指的是土壤与含水层之间的介质,它是污染物进入含水层的必经途径。包气带是污染物进入含水层之前所进行的稀释作用、生物降解作用、中和作用和化学反应的主要场所,所以其厚度、岩性在很大程度上决定着地下水环境的抗污能力。

3. 含水层

含水层不是一个统一的单元,而是一个复杂的系统,它的抗污能力在空间上发生变化,因此,除考虑含水层岩性外,水力传导系数是一个重要指标,它控制地下水的流动速率,进而控制污染物在含水层中迁移的速率。另外,潜水含水层的水位埋深也对地下水环境抗污能力影响较大。

4. 地形

包括地形坡度变化和土地的覆盖和使用类型。通常坡度越大,含水层抗污能力越强。

5. 补给量

单位面积内渗入地表并到达含水层的水量即平均含水量也是反映地下水环境抗污能力的指标,一般含水层补给量越大,地下水环境抗污能力越强。

(二)评价方法及指标体系

适用于评价地下水环境抗污能力的方法有矢量分析法、综合指数法、层次分析法、灰色关联法、空气动力学法等,考虑到地下水环境抗污能力影响因素以及评价指标体系与地下水脆弱性的影响因素和评价指标体系相同,地下水脆弱性评价被广泛应用的是美国EPA推广的DRASTIC方法。本次评价地下水环境抗污能力亦采用此方法。

DRASTIC方法主要考虑以下7个参数:地下水埋深、含水层的净补给、含水层的岩性、土壤类型、地形、包气带(渗流区)的影响及含水层渗透系数。这7个指标与影响黄河三角洲地下水环境的主要因素相对应,所以把DRASTIC的7个参数作为本次评价的评价指标体系是适宜的。各指标的级别与其对应的标准特征值见表7-13。

表 7 - 13 指标级别与其对应的标准特征值表

指标	级别									
	1	2	3	4	5	6	7	8	9	10
含水层埋深(m)	30.5	26.7	22.9	15.2	12.1	9.1	6.8	4.6	1.5	0
地形坡度(‰)	18	17	15	13	11	9	7	4	2	0
净补给量(mm)	0	51	71.4	91.8	117.2	147.6	178	216	235	254
含水层渗透系数(m/d)	0	4.1	12.2	20.3	28.5	34.6	40.7	61.1	71.5	81.5
含水层介质类型	10	9	8	7	6	5	4	3	2	1
土壤介质类型	10	9	8	7	6	5	4	3	2	1
渗流区介质类型	10	9	8	7	6	5	4	3	2	1

(三)评价步骤

地下水环境抗污能力评价的主要步骤包括:分析工作区的地质、地貌、水文地质、气象及水文等资料,确定评价指标体系;数据预处理;模型评价;评估价结果分析及应用。评价流程如图 7 -7 所示。

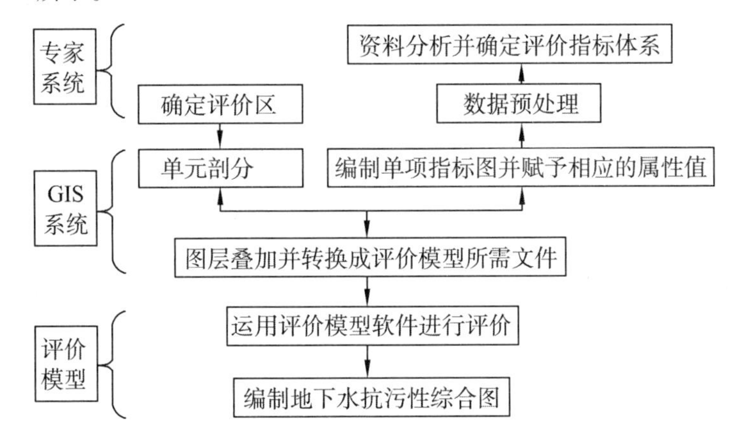

图 7 -7 地下水环境抗污能力评价流程图

计算过程中各项取值及特征描述如下:

(1)评价区 黄河三角洲地区,面积 26 500 km^2。

(2)评价指标体系 含水层埋深(m)、净补给量(mm)、含水层介质类型、土壤介质类型、地形坡度(‰)、渗流区介质类型、含水层渗透系数(m/d)。

(3)单元剖分 运用不规则网格法对研究区进行划分,形成 3 万多个网格。

(4)指标取值 各指标值根据如下所述而编绘成单项指标图,然后转换成评价模型所需文件:

①地下水埋深(D):利用 2006—2010 年地下水资料直接获得,单位为 m。

②净补给量(R):区内地下水的补给主要为大气降水入渗补给,占总补量的 80% 以上,

为了便于计算,大部分地区净补给量就用大气降水入渗量近似代替净补给量,单位为 mm。

③地形坡度(*T*):直接用 ArcGIS 从评价区 DEM 数据中提取获得。

④含水层渗透系数(*C*):由研究区相应水文地质资源获得,单位为 m/d。

以上四个指标,根据其具体数值采用模糊评分法由计算机直接计算给予特征值。

⑤含水层介质类型(A):黄河三角洲地区主要为平原,多为松散孔隙水,含水介质以层状砂砾层为主,而其东部昌邑、莱州主要为亚丘陵地貌,含水介质复杂,包括变质岩、火成岩、层状砂岩、灰岩等类型。

⑥包气带(渗流区)介质类型(I):黄河三角洲平原区以砂性土、黏性土为主,东南部山区为碳酸盐岩、变质岩、岩浆岩、碎屑岩和黄土等。

⑦土壤介质类型(S):包括壤土、砂土、粉壤土、壤黏土、砂壤土等类型,分布无规律可循。

以上三个指标,采用专家打分法进行特征值赋值,根据《地下水脆弱性评价技术要求》,进行等级划分(表 7-14 ~ 表 7-16)。

表 7-14 地下水含水介质等级评分表

类别	特征值	等级
块状页岩	2	2
变质岩/火成岩	3	3
风化变质岩/火成岩	4	4
冰碛层	5	5
层状砂岩、灰岩及页岩序列	6	6
块状砂岩	6	6
块状灰岩	6	6
沙砾层	8	8
玄武层	9	9
岩溶灰岩	10	10

表 7-15 土壤介质等级评分

土壤介质	特征值	等级
薄层或无	1	10
砾	1	10
砂	2	9
泥炭	3	8
膨胀或凝聚性黏土	4	7
砂质亚黏土	5	6

（续表）

土壤介质	特征值	等级
亚黏土	6	5
粉砂质亚黏土	7	4
粘土质亚黏土	8	3
垃圾	9	2
非膨胀或非凝聚性黏土	10	1

表 7-16 包气带介质等级评分

包气带介质	评分
承压层	1
粉砂/黏土	3
页岩	3
灰岩	6
砂岩	6
层状灰岩、砂岩、页岩	6
含较多粉砂和黏土的沙砾	6
变质岩/火成岩	4
沙砾	8
玄武岩	9

（5）指标的权重 各指标的权重取评价模型的默认权重值（表 7-17）。

表 7-17 DRASTIC 方法中各指标的权重

类型	D	R	A	S	T	I	C
权重	5	4	3	2	1	5	3

（6）评价结果的评判 根据 DRASTIC 方法专用模型计算出的应用级别特征值 H 的向量式

$\vec{H}=(1,2,\cdots,10)(u_{hj}^{*})=(H_1,H_2,\cdots,H_n)$，进行评判。

H 越大，表明地下水环境抗污能力越低，越易污染。参照表 7-18 可得出抗污能力评价结果。H 最小对应的样本为决策者提供了最不易污染的评价区评价信息和级别状态。

表 7-18 划分级别与地下水环境抗污性对应表

级别	1	2	3	4	5
易污性评价指数	23～75	75～100	100～125	125～150	150～230
抗污性描述	抗污性能强 （易污性低）	抗污性能较强 （易污性较低）	抗污性能一般 （易污性中等）	抗污性能较差 （易污性较高）	抗污性能差 （易污染）

五、水环境承载力评价方法

水环境承载力(WECC)是承载力概念与水环境领域的自然结合,国外有关水环境承载力的专门研究尚处于初始阶段,未建立统一和成熟的方法。国外的相关研究往往将水环境作为一个孤立的体系,未从各要素相互联系、相互制约的角度研究水环境承载力,针对区域地理、气候和经济发展研究水环境承载力的报道相对较少。国内水环境承载力的理论和实践研究目前尚处于探索阶段,对水环境承载力的内涵、特征、变化关系和量化表征等尚未见较为系统的报道。1997 年,唐剑武等给出了水环境承载力的概念,并将水环境承载力的研究用于水域纳污能力、水环境容量、水环境价值与效益核算等方面。但水环境承载力的科学定义、研究理论与方法,目前学术界尚未达成共识。水利部原部长汪恕诚定义的水环境承载能力指的是一个水域的区域环境质量,即水域系统生态健康,有自净能力,它的承载力就强,就是一个运转良好的水域系统。崔树彬认为,水环境承载能力就是通常意义上的"水环境容量","水环境(水体)的纳污能力"或"水环境容许污染负荷量"等。

根据上述,以往水环境承载力只考虑了地表水环境及其相关问题,而地下水环境的承载力没有考虑。实际上,地下水与地表水是有机联系在一起的,两者之间水力联系紧密。在黄河影响带,黄河地表水补给地下水;地表水与地下水水利联系紧密,水环境承载力评价只考虑地表水略显片面。因此,本次工作将地下水与地表水两者作为整体,选取适当的评价因子,建立相应的评分体系和权重体系,评价黄河三角洲地区水环境承载力。

评价水环境承载力有许多方法可以采用,本次选用了层次分析法,这是一种统计方法,广泛应用于多指标评价问题中各指标权重的确定,具体方法流程详见第六章第二节"土壤环境承载力评价方法"。

第三节　水环境承载力评价

一、水环境污染敏感性评价

水环境污染敏感性是指在天然降水条件下,区域生态系统对水污染物的容量大小,即发生在正常降水情况下,发生水环境污染的可能性的大小。它主要依赖于区域降水量的大小以及降水形成地表径流对污染物的稀释能力。黄河三角洲区内河流分属黄河、海河、沿海诸河三大流域,由于所处的气候带和地理位置的差异,各流域的水量大相径庭,即使在同一流域,不同河流因为上游来水和流域面积的不同,径流深也有差别。根据山东省区域降水径流深,结合水环境质量现状和污染物排放强度,本区划选择以下指标体系(表 7-19),将河流的水环境污染敏感性分为一般地区、轻度敏感、中度敏感、高度敏感和极度敏感五个级别。

表 7－19　水环境污染敏感性指标与分级标准

序号	径流深(mm)	水环境敏感性等级
1	<50	极度敏感
2	50～150	高度敏感
3	150～250	敏感
4	250～350	轻度敏感
5	>350	一般地区

1. 环境污染极度敏感的地区

海河流域的漳卫新河、马颊河、徒骇河、沙河、勾盘河、德惠新河、潮河、黄河流域以及小清河水系的淄脉河,以上这些地区径流深小于 50 mm,除黄河水系满足饮用水要求外,其他河流水质多为Ⅴ类,为水域水环境污染极度敏感的地区。

2. 水环境污染高度敏感的区域

沿海诸河流域中,小清河水系、潍弥白浪河水系、胶莱大沽洪水系的西北部分,以及胶东半岛水系西部,主要包括小清河、预备河、淄河、北支新河、织女河、北阳河、新塌河、张僧河、广利河、溢洪河、东营河、永丰河、弥河,丹河、白浪河、虞河、丰产河、堤河、潍河、北胶莱河、王河、沙河,其径流深为 50～150 mm,小清河水系水质多为劣五类或五类,其他河流水质也多为五类水,为水环境污染高度敏感区。

二、水污染源现状分析与评价

(一)污染源排放变化规律

根据山东省统计局、环保局等部门提供的统计数据,并结合相关研究成果,分析了黄河三角洲地区污染的排放特点,并就污染排放的时空分布规律等展开了深入探讨。

根据统计,黄河三角洲现状年废污水排放量为 3.2 亿 t/a,主要污染物化学需氧量(COD)排放量为 10.31 万 t/a,氨氮(NH_4-N)排放量为 0.87 万 t/a。

按照流域统计,黄河三角洲三大流域的污水排放量及污染物量见表 7－20。

表 7－20　黄河三角洲三大流域的污水排放量及污染物量

流域名称	污水排放量(万 t/a)	COD 排放量(t/a)	氨氮排放量(t/a)
海河流域	12 240.00	34 275.10	3 296.35
黄河流域	3 930.00	9 617.77	728.62
沿海诸河	15 856.10	59 158.67	4631.71

其中,研究区内沿海诸河流域废污水排放量最大,排放量为 1.59 亿 t,占整个黄河三角洲污水排放总量的 49.51%,COD 排放量为 5.91 万 t,占总量的 57.41%,氨氮排放量为 0.46 万 t,占总量的 53.50%。其次为海河流域,废污水排放量为 1.22 亿 t,占总量的

38.22%，COD 排放量为 3.43 万 t，占总量的 33.26%，氨氮排放量为 0.33 万 t，占总量的 38.08%。黄河流域废污水排放量为 0.39 亿 t，占区内总量的 12.27%，COD 排放量为 0.96万 t，占总量的 9.33%，氨氮排放量为 728.26t，占城市群总量的 8.42%。

按照县级行政区统计，黄河三角洲各县区污水排放量及污染物排放量见表 7－21。

表 7－21 研究区污染排放情况

县名	污水排放量(万 t/a)	COD 排放量(t/a)	氨氮排放量(t/a)
乐陵县	2 405	3 739.00	862.00
庆云县	189	2 726.00	388.00
无棣县	266	5 397.37	395.24
沾化县	775	3 748.57	274.50
博兴县	767	6 612.06	484.19
邹平县	1 165	17 714.75	1 297.21
滨城区	6 890	7 862.69	575.77
惠民县	850	3 834.73	280.81
阳信县	295	3 062.84	224.29
高青县	358	1 686.10	9.46
广饶县	730	11 780.19	892.44
利津县	570	3 903.91	295.75
垦利县	460	5 842.67	442.63
东营区	5 742	6 246.13	473.19
河口区	3 470	3 775.11	285.99
寿光市	3 839	5 960.00	1 024.00
寒亭区	556.1	4 744.00	247.00
昌邑市	1 349	3 953.00	186.00
莱州市	1 350	462.44	18.22

上述县区的污水排放量及污染物排放量大小的比较如图 7－8、图 7－9 及图 7－10 所示。

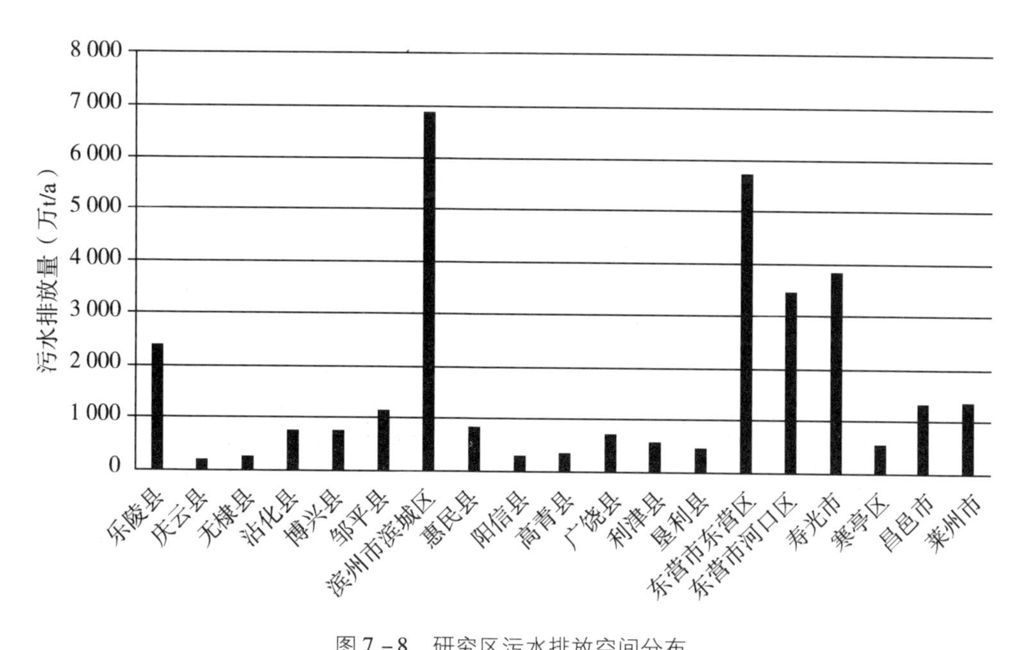

图 7－8　研究区污水排放空间分布

黄河三角洲地区污水量排放最大的是滨城区，其次是东营区，排放量分别为 0.69 亿 t 及 0.57 亿 t，排放量最少的是庆云县，排放量为 189 万 t。

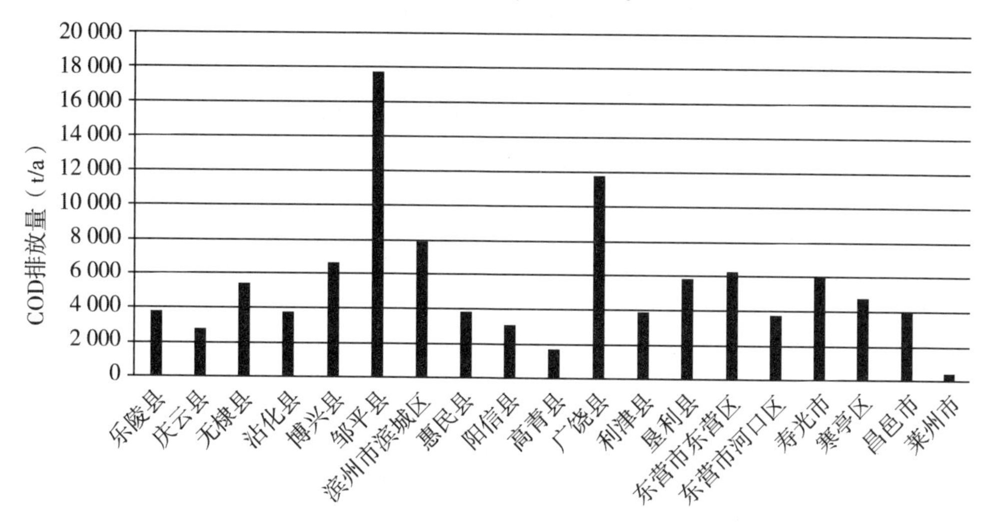

图 7－9　研究区 COD 排放空间分布

黄河三角洲 COD 排放量最大的是邹平县，其次是广饶县，排放量分别为 1.77 万 t 及 1.18 万 t，排放量最少的是莱州市，排放量为 462.44 t。

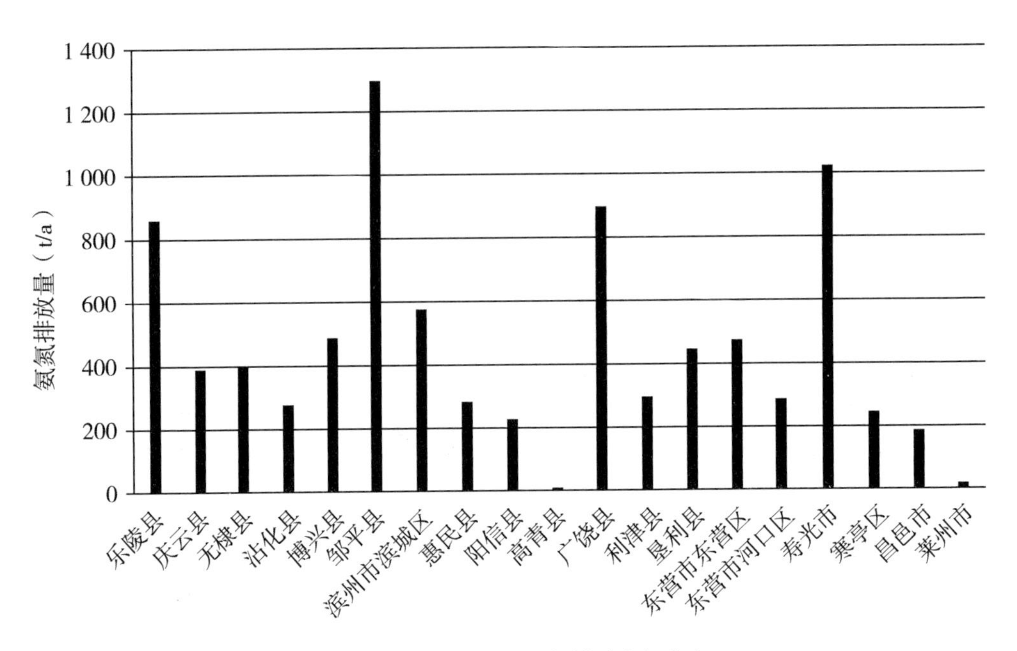

图 7－10　黄河三角洲氨氮排放空间分布

同时研究发现，黄河三角洲氨氮排放量最大的地区也是邹平县，其次是寿光、广饶和乐陵市，排放量分别为 1 297.21 t、1 024 t、892.44 t 以及 862 t，排放量最少的是高青县，排放量为 9.46 t。

由此可见，研究区污染的重点控制区，从流域上看，是沿海诸河流域；从行政区上划分，应是东营区、滨城区、邹平县、寿光市、广饶县等地区。

（二）污染入河量调查分析

在已有统计资料的基础上，结合实地调查，分析了黄河三角洲三大流域水系的水质和水量变化趋势。

黄河三角洲范围内全年入河污水量为 2.39 亿 t，COD 入河总量为 7.63 万 t，氨氮为 0.64 万 t（表 7－22）。

表 7－22　研究区三大流域的入河污水量及污染物量

流域名称	污水入河量（万 t/a）	COD 入河量（t/a）	氨氮入河量（t/a）
海河流域	8128.00	24831.10	2396.77
黄河流域	3120.60	8202.98	621.44
沿海诸河流域	12663.19	43284.11	3355.20
合计	23911.79	76318.19	6373.41

按照流域统计，其中，黄河三角洲区域范围内的沿海诸河流域废污水入河量最大，年入河污水量为 1.27 亿 t，占黄河三角洲入河污水总量的 52.96%，COD 入河总量为 4.33 万 t，占黄河三角洲入河总量的 56.72%，氨氮为 0.64 万吨，占黄河三角放入河总量

的52.64%;其次为海河流域,年入河污水量为0.81亿t,占黄河三角洲入河污水总量的33.99%,COD入河总量为2.48万t,占黄河三角洲入河总量的32.54%,氨氮为0.24万t,占黄河三角洲入河总量的37.61%;黄河流域年入河污水量为0.31亿t,占黄河三角洲入河污水总量的13.05%,COD入河总量为0.82万t,占黄河三角洲入河总量的10.75%,氨氮为0.06万吨,占黄河三角洲入河总量的9.75%。黄河三角洲三大流域的入河污水量及污染物量的比较如图7-11所示。

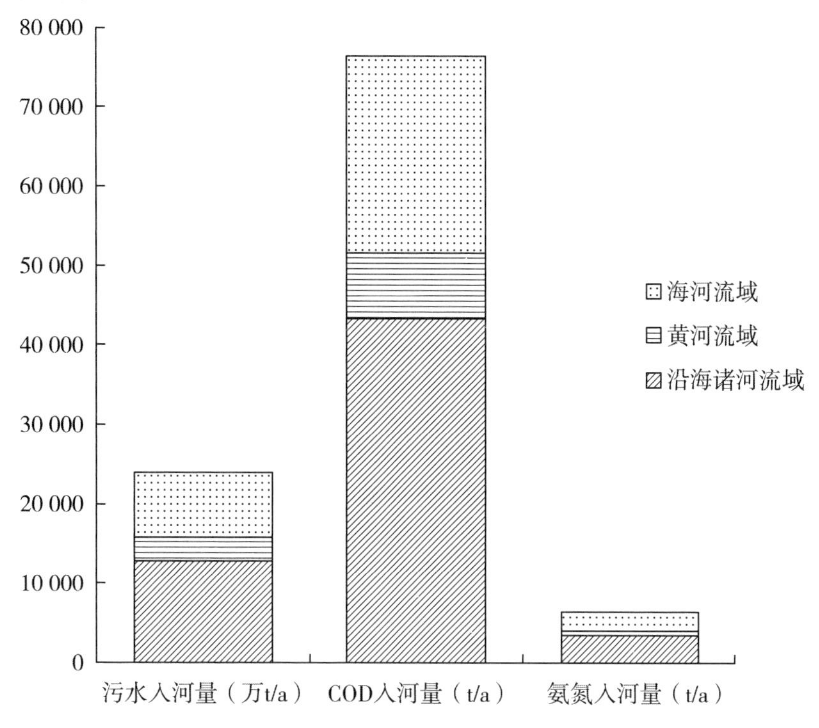

图7-11 黄河三角洲三大流域入河污水及污染物空间分布

此外,按照行政区统计,黄河三角洲地区的入河废污水及污染物入河量见表7-23。

表7-23 研究区入河废污水及污染物入河量

各县区名	污水入河量(万t/a)	COD入河量(t/a)	氨氮入河量(t/a)
乐陵县	1 731.60	2 692.08	620.64
庆云县	147.42	2 126.28	302.64
无棣县	220.78	4 479.82	328.05
沾化县	465.00	2 249.14	164.70
惠民县	790.50	3 566.30	261.15
阳信县	177.00	1 837.70	134.57
滨城区	4 134.00	4 717.61	345.46
利津县	461.70	3 162.16	239.56

（续表）

各县区名	污水入河量(万 t/a)	COD 入河量(t/a)	氨氮入河量(t/a)
河口区	2 706.60	2 944.58	223.07
垦利县	414.00	5 258.40	398.36
博兴县	529.23	4 562.32	334.09
邹平县	699.00	1 0628.85	778.33
高青县	289.98	1 365.74	7.66
广饶县	569.40	9188.55	696.10
寿光市	2 802.47	4 350.80	747.52
寒亭区	517.17	4 411.92	229.71
昌邑市	1 025.24	3 004.28	141.36
莱州市	1 350.00	462.44	18.22
东营区	4 880.70	5 309.21	402.21

其中，东营市东营区废污水入河量最大，达到0.49亿t，其次是滨州市滨城区，入河量为0.41亿t，庆云县入河量最少，为147.42万t，各城市的入河污水量比较如图7-12所示。

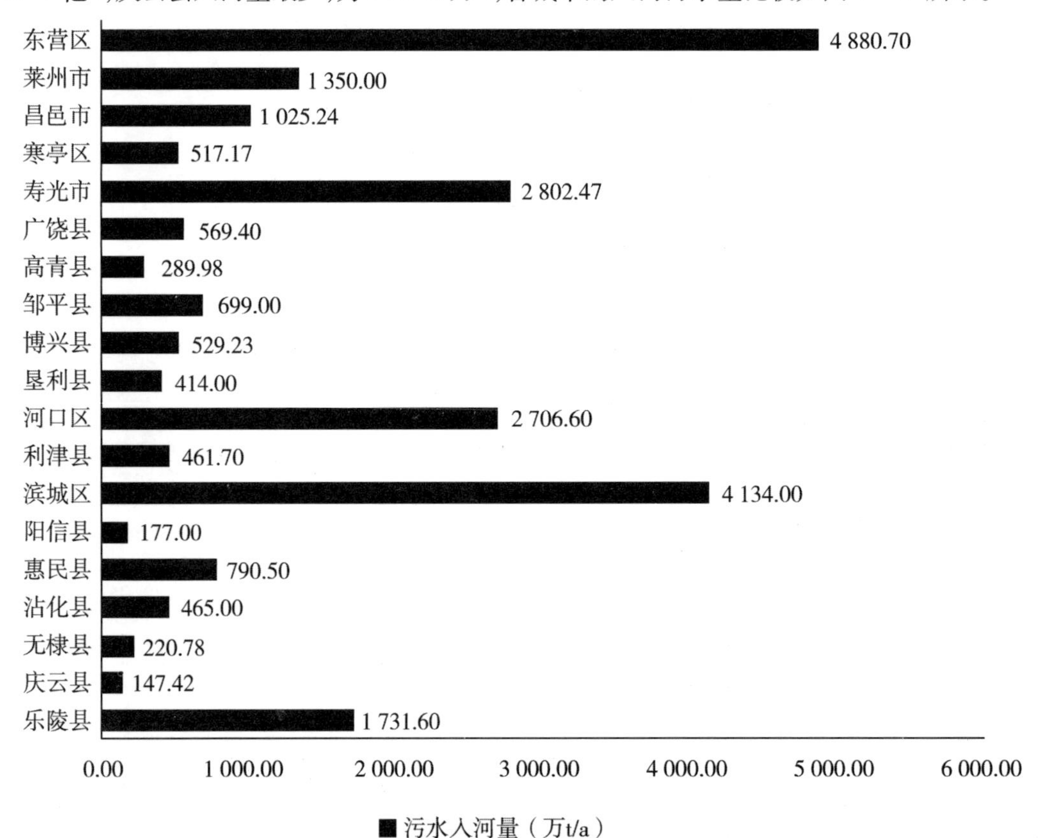

图7-12 研究区入河污水空间分布

此外,COD 入河量最大的是邹平县,其次是广饶县,入河量分别达到 1.06 万 t 和 0.92 万 t,莱州市的 COD 入河量相对较少,约为 462.44 t(图 7-13)。

同时分析发现,黄河三角洲地区氨氮污染物入河量最大的是邹平县,其次是广饶县,入河量分别为 778.33 t 和 747.52 t,相比之下,高青县的氨氮入河量较少,约为 7.66 t(图 7-14)。

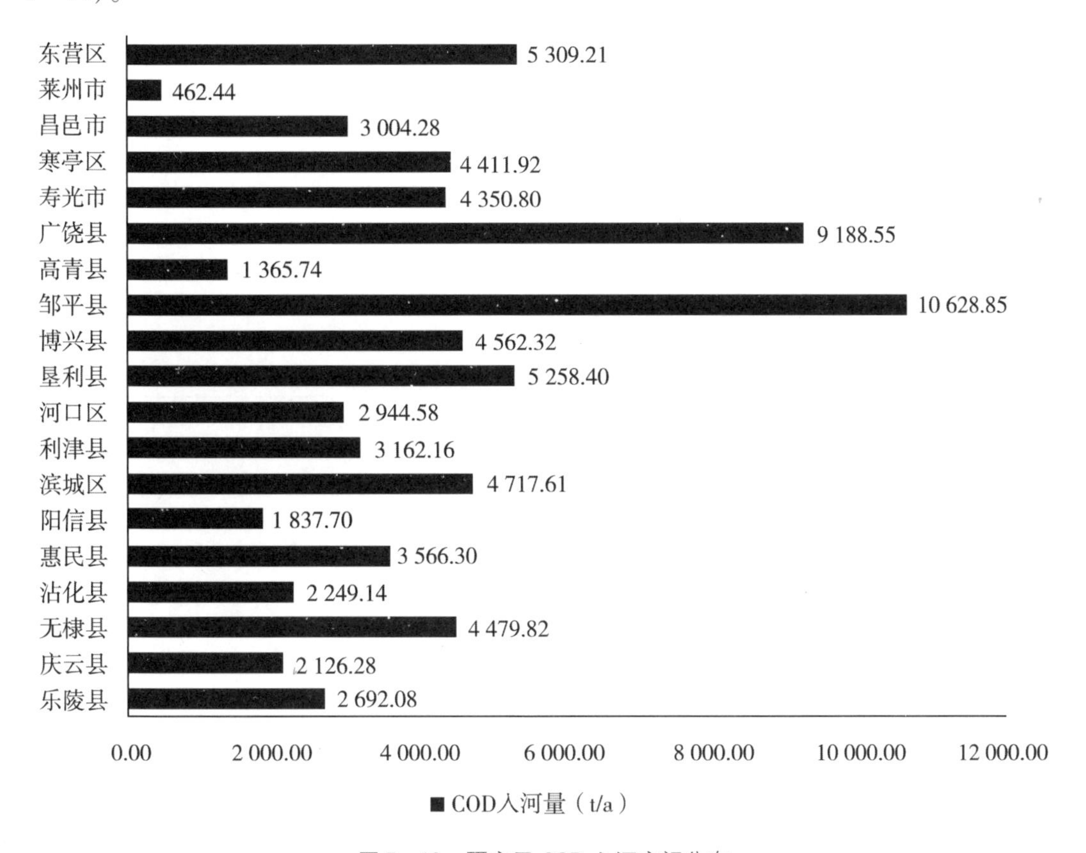

图 7-13 研究区 COD 入河空间分布

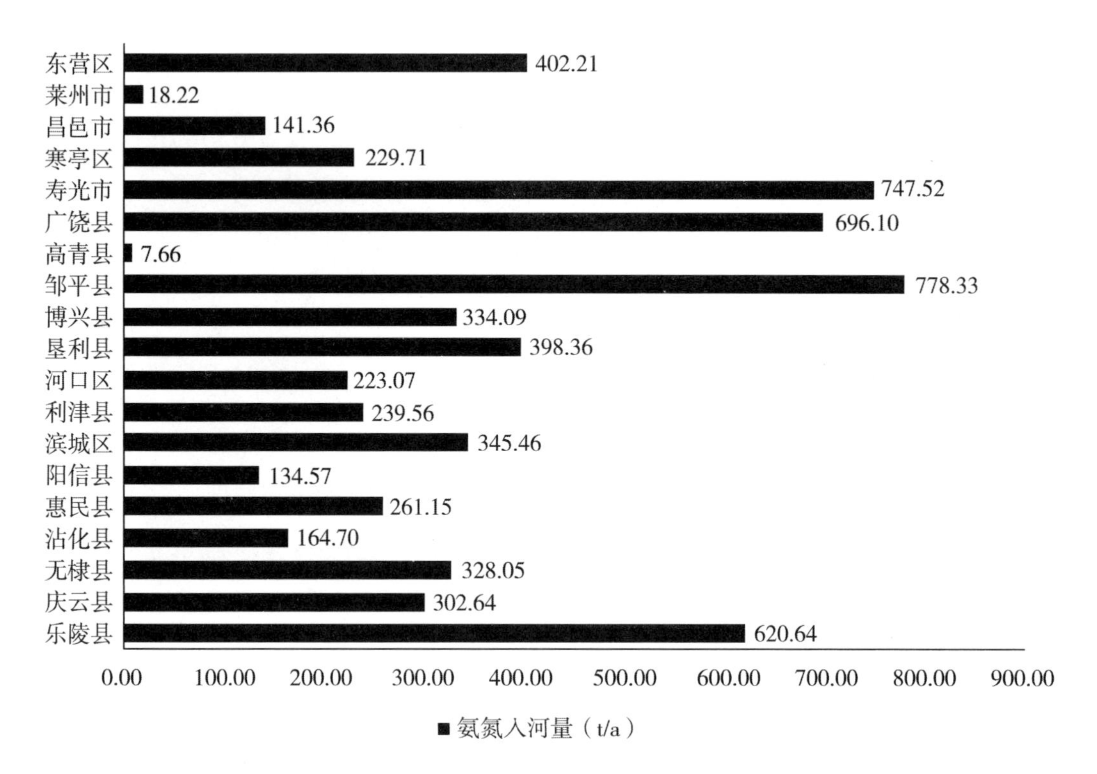

图 7－14　研究区氨氮入河空间分布

三、水环境容量评估与总量控制

（一）水环境容量估算成果

1. 黄河三角洲地区水环境容量总量

根据设计条件计算，现状年黄河三角洲地区全流域的 COD 容量为 3.81 万 t/a，氨氮为 0.17 万 t/a（表 7－24）。

表 7－24　黄河三角洲地区水环境容量估算成果

流域名称	COD 环境容量（t/a）	氨氮容量（t/a）
海河流域	19 351.29	852.08
黄河流域	304.18	13.62
沿海诸河	18 454.32	797.83
合计	38 109.80	1 663.52

相比之下，沿海诸河流域的水环境容量最大，COD 容量和氨氮容量都约占全区总容量的 51%，其次为海河流域，COD 及氨氮环境容量都约占全区总容量的 48%，黄河流域的 COD 及氨氮环境容量约占容量总量的 1%。

2. 各流域水环境容量分析

（1）海河流域

根据估算结果，现状年海河流域的 COD 容量为 2.13 万 t/a，约占全区总容量的 48%，氨氮容量为 938.25t/a，约占全区总容量的 48%（表 7－25）。

海河流域中水环境容量大的区域是德惠新河，COD 和氨氮的容量分别为 0.70 万 t/a 和 0.03 万 t/a，分别约占本区域海河流域总容量的 32.8% 和 31.7%，应作为总量控制及容量分配的重点研究区域。

表 7－25 海河流域水环境容量估算成果

序号	水体	水环境容量(t/a)	
		COD	氨氮
1	漳卫新河	4 290.01	184.71
2	马颊河	3 617.57	161.22
3	徒骇河	4 615.85	216.90
4	沙河	171.61	6.86
5	勾盘河	361.43	16.26
6	德惠新河	6 978.30	297.79
7	潮河	1 130.04	48.87
8	太平河	140.71	5.63
合计		21 305.52	21 305.52

(2)黄河流域

根据估算结果，区域内现状年黄河流域的 COD 容量为 200 t/a，约占全区总容量的 0.50%，氨氮容量为 9.69 t/a，约占全区总容量的 0.55%(表 7－26)。

表 7－26 黄河流域水环境容量估算成果

序号	水体	水环境容量(t/a)	
		COD	氨氮
1	挑河	43.57	1.95
2	神仙沟	44.55	2.00
3	草桥沟	112.75	5.74
4	胜利水库	0.00	0.00
5	城南水库	0.00	0.00
6	南郊	0.00	0.00
合计		200.86	9.69

黄河流域中水环境容量最大的区域是草桥沟，COD 和氨氮的容量分别为 112.75t/a 和 5.74t/a，分别约占研究区黄河流域总容量 56% 和 59%，应作为总量控制及容量分配的重点研究区域。

(3)沿海诸河流域

根据估算结果，现状年淮河流域的 COD 容量为 8.01 万 t/a，约占全区总容量的 48%，氨氮容量为 0.75 万 t/a，约占全区总容量的 55%(表 7－27)。

表 7-27 沿海诸河流域水环境容量估算成果

序号	水体	水环境容量(t/a)	
		COD	氨氮
1	小清河	6 022.52	283.93
2	杏花河	1 555.59	64.83
3	预备河	178.97	7.15
4	淄河	348.60	15.21
5	支脉河	2 945.18	121.01
6	北支新河	1 086.68	48.18
7	织女河	278.76	12.45
8	北阳河	358.03	16.14
9	张僧河	240.93	10.84
10	广利河	88.60	3.78
11	溢洪河	87.63	3.69
12	东营河	9.47	0.47
13	永丰河	58.32	2.34
14	弥河	172.65	7.98
15	丹河	57.21	2.52
16	白浪河	78.47	3.80
17	虞河	29.41	1.28
18	丰产河	21.78	0.89
19	堤河	9.58	0.41
20	潍河	804.37	35.48
21	北胶莱河	4 165.29	161.43
22	王河	0.00	0.00
23	沙河	0.00	0.00
合计		18 598.03	803.81

沿海诸河流域中设计水环境容量最大的区域是小清河流域,COD 和氨氮的容量分别为 6 022.52 t/a 和 283.93 t/a,分别约占本区域淮河流域总容量的 32% 和 35% ,其次为北胶莱河水域和溢洪河水域,这三个区域都要作为总量控制及容量分配的重点研究区域,但就其目前水质情况,小清河与北胶莱河污染严重,已经严重超载,溢洪河水质良好,是容量分配重点研究区,在后续总量控制中进一步说明。

3. 分行政区的水环境容量分析

黄河三角洲行政区 COD 及氨氮容量核算成果详见表 7－28。COD 环境容量最大的行政区为无棣县，占全区的 24.9%，相比之下，COD 容量较小的是东营区，仅占全区的 0.26%。因此，在下一步的总量控制与任务分配中要充分考虑不同地区的差异性。

表 7－28　研究区水环境容量估算成果

序号	行政区	水环境容量(t/a)	
		COD	氨氮
1	乐陵县	2 223.70	91.86
2	庆云县	1 802.65	76.92
3	无棣县	9 509.43	416.91
4	沾化县	4 141.14	191.30
5	惠民县	171.61	6.86
6	阳信县	159.44	7.17
7	滨城区	1 162.21	53.37
8	利津县	181.10	7.68
9	河口区	160.47	7.64
10	垦利县	143.72	5.98
11	博兴县	3 190.74	138.52
12	邹平县	1 555.59	64.83
13	高青县	1 125.35	46.75
14	广饶县	4 467.09	198.56
15	寿光市	2 906.35	141.57
16	寒亭区	107.87	5.09
17	昌邑市	3 996.75	160.56
18	莱州市	1 004.27	37.66
19	东营区	100.31	4.30

氨氮环境容量最大的行政区是无棣县，占全区的 25.1%，相比之下，氨氮容量较小的是东营区，仅占全区的 0.26%。因此，在下一步的总量控制与任务分配中要充分考虑不同地区的差异性。

(二)基于水环境容量的总量控制分析

1. 污染物入河控制量与削减量

根据统计，黄河三角洲全区 COD 入河控制量为 4.49 万 t/a，入河削减量为 3.15 万 t/a，削减率为 41.23%，氨氮入河控制量为 0.32 万 t/a，入河削减量为 0.32 万 t/a，削减率为

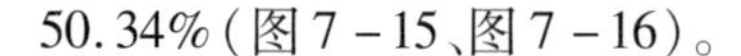
50.34%（图7－15、图7－16）。

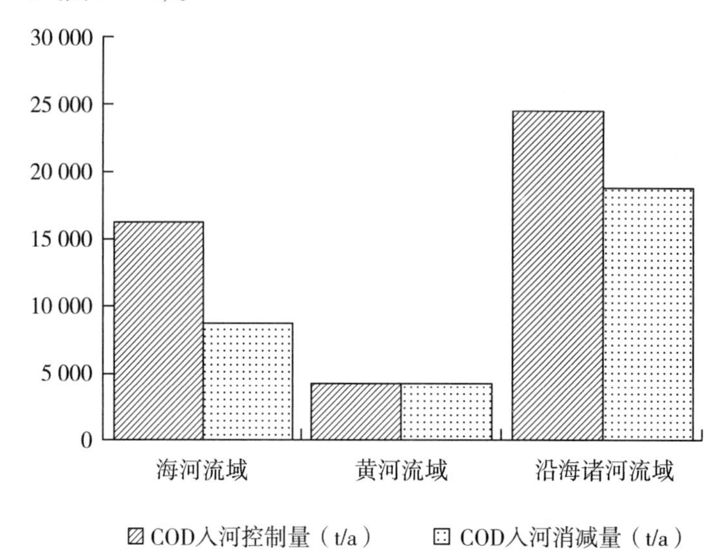

图7－15　黄河三角洲三大流域COD入河控制量与削减量比较

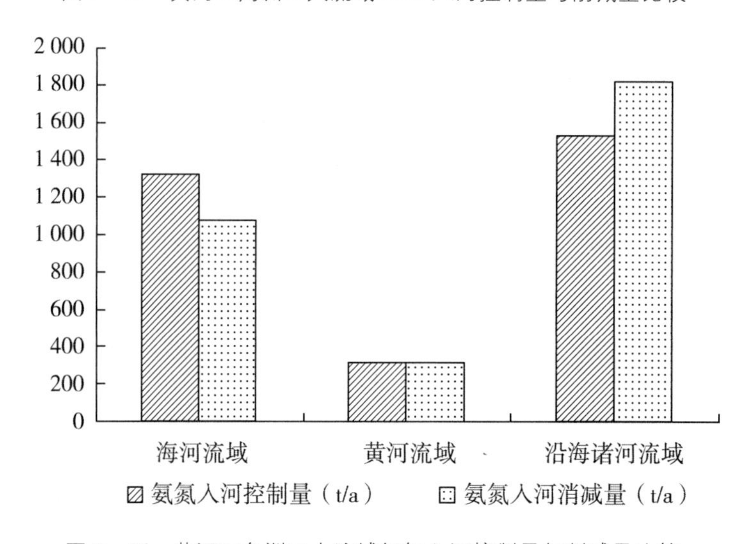

图7－16　黄河三角洲三大流域氨氮入河控制量与削减量比较

沿海诸河流域的COD及氨氮污染物入河控制量和削减量在三大流域中最高，总量控制任务超过黄河三角洲全流域污染物总量控制的50%以上，是污染物总量控制的重点地区；其次为海河流域，其污染物总量任务约占全流域的40%左右；黄河流域污染物总量任务约占全流域的10%左右。

2. 各城市总量控制任务

按照流域内的行政区划分，各主要城市的总量控制任务见表7－29。

表 7-29 研究区主要区域的总量控制任务

各县市区	COD 入河控制量 (t/a)	COD 入河消减量 (t/a)	氨氮入河控制量 (t/a)	氨氮入河消减量 (t/a)
乐陵县	2 223.70	468.38	310.32	310.32
庆云县	1 802.65	323.63	151.32	151.32
无棣县	4 479.82	0.00	328.05	0.00
沾化县	2 249.14	0.00	164.70	0.00
惠民县	1 783.15	1 783.15	130.58	130.58
阳信县	918.85	918.85	67.29	67.29
滨城区	1 162.21	3 555.40	53.37	292.09
利津县	1 581.08	1 581.08	119.78	119.78
河口区	1 472.29	1 472.29	111.54	111.54
垦利县	2 629.20	2 629.20	199.18	199.18
博兴县	2 281.16	2 281.16	167.04	167.04
邹平县	5 314.42	5 314.42	389.16	389.16
高青县	1 125.35	240.39	7.66	0.00
广饶县	4 594.27	4 594.27	348.05	348.05
寿光市	2 906.35	1 444.45	141.57	605.95
寒亭区	2 205.96	2 205.96	114.86	114.86
昌邑市	3 004.28	0.00	141.36	0.00
莱州市	462.44	0.00	18.22	0.00
东营区	2 654.61	2 654.61	201.11	201.11
总计	44 850.95	31 467.24	3 165.15	3 208.26

从各县市区总量控制任务的情况来看,邹平县的 COD 和氨氮污染物总量控制任务最为严峻,每年的 COD 入河控制量达到 5 314.42 t,削减量达到 5 314.42 t,分别占黄河三角洲地区总量控制总数的 11.8% 和 16.9%,每年的氨氮入河控制量达到 389.16 t/a,削减量达到 389.16 t,分别占黄河三角洲地区控制总量的 12.3% 和 12.1%。相比之下,莱州市的总量控制任务较小,每年的 COD 入河控制量为 462.44 t,削减量为 0 t,分别占黄河三角洲

总量控制总数的1.01%和0%,每年的氨氮入河控制量达到18.22 t/a,削减量为0 t,分别占黄河三角洲地区总量控制总数的0.58%和0%。

四、地下水环境抗污能力评价

地下水环境抗污能力评价选择DRASTIC模型进行研究,选择地下水埋深、含水层岩性、降水入渗补给量、土壤类型、地形坡度、含水层渗透系数、包气带岩性7个指标作为评价因子,运用GIS(地理信息系统)平台的空间分析功能,对各指标体系的相应图件进行叠加,并转换为评价模型所需的输入文件,然后代入评价模型中进行评价,根据评价结果,划分等级,绘制成地下水环境抗污性能评价图。

根据等级划分,总体来说,黄河三角洲地区地下水环境抗污能力属于较差。

根据以上讨论,DRASTIC模型评价结果及分析结果如图7-17所示:

(一)地下水环境防污性能差区(极易污染)

该类型占24.74%,主要分布在鲁北平原以东,东营北部、利津、垦利、沾化等地。在这些地区,地下水水位埋深和降雨渗透系数占主导地位,其次是地形坡度,以上三个指标对该地区的抗污性能起决定性作用。此地区降雨渗透系数相对较大,地下水水位埋深1~2 m,地形坡度平缓,便于积水,土壤性质以壤土和粉砂土为主,这些条件利于污染物随降水入渗进入地下水内部。

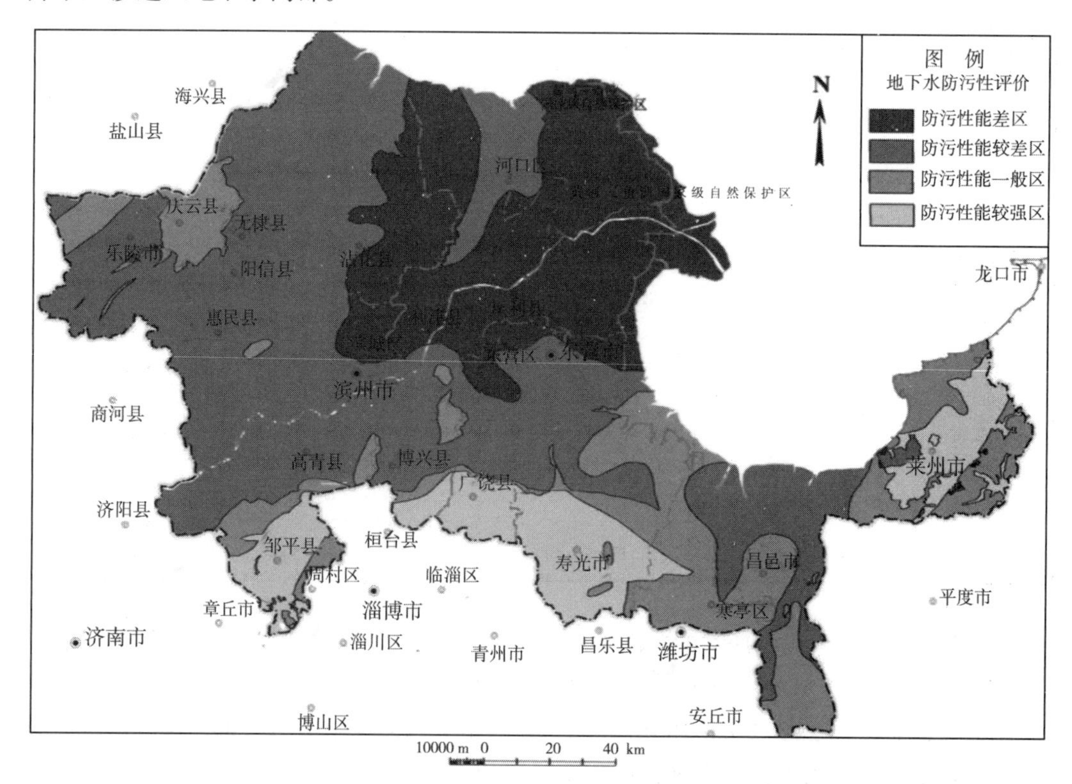

图7-17 研究区地下水防污性能分区图

（二）地下水环境防污性能较差区（较易污染）

这种类型在黄河三角洲黄河地区分布广泛，面积约占46.83%。主要分布在无棣、乐陵市、阳信、惠民、高青、博兴、广饶、东营南部、滨城区西南边以及寒亭、昌邑北部。这些地区地下水埋深在1～2 m，无棣县地下水位甚至浅至0～1 m，地形平坦，土壤类型主要以砂性土为主，黏性成分较多，污染物较易进入地下水内。

（三）地下水环境抗污性能一般区（稍难污染）

这种类型占17.28%，主要分布在乐陵西北部、庆云县、昌邑、寒亭、寿光等区域。地下水埋深增大，一般在4～8 m，地形坡度有所增大，多为平原亚区。且土壤类型中黏性含量增高，多为黏性土或黏性砂土，抗污染能力增强，稍难污染。

（四）地下水环境抗污性能较强区（较难污染）

这种类型占10.99%，主要分布在邹平县南部、莱州中丘陵区以及鲁北平原南部的平原亚区，这些地区地形坡度较大，地形坡度对地下水环境抗污性能起决定性作用。

（五）地下水环境抗污性能强区（极难污染）

在黄河三角洲地区，地下水环境抗污性强区几乎没有，仅在莱州东南部有一小块，总体可忽略不计。

五、水环境承载力评价

（一）影响因子

影响区域水环境承载能力的因素很多，涉及水环境系统的各个方面，确定综合评判指标体系要求能从不同方面、不同角度、不同层面客观地反映区域水环境条件、开发利用状况、供需关系及生态地质环境等方面。本次根据水环境承载力评价指标体系建立的基本原则，根据黄河三角洲社会经济发展状况、水资源利用和地质环境条件的实际情况，最终确定为地表水环境容量强度、地下水环境抗污能力、地下水功能为影响因素。

1. 地表水环境容量强度

地表水环境强度就是指单位面积上地表水水体污染物的排放量大小，单位是t/a · km^2。其二级因子包括COD容量、氨氮容量、单位COD排放量的工业产值、工业废水达标排放量与废水排放量之比、工业回用水与废水排放量总量之比。但限于资料，本次只将各地级市的水域COD容量、氨氮容量作为二级因子。在实际应用过程中，水环境容量更多地强调COD的容量，氨氮排放量没有做明确要求，所以在本次计算中水环境强度采用下式计算：

水环境容量强度 =（COD容量 ×0.65 + 氨氮容量 ×0.35）/面积

评价结果如图7－18所示，黄河三角洲地区水环境容量强区和较强区分布在博兴县、广饶县、庆云县、无棣县、滨城区等地。

2. 地下水功能

地下水功能是指地下水的质和量及其在空间和时间上的变化，对人类社会和环境所产生的作用或效用的持续性，而地下水质恰好可以对其进行较好的反应，在这里用地下水水质情况来表征地下水功能强弱。

根据之前地下水水质评价成果，得到如图 7－19 评价结果：

3. 地下水环境抗污性

地下水环境抗污性结果前面已进行评价，在此不再赘述，直接使用其成果。

（二）评价指标体系的建立及权重确定

1. 评价指标体系

根据评价水环境承载力影响因素，确定地表水环境容量强度、地下水环境抗污性、地下水功能为一级因子；四个一级因子又含有若干个二级因子，评价因子体系如图 7－20 所示。

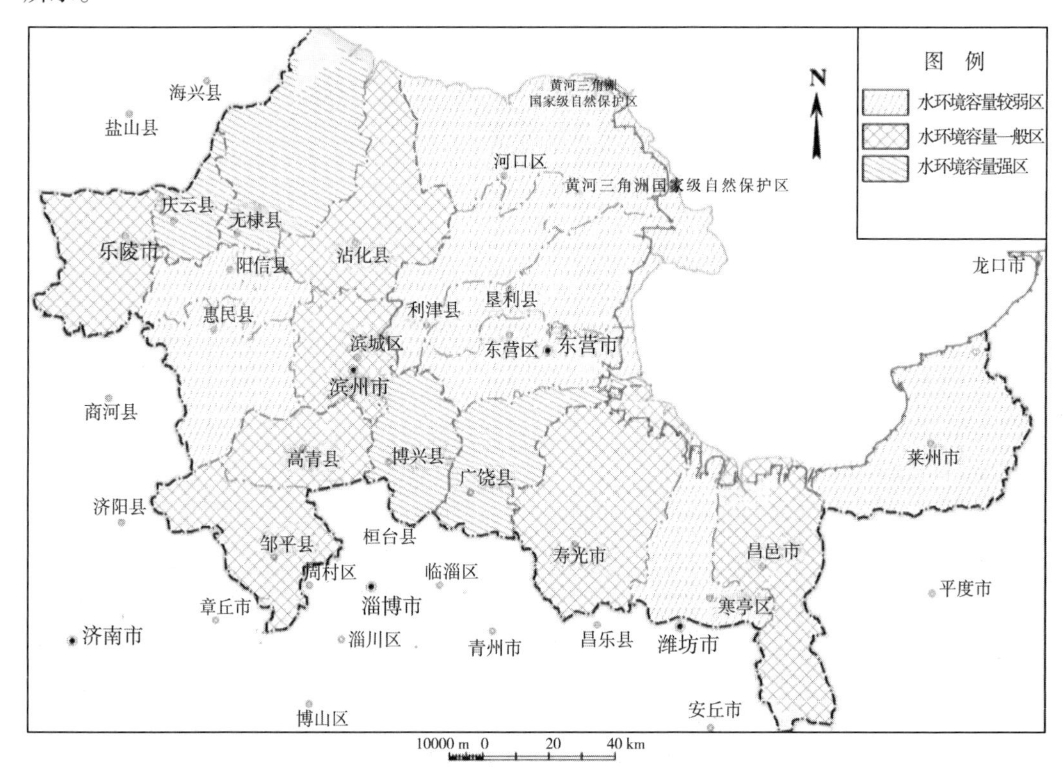

图 7－18 研究区地表水环境容量强度分区

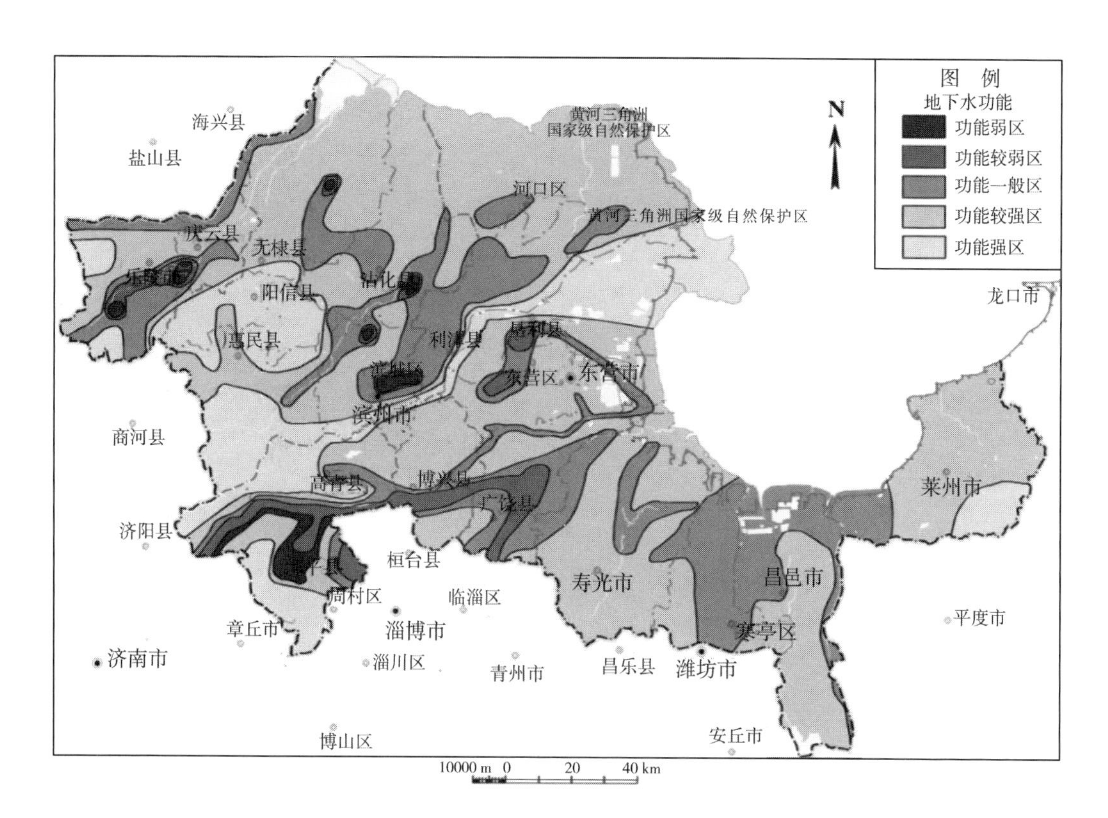

图 7－19 研究区地下水功能分区

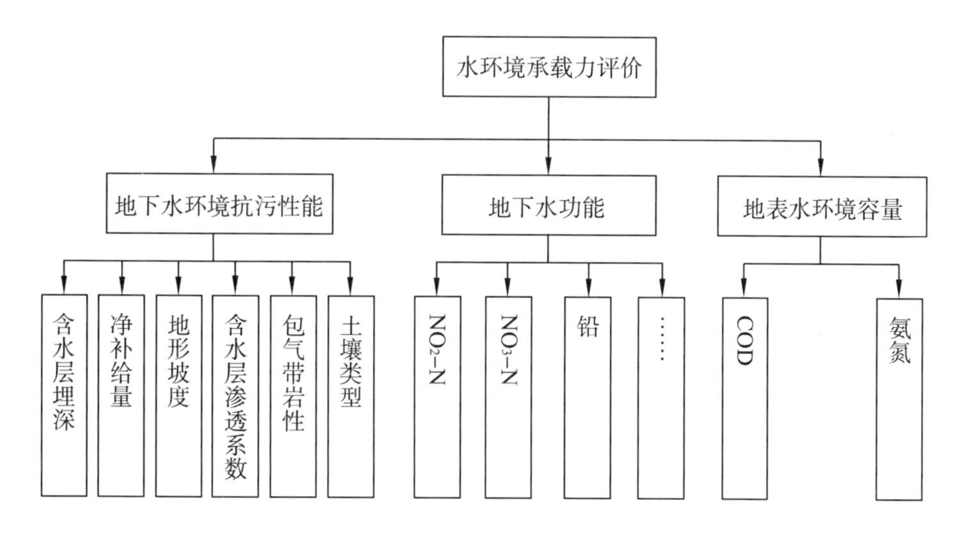

图 7－20 水环境承载力评价因子体系结构图

2. 评价因子量化

对于通过测量可以直接得到具体数值的因子，直接选取该数值进行模糊评判给出等级定额，对于不能直接得到具体数值的因子进行专家打分法进行等级划分（10 分制）。地表水环境容量强度直接使用实测数值，地下水环境抗污性、地下水功能采用专家打分法。具体结果见表 7－30、表 7－31。

表 7－30　地下水环境防污性等级特征值

防污性能等级	强区	较强区	一般区	较差区	差区
评分	10	7～9	4～6.9	2～3.9	<2

表 7－31　地下水功能区等级特征值

功能等级	强	较强	一般	较弱	弱
评分	7.4～9	5.8～7.4	4.2～5.8	2.6～4.2	1～2.6

3. 权重确定

根据构造的判断矩阵，采用 AHP 模型计算指标权重（即求解判断矩阵的最大特征向量），计算结果见表 7－32。

表 7－32　水环境承载力评价因子及其权重表

一级因子	权重	二级因子	权重
地表水环境容量强度（S）	0.637	COD	0.414 1
		氨氮	0.223 0
地下水环境抗污性能（C）	0.258 3	土壤类型	0.009 5
		包气带岩性	0.081 9
		含水层渗透系数	0.020 6
		净补给量	0.038 4
		地形坡度	0.004 9
		地下水埋深	0.081 9
		含水层岩性	0.021 1
地下水功能（F）	0.104 7	NO_2-N	0.010 5
		NO_3-N	0.010 5
		铅	0.010 5
		镉	0.010 5
		砷	0.010 5
		汞	0.010 5
		六价铬	0.010 5
		氰	0.010 5
		酚	0.010 5
		高锰酸盐指数	0.010 5

判断矩阵一致比例：0.037。

(三)承载力分区标准

利用 ArcGIS 平台,将地表水环境容量强度、地下水环境抗污性、地下水功能三张矢量图转成栅格图,借用栅格功能,采用:

水环境承载力 $= RS \times WS + RC \times WC + RF \times WF$

式中 R——等级特征值(实测值);

W——权重。

将综合评分结果按表 7-33 所示标准划分为水环境承载力强、水环境承载力较强、水环境承载力一般、水环境承载力较弱和水环境承载力弱。

表 7-33 水环境承载力评价分区标准

承载力分区	强	较强	一般	较弱	弱
评分	3.19 ~ 4.42	2.68 ~ 3.19	1.99 ~ 2.68	0.83 ~ 1.99	0 ~ 0.83

七、水环境承载力评价与区划

根据计算结果,对照承载力评价分区标准,将黄河三角洲水环境承载力分成五级,具体分析结果如图 7-21 所示。

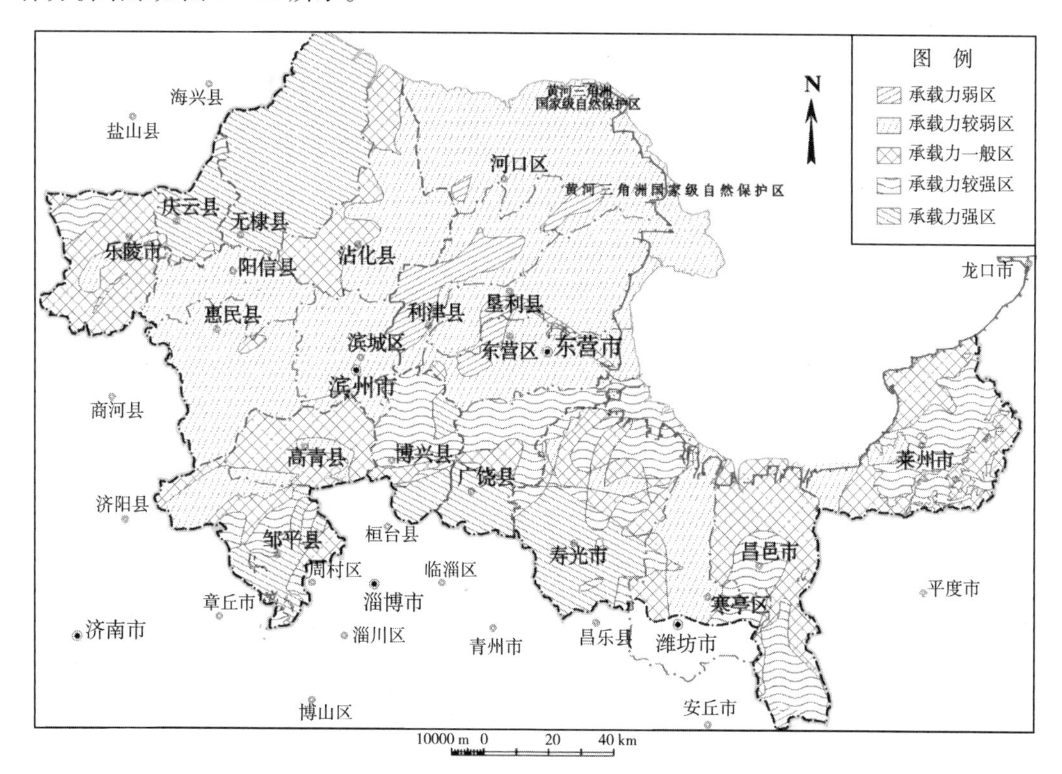

图 7-21 水环境承载力评价分区

(一)水环境承载力强区分布

主要分布在庆云、无棣县等水环境容量强度较高区,以及博兴、广饶、寿光南部平原亚区和邹平县丘陵区。

（二）水环境承载力较强区

主要分布在邹平县、昌邑市、莱州市等丘陵地区，以及博兴县、广饶县北部水环境容量强度比较高的地区。

（三）水环境承载力一般区

主要分布在高青县、沾化县西北部、昌邑市北部，以及莱州市海积平原区。这些地区地下防污性能较弱，地下水功能较差，水环境容量强度一般。

（四）水环境承载力较弱区及弱区

主要分布在鲁北平原中部阳信、惠民、滨城、沾化、利津、东营、垦利、河口区以及寒亭区等地。这些地区地下水功能一般，抗污性能较差，且水环境容量强度也普遍较低。

八、不同水环境承载力区的人类活动适宜性评价

开展黄河三角洲水环境承载力研究目的在于为该区国土规划的总体布局和全面实施提供技术支撑，为政府做出基于水环境承载力条件下经济社会结构调整方案提供科学依据。

（一）水环境承载力强区的人类活动适宜性评价

水环境承载力最强的邹平南部，由于其所处位置位于山区，地形坡度较大，不利于产业布局和人类居住，且该地区生态环境敏感性强，适于成为水土保持区；无棣县、庆云县，由于其水环境容量强度较大，且多处于平原或平原亚区，但其抗污性一般，适宜于布置低污性工业；博兴南部、广饶南部、寿光南部水环境容量大，抗污性较强，适合高污性工业。

（二）水环境承载力较强区的人类活动适宜性评价

邹平县、昌邑市、莱州市等丘陵地区，适于水土保持。博兴县北部、广饶县北部地表水环境容量较大，适宜布置较强污染的工矿业。

（三）水环境承载力一般区的人类活动适宜性评价

高青县、沾化县西北部、昌邑市北部，以及莱州市海积平原区，这些地区地下水防污性较弱，适宜用于人类居住，适宜于农业灌溉。

（四）水环境承载力较弱及弱区的人类活动适宜性评价

鲁北平原中部阳信、惠民、滨城、沾化、利津、东营、垦利、河口县以及寒亭区等地，这些地区适宜布置人类居住和农业灌溉，因其水环境容量小，地下水环境抗污性能差，限制布置工业，适宜于农业灌溉，且控制农药的使用量，防治水环境的面源污染增强。

第八章 Chapter 8 黄河三角洲地区生态地质环境承载力评价

黄河三角洲位于渤海沿岸黄河入海口,属于华北地台济阳坳陷,在海洋、陆地、河流和湿地交互演化的影响下,其生态地质环境显示出明显的脆弱性,加上近年来人类作用的影响,使其生态地质环境发生了较大变化并引发了一系列的生态地质环境问题,影响了其可持续发展。伴随着黄河三角洲高效生态经济区城市化进程的飞速发展,人们对现存自然环境的利用和改造的力度也不断加大。人口的增长,城市的不断扩张,使得人们对其赖以生存的自然资源的需求量越来越大。在这种情况下,势必会加大对自然资源的索取,从而造成严重的自然环境的破坏。但是,自然环境对人类社会、经济活动的承受能力是有限的, 即存在阈值。一旦人们对自然环境的索取和改造超过了这个阈值,人类社会经济的发展就会受到严重的影响。因此,为了保证人类社会经济永久可持续发展,对人类赖以生存的一定区域范围的生态地质环境承载力研究分析是相当必要的。

第一节　生态地质环境基础条件

一、地质环境系统

地质环境系统包括“气象水文”“地形地貌”“地质灾害易发性分布”“土地盐渍化分布”“包气带岩性分布”“地下水埋深”等六个要素,除了“包气带岩性分布”和“地下水埋深”之外,其他四个要素在前面章节均有详细介绍,故不再赘述。

(一)包气带岩性分布

土壤是介于大气层与岩石圈之间的独立存在的自然客体,是在一定的气候、地质、水文、生物等自然条件和人为活动的共同作用下形成的,为人类赖以生存与繁衍的直接场所。区内土壤母质是黄河冲洪积与海积共同作用的结果,沿古河滩高地至洼地,土壤的颗粒粒度由粗变细,土壤质地也相应从砂壤土—粉砂壤土—黏壤土—黏土呈规律性的变化。不同质地土层在剖面上相互叠置构成性质各异的土体剖面形态,其岩性结构、成分等特征直接决定着土壤水、肥、气、热等的调节能力及盐分运移。土壤类型与地形地貌关系密切,从内陆至滩涂呈扇形依次分布褐土、砂姜黑土、潮土、盐化潮土、滨海盐土、滨海潮滩盐土。

土壤是工农业发展的直接载体，鉴于一般建筑地基持力层一般均在 15 m 以上，一般中高层建筑物持力层在 25 m 以上的特点，本文以 0 ~ 25 m 的土壤为研究对象，对其工程地质环境进行分析研究。

区内 0 ~ 25 m 深度内的地层多为第四系全新统地层，其沉积环境受黄河和海洋交互或共同影响，形成了以细颗粒为主的地层，所表现的岩性以粉砂最为广泛，其次为岩溶岩和火成岩。

（二）地下水埋深

研究区内的地下水系统由浅层潜水—微承压水系统（埋深 0 ~ 60 m）、中深层承压水系统（埋深 60 ~ 200 m）、深层承压水系统（埋深 > 200 m）构成，三个地下水子系统由较完整的隔水层隔离，处于相对独立的状态，但仍存在着一定的水力联系浅层、中深层、深层地下水都接受上游的侧向迁流补给，同时又存在着向下游的迁流排泄。浅层地下水接受着大气降水、河渠侧渗的补给和蒸发排泄及人工开采，而中深层、深层地下水的补给除侧向迁流外，还有浅层地下水的越流补给，排泄主要为人工开采。其中浅层地下水的分布及其特征对生态地质环境影响最大。

二、生态子系统

黄河三角洲湿地资源丰富，是我国暖温带最年轻、最完整和最典型的湿地生态系统，拥有黄河三角洲国家级自然保护区等多处湿地保护区，总面积约 43 万 hm^2，占境内总面积的 16%。天然湿地占湿地总面积的 52%，人工湿地占 48%。其中天然湿地以海陆交替系统的河口和滩涂湿地为主，主要分布在环渤海湾和莱州湾。人工湿地构成中以坑塘、水库为主。

研究区内植物 393 种，属国家二级重点保护的濒危植物野大豆分布广泛，天然苇荡 32 772 hm^2，天然草场 18 143 hm^2，天然实生树林 675 hm^2，天然柽柳灌木林 8 126 hm^2，人工刺槐林 5 603 hm^2。植被多分布在研究区以西（图 8 – 1）。

三、社会子系统

2010 年黄河三角洲区域的人口密度为 370.60 人/km^2。人口密度最高的庆云县为 613.55 人/km^2，其次滨城区为 607.11 人/km^2，乐陵市 588.74 人/km^2，邹平县为 582.40 人/km^2，密度最低的垦利县为 98.91 人/km^2。

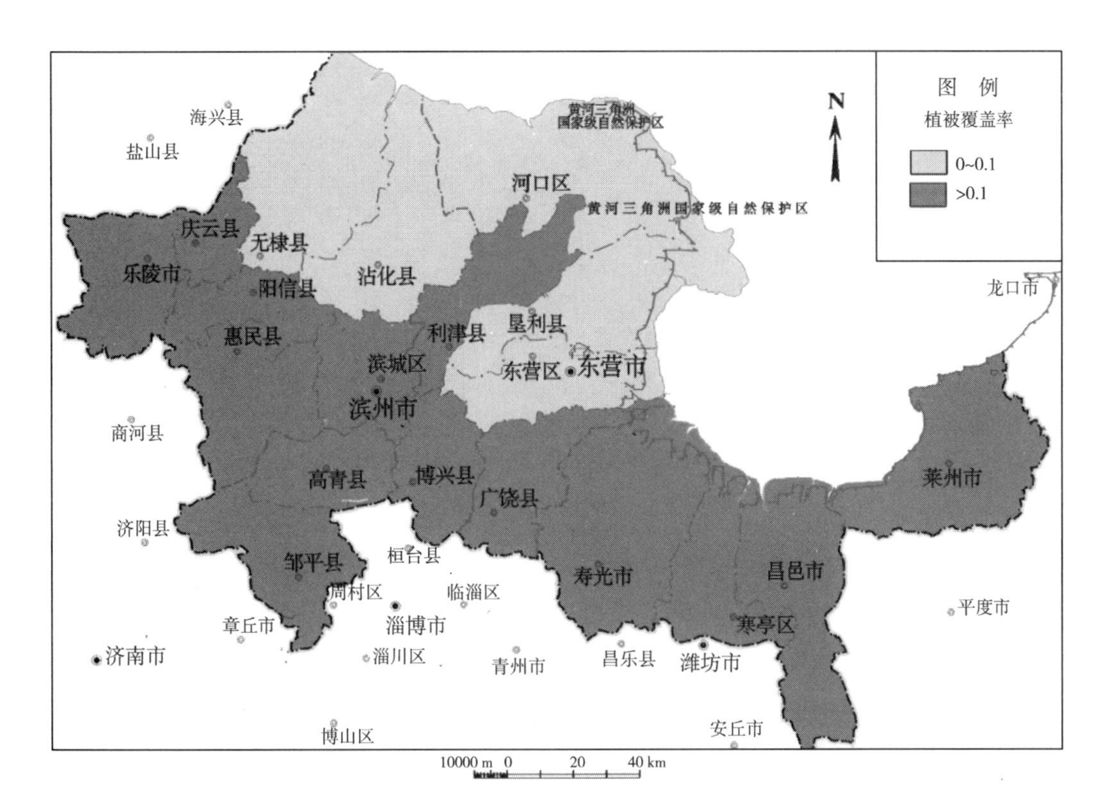

图 8－1　植被覆盖指数分布图

第二节　生态地质环境承载力评价方法

一、生态地质环境承载力的概念和影响因素

（一）生态地质环境承载力概念

“环境承载力”的概念在我国最早是在 1991 年提出的。最初，它被定义为某一环境状态和结构在不发生对人类生存发展有害变化的前提下对所能承受的人类社会作用在规模、强度和速度上的限制，是环境的基本属性和有限的自我调节能力的量度。之后，很多专家学者根据自己不同的研究目的对“环境承载力”这一概念进行了衍生。在对生态地质环境系统的研究当中，人们逐渐认识到生态地质环境对人类活动的承载能力是有限度的，即生态地质环境存在阈值，这个阈值就是“生态地质环境承载力”。它是指在一定时期和一定区域范围内，以及在一定的环境目标下，在维持生态结构、地质环境系统不发生质的改变，生态地质环境系统功能朝着有利于人类社会、经济活动方向发展的条件下，生态地质环境系统所能承受的人类活动和外部力量影响与改变的最大潜能。

（二）生态地质环境承载力的影响因素

1. 生态地质环境系统本底性能

生态地质环境系统中各功能要素的特性、景观生态状况和资源的存储状况等，决定其本底整体的性能。系统中各个要素的特征主要是指区域的规模大小，区域自然地理情况和区域地质背景特征等要素，它们会在一定程度上影响生态地质环境承载力的大小。

2. 科学技术水平

科学技术是生态地质环境承载力重要的影响因素。科学技术可以推动人类各个领域的发展，提高人类对自然环境的利用程度，减少不必要的破坏和浪费，从而人类对自然利用率达到最大。

3. 人类自身活动

人类活动的诸多方面，如经济发展模式、人口增长、消费方式等，都会影响生态地质环境承载力。与区域生态地质环境相协调的人类活动可以提高一个地区生态地质环境的承载力。反之，与区域环境相违背的人类活动可以降低区域的生态地质环境承载力。

4. 区域外因素

任何一个区域都不是独立存在的，都会与其相邻区域产生联系，区域和区域之间都会存在一定的相互作用，所以，一个地区的生态地质环境承载力势必会受到相邻区域内一些因素的影响。因此，协调各区域的发展，改善区域外的因素是提高一个区域承载能力的有效措施。

二、评价体系的建立及其内容

根据生态地质环境承载力的影响因素，其评价指标体系的建立需要考虑诸多因素。这些因素概括起来主要包括自然生态地质条件因素和人类活动因素。本次研究以城市带为研究背景，根据城市生态地质环境的普遍情况，分层次探讨了生态地质环境承载力评价指标体系的内容，把生态地质环境承载力评价指标体系分为 3 个子系统，即地质环境子系统、生态环境子系统和社会环境子系统。

地质环境子系统主要包括地质环境条件和地质资源两个方面。地质环境条件方面可以从地理位置、气象水文、地形地貌等方面选取指标；地质资源方面可以选取与地质环境有紧密联系的自然资源，如矿产资源、土地资源等方面的指标。生态环境子系统主要从植被、土壤、水体等方面分析，选取代表性的指标。社会环境子系统主要考虑人口、经济等因素。

三、评价与区划思路

1. 建立指标体系，为生态地质环境承载力评价选取指标体系。指标的选取与研究区的实际情况紧密切合，并具有代表性。

2. 在研究区范围内针对某一因子，定制分级标准，并评价研究区各地段所处的分级，绘制分区图。

3. 应用层次分析法确定各因子权重。

4. 将各因子评价结果进行加权叠加,从而得到生态地质环境承载力综合评价结果。

5. 综合分析以上评价结果,分析与评价研究区生态地质环境承载力,并给出基于生态地质环境承载力的发展建议。

四、技术路线(图8-2)

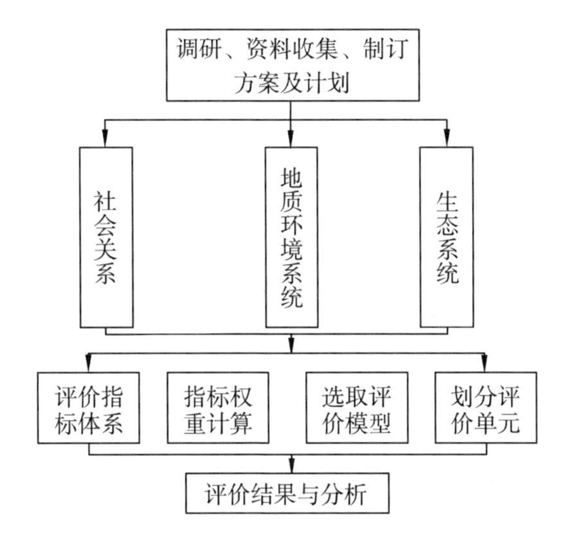

图8-2 技术路线图

五、评价与区划方法

本研究采用层次分析法(AHP法)对地质环境承载力进行评价,按照层次分析法评价步骤,经过计算得出权重(表8-1):

表8-1 生态地质环境承载力评价因子及其权重表

一级因子	权重	二级因子	权重
社会系统	0.081	人口密度	0.081
地质环境系统	0.731	年降雨量	0.023
		地貌	0.044
		包气带岩性	0.098
		地下水埋深	0.098
		地质灾害	0.234
		土壤盐渍化	0.234
生态系统	0.188	植被覆盖指数	0.188

第三节　生态地质环境承载力评价

一、建立指标体系

根据层次分析法要求,建立生态地质环境承载力评价指标体系(图8-3)。

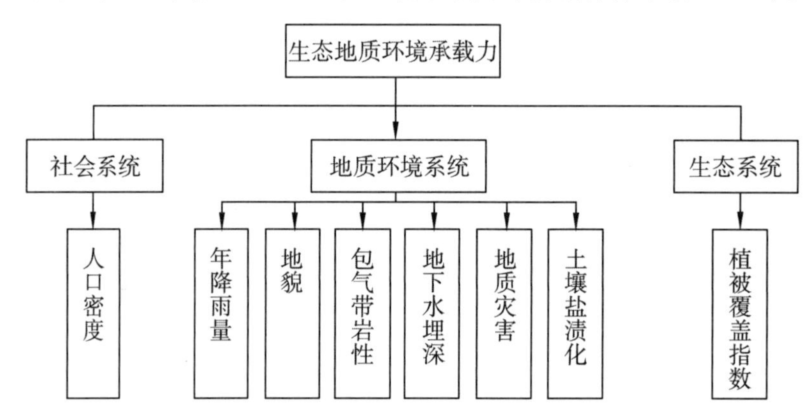

图8-3　生态地质环境承载力评价指标体系

环境承载力的组成因素主要有地质环境系统、社会系统、经济系统。其中,土壤盐渍化是在地质环境问题中最具有代表性的,故只选取它参与评价。

二、单因子评分标准制定

生态地质环境承载力各单因子划分等级标准及评分见表8-2~表8-9。

表8-2　人口密度得分表

人口密度(人/km²)	600~700	500~600	400~500	300~400	200~300	100~200	<100
得分	2	3	5	6	7	9	10

表8-3　年降水量得分表

年降水量(mm)	<550	550~600	>600
得分	4	7	10

表8-4　地貌因子得分表

地貌	丘陵区	平原区
得分	5	10

表 8－5 包气带岩性得分表

包气带岩性	岩溶岩	火成岩	粉砂
得分	4	7	10

表 8－6 地下水埋深得分表

地下水埋深(m)	>8	4～8	2～4	<2
得分	1	4	7	10

表 8－7 地质灾害易发性得分表

地质灾害易发性	严重	较严重	中等	较轻	轻微
得分	1	4	6	8	10

表 8－8 土壤盐渍化得分表

土壤盐渍化	重度	中度	轻度	无
得分	1	4	7	10

表 8－9 植被覆盖指数得分表

植被覆盖指数	<0.1	0.1～0.3	0.3～0.45	0.45～0.6	>0.6
得分	2	4	6	8	10

三、综合得分

在本章的前三节已经介绍了研究区的生态地质环境条件，各单因子的区划结果也已展示。根据各单因子的区划结果，在 GIS 系统中充分研究区进行不规则网格划分，依照得分表对各单因子进行打分，并乘以相应权重后得出研究区各单因子的评分结果，采用 GIS 空间分析技术，进行评价图层的合并叠加，即可生成综合评价分布图。根据加权求和的原则，得到生态地质环境承载力综合得分。生态地质环境承载力分区如图 8－4 所示。

（一）生态地质环境承载力弱区

生态地质环境承载力弱区主要分布在河口、垦利、东营、寿光、寒亭的沿海一带。这些地区由于海水入侵比较严重，从而使生态环境恶化。在规划开发区时应尽量避开上述地带。

（二）生态地质环境承载力较弱区

从研究区生态地质环境承载力分布图中可发现，研究区承载力较弱区大致沿着承载力弱区的外围分布，呈包围承载力弱区的形式分布。研究区地质环境承载力较弱区主要包括无棣、沾化、垦利、东营的部分地区，主要沿着黄河影响带外围分布，这些地区生态地质环境承载力较弱。

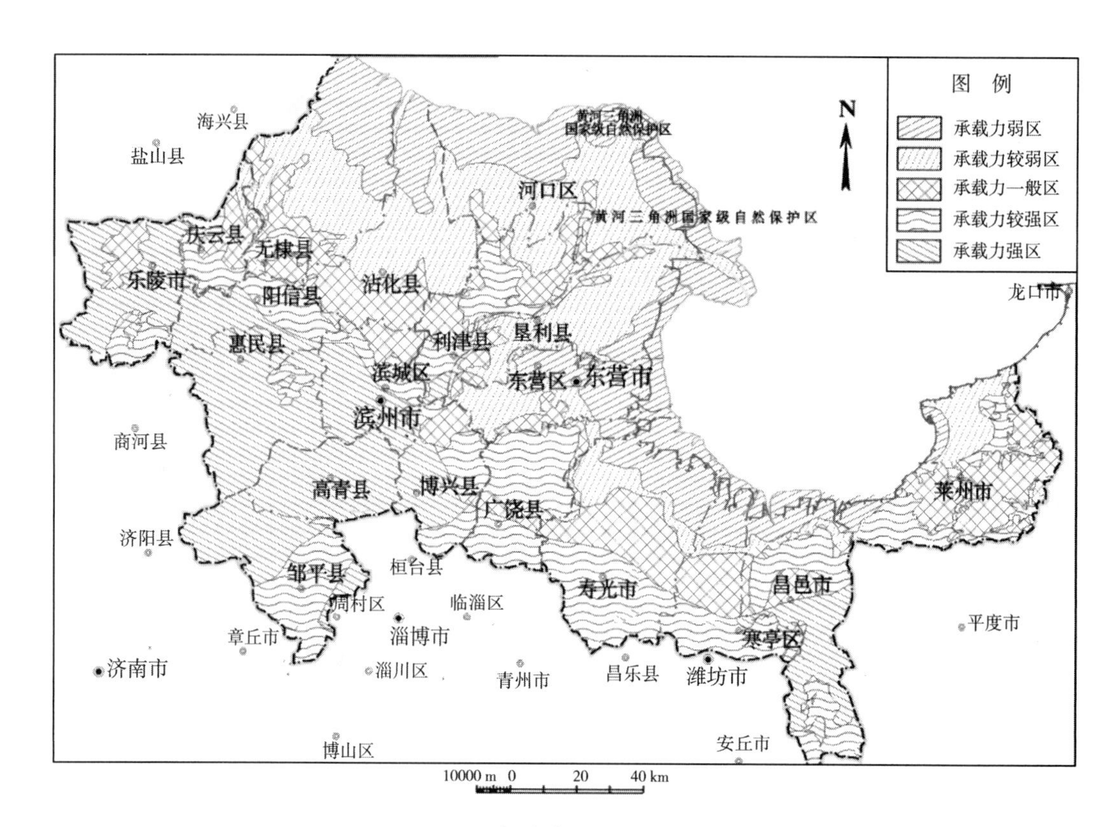

图 8－4　生态地质环境承载力分区图

（三）生态地质环境承载力较强区

此部分地区在研究区内分布广泛，包括研究区东营、乐陵、寿光、广饶所包围的中心地带，阳信、滨城、博兴以北地区，以及莱州的东南方向的部分地区。研究区承载力较强区多为平原地区。

（四）生态地质环境承载力强区

研究区承载力强区主要分布在乐陵、阳信、惠民、滨城、高青和博兴的以南大部分地区。区域地质条件良好，植被覆盖率高，地质构造及地质灾害相对不发育，地下水的埋深相对较深，地下水污染程度轻，人口密度较低，因此生态地质环境承载力很强。

第九章 Chapter 9

黄河三角洲地区资源环境承载力综合评价及主体功能区划

第一节 评价思路

资源环境综合承载力是区域上各种因素对承载能力的综合体现，因而必然表现为各单一方面的资源、环境承载力作用效果的叠加，其叠加反映了研究区域内各地区资源环境承载力总体状况，可以视为资源环境综合承载力评价的初步结果；同时，一些敏感因子，如地质灾害、自然保护区等，对区域承载能力及人类活动具有非常强烈的限制作用，而这些敏感因子在众多因素叠加时，其重要性容易被淹没，导致评价结果与客观实际不符。为了突出敏感因子的影响，在上述初步结果的基础上，将敏感因子的影响进一步叠加，从而得到资源环境承载力综合评价的最终结果。

一、初步结果——各资源、环境承载力评价结果的综合

将研究区均分成若干地块，则每一个地块上的各资源、环境承载力评价得分都可以由相关章节各资源、环境承载力单独评价结果得到。将土地资源、水资源、矿产资源以及水环境、土壤环境、生态地质环境等六个承载力作为变量，将各地块作为个案，则可以得到黄河三角洲各地块资源环境承载力得分数据库。运用统计学方法，应用统计软件进行数据处理，从而揭示数据中蕴含的规律，计算出各单项的资源、环境承载力对综合承载力的权重，进而将各资源、环境承载力单项评价结果进行加权叠加。

二、限制因子评价

限制因子主要包括地质灾害风险以及各类保护区，分别对它们进行单独评价。

将上述各资源、环境承载力以及敏感因子评价结果叠加，得出资源环境承载力综合评价结果，进而实现各地区之间、各行政辖区之间的综合承载力水平的比较，并且通过分析找出综合承载力水平存在差异的原因，以提出各地区资源优化配置建议和未来可持续发展对策。

在综合承载力分区的基础上，结合各资源、环境承载力单独评价中显示出的不同地区各自的独特情况，根据因地制宜的原则，提出国土规划的可行方案。方案包括以资源环境优化配置为目标，以区分各地区适宜实现的用地功能为成果的用地功能区划；和以优化开发强度，保持人类活动与环境的和谐状态为目标，以区分各地区合理开发强度为成果的主

体功能区划。

第二节　评价过程

一、资源环境综合承载力评价初步结果的形成

（一）利用 ArcGIS 建立数据库

首先在各单项资源、环境承载力分区图属性表中添加“承载力得分”字段（如土地资源承载力得分等）并赋值。然后利用“空间分析”模块将六部分承载力单独评价形成的分区图叠加在一起，即得到被切分成众多面积相等网格后的研究区图，并且每个网格都同时具有六个单独承载力的得分值。最后再导出研究区图属性，将各网格的属性全部输出，便可以形成数据库，以便运用数学方法计算和分析。

（二）主成分分析法

主成分分析法是一种统计方法，用来分析多个变量对目标造成的影响，目前已被广泛应用于资源环境评价工作中，以客观量化计算各因素对评价目标的权重。

1. 主成分分析法的基本思想

设研究某个实际问题要考虑 p 个随机变量 X_1、X_2、…、X_p，它们可以构成 p 维随机向量 $X=(X_1$、X_2、…、$X_p)T$。为了避免遗漏重要信息，我们要考虑尽可能多的与所研究问题有关的变量，此时，会产生以下两个问题：

（1）随机变量 X_1、X_2、…、X_p 的个数 p 比较大，将增大计算量和增加分析问题的复杂性；

（2）随机变量 X_1、X_2、…、X_p 之间存在一定的相关性，因而它们的观测样本所反映的信息在一定程度上有重叠。

为了解决这些问题，人们希望在定量研究中利用原始变量的线性组合形成几个新变量，即对 X 做线性变换 $Y=UTX$（U 必须满足一定条件），Y 的各分量（称为主成分）在保留原始变量主要信息的前提下起到变量降维与简化问题的作用。

主成分分析法的基本思想是构造原始变量的适当的线性组合，以产生一系列互不相关的新变量，从中选出少量几个新变量并使它们含有足够多的原始变量所带有的信息，从而使得用这几个新变量代替原始变量分析问题和解决问题成为可能。

2. 主成分分析的基本步骤

（1）变量数据的标准化处理

在实际问题中，不同的变量往往有不同的量纲，由于不同的量纲会引起各变量取值的分散程度差异较大，这时，总体方差将主要受方差较大的变量的控制。若用协方差矩阵求主成分，则优先照顾了方差较大的变量，将可能得到不合理的结果。为了消除由于量纲不

同可能带来的影响,常采用变量标准化的方法来求主成分,即令

$$X_{ij}^{*}=\frac{x_{ij}-\bar{x}_{i}}{\sqrt{s_{ii}}},i=1,2,\cdots,p;j=1,2,\cdots,n$$

式中 X_{ij}——原始值;

X_{ij}^{*}——标准化值;

X_{ij}^{*} 和 $\sqrt{s_{ii}}$——分别为第 i 个变量的样本均值和标准差。

(2)计算相关系数矩阵

$$R=(r_{ij})_{p\times p}=\left(\frac{s_{ij}}{\sqrt{s_{ii}s_{jj}}}\right)_{p\times p}$$

式中 s_{ij}——第 i 个变量与第 j 个变量的样本协方差,$s_{ij}=\frac{1}{n-1}\sum_{k=1}^{n}(x_{ik}-\bar{x}_{1})(x_{jk}-\bar{x}_{j})$,$i$、$j=1,2,\cdots,p$,其中 n 为样本容量。

(3)计算特征值和特征向量,确定主成分

根据 $|R-\lambda E|=0$ 计算特征值(其中 E 为单位矩阵),求出 $\lambda_1\geqslant\lambda_2\geqslant\cdots\geqslant\lambda_p\geqslant0$,并使其从大到小排列,同时求得对应的正交单位化特征向量 $e_1,e_2,\cdots,e_p$。

则第 i 个主成分为:

$Y_i=e_{1i}e_1+e_{2i}e_2+\cdots+e_{pi}e_p,i=1,2,\cdots,p$。其中 $e_i=e_{1i},e_{2i},\cdots,e_{pi}$。

(4)计算贡献率和累积贡献率

第 i 个主成分的贡献率 $c_k=\frac{\lambda_k}{\sum_{i=1}^{p}\lambda_i},i=1,2,\cdots,p$

它描述了第 k 个主成分提取的信息占原来变量总信息量的比重,故而它也是计算综合指数得分时相应主成分所占的权重。

(5)计算综合评价指数 Y

$$Y=\sum_{i=1}^{m}c_iy_i$$

综合评价指数可以表示出综合水平的高低,以便相互比较。

(三)综合承载力区划

在运用主成分分析法算得各变量权重和各地区综合承载力得分后,利用 ArcGIS 根据综合承载力得分值对各区块赋予不同的颜色,以直观地区分不同地区综合承载力的高低。

二、资源环境综合承载力评价最终结果的形成

自然保护区、风景名胜区等保护区域对于开发活动具有一票否决作用,故直接圈划于资源环境承载力综合评价结果图中。

本次评价采用不规则网格法对研究区进行剖分,得到三万余个不规则网格地块。并将各资源、环境承载力单项评价结果统一转换成反映单位面积地域上的状况的值,例如土

地资源承载力采用单位面积土地上所能承载人数等。将上述单项承载力以属性的形式赋值给各地块,从而形成数据库。

第三节 综合评价与分区

一、评价指标的选取

通过前面单因素承载力评价,我们可以分别得到研究区各区矿产资源承载力综合指数、水资源承载力综合指数、土地资源承载力综合指数、水环境承载力综合指数、土壤环境承载力综合指数、生态地质环境承载力综合指数,故此次评价即以这六项承载力指数作为评价指标。

二、评价单元划分与数据库建立

本次评价根据采用不规则网格法对研究区进行剖分,得到 38 579 个不规则评价单元。并通过 ArcGIS 的叠加功能,对六个因子图层进行叠加,得到各区的各指标评价数据,从而得到数据库,再用如下公式进行归一化处理。

$$X_i^* = \frac{X_i - X_{min}}{X_{max} - X_{min}}$$

式中 为 X_i 为指标第 i 个区的值;

X_{min}、X_{max}分别指 X 指标所有区中的最小值、最大值;

X_i^* 为指标第 i 个区归一化后的值。

各区归一化后的值见表 9-1。

表 9-1 资源环境综合承载力评价指标值

区块编号	土壤环境承载力综合指数	水环境承载力综合指数	生态地质环境承载力综合指数	土地资源承载力综合指数	矿产资源承载力综合指数	水资源承载力综合指数
1	0.00	0.59	0.74	0.51	0.00	0.09
2	0.00	0.75	0.74	0.51	0.00	0.09
3	0.00	0.59	0.74	0.51	0.00	0.09
4	0.00	0.59	0.74	0.51	0.00	0.09
5	0.00	0.75	0.74	0.51	0.00	0.09
6	0.00	0.59	0.74	0.51	0.00	0.09
7	0.00	0.59	0.74	0.51	0.00	0.09

（续表）

区块编号	土壤环境承载力综合指数	水环境承载力综合指数	生态地质环境承载力综合指数	土地资源承载力综合指数	矿产资源承载力综合指数	水资源承载力综合指数
…	…	…	…	…	…	…
38 576	0.10	0.77	0.45	0.85	0.10	0.73
38 577	0.10	0.77	0.47	0.85	0.10	0.73
38 578	0.10	0.77	0.59	0.85	0.10	0.73
38 579	0.10	0.77	0.61	0.85	0.10	0.73

三、主成分分析法计算权重

将六个单项承载力综合指数作为变量，将 38 579 个区块作为个案，应用 SPSS 软件的主成分分析功能处理表 9－1 的数据，最终得到各因子权重，见表 9－2。

表 9－2　评价因子权重

变量	水环境	水资源	土壤环境	土地资源	生态地质环境	矿产资源
权重	0.175	0.103	0.182	0.176	0.234	0.130

四、综合承载力初步结果的叠加与分区

综合承载力由标准化处理后的各单项得分加权求和得到，其值见表 9－3，值域在[0,0.7]之间。由于各单项评价都反映的是单位面积地域上的状况，故由此得到的综合承载力评分结果也反映的是单位面积地域上的状况。在计算各区块综合承载力得分的基础上，利用自然间断分级法选取的分区标准见表 9－4。

表 9－3　资源环境承载力计算结果

区块编号	土壤环境承载力综合指数	水环境承载力综合指数	生态地质环境承载力综合指数	土地资源承载力综合指数	矿产资源承载力综合指数	水资源承载力综合指数	资源环境承载力综合指数
1	0.00	0.59	0.74	0.51	0.00	0.09	0.38
2	0.00	0.75	0.74	0.51	0.00	0.09	0.40
3	0.00	0.59	0.74	0.51	0.00	0.09	0.38
4	0.00	0.59	0.74	0.51	0.00	0.09	0.38
5	0.00	0.75	0.74	0.51	0.00	0.09	0.40
6	0.00	0.59	0.74	0.51	0.00	0.09	0.38
7	0.00	0.59	0.74	0.51	0.00	0.09	0.38

（续表）

区块编号	土壤环境承载力综合指数	水环境承载力综合指数	生态地质环境承载力综合指数	土地资源承载力综合指数	矿产资源承载力综合指数	水资源承载力综合指数	资源环境承载力综合指数
8	0.00	0.75	0.74	0.51	0.00	0.09	0.40
9	0.00	0.59	0.74	0.51	0.00	0.09	0.38
10	0.00	0.59	0.74	0.51	0.00	0.09	0.38
…	…	…	…	…	…	…	…
38 574	0.10	0.77	0.59	0.85	0.10	0.73	0.53
38 575	0.10	0.77	0.61	0.85	0.10	0.73	0.53
38 576	0.10	0.77	0.45	0.85	0.10	0.73	0.50
38 577	0.10	0.77	0.47	0.85	0.10	0.73	0.50
38 578	0.10	0.77	0.59	0.85	0.10	0.73	0.53
38 579	0.10	0.77	0.61	0.85	0.10	0.73	0.53

表 9－4　承载力分区标准

分区	承载力高	承载力较高	承载力一般	承载力较低	承载力低
综合得分 Z	$0 < Z \leq 0.38$	$0.38 < Z \leq 0.42$	$0.42 < Z \leq 0.47$	$0.47 < Z \leq 0.56$	> 0.56

五、资源环境综合承载力最终分区

将以上初步结果与保护区域叠加，得到资源环境综合承载力最终结果如图 9－1 所示。

资源环境综合承载力最终结果反映了研究区域内各地区资源环境承载力总体状况，现对其进行具体的分析。

（一）资源环境综合承载力高及较高区

主要分布于高青县、邹平县、东营区、寿光寒亭东北部以及莱州市境内沿海岸线的海冲积平原地区。这些地区水资源较丰富，土壤盐渍化问题很轻，土壤比较肥沃，因而土地资源承载力较高；植被覆盖较好，水环境、土地环境承载力较高；地区矿产资源普遍较丰富。综合这些因素使得上述区域综合承载力高。

（二）资源环境综合承载力较一般区

广泛分布于黄河三角洲范围内，如庆云、乐陵县、阳信县中部、无棣沾化东北部、滨城区东面、寿光寒亭西南部平原亚区前平原以及莱州境内的丘陵地带，这些地区一般由于一到两项承载力评分较低从而综合承载力不及第一和第二类区域，致使其承载力处于一般区。其中，庆云、乐陵县的限制因素主要是土壤环境以及土地资源，而无棣、沾化东北部的限制因素主要是生态地质环境，寿光、寒亭西南部的限制因素是水资源。

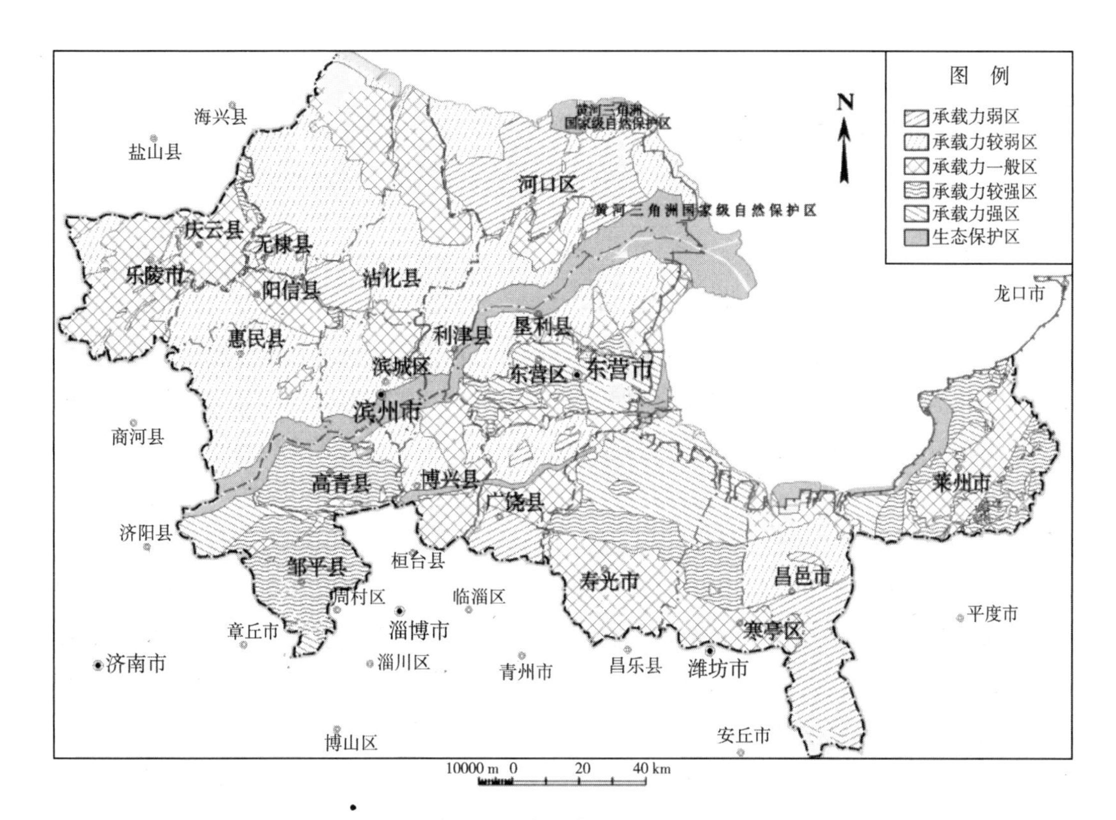

图 9－1　综合承载力结果区划图

（三）资源环境综合承载力较低区

在黄河三角洲范围内分布也较广，例如惠民县、昌邑中部、无棣、沾化西南部、黄河影响带两侧，以及广饶东北部等。这些地区一般由于两项以上单因素承载力都较低，或某一大型承载力评分很低从而导致综合承载力较低。例如无棣、沾化西南部盐渍化严重，生态地质环境较差。

（四）资源环境综合承载力低区

主要分布于河口区、昌邑南部、广饶西南部，另外，无棣、广饶、乐陵也有零星分布。其中，导致河口综合承载力低的原因是生态地质环境和水环境承载力较弱，且矿产资源匮乏。昌邑市水资源不足，且由于昌邑南部的丘陵分布，土地资源匮乏，土地资源以及水资源为其主要限制因素。

（五）生态保护区

生态保护区包括自然保护区、风景名胜区、湿地公园、物质文化遗迹等，严格限制人类活动。

第四节 黄河三角洲地区主体功能分区

一、概述

我国区域发展不协调问题由来已久，一直是区域经济政策致力解决的重点问题。中华人民共和国成立以来，围绕生产力布局不合理、区域发展差距过大和区际冲突等问题，党和政府出台了一系列的政策措施，区域协调发展取得了显著成效。但随着经济发展环境与条件的变化，区域发展不协调问题趋于复杂化，既有区域差距扩大和利益冲突的问题，更有空间失衡的问题，仅靠现有的政策很难解决。推进形成主体功能区，是我国“十一五”规划提出的新举措，其主要目的之一是促进区域协调发展。国家提出推进形成主体功能区，将国土空间划分为优化开发、重点开发、限制开发和禁止开发四类主体功能区，并进一步明确了四类主体功能区的功能定位、发展方向与发展重点，就是试图从解决空间失衡问题出发促进区域协调发展。这是在对我国非均衡和生态环境脆弱的国土特征进行重新认识的基础上，对区域发展战略的丰富和深化。

本次研究将在资源环境综合承载力评价结果的基础上进行黄河三角洲地区主体功能区划研究，以期使之具有可靠的科学依据，对各地典型的问题具有更强的针对性，从而使结果更为合理。

二、主体功能区划原则

本次基于综合承载力评价的主体功能区划评价遵循以下原则：

（一）总体上的一致性

就普遍情况而言，综合承载力较高的地区，对经济社会的支撑能力和对人类活动影响的承受能力越强；反之，支撑能力和承受能力越弱。因而，主体功能区划与综合承载力区划结果在总体上应当相对应，即重点开发区和优化开发区主要分布在综合承载力高、较高的或一般的地区，而限制开发区主要分布在综合承载力低的地区，指开发区主要为生态自然保护区及地质灾害危险性特别严重的地区。

（二）局部上的特殊性

在考虑普遍性的同时还应考虑某些地区的特殊性，即一些地区在某一方面存在突出的问题，而其他方面都表现为较高的承载力，那么它的综合承载力评分可能也比较高，但一旦开发可能招致严重的不良后果。例如，莱州市北部资源环境综合承载力评价分区以强区和较强区为主，但该地区地貌以丘陵山地为主，区域地质环境脆弱，崩塌滑坡泥石流等地质灾害易发，对于这种地区，应充分考虑其局部特殊性，评价为禁止开发区。

（三）与国土开发现状的协调性

由于人类社会的快速发展，已经几乎不存在绝对的自然状态，转变为“人化自然”。

因此，如果不考虑已有的人类活动状况，单纯从自然条件的状态出发进行主体功能区划评价，是没有实际意义的。在本次研究中，将充分考虑评价结果与土地开发现状的协调性。

三、区划评价过程与分析

第一步，从资源环境综合承载力现状出发，依照总体上的一致性原则，将资源环境综合承载力一般区、较低区分布初步评定优化开发区，将综合承载力较高、高区初步评定为重点开发区。

第二步，将综合承载力低区评定为限制开发区，将可能导致灾难性后果的因素，如地质灾害、自然保护区等作为敏感因子，起到一票否决作用，相应的区域直接划为禁止开发区。

第三步，在前两步的基础上进行检查与校核，利用 ArcGIS 软件进行作图。

主体功能区划评价结果如图 9－2 所示。

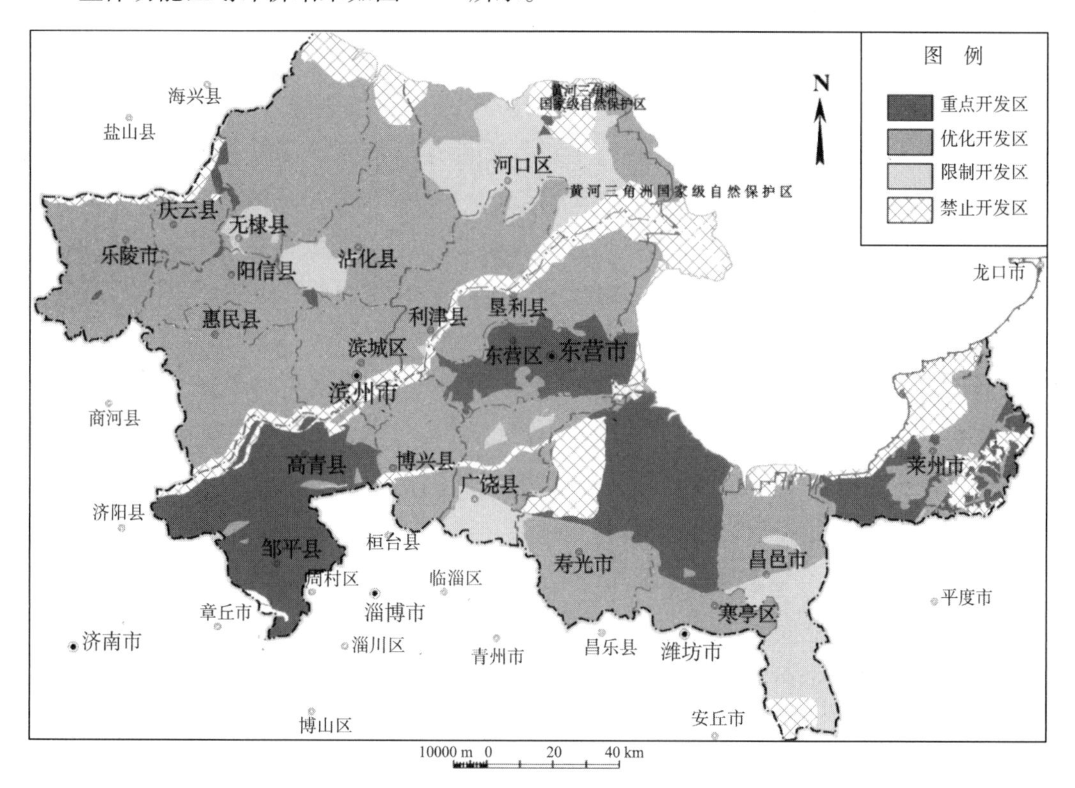

图 9－2　黄河三角洲地区主体功能区划

1. 重点开发区

主要分布于邹平县、高青县全境，东营区部分区域，寿光市、寒亭区北部以及莱州市南部等区域，这些区域是资源环境综合承载力高或较高的区域，且现有的开发强度尚不甚大，地质灾害不发育，且无自然保护区、重大工程环境安全保障区等敏感因素，因而可以在今后的发展中加大对这些地区的开发力度。但是，在开发过程中要注意环境的保护，避免由于人类活动导致次生的环境问题。如东营区的土地资源承载力较弱，那么，就应该在土地资源集约优化利用方面下功夫。在开发过程中，沿海岸线地带应该注意保护和修复海岸带及近岸海域生态脆弱和退化区域，建设区域生态环境的门户屏障。

2. 优化开发区

此区域分布较广，主要位于乐陵市、庆云县、无棣县、阳信县、惠民县、利津县、滨城区及沾化县东部，垦利县、博兴县、广饶县北部大部分区域，以及寿光、寒亭南部，昌邑市北部，莱州市中部等区域。上述地区被划分为优化开发区的原因有两种：一种是一些区域是资源环境综合承载力较低的区域，区内某一两方面的资源、环境承载力比较脆弱，因而不宜进行高强度的开发，而应该根据当地特点，从优化产业结构入手，发挥优势方面，保护脆弱方面；另一种是在市区及周边地区，现有的开发强度已经很大，资源环境承载力达到饱和甚至已经超载，因此不宜继续进行高强度的建设，而应着力进行资源环境优化配置，将相对有限的资源转化为更大的经济社会效益。

3. 限制开发区

主要位于河口区大部分区域，无棣县小部分区域，沾化县西部小部分区域，广饶县和昌邑市南部区域。这些区域是资源环境承载力低区，多个资源、环境方面都比较脆弱。如河口区的水环境承载力较弱，且区内大部分区域的生态地质环境承载力均为弱区或较弱区；广饶县的矿产资源较为匮乏，昌邑市水资源承载力较弱，且矿产资源不能满足当前的城市发展需要。这些地区应限制开发强度，而着重进行环境的保护和修复。

4. 禁止开发区

主要包括生态自然保护区和莱州北部地质灾害危险性特别大的区域，其中生态保护区主要包括黄河三角洲国家级自然保护区、滨州贝壳堤与湿地系统国家级自然保护区、山东昌邑海洋生态特别保护区、莱州湾湿地自然保护区、大芦湖湿地自然保护区、重点水库河流水源地保护区和海岸保护带。这些地区或存在敏感因子，一旦开发会导致严重不良后果；或开发程度已经超出当地资源环境承载能力，倘若继续开发将得不偿失。对于这些地区，尚未开发的地区应予以及时的保护，禁止开发；对于已经形成城镇的或有重大工程的，应维持现状而禁止进一步开发；对于环境问题特别严重的建设工程，宜考虑迁址。

第十章 Chapter 10

基于高效生态农业布局的资源环境承载力评价

第一节 相关要素评价分析

服务高效生态农业布局是开展黄河三角洲地区资源环境承载力研究的一个重要方面。本章分析影响高效生态农业的因素,建立了评价指标体系,共分了耕地资源、水资源、社会经济资源、土壤环境、水环境、极端气候发生率、地质环境七个一级指标和若干二级指标(二级指标见单项评价中相关论述)。其中,水资源承载力、土壤环境承载力在前面章节进行了表述,现对剩余的单要素进行评价研究。

一、耕地资源承载力

农业对土地资源的需求主要表现在对耕地资源的需求,耕地是农业发展的载体,一定数量的耕地是保证农业发展、粮食生产以及农业人员就业的最重要因素。本次评价从耕地粮食保障和农业从业人员就业保障两个角度来进行研究。

表 10-1 为耕地资源承载力评价体系,首先根据层次分析法征求专家意见,综合打分求出粮食保障能力和就业保障能力的指标权重。

表 10-1 耕地资源承载力评价体系

耕地资源承载力	粮食保障(0.6)	粮食总产量(kg)
		总人口(人)
		农业人口数量(人)
		耕地面积(hm^2)
		农民年人均收入(元)
	就业保障(0.4)	耕地平均亩产收入(元)
		人均粮食安全保障(kg/人)
		人均就业耕地面积(hm^2/人)
		人均粮食产量(kg/人)

（一）主要指标说明

1. 人口人均粮食占有量

2009 年黄河三角洲地区人口总数达到 982.1 万人，耕地面积 1 126 643.1 hm^2，占全部土地资源的 42%，人均耕地面积 1 133.3 m^2，略高于全国人均耕地 953.3 m^2 的水平。耕地安全首先是要保证城市和农村人口的口粮，这是耕地保护的底线，其余工业和饲料用粮可以通过市场外调解决。因此，结合国际粮农组织和国家小康标准，将黄河三角洲地区人均粮食安全标准定为 400 kg。

2. 农村人均就业耕地面积

对于黄河三角洲地区，耕地除本身的生产功能之外，更重要的是作为农业人口主要的生产资料与生存来源，具有吸纳农村人口就业、保障社会稳定的功能。根据地区农业生产力的发展状况确定每个农业劳动力能够耕种的土地面积，即农业劳动生产率。按照山东省年均农民收入 6 990 元，每亩产出 500 元计算，同时考虑山东省农民家庭收入中农业收入占总收入的比重，评价区每个农村劳动力应该占有耕地 4 133.3 m^2。根据这一指标可测算出抚顺市耕地资源能够承载的农业劳动力，这对于农村剩余劳动力的转移具有重要的参考价值。

3. 耕地利用效益

耕地利用效益是指耕地在利用的过程中，单位耕地面积上所能提供的经济效益、生态效益和社会效益。耕地利用效益，主要用单位耕地面积所提供的产品或者价值来表示，它反映了人类利用耕地的目标实现程度。在保持良好生态环境的条件下，单位耕地面积上所得的产品或者收入越多越好。

（二）耕地人口支撑能力评价

耕地人口支撑能力主要是指在一定生产条件和生活水平下，耕地资源的粮食生产能力与社会就业保障能力所承载的人口限度。

耕地人口支撑能力评价公式：

$$U = Fi \times 0.6 + Fi' \times 0.4$$

$$Fi = A_1/A$$

$$Fi' = (A_1'M')/(A'M)$$

式中 Fi——耕地粮食保障指数；

Fi'——耕地就业保障指数；

A——区域实际人口总数；

A_1——理想状态下粮食所能供给人口数；

A'——区域农业人口数；

M——山东省农民人均收入；

M'——评价区耕地平均亩产收入。

参考有关耕地资源承载力学术文献，制定如下评分定级标准(表 10－2)。

表 10－2　耕地人口支撑能力评价标准表

加权分值	$0<X\leq0.5$	$0.5<X\leq1.0$	$1.0<X\leq1.5$	$1.5<X\leq2.0$	大于 2.0
承载力分值	承载力弱区	承载力较弱区	承载力一般区	承载力较强区	承载力强区

利用以上评价公式和评分定级标准对评价区 19 个县市 2009 年耕地资源承载能力进行评价，评价结果见表 10－3。

表 10－3　耕地保障能力评价表

	农村人口数	人口总数	粮食保障前提下承载人口数	就业保障前提下承载人口数	粮食保障指数	就业保障指数	耕地保障指数	支撑水平
东营区	115 434	618 570	186 288	62 945	0.30	0.55	0.40	弱
河口区	61 059	214 221	41 555	93 582	0.19	1.53	0.73	较弱
垦利县	183 350	219 523	196 030	101 765	0.89	0.56	0.76	较弱
利津县	252 026	298 143	265 963	130 804	0.89	0.52	0.74	较弱
广饶县	440 781	495 424	1 276 140	149 700	2.58	0.34	1.68	较强
寒亭区	150 442	426 000	726 250	92 901	1.70	0.62	1.27	一般
寿光市	551 803	1 033 000	1 645 500	246 705	1.59	0.45	1.13	一般
昌邑市	364 409	581 000	1 231 250	207 766	2.12	0.57	1.50	较强
高青县	308 003	363 439	863 000	123 432	2.37	0.40	1.59	较强
莱州市	549 345	859 128	1 584 195	195 308	1.84	0.36	1.25	一般
庆云县	248 562	308 135	729 500	70 874	2.37	0.29	1.53	较强
乐陵市	508 957	690 036	1 917 250	176 774	2.78	0.35	1.81	较强
滨城区	168 766	670 698	769 463	139 326	1.15	0.83	1.02	一般
惠民县	575 262	638 896	1348 988	211 496	2.11	0.37	1.41	一般
阳信县	415 389	449 456	1 216 533	115 910	2.71	0.28	1.74	较强
无棣县	373 445	421 242	775 205	174 401	1.84	0.47	1.29	一般
沾化县	336 781	380 342	341 615	146 563	0.90	0.44	0.71	较弱
博兴县	319 000	48 6124	1 121 755	132 384	2.31	0.41	1.55	较强
邹平县	533 766	728 202	1 848 978	174 741	2.54	0.33	1.65	较强
总计	6 456 580	9 881 579	18 085 455	2 747 374	1.83	0.43	1.27	一般

从评价结果来看，黄河三角洲耕地人口支撑能力整体处于一般水平。其中，耕地人口支撑能力较强的行政区有 8 个，主要分布在评价区西部和南部地区，该区域人均粮食产量相对较高，粮食保障系数较高；耕地人口支撑能力一般区有 6 个，主要分布在评价区南部地区；剩余行政区为耕地人口支撑能力较弱和弱区，共有 5 个，分布在评价区北部地区，北部地区是评价区土地资源较为丰富的地区，但是未利用地还未大规模开发，耕地资源相对薄弱，且受

到土壤盐渍化影响,耕地质量较其余地区要差,导致耕地单产水平较低。

（三）耕地利用效益评价

本文对耕地利用效益进行评价主要研究耕地单位面积的产出水平,选取耕地地均农业产值为评价指标,并将其与全国平均水平比较来分析利用效益水平。

受耕地质量和农业投入等因素的影响,评价区 19 个县市耕地利用水平差别较大,以弱区和一般区为主,利用水平为较强区和强区的行政区个数较少,只有 5 个,占全部行政区个数的 26% ,分布比较分散,四个县市都是评价区典型的农业比较发达的地区,农业是其基础产业。较弱区和弱区主要集中在东营市各县区,主要是因为区内受土壤盐渍化影响,耕地产出水平较低。其余地区属于一般区,耕地产出水平较低,与全国平均水平相当,低于山东省平均水平,见表 10 – 4。

表 10 – 4 耕地利用效益评价表

	耕地面积（公顷）	农业产值（万元）	地均产出（万元/hm^2）	耕地利用效益指数	耕地利用水平
东营区	25 813	26 622	1.03	0.41	弱
河口区	38 376	19 721	0.51	0.20	弱
垦利县	41 732	28 196	0.68	0.27	弱
利津县	53 640	55 346	1.03	0.41	弱
广饶县	61 389	81 660	1.33	0.53	较弱
寒亭区	38 097	132 181	3.47	1.38	一般
寿光市	101 169	852 280	8.42	3.36	强
昌邑市	85 201	271 932	3.19	1.27	一般
高青县	50 617	280 482	5.54	2.21	强
莱州市	80 092	96 690	1.21	0.48	弱
庆云县	29 064	113 443	3.90	1.56	较强
乐陵市	72 491	278 560	3.84	1.53	较强
滨城区	57 135	148 946	2.61	1.04	一般
惠民县	86 730	282 468	3.26	1.30	一般
阳信县	47 532	147 729	3.11	1.24	一般
无棣县	71 518	216 611	3.03	1.21	一般
沾化县	60 103	260 866	4.34	1.73	较强
博兴县	54 288	172 512	3.18	1.27	一般
邹平县	71 658	238 776	3.33	1.33	一般
黄河三角洲地区	1 126 643	3 705 021	3.29	1.31	一般

（续表）

	耕地面积（hm^2）	农业产值（万元）	地均产出（万元/hm^2）	耕地利用效益指数	耕地利用水平
山东	7 515 306	3 223.99	4.29	—	—
全国	121 715 892	3 0611.1	2.51	—	—

（四）耕地开发潜力

黄河三角洲地区后备土地资源比较丰富，黄河三角洲未利用地 531 335 hm^2，其中未利用土地面积为 286 601.87 hm^2，占未利用地面积的 54%，其他土地 244 733.13 hm^2，占未利用地面积的 46%。

未利用土地中主要以荒草地和盐渍地为主，面积分别为 94 780.79 hm^2 和 175 703.08 hm^2；在 244 733.13 hm^2 其他土地中，以滩涂和苇地为主，面积分别为 140 972.77 hm^2 和 55 826.23 hm^2，两者占全部未利用地的 81%。

未利用地在各行政区中的比重差距较大，东营市各县区尤其是河口区未利用地占行政区面积比重较大，而且也是占黄河三角洲地区未利用地比重最大的地区，整个东营市未利用地面积占黄河三角洲总未利用地面积的 56.56%，是黄河三角洲未利用地的主要分布地区。除此之外，无棣县和沾化县也是未利用地分布相对集中地区，未利用地占黄河三角洲未利用地总面积的比重分别为 10.16% 和 8.04%，如图 10－1 所示。

根据《黄河三角洲高效生态经济区土地利用总体规划》（2010—2020）中关于后备土地资源开发的要求，至 2020 年，评价区增加农用地 3.46 万 hm^2，其中增加耕地 3.08 万 hm^2，增加的耕地面积占规划期末耕地面积的 2.8%。

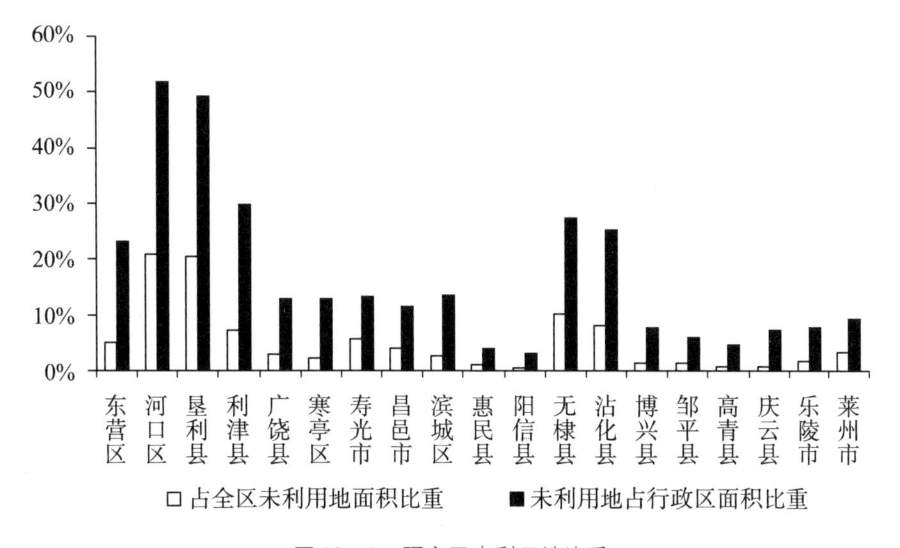

图 10－1 研究区未利用地比重

引入后备资源开发潜力指数作为未利用地开发潜力的评价指标。

后备资源开发潜力指数＝未利用地面积/土地总面积

通过评价，获取评价区土地后备资源潜力指数，并根据分级标准，确定潜力等级，如图10－2所示。土地后备资源潜力分布与未利用地分布特征相吻合，潜力大小呈现由北向南逐渐减小的特征。

表10－5　土地后备资源潜力等级评定标准表

分值区间	$0<X\leqslant0.05$	$0.05<X\leqslant0.1$	$0.1<X\leqslant0.15$	$0.15<X\leqslant0.2$	大于0.2
土地后备资源潜力等级	弱	较弱	一般	较强	强

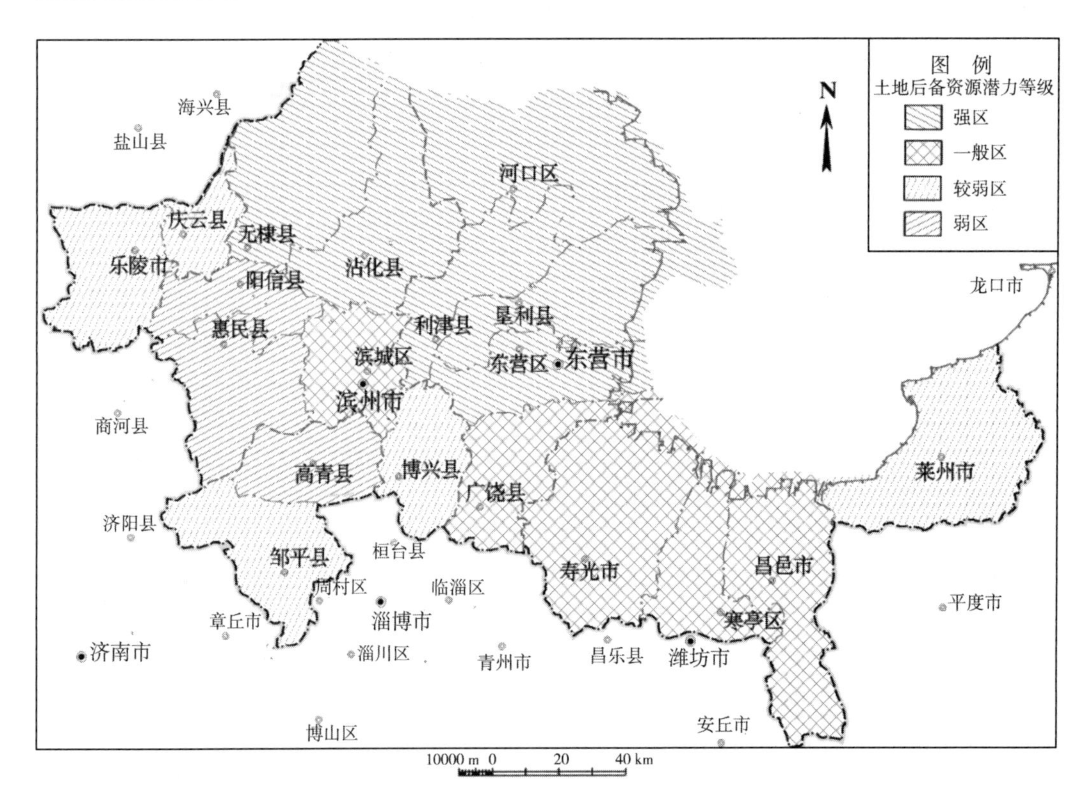

图10－2　研究区土地后备资源潜力评价

（五）耕地承载力综合评价

利用耕地人口支撑能力和耕地利用效益的评价结果，对评价区综合承载能力进行评价，总体来说，土地资源承载水平以一般为主，强区和较强区共计4个，只占到行政单元个数的21%，弱区和较弱区共计5个，占到行政单元个数的26%，见表10－6。

弱区和较弱区主要分布于东营地区，该地区尽管耕地资源比较丰富，人均耕地面积高于评价区平均水平，但是受土壤盐渍化的影响，耕地质量较差，粮食单产水平低，导致粮食保障能力较差；同时，受土地质量的影响，其他类型农业产值效益也较差，地均农业总产值不仅低于全国平均水平，而且远低于山东省平均水平。

寿光市农业规模化经营较早，积极推广标准化生产，提高了生产效率，增加了农业收益，耕地利用效益达到了很高水平，是山东省农业产业化示范市，土地综合承载能力在评价区处于最高水平。高青县、乐陵市、庆云县三县市情况类似，都是农业基础较好的地区，耕地单产水平较高，耕地保障能力在全区处于中等偏上水平，同时，地区农业实行集聚化、多样化和品牌化发展，地均农业产值较高，综合承载指数在全区处于中等偏上水平。

表 10-6 耕地资源承载力评价结果表

	耕地保障指数	耕地利用效益指数	综合指数	承载水平
东营区	0.4	0.41	0.41	弱
河口区	0.73	0.2	0.47	弱
垦利县	0.76	0.27	0.52	较弱
利津县	0.74	0.41	0.58	较弱
广饶县	1.68	0.53	1.11	一般
寒亭区	1.27	1.38	1.33	一般
寿光市	1.13	3.36	2.25	强
昌邑市	1.5	1.27	1.39	一般
高青县	1.59	2.21	1.90	较强
莱州市	1.25	0.48	0.87	较弱
庆云县	1.53	1.56	1.55	较强
乐陵市	1.81	1.53	1.67	较强
滨城区	1.02	1.04	1.03	一般
惠民县	1.41	1.3	1.36	一般
阳信县	1.74	1.24	1.49	一般
无棣县	1.29	1.21	1.25	一般
沾化县	0.71	1.73	1.22	一般
博兴县	1.55	1.27	1.41	一般
邹平县	1.65	1.33	1.49	一般
黄河三角洲地区	1.27	1.31	1.29	一般

二、社会经济资源承载力

高效生态农业和普通的农业发展模式有很大不同，高效生态农业是集约化经营与生态化生产有机耦合的现代农业。具有资源节约、环境友好、产品安全、经济高效、技术密集、人力资源得到充分发挥为本质的新的现代产业发展模式。高效生态农业的发展是建立在坚实的社会经济基础之上的，地区农业发展水平、农业地位、农业从业人员素质、农业灌溉水平、农业机械化水平等要素都会对地区高效生态农业的发展产生重要影响。

（一）社会经济基础条件

1. 地区经济发展基础

黄河三角洲地区开发程度较低，大规模开发时间较晚，2009 年国务院批复《黄河三角洲高效生态经济区发展规划》之后，黄河三角洲地区才真正开始了大规模的投资开发活动，地区开发是一个长期的过程，经济效应暂时还未有所体现。

2009 年整个评价区地均 GDP 为 1 426.6 万元/km^2，同期山东省和东部十省市地均 GDP 分别为 2 148.1 万元/km^2 和 2 147.1 万元/km^2，评价区经济发展水平低于山东省和东部十省市，高于全国 354.7 万元/km^2 的平均水平。评价区内部各县市之间差别也较大，邹平县经济发展水平最高，地均 GDP 达到 3 786.1 万元/km^2，远高于山东省和全国平均水平，沾化县地均 GDP 最低，只有 449 万元/km^2，只略高于全国平均水平。评价区地均 GDP 差距非常大，最高和最低相差将近 3 337.1 万元/km^2，地区发展不平衡，如图 10－3 所示。从评价区各地市 2004—2009 年的 GDP 变化曲线可以看出，各地区 GDP 变化速率差别较大，GDP 差距有扩大的趋势，如图 10－4 所示。

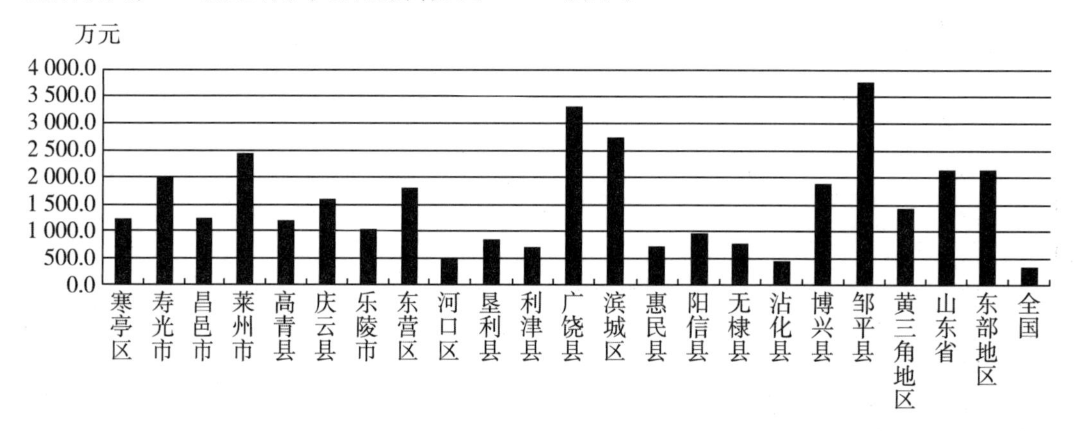

图 10－3 研究区地均 GDP 对比

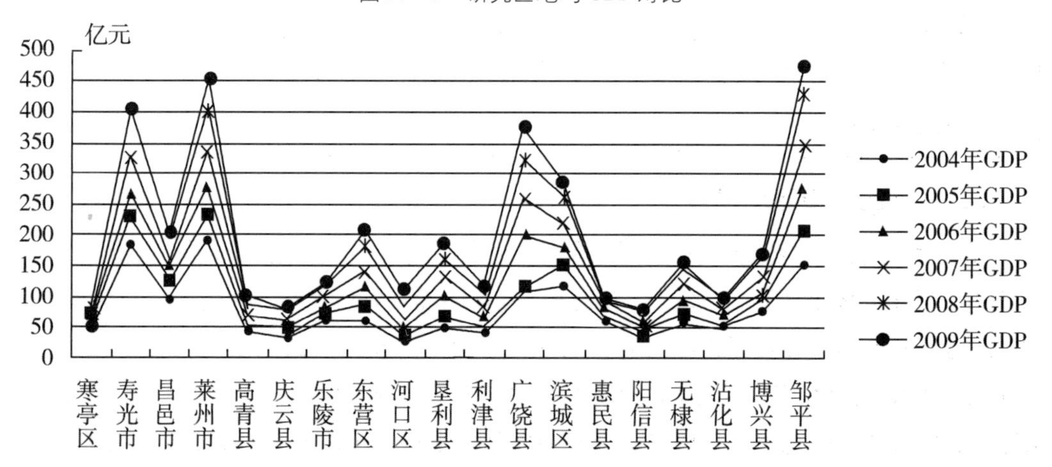

图 10－4 研究区历年 GDP 对比

地区 GDP 的高低在一定程度上反映了地区经济实力，其越高对高效生态农业的发展支持就越大，一定的经济实力是农业投入、农业产业化、农业科技推广等提高农业水平的保障。

2. 农业经济发展特征

2004—2009 年 6 年间，评价区第一产业产值占 GDP 的比重呈现逐年下降的趋势，基本和山东全省的情况一致，略高于东部地区同年第一产业所占比重，低于全国第一产业占 GDP 的比重值，如图 10－5 所示。第一产业产值占 GDP 的比重在全国处于中等水平，地区经济还是以第二产业为主。

具体到评价区内部各县市，农业所占比重差距较大，高青县、乐陵市、利津县、惠民县、阳信县、无棣县和沾化县是山东省传统的农业县，第一产业产值占 GDP 的比重都超过了 15%，农业集中程度较高，在国民经济中占有重要的地位，这些地区农业发展基础较好，适宜大规模作业和经营。东营区、河口区、垦利县、广饶县和滨城区第二、三产业比较发达，第一产业所占比重远低于山东省及全国平均水平。高青县、河口区、利津县和邹平县第一产业占国民生产总值的比重 6 年间变化幅度较大，比重基本都下降了一半，这主要和地区产业和投资政策有关，第二、三产业的快速发展，使得第一产业比重相对降低。

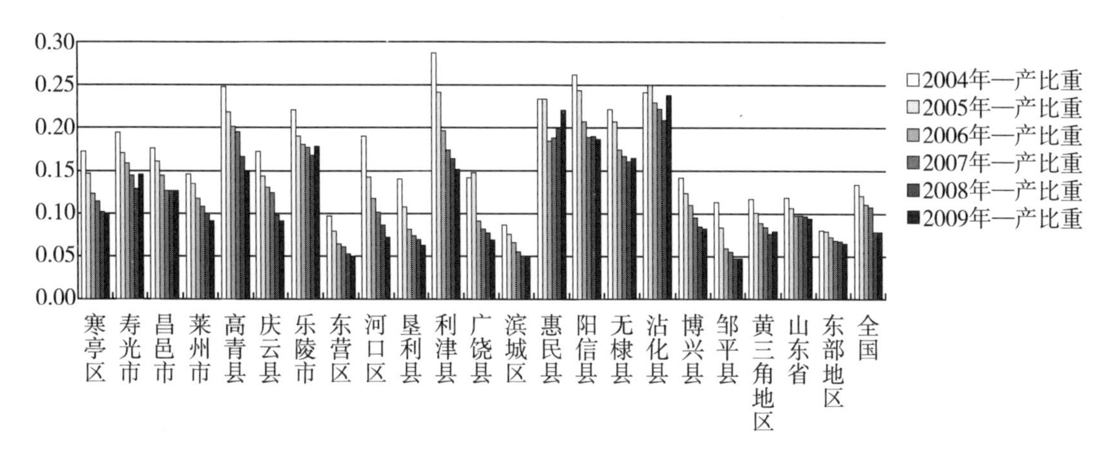

图 10－5　研究区近年第一产业比重变化柱状图

2006—2009 年，评价区各县市农业基本处于不断增加过程中，只有个别县市在个别年份由于自然原因造成了农业产值下降，滨城区农业产值在 2007 年出现下降，下降幅度高达 10%，惠民县在 2004 年出现大幅下降，下降幅度更是高达 45%，无棣县 2004 年农业产值下降了 10%，邹平县 2006 年农业产值下降了 7.8%。各县市 6 年平均增长率基本稳定在 7% 左右，全区只有惠民县农业产值平均增长率为负值，如图 10－6 所示。

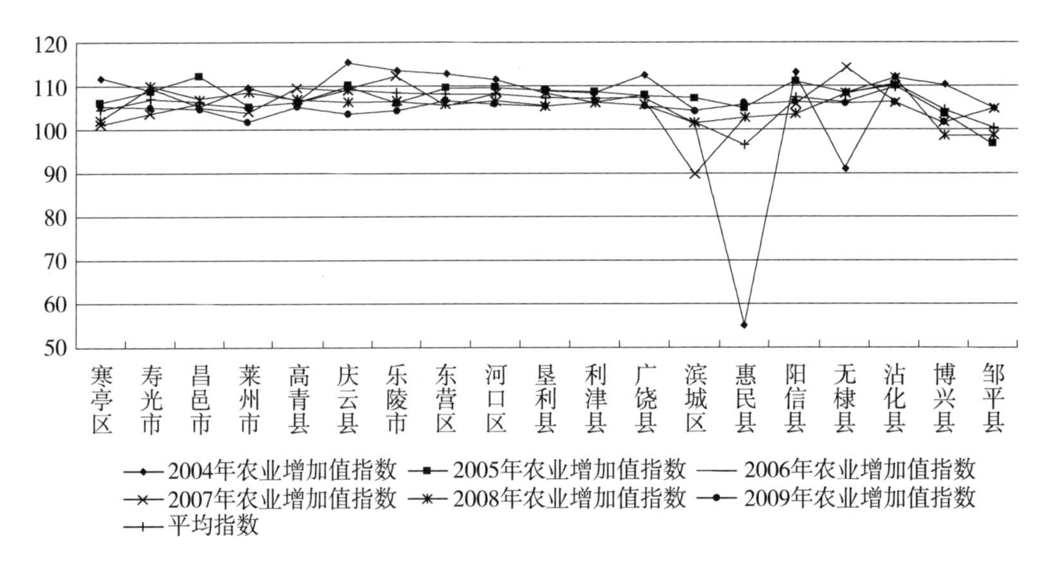

图 10－6 研究区农业增加值变化曲线图

3. 农业投入

地区固定资产投资中第一产业投资额出现两极分化现象，寿光市、昌邑市、高青县、利津县和邹平县是传统的农业强市（县），农业投入水平较高，第一产业投资比例均在35%以上，当地政府以扩大农业生产，形成农业集聚为出发点，加大农业投资力度，形成产业优势。莱州市、寒亭区、滨城区、沾化县等地区固定资产投资主要集中在第二、三产业，第一产业投资比重小，农业发展受到一定影响，如图 10－7 所示。

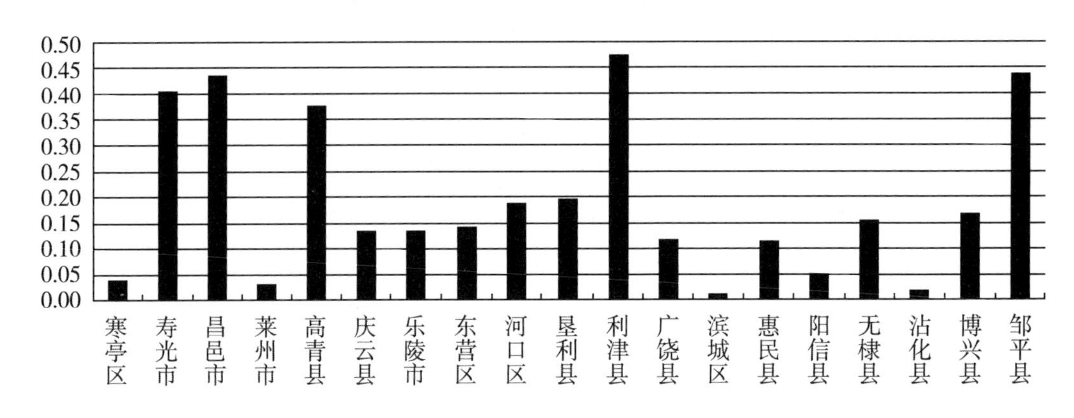

图 10－7 研究区固定资产投资中第一产业投资比重柱状图

4. 机械化程度

农业机械化作业程度是高效生态农业的一个主要方面，反映了地区农业的现代化程度，是“高效”的重要体现。

经过多年的发展，各县市耕播收机械化率有了明显提升，整个评价区耕播收机械化水平达到了72%，全国平均水平为54.5%，黄河三角洲地区在农业机械化水平上高于全国平均水平 17.5 个百分点，优势较为明显，为地区开展高效生态农业提供强有力的支持，如图 10－8 所示。

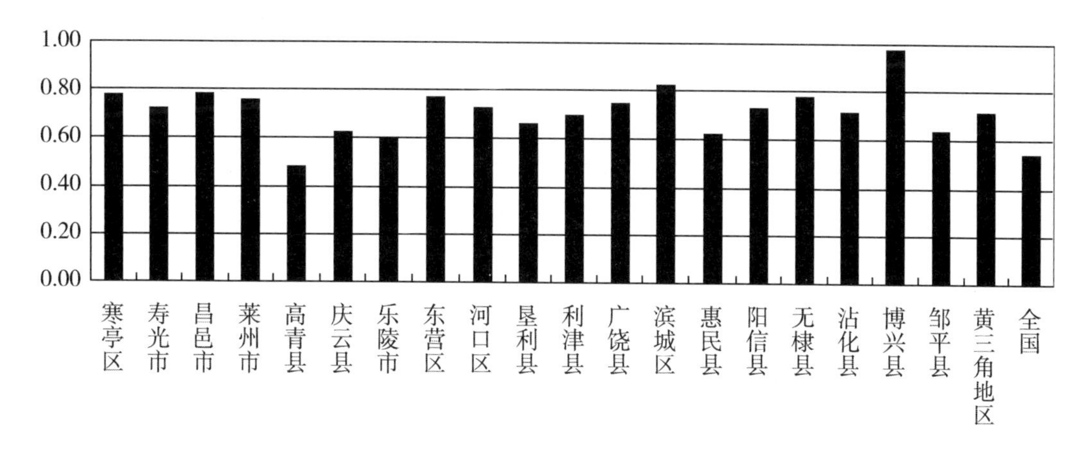

图 10－8　研究区耕播收机械化水平柱状图

各县市的耕播收机械化率分布比较集中，大部分分布在 0.6～0.8 之间，高青县分值最低，只有 0.49，人力和畜力在耕播收过程中还占有重要地位，农业规模化生产条件受限，博兴县分值最高，达到 0.98，机械化达到了很高水平，机械在耕播收过程中占据绝对地位，不仅农业生产效率得到很大提升，而且节约了人力成本，为农业集聚和规模化生产提供坚实基础。

（二）社会经济基础定量评价

本次评价主要采用综合评分法进行评价，首先根据评价要求确定评价指标体系，然后利用层次分析法确定指标权重，同时利用线性变换法对指标值进行标准化处理，最后对标准化之后的数值加权求和。

针对高效生态农业发展的特点和条件，选取基本农田占耕地面积比例（A1）、有效灌溉面积比例（A2）、耕播收机械化比重（A3）、每百人高中及以上文化程度人数（A4）、固定资产投资中第一产业投资比重（A5）、农业产值年均增长率（A6）、地均 GDP（A7）、第一产业比重（A8）等 8 个指标进行评价，见表 10－7。

表 10－7　社会经济基础定量评价指标体系

指标编号	评价要素	备注
A1	基本农田占耕地面积比例	基本农田面积/耕地面积
A2	有效灌溉面积比例	有效灌溉面积/农用地种植面积
A3	耕播收机械化比重	机械化耕种、播种和收割面积/农作物播种面积
A4	每百人高中及以上文化程度人数	
A5	固定资产投资中第一产业投资比重	第一产业投资额/固定资产投资总额
A6	农业产值年均增长率	2004—2009 农业产值增长率均值

（续表）

指标编号	评价要素	备注
A7	地均 GDP	GDP/行政面积
A8	第一产业比重	第一产业增加值占 GDP 比重

利用层次分析法，将 8 个评价指标两两比较，构造判断矩阵，计算得到该矩阵的特征向量，向量$(0.07,0.14,0.2,0.17,0.21,0.11,0.06,0.04)^T$分别对应 8 个评价指标的权重。

对评价区指标数据使用线性变换法统一量纲，进行标准化处理，处理方法如下：

设和是评价指标 i 所对应的最大值和最小值，Z_{ij}为规范化的指标。

若向量指标 i 为效益型指标，则：

$$Z_{ij} = (y_{ij} - y_i^{\min})/(y_i^{\max} - y_i^{\min})$$

若向量指标 i 为成本型指标，则：

$$Z_{ij} = (y_i^{\max} - y_{ij})/(y_i^{\max} - y_i^{\min})$$

对指标进行标准化处理之后，指标值都统一到了一个数量级，标准化值乘以权重之后将其求和，可以得到综合评分值（表 10－8、图 10－9）。

表 10－8　社会经济基础定量评价结果

	基本农田面积比例	有效灌溉面积比率	耕播收机械化比重	每百人高中及以上文化合计	固定资产中第一产业比重	农业产值年均增长率	地均 GDP	第一产业比重	综合分值	等级
寒亭区	0.04	0.09	0.12	0.11	0.01	0.07	0.02	0.01	0.46	较弱
寿光市	0.06	0.09	0.10	0.16	0.19	0.09	0.03	0.02	0.74	强
昌邑市	0.06	0.10	0.12	0.12	0.21	0.08	0.02	0.02	0.73	强
莱州市	0.07	0.07	0.11	0.17	0.01	0.07	0.04	0.01	0.55	一般
高青县	0.05	0.05	0.00	0.06	0.18	0.08	0.01	0.02	0.47	较弱
庆云县	0.07	0.00	0.06	0.00	0.06	0.10	0.02	0.01	0.32	弱
乐陵市	0.06	0.00	0.05	0.04	0.06	0.10	0.01	0.03	0.34	弱
东营区	0.02	0.10	0.12	0.01	0.06	0.10	0.03	0.00	0.44	较弱
河口区	0.06	0.14	0.10	0.09	0.09	0.10	0.00	0.00	0.58	一般
垦利县	0.00	0.08	0.07	0.07	0.09	0.09	0.01	0.00	0.42	较弱
利津县	0.03	0.10	0.09	0.09	0.23	0.09	0.00	0.04	0.67	较强
广饶县	0.07	0.10	0.11	0.09	0.05	0.09	0.06	0.00	0.58	一般
滨城区	0.06	0.09	0.14	0.09	0.00	0.04	0.05	0.00	0.46	较弱
惠民县	0.06	0.09	0.06	0.06	0.05	0.00	0.00	0.04	0.35	弱

（续表）

	基本农田面积比例	有效灌溉面积比率	耕播收机械化比重	每百人高中及以上文化合计	固定资产中第一产业比重	农业产值年均增长率	地均GDP	第一产业比重	综合分值	等级
阳信县	0.06	0.06	0.10	0.07	0.02	0.09	0.01	0.03	0.44	较弱
无棣县	0.05	0.08	0.12	0.06	0.07	0.08	0.01	0.02	0.50	一般
沾化县	0.06	0.11	0.09	0.05	0.00	0.11	0.00	0.04	0.46	较弱
博兴县	0.06	0.10	0.20	0.09	0.08	0.07	0.03	0.01	0.62	较强
邹平县	0.06	0.08	0.06	0.08	0.21	0.03	0.07	0.00	0.59	一般

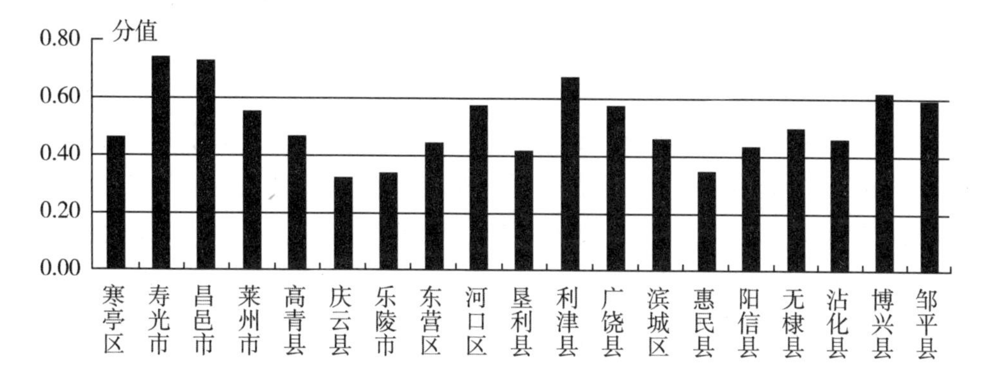

图 10-9 社会经济评价综合分值

根据评价区实际情况，并参考已有研究成果，制定评价标准，将评分结果分为5个等级（表10-9）。

表10-9 社会经济资源承载力评价标准表

承载力级别	强区	较强区	一般区	较弱区	弱区
分值范围	$0.7<X$	$0.6<X\leqslant 0.7$	$0.5<X\leqslant 0.6$	$0.4<X\leqslant 0.5$	$X\leqslant 0.4$

寿光市和昌邑市农业条件较好，固定资产投资中第一产业投资比例均远大于其余县市，此外，农业从业人员中高中以上文化程度人员比重也较其余地区高，发展高效生态农业的社会经济基础很强；利津县和博兴县，发展高效生态农业社会经济条件较强；莱州市、河口区、广饶县、无棣县和邹平县发展高效生态农业社会经济基础条件一般；寒亭区、高青县、东营区、垦利县、滨城区、阳信县和沾化县社会经济基础条件较弱，主要是因为寒亭区固定资产投资中农业投资比例过小；庆云县和乐陵市的有效灌溉面积比例、耕播收机械化率和每百人高中及以上文化程度人员较少；垦利县基本农田保护率处于全区最低水平；滨城区固定资产投资额中第一产业投资额在全区处于最低水平，这五个行政区社会经济基础条件对地区高效生态农业发展支持较小；庆云县、乐陵市和惠民县属于社会经济资源承

载力弱区,惠民县2004—2009年农业产值为负增长,农业发展态势较差,农业发展条件较其他地区差,社会经济基础条件最弱,对高效生态农业发展支持不足。

三、极端气候发生率

极端气候事件是一种在特定地区和时间的罕见事件。当某地的天气、气候出现不容易发生的异常现象,或者说当某地的天气、气候严重偏离其平均状态时,即意味着发生极端气候。世界气象组织规定,如果某个(些)气候要素的时、日、月、年值达到25年以上一遇,或者与其相应的30年平均值的“差”超过了二倍均方差时,这个(些)气候要素值就属于异常气候值。出现异常气候值的气候就称为极端气候。近年来,极端天气频频袭击我国,对人民的生活和社会经济的发展带来了很大的影响。

黄河三角洲地区极端气候主要是干旱、洪涝、风灾、雪灾、雾灾。旱灾一年四季均有发生,但主要发生在春季、初夏和晚秋,秋季干旱的概率最高为47.6%,夏季概率最低,为33.1%;涝灾年度发生概率24.7%,三角洲北部地区发生概率较大;大风时空分布为春、冬两季的大风日数最多,秋季次之,夏季最少,莱州湾西部明显多于其余地区;积雪对农作物的越冬保温可以起到积极的作用,但是雪量过大会给人们的正常生活带来诸多不便,各地积雪日出现在11月至翌年4月;大雾天气一年四季均有发生,大雾出现日夏季最多,春季次之,冬季较少,秋季最少,沿海地区多大雾天气,常导致严重的海区雾灾。

(一)地区气候灾害简介

1. 旱灾

根据滨州、东营史志、年鉴和惠民地区水利志记载统计,自1951—2005年的55年中,黄河三角洲地区共发生旱灾48次,其中大旱34次,十年七旱,十年六大旱。

按年代统计,20世纪50年代发生旱灾10次、大旱灾5次;20世纪60年代分别为7次、3次;20世纪70年代分别为7次、3次;20世纪80年代分别为9次、8次;20世纪90年代发生旱灾10次且均为大旱灾,21世纪的前五年中发生大旱灾5次。由此可见,20世纪80年代以后黄河三角洲旱灾次数明显增多,基本上年年发生旱灾。

2. 冰雹

冰雹是一种突发性天气,常伴有强烈大风,其局地性强、来势猛、发生时间集中且持续时间短,常给人民生命财产和工农业生产带来严重损失。根据1950—2005年灾情资料统计,黄河三角洲冰雹成灾面积平均每年2.78万hm^2,平均每年造成粮食减产3.7亿t,棉花减产900万kg,成灾面积和受灾损失在各种自然灾害中分别居第四位和第三位,且造成1 378人伤亡。

3. 大风灾害

根据滨州、东营市两市市志、年鉴及各县区志记载和有关资料统计,黄河三角洲1951—2005年55年中有28年发生大风灾害,发生次数达55次,平均一年一遇。

滨州市各地年平均大风天数7~14 d,沿海多于内陆。大风天数最多的是无棣、阳信、惠民、沾化四个县，达 34～38 天；最少的是博兴县，年平均 10 d。东营市年平均大风天数 19.5 d，最多的是利津，1971 年达 37 d。各地最大风速除了无棣县马山子村为 40 m/s 外，均在 20～28 m/s 之间。一年中，冬春季大风日数最多，且沿海多于内陆；夏季内陆雷雨大风多于沿海。大风灾害不仅给黄河三角洲造成重大经济损失，而且致使 510 人伤亡。

4. 洪涝灾害

黄河三角洲地区洪涝灾害发生概率比山东省其他地区要大，中华人民共和国成立以来，黄河三角洲地区共发生了 13 次大涝，其中惠民县、沾化县、无棣县的频率最高。中华人民共和国成立以来该地区共发生了 13 次洪灾，其中有 7 次是黄河洪灾，3 次为小清河洪灾，徒骇河、马颊河洪灾各一次。

以滨州市为例，根据水利、农业部门对全市洪涝灾害的记载和各县区史志、年鉴资料，1951—2005 年，该市累计受灾面积达 2 159.89 万 hm^2；年均受灾面积为 39.27 万 hm^2；洪涝灾害造成的直接经济损失达 21.27 亿元，间接经济损失 79.89 亿元，总经济损失101.16 亿元。20 世纪 50 年代、90 年代全市洪涝灾害受灾面积最多，21 世纪以来、洪灾次数减少，但经济损失增大。

（二）气候承载力评价

极端天气的发生对地区农业的发展将产生非常大的负面影响，对评价区极端气候进行评价有助于农业布局研究，同时对农业自然灾害预防也有重要作用。

根据黄河三角洲地区历年发生极端气候种类的统计，建立极端气候发生率评价指标体系，按照极端气候发生概率分为 5 个等级并分别赋值，见表 10－10。

表 10－10　极端气候影响因素赋值表

目标层	指标层	1 分	2 分	3 分	4 分	5 分
极端气候发生率评价指标	旱灾发生概率%	30% < X	25% < X≤30%	15% < X≤20%	10% < X≤15%	X≤10%
	洪涝灾害发生概率%	30% < X	25% < X≤30%	20% < X≤25%	15% < X≤20%	X≤15%
	风灾发生概率（日/年）	25 < X	20 < X≤25	15 < X≤20	10 < X≤15	X≤10
	暴雨发生概率（日/年）	4 < X	3 < X≤4	2 < X≤3	1 < X≤2	X≤1
	冰雹（日/年）	0.8 < X	0.6 < X≤0.8	0.4 < X≤0.6	0.2 < X≤0.4	X≤0.2
	雾灾（日/年）	30 < X	25 < X≤30	20 < X≤25	15 < X≤20	X≤15

利用层次分析法，多位专家在充分考虑灾害性质、危害大小以及发生概率等因素基础上，对各要素综合打分，最后得出各要素权重值，见表 10－11。

表 10－11　极端气候影响因素权重表

名称	旱灾	洪涝	风灾	暴雨	冰雹	雾灾
权重	0.24	0.27	0.08	0.19	0.17	0.05

根据各类型极端天气分值和权重，对它们进行叠加分析，并得到气候环境承载力分布

图(图 10－10)。黄河三角洲地区受极端环境影响较弱的地区主要分布在无棣县南部至东营区一线范围、垦利县北部地区、莱州市北部地区以及潍坊北部地区,这些地区相对其他地区气候环境条件更好一些。

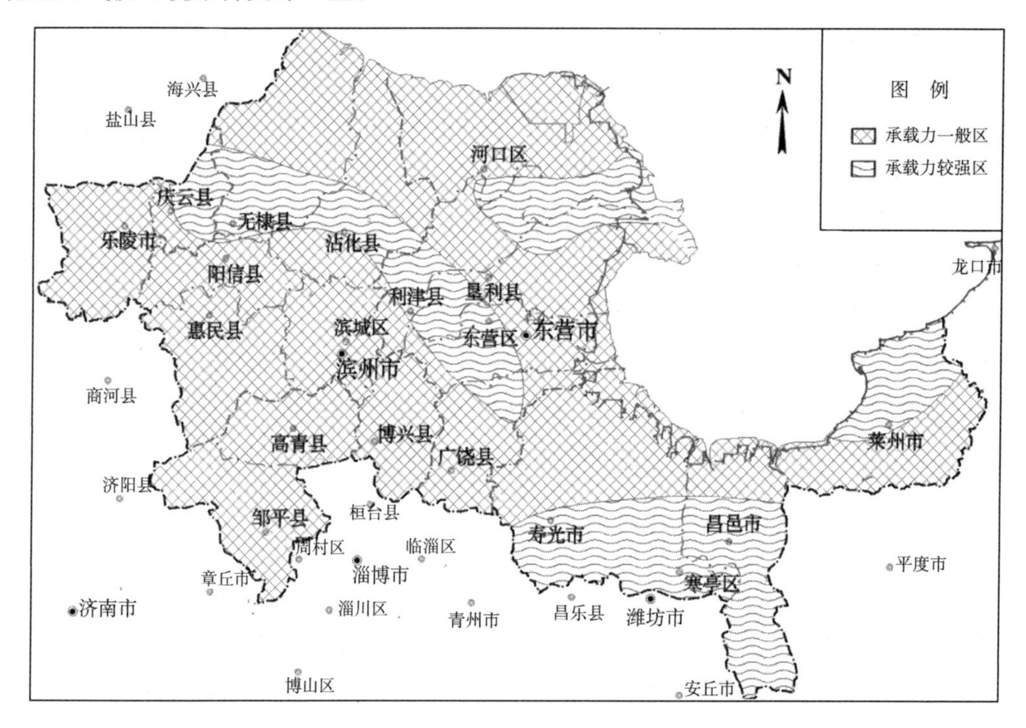

图 10－10 极端气候影响分布图

四、地质环境承载力

(一)评价单元的选择

地质环境质量评价单元的划分方式有四种:一是以区域行政区为基本评价单元;二是以区域自然地理或地质构造作为评价单元;三是以经纬度或者平面坐标网格为基础,以划分的正方形为评价单元,这样同一单元内地质环境具有相对均一性;四是利用 GIS 栅格化功能,将矢量数据栅格化,将栅格作为最基本的计算单元。本文采用网格法,利用 GIS 软件矢量图斑栅格化功能,将评价区划分为 100 m×100 m 大小的栅格单元,共计 2 650 000 个栅格单元,每个栅格单元都有相应的属性字段。

(二)指标体系建设及其权重确定

综合分析影响黄河三角洲地区地质环境的主要因子,参考相关的研究文献,建立黄河三角洲地区地质环境质量评价指标体系见表 10－12。

本文将采用层次分析法确定评价区地质环境质量指标权重,首先根据层次分析法(AHP 法)中两两因素重要性比较的标度表,对四项评价指标进行两两因素的重要性比较,然后采用了专家评定打分的方法得到指标层权重。

表 10－12　指标体系及其权重

目标层	指标层	指标权重
地质环境质量	工程地质稳定性	0.07
	距离主要断裂距离	0.08
	地震烈度等级	0.07
	地下水水质等级	0.10
	地下水开采模数	0.08
	海岸带侵蚀	0.04
	坡度	0.04
	地方病	0.05
	海(咸)水入侵	0.13
	崩塌、滑坡、泥石流	0.05
	地裂缝	0.08
	地面塌陷	0.08
	地下水降落漏斗	0.14

(三)评价指标赋值标准

地质环境质量划分为 5 个等级，即强(4～5)、较强(3～4)、一般(2～3)、较弱(1～2)和弱(0～1)五个等级。

综合评价模型为：

$$C_j = \sum (F_i \times W_i)(i = 1,2,3,4)$$

式中　C_j 代表某准则层的质量指数；F_i 代表各指标的质量评价赋值；W_i 代表该子系统中某一单项指标的权重值。F_i 的取值见表 10－13。

表 10－13　研究区地质环境质量综合评价指标赋值表

地质环境质量综合水平	强	较强	一般	较弱	弱
工程地质稳定性	不稳定	较不稳定	基本稳定	较稳定	稳定
距离主要断裂距离(km)	<2	2～4	4～8	8～12	>12
地震烈度等级		八度区	七度区	六度区	
地下水水质等级	极差	较差	较好	良好	优良
地下水开采模数(万 $m^3/a \cdot km^2$)	<5	5～20	20～30	30～50	>50
海岸带侵蚀	有			无	
坡度(°)	>25	15～25	8～15	3～8	0～3

（续表）

地方病	严重	轻		无	
海(咸)水入侵	严重	轻		无	
崩塌、滑坡、泥石流	有		无		
地裂缝	有			无	
地面塌陷	有			无	
地下水降落漏斗	区内			区外	
赋值	1	2	3	4	5

（四）评价结果分析

地质环境质量综合评价借助 GIS 软件叠加分析功能来实现。首先将各单要素进行底图配准数字化，并录入相关属性，同时根据赋值标准给不同自然单元进行赋值，然后对各要素图层进行加权叠加分析，最后根据等级划分标准对叠加结果进行再分类，获得最终的评价结果图（图 10－11）。

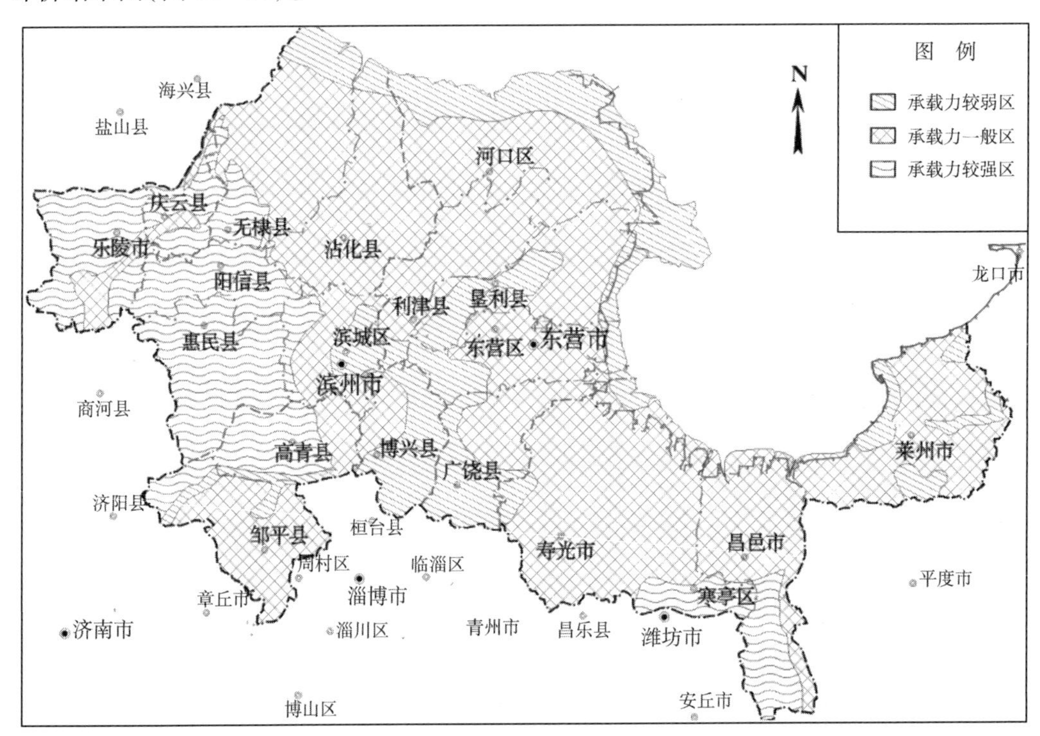

图 10－11　研究区地质环境质量评价

根据评价结果，将评价区地质环境质量分为三个等级：质量较强区、一般区和较弱区。它们所占的比例分别为 21.11%、60.92% 和 19.97%，见表 10－14。

表10-14 研究区地质环境质量评价结果

地质环境质量级别	栅格数量(个)	各级别所占面积(km^2)	各类区占总面积百分比(%)
质量较强区	559 520	5 595.21	21.11%
质量一般区	1 614 387	16 143.87	60.92%
质量较弱区	476 093	4 760.92	17.97%

质量强区主要分布在黄河三角洲西部地区和昌邑县南部地区,西部地区属于平原地带,地势平坦,地壳较为稳定,属于地震烈度六度区,该范围内地下水开采强度适中,未出现地下水降落漏斗,地质环境条件较好,只有小范围的土壤盐渍化和地下水污染分布;昌邑市南部地区地下水开采模数处于10~20万$m^3/a \cdot km^2$,在评价区处于中等偏上水平,未受到海水入侵,地下水质未受到污染,地质环境条件较好,只有少量的地质环境问题。

质量一般区广泛分布在滨州市、东营市、潍北地区和莱州地区,这些地区普遍存在土壤盐渍化现象,地壳稳定性一般,地震烈度六至七度,浅层地下水水质以轻度污染为主,区内大部分属于地下无淡水区,莱州市地下水开采模数较小,只有5~10万$m^3/a \cdot km^2$,一般区地势以平原为主,莱州市东部属于低山丘陵地貌,地势较高。东营市范围内大范围存在地面沉降现象,同时在潍北地区存在地下水降落漏斗。

质量较弱区主要分布在评价区北部沿海地带、中部垦利至广饶一线、小清河流域以及莱州市西部海岸等地区。北部沿海地带是海水入侵重灾区,同时也是土壤盐渍化严重地区,部分海岸线出现侵蚀变迁;垦利至广饶一线沿黄地区分布有一定数量的地裂缝,该地区地下水超采严重,分布有滨州和博兴漏斗区,地面沉降比较突出,尤其是广饶地区部分地段地面沉降达到150 mm/a,同时,该区小清河段浅层地下水污染较为严重;莱州市分布有大量的金矿开采区,引发了许多地面塌陷灾害,同时,低山丘陵地区分布有崩塌、滑坡、泥石流灾害,地质环境较不稳定。

第二节 高效生态农业布局建议

一、单要素评价结论

(一)黄河三角洲地区土地资源比较丰富,东北部地区受土壤盐渍化影响,土壤质地较差,粮食产出水平和农用地利用效益低于全省平均水平,土地资源承载能力较弱。

建议利用地区未利用地资源丰富的优势,因地制宜,合理开发利用土地,增加农用地面积,拓展特色农业经营范围,提高单位面积农业产值,同时合理安排农村人口就业,增加农业人员非种植业收入比重。对于北部地区,当地农业部门要引导农民开展耐盐渍化作物种植,开展生态农场和渔业养殖规模化经营,减少粮食作物种植面积。

（二）黄河三角洲地区水资源整体来说能够满足地区用水需求，仅有少量盈余，地区水资源分布不均衡，昌邑市供远大于求，东营市及寿光市、寒亭区供略大于求，其余地区供略小于求，供需差额不大，受地下水超采影响，滨州市及潍北地区水资源承载力较弱。

建议该地区控制地下水漏斗区域的地下水开采，同时，对区域漏斗群地区进行地下水资源调蓄，利用现有河流、沟渠和坑塘，以拦蓄引渗丰水期大气降水地表径流为主；在有条件的昌邑市等地段，通过引黄济青渠引黄河水入潍河、大型沟渠等现有渠系和坑塘设施拦蓄引渗。其余地区供需差额较小，可以通过农业节水灌溉、增加污水处理设施、沿海工业增加海水利用量、海水淡化等手段增加水资源供给，满足人们生产和生活用水需求。

（三）评价区部分地区水土环境较差，北部地区受土壤盐渍化和石油污染的影响，土壤环境较差，南部山区小清河流域和德惠新河流域水环境较差，部分城市驻地附近水环境受到不同程度的破坏，水土环境的不协调严重制约了地区农业发展环境，影响了地区可持续发展。

建议从控制地下水位和改善土壤结构的角度，采取改善地表排水系统、推广节水灌溉技术、增施有机肥、秸秆还田等措施，改善受盐渍化影响地区土质；东营市范围内油田污染区要加强落地原油的回收，防止其对附近土壤和水体造成污染；加强地表受污染河流的治理，同时严查河流附近排污企业的污水排放超标问题。

二、高效生态农业布局建议

根据单要素评价结果，结合地区发展特点，将评价区化为四个高效生态农业特征区。如图 10－12 所示。

（一）沿海湿地生态系统保护区

该区分布在评价区北部沿海地带，区内分布有大量成片的湿地，依次分布有贝壳堤岛与湿地系统自然保护区、黄河三角洲自然保护区、海岸线自然保护带、莱州湾湿地自然保护区和昌邑国家海洋生态特别保护区等 5 个控制开发的区域。

对自然保护区要实行严格的环境保护制度，引导人口有序转移，促进自然保护区生态环境良性发展，实现污染物零排放，重点发展生态旅游业，适度开发绿色食品。

对海岸线自然保护带要实施集中集约用海，搞好浅海护养，加强人工造林，重点发展滨海旅游、绿色种植和养殖等产业。

对于非控制开发区域，利用近海有利条件，在保护湿地系统的基础上积极发展浅水养殖，合理布局生态渔业，打造渔业集中带。

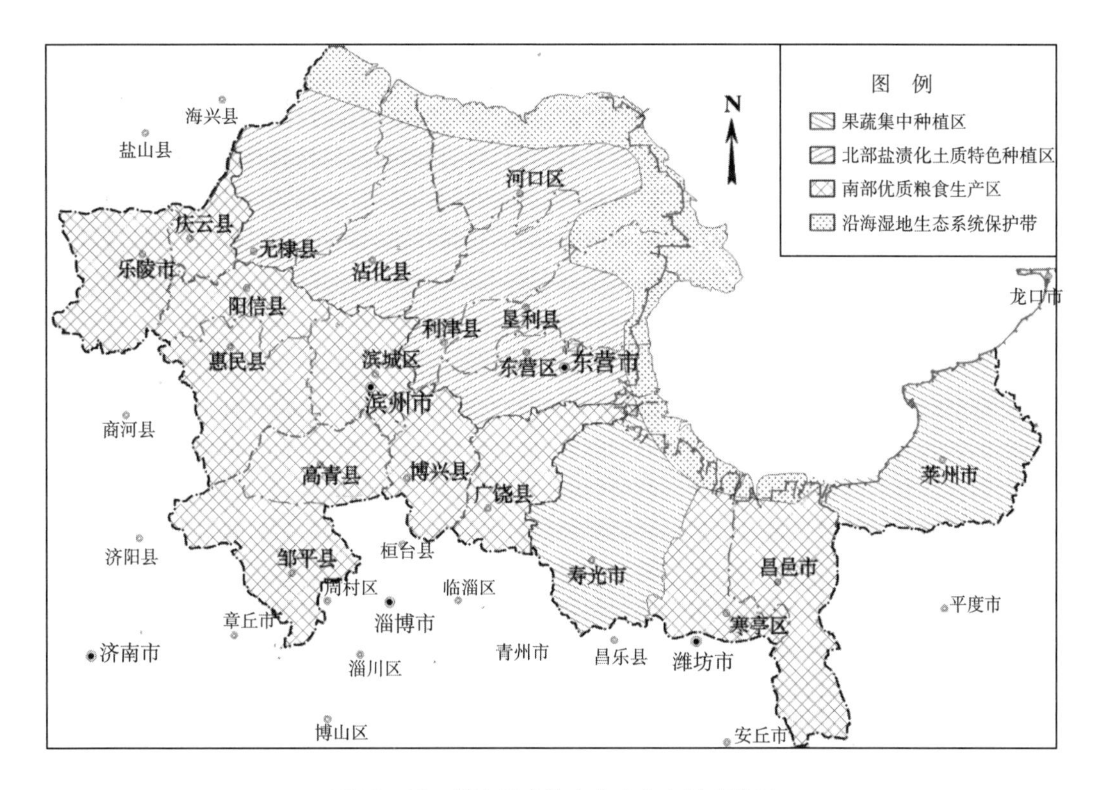

图 10－12　研究区高效生态农业布局建议图

（二）北部盐渍化土质特色种植区

该区土壤环境较差，普遍存在土壤盐渍化现象，土地后备资源潜力较大，水资源量基本能够满足当地需要。

基于该区特点，要合理分配水资源，合理开发未利用地资源，因地制宜转换为不同用途农业用地。针对地区土壤盐渍化特点，通过控制地下水位、改善土壤结构等方面控制土壤盐渍化的趋势，在区内布局能够适宜当地土壤条件的作物，研究改良和推广耐盐渍化作物品种（棉花、冬枣）。同时，加强东营市老油田地区的水土污染治理，改善农作物生长环境。

（三）南部优质粮食生产区

该区土壤环境较好，耕地粮食单产水平较高，但是土地开发潜力较小；该区水资源供需不平衡，而且存在地下水降落漏斗，不利于地下水开采；该区还存在地下水污染等问题。

基于该区特点，首先需要解决的问题是用水保障，适当增加引黄量，控制漏斗区地下水开采，并对漏斗群地区进行地下水资源调蓄，推广农业节水灌溉工程；小清河流域要注重地表河流的治污工作，改善地区农业用水环境；引导农村剩余劳动力向二三产业转移，拓展农业规模化生产，建成具有一定规模的集约化粮食生产基地。

（四）果蔬集中种植区

该区是传统的果蔬种植集中区，区域集中发展果蔬种植时间较长，具有一定的技术积累，农业发展的社会经济基础较好；该区农用地资源条件较好，土壤质量较好，但是寿光市北部有零散的盐渍化地块分布，需要加以防范和治理；同时，寿光市还处于漏斗区，要注意加强农业节水，减少地下水开采；莱州市发展果蔬种植业，要加强对采矿区的土地整理复垦，改善农业环境。

第十一章 Chapter 11
资源环境优化配置策略与空间引导研究

第一节 研究意义

黄河三角洲高效生态经济的发展离不开两个主题，一是资源保障，二是环境基础支撑，只有牢牢记住这两大主题才能更好地服务于经济建设。黄河三角洲经济的发展，首先要靠资源保障，抓住了资源保障，就是抓住了核心，抓住了重点，抓住了本质。对于资源保障的研究意义，可以从三大部分来进行阐述：矿产资源、水资源、土地资源。而对于环境基础而言，则可以从区域生态环境的优劣角度论述。

（一）矿产资源

当前和今后一段时期，仍将处于工业化、城镇化的快速发展阶段，决定了对矿物原料的需求会持续上升。黄河三角洲矿产资源总量虽然比较乐观，但由于资源需求量大，新增资源量有限，勘探难度大，矿产资源基本开始出现枯竭的态势。同时，由于人口基数比较大，造成人均占有量低，一定程度上制约了经济的发展。经济社会发展的阶段性特征和资源国情，决定了矿产资源大量快速消耗态势短期内难以逆转，在这样严峻态势下，我们必须科学合理地对矿产资源进行优化配置，让有限的矿产发挥最大的作用。

（二）水资源

水是21世纪重要的战略资源，优化水资源配置，搞好开源节流，对黄河三角洲的持续发展具有重要的意义。从目前的情况来看，黄河三角洲水资源相当匮乏，大部分地区靠客水来支撑，且当地用水效率较低，地表水资源污染破坏严重，随着水资源需求的持续增长，两者矛盾比较突出，需要强化水资源支撑能力建设。根据区域内产业布局、人口密度和经济社会发展需要，兼顾当前与长远发展，结合区域水资源总量和时空分布特点，科学开发和优化配置水资源，加强节约用水，提高水资源开发利用效率，为区域经济社会发展提供水资源支撑和保障。

（三）土地资源

黄河三角洲土地先天条件相对较好，主要为平原地区，有利于机械化农业的发展，且地广人稀，拥有丰富的土地资源，但土地利用率较低，仅未利用地就占全区的20.19%，并且由于黄河口的造地作用，每年土地都在以一定的速度增加中。黄河三角洲是传统的粮食主产区，同时也正处于城市化进程的关键时期，土地也是重要的战略资源，要对其进行充分高效利用,最大限度地提高土地利用率,对黄河三角洲至关重要。

(四)生态环境

黄河三角洲已经面临严峻的生态环境形势,而快速的经济发展所要求的工业化和城市化必然会对生态环境造成新的、更大的压力,如果生态建设和环境保护处理得不好,有可能影响黄河三角洲的可持续发展,最终影响黄河三角洲全面小康社会的实现。

第二节 区域发展空间引导合理性分析

区域发展问题关系到我国经济社会发展的大局。由于区位、资源禀赋、人类开发活动的差异,使得黄河三角洲各区域之间、城乡之间经济社会发展水平存在较大的差距,近年来还有不断扩大的趋势。统筹区域和城乡发展是缩小区域、城乡发展差距的重要方式,是全面建设小康社会的必由之路。

一、资源环境空间配置现状

(一)农业发展空间配置现状

1. 农用地数量

根据山东省统计年鉴,本区土地总面积 2.65 万 hm^2,占全省土地面积的 16.88%。其中农用地 164.2 万 hm^2,占 62.39%。虽然区内土地数量大,但耕地所占比例相对较小,中低产田约占 2/3。

2. 农用地质量

黄河三角洲地区大部分为冲积平原,坡度较小,但由于地下水污染,水资源匮乏,以及大面积土地盐渍化等因素使得土地质量较差。

3. 农用地空间分布

农用地主要分布在黄河三角洲地区东部的莱州、寿光、昌邑以及西北面的惠民县,是粮食生产核心区域。而中部以及滨城区、东营区、博兴县、高青县地区城市化以及工业化程度较大,农用地较少,如图 11 - 1 所示。

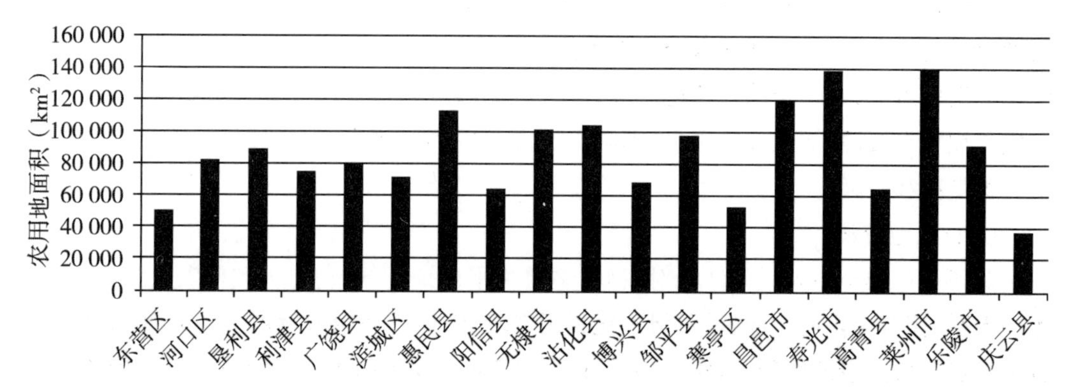

图 11 - 1 研究区农用地现状分布图

（二）生产生活空间配置现状

根据山东省统计年鉴，区域建设用地 45.86 万 hm^2，占本区土地总面积 19.42%。其各自分布情况如图 11－2 所示，其中东营、无棣、昌邑和寿光以及莱州建设用地相对面积较大。虽然如此，但各行政区建设用地利用效率差异很大。从建设用地二、三产业增加值来看，较高的邹平县为 92.16 万元/hm^2，滨城区为 74.51 万元/hm^2，广饶县为 67.74 万元/hm^2，莱州市为 67.37 万元/hm^2，较低的无棣县为 13.2 万元/hm^2，河口区为 14.92 万元/hm^2，最高的县是最低县的 6 倍。

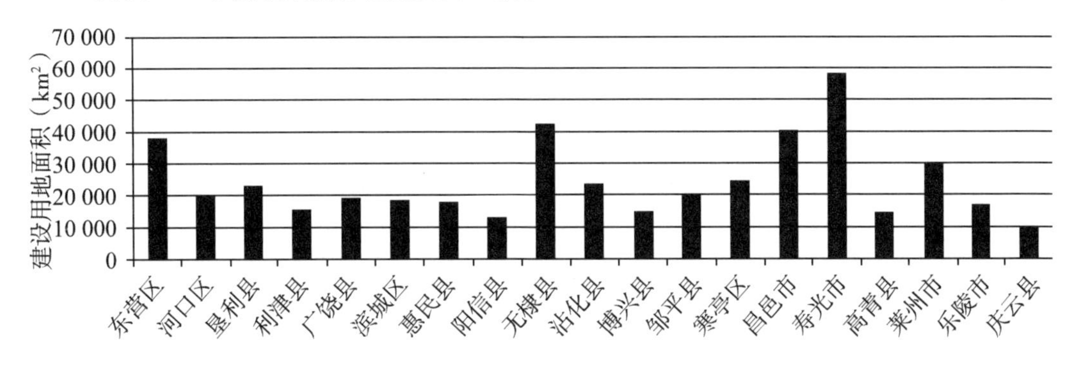

图 11－2　研究区建设用地空间分布图

1. 生产生活空间分布情况

从空间上看，黄河三角洲地区的产业发展沿交通线集聚的趋势明显，开始形成以中心城市为依托，产业轴向清晰的网络发展格局。以东营为中心，滨州为副中心，沿海东港高速与荣乌高速以及黄大铁路，横穿黄河三角洲地区，以河口、沾化、广饶、寿光、寒亭、潍坊、昌邑、莱州为重要节点的产业沿海发展轴，以及沿滨博高速、青银高速和潍莱高速构成的第二轴线，并以东营—滨州区间铁路、东青高速以及新潍高速贯穿两条轴线之间。

整体上看，本地区产业发展已形成以中心城市东营为核心，滨州为副中心，以沿渤海产业发展轴为主干，滨博高速以及青银高速发展轴次之的空间发展格局，而东北方向是本地区产业发展的主导走向。

2. 生活空间

总体上看，城镇体系的空间分布与产业发展相似，呈典型的点—轴空间发展态势。以各级中心城市为节点，依托主干交通轴线，集聚城镇和产业，形成了几条城镇产业发展复合轴带。

（三）生态环境空间配置

黄河三角洲区内主要的生态环境有莱州南部的森林生态系统保护区以及沿海的湿地生态保护区。黄河三角洲的湿地生态系统特别丰富，是我国暖温带最年轻、最完整和最典型的湿地生态系统。

黄河三角洲拥有国家级自然保护区等多处湿地保护区，总面积约 43 万 hm^2，占境内总面积的 16%。天然湿地占湿地总面积的 52%，人工湿地占 48%。其中天然湿地以海陆交替系统的河口和滩涂湿地为主，主要分布在环渤海湾和莱州湾。人工湿地构成中以坑塘、水库为主。而森林生态系统主要分布在莱州以及邹平山区，如大基山等。

二、合理性分析

黄河三角洲是山东省主要的粮食生产地区，城镇化水平较低，目前城镇化水平为 43.5%，比山东省平均城镇化水平 48.3% 低 5 个百分点，相当于珠江三角洲地区城镇化水平 83.84% 的一半。城市布局呈集聚型，交通指向和圈层状特征明显。城市分布以东营区为核心，滨州为副核心向外展开，具有较为明显的圈层式空间分布特征，有利于中心城市扩散效应的发挥和各城市之间功能的分工与协调。形成以两条发展轴为主干的初级城市网络格局，并辅以三条贯穿于两轴间的主干线构成了黄河三角洲城市网络的主要动脉，而那些分布于由发达的省级公路和密集的县乡级公路构成的交通网上的城镇，构成了城市网络的支脉。众多的支脉与主要的动脉相互交错，构成了城市网络雏形。其间，北部地区网络支脉不够发育，城市网络密度相对较小，城市群整体网络功能降低。

由于区域经济发展的不尽合理，各市土地开发利用方面还有很大的发展潜力。当前和未来一个时期，是黄河三角洲加快推进城镇化、农业现代化和工业化，实现经济跨越式发展的关键时期，人口增加、经济社会发展、生态环境改善，对黄河三角洲土地利用结构和布局提出了新的更高的要求。

(一)土地利用结构不够合理，用地模式有待改进

区域土地利用率偏低，建设用地所占比重偏高。在农用地结构中，耕地、园地、林地、牧草地分别占土地总面积的 42.80%、3.31%、2.59% 和 1.23%，林地和牧草地的比例偏低；且从 1997 年以来，林地和牧草地比例不断下降。建设用地结构中，交通用地比例偏低，仅占土地总面积的 1.10%，居民点及工矿用地比例过高。整体上，土地利用结构有待调整和优化。

此外，黄河三角洲地区土地利用粗放，农村建设用地分布散，面积大，空置、超占多，现状农村居民点面积为 164 930.97 hm^2，占城乡建设用地的比例高达 62.48%，人均农村居民点用地为 245.71 m^2，远高于人均 150 m^2 的国家规定标准，用地模式有待进一步改进

(二)城镇用地布局有待进一步优化

大多数城镇居民点用地规模小，功能相对独立，基础设施重复建设，土地资源浪费，既影响了规模化经济的发展，又不便于综合配套，直接制约了城镇的发展。城镇土地利用布局的问题突出表现在：

1. 城镇布局较为分散

黄河三角洲地区小城镇密度为 0.71 个/100 km^2，其中建制镇密度为 0.47 个/100 km^2，低于全省平均水平 0.99 个/100 km^2 和 0.68 个/100 km^2，城镇间的平均距离为 14.8 km，其

中建制镇间的平均距离为18.6 km,均大于全省的平均水平10.1 km和11.2 km。具体到各县(市、区),城镇密度全部低于全省平均水平,而城镇之间的平均距离均大于省平均值。可以看出,与全省相比,黄河三角洲地区城镇布局分散,地广人稀,不利于当地的经济发展。

2. 城镇用地分布内陆密而沿海疏

黄河三角洲范围内,城镇密度从内陆向沿海降低,城镇间平均距离逐渐扩大。将黄河三角洲19个县(市、区)分为沿海(包括莱州市、昌邑市、寒亭区、寿光市、广饶县、东营区、垦利县、利津县、河口区、沾化县、无棣县)和非沿海(包括滨城区、惠民县、阳信县、博兴县、邹平县、高青县、乐陵市、庆云县)两部分,沿海县(市、区)的城镇密度为0.47个/100 km^2,其中建制镇密度为0.35个/100 km^2,城镇密度相对较低,非沿海的县(市、区)相应密度为1.05个/100 km^{2}和0.80个/100 km^2,略高于全省的平均水平。城镇间平均距离,非沿海的县(市、区)为10.7 km,而沿海的县(市、区)的城镇间平均距离26.7 km,不利于当地优势资源的充分优化配置。

3. 土地资源开发利用与生态环境保护的矛盾日益突出,保护和改善土地生态环境的任务更加艰巨

由于黄河三角洲地区海岸防护设施不完备,现有的防潮堤标准低,风暴潮威胁较大,海岸蚀退明显。土地盐渍化程度较高,林木覆盖率低于全省平均水平。生态环境治理与土地恢复整理难度大,土地沙化面积较大,旱、涝、风沙等自然灾害频繁发生,地质构造背景复杂,面临着地面沉降的潜在安全问题,土地生态环境比较脆弱。而在土地资源开发利用过程中,城镇化程度的进一步提高,各种资源消耗和废弃物的排放又不可避免的会对黄河三角洲地区生态环境造成威胁,特别是在东营,由于油化工等工业,已经带来很大程度的土地污染。故此,如何在发展的同时,保护好人们赖以生存的环境,控制并减少农业面源污染和工业、城镇废弃物排放对耕作土壤的污染就变得更为迫切和更加重要。

第三节　矿产资源优化配置策略与空间引导研究

一、矿产资源合理利用与重大布局建议

按照"有序有偿、供需平衡、结构优化、集约高效"的要求,对黄河三角洲矿产资源实行合理开发利用布局,主要包括鼓励开采清洁能源、矿产资源开采总量调控、设立矿业经济区、设置矿山最低开采规模、开展重要矿产资源矿产地储备。

(一)开采清洁能源

鼓励开采清洁能源天然气。

(二)矿产资源开采总量控制

实施总量调控的矿种主要包括石油、铜矿、金矿等有重要影响和制约作用的战略性矿

产,钼(钨)矿市场容量有限的优势矿产。石油、金矿、铁矿以市场需求为调控主线,主要通过矿业结构调整,综合运用各种政策,引导矿业实现规划目标;钼矿总量控制为约束性指标,需要通过合理配置资源和有效的监管,确保规划目标实现。

(三)加快建设重点矿业经济区

紧密结合加快黄河三角洲建设战略布局,与国家和省主体功能区划做好衔接,统筹工业、经济区划与矿产资源分布、矿业经济区划,扶持形成新的矿业产业集聚群。黄河三角洲共设立7个重点发展的矿业经济区:

1.东营滨州石油化工经济区

黄河三角洲是我国第二大原油供应基地,其主要储存于东营市全区以及滨州的北部的博兴县、滨城区以及惠民县,东营区为主要石油开采区,区位优势明显,已具有相当大的生产开发规模和配套工程设施。但整体石油化工还有待进一步整合,实现地区高科技石油化工产业链的发展,提高石油经济效率。在东营区打造一个开采、炼制,以及其他各种石油衍生化工产品的开发的一整套石油化工产业链,而不仅仅是原油供应基地。

2.广饶—寿光—寒亭—昌邑盐化工经济区

黄河三角洲沿海近岸广泛分布着地下卤水资源,浅层卤水主要分布在莱州湾南岸,北到黄河、东到莱州市土山镇海郑河沿海10~25 km的范围内,埋藏深度0~100 m,面积约2 500 km^2,卤水浓度5~15°Be。此区域拥有天然的盐化工的资源以及地理优势,以区内丰富天然卤水和海洋资源为基础,依托潍坊北部临港产业区、潍坊滨海经济开发区,以潍坊海化集团等大型化工企业为龙头,以发展海洋化工、精细化工产业化为目标,在稳定发展纯碱、原盐、溴素等传统产品的基础上,重点发展低盐重质纯碱、离子膜烧碱、钙盐、镁盐及其深加工产品,加快发展有机氯产品、溴及溴系列产品。形成盐渍系列、溴系列、苦卤化工系列、精细化工系列产品为主的化工产业,生产高技术含量、高附加值的深加工产品。按照大型化、集约化的原则,依靠科技进步,形成上下游一体化的产业集群,打造全国最大的海洋化工生产基地。

3.莱州—昌邑建材以及黄金矿业发展经济区

莱州是我国重点产金地,除了金矿,还有丰富的花岗岩矿以及铁矿资源。首先,以区内丰富的金矿资源为基础,依托莱州临港产业区,进一步加强产品结构调整,以山东黄金集团焦家、新城、新立、三山岛等大型金矿山和黄金加工企业为龙头,开展金(银)工业应用领域的自主创新,引进国内、外先进工艺和技术,加快金矿开采、精炼和金银饰品及工艺品加工的发展速度。加速产品更新换代,开发市场前景好、高技术含量、高附加值的黄金白银产品,形成集金银资源开发和冶炼加工、产品销售于一体的金、银工业产业链。形成辐射全国的金银饰品及工艺品集散地,打造黄河三角洲高效生态经济区黄金城。其次,要加强莱州—昌邑铁矿资源的开发利用,此外,要进一步加强对莱州—昌邑的石材矿业的整合开发,打造成北部建筑石料供应基地。

支持在各矿业经济区内建立龙头矿山企业和深加工企业,以带动产业结构升级;矿业经济区内的矿产资源配置向能充分利用资源、技术条件先进的优势矿山企业倾斜;在统筹矿业产业链的前提下,合理安排矿业经济区内的矿产资源开发利用规模、方式和时间、空间顺序。

(四)最低开采规模限制

为规范矿产资源勘查开采秩序,促进矿产资源合理利用和保护。根据矿山开采规模必须与矿区的矿产资源储量或矿山所占有的矿产资源储量规模相适应的原则,确定主要矿种的最低开采规模和矿山最低服务年限见表 11-1。

表 11-1 主要矿产矿山最低开采规模和最低服务年限

矿种	开采规模单位	最低开采规模标准			最低服务年限		
		大型	中型	小型	大型	中型	小型
煤炭	万吨/年	120	45	45;15	40	25	15;5
铁矿	矿石万吨/年	100	30	5	30	20	6
铜矿	矿石万吨/年	100	30	3	25	20	5
钼矿	矿石万吨/年	100	30	10	25	15	10
锑矿	矿石万吨/年	100	30	3	25	18	5
金矿	矿石万吨/年	15	6	3	25	18	6
银矿	矿石万吨/年	30	20	3	25	18	10
萤石	矿石万吨/年	10	8	1.5	25	18	6
水泥用灰岩	矿石万吨/年	100	50	30	25	18	10
耐火黏土	矿石万吨/年	20	10	5	25	18	10
岩盐	矿石万吨/年	20	15	10	25	18	10

(五)重要矿产资源矿产地储备

对国家出资形成矿产地、处于禁止开采区内的矿产地、技术条件不成熟以及开采不经济的矿产地等纳入省重要矿产资源储备。对于不宜开发的商业性矿产勘查所发现的重要矿产地,也可以采用政府收购的办法纳入矿产资源储备。储备的矿种选择为优势有色金属矿产,暂不能利用的矿产,埋深较大,近期开采不经济的煤炭、铁矿,以及市场严重供大于求的矿产。

二、政策引导与矿产资源管理建议

(一)加大地质找矿力度,保证矿产资源后备资源

配合全省整装勘查和深部找矿工作,革新地质找矿方法,改变地质找矿方向,加大地质找矿力度,探索地质找矿新思路,实现地质找矿新突破。具体措施建议如下:建议政府出台更优惠政策,完善法律、法规,以完善投资环境和矿业市场,以及外省、外行业、外资来投资进行地质找矿开发;财政应安排一定资金进行重要矿种矿产资源公益性勘探投入,以

补充国家大调查项目之不足,提高重要矿产资源总体评价工作。

(二)实施结构调整,优化资源配置

黄河三角洲境内有色金属矿山中小型开采企业管理落后,效益低,企业竞争能力差,应尽快改变目前中小企业小而散的格局,组建开采、选冶、深加工一体化的股份制公司,提高企业的管理水平,提高企业的市场竞争能力,走规模化、集约化经营之路。具体措施建议如下:各级政府应在市场经济原则下,加强对矿山企业引导,通过抓大放小,扶持强势企业兼并弱势企业,逐步改变矿山企业小而散的现状;对于大矿附近的小矿或达不到最低开采规模限制者,采矿证到期后原则上不再换证,继续实施新建矿山企业资质准入条件制度;继续推进资源整合,优势重点企业优先配置资源。

(三)大力推进技术进步,提高资源利用率

鉴于目前黄金矿山资源利用率还相对较低,资源浪费严重的状况,必须依靠科技进步、提高采、选、冶技术水平及管理水平,降低贫化率,提高回收率和回采率及综合利用水平,降低生产成本,提高矿山企业经济效益,使企业走上可持续发展道路。

(四)加强矿产资源综合勘查,综合利用

全面评价主矿产、共生和伴生矿产及其综合经济价值。铜矿以及金矿勘查中,必须对伴生的矿物进行勘测和综合评价,达到工业品位的,开展综合利用。有色金属共生、伴生有益组分,达到工业品位的,开采主矿种时需进行综合利用。勘查和利用石灰岩时,必须对石灰岩中钙含量做综合评价,优质优用。

(五)制定激励政策,鼓励技术创新

制定激励政策引导矿山企业进行技术创新,开展综合利用示范工程,鼓励矿山企业综合利用,鼓励地勘单位采用新技术、新方法开展矿产资源勘查工作。

第四节　水资源优化配置策略与空间引导建议

一、水资源空间优化配置

根据水资源承载力评价结果,可以得到如下结果:

1. 总体上来看,由于黄河三角洲区域的水环境污染问题比水资源短缺问题严重得多,因此,采取水环境治理措施对提高承载力的效果要比采取水资源高效利用措施的效果好一些。

2. 就水环境治理措施而言,采取降低污水的达标排放浓度限值的效果比进行非点源治理、降低非点源产污浓度措施的效果理想,这主要与非点源治理难度较大,污染物负荷量难以消减有关。

3. 就水资源高效利用措施而言,采取提高农业灌溉水利用系数和工业用水重复利用率对于提高承载力的效果比提高污水回用率的效果好，但是这两个措施可进一步发展的空间有限，所以能提供的帮助也有限。

4. 采取水环境治理措施与水资源高效利用措施组合的方式，要比采用单一措施的效果好得多。这是因为不同单元的承载力制约因素不一样，有的水量约束作用大一些，有的水质约束作用大一些，因此只有从两个方面一起入手，才能更有效地解决淮河流域水问题。

二、提高水资源承载力的综合对策及重大水利工程布局

在水资源承载力计算和水资源空间配置基础上，按照科学发展观，提出提高黄河三角洲水资源承载力的综合对策及重大水利工程布局，目的是“通过制定科学合理的水利工程布局规划，为黄河三角洲经济社会发展提供供水安全保障”。

（一）总体布局

以“提高水资源承载力”为基本出发点，在技术先进、经济可行、统筹兼顾、协调发展的前提下，按照“留住天上水，拦蓄地表水，用足黄河水，保护地下水，用好再生水”的原则，在对黄河三角洲水资源承载力计算和水资源合理配置的基础上，深入分析经济布局和产业结构调整对水利工程布局的影响，构建与经济社会发展相适应、与生态环境保护相协调的水资源供给保障体系。设计思路如下：

1. 坚持“全面规划、统筹兼顾、综合利用、标本兼治、讲究实效”的原则，坚持“开源”、“节流”、“治污”并举，工程措施和非工程措施相结合，对供水、用水、节水、治污、水资源保护等方面进行统筹安排，实现对地表水、地下水及其他水源在不同区域、不同用水目标、不同用水部门之间的合理调配，协调好开发与保护、近期与远期、流域与区域，城市与农村、投资规模与资金来源以及相应管理机制等关系。

2. 遵循“开源为主、节水优先、保护为本、经济合理、技术可行”的原则。针对黄河三角洲各圈层的特点，突出对供水、用水、节水、治污与生态环境保护等基础设施的统筹安排，重视对水资源开发、利用、治理、配置、节约与保护等领域的非工程措施的制定。

3. 把水资源开发利用保护的基础设施建设和非工程措施作为统一的实施整体，重视相关领域的非工程措施建设，提高水资源利用效率，实现水资源的可持续利用。

4. 根据不同地区自然特点、水资源条件和经济社会发展目标要求，因地制宜，大中小工程相结合，努力提高用水效率，合理利用地表水与地下水资源；有效保护水资源，积极利用中水、雨水等其他水源；统筹考虑开源、节流、保护、治污的工程措施，建设重大水利工程、跨流域调水工程，为缺水地区补充新水源。

5. 全面建设科学、协调、持续发展的“黄河三角洲水资源供给保障体系”框架，实现黄河三角洲发展“一盘棋”；建设高效、科学的法律、行政、经济、技术、宣传教育等方面的制度与措施。

（二）工程保障体系

根据黄河三角洲的经济社会发展目标以及生态环境保护的要求，考虑技术经济因素、对生态环境的影响、不同水质的用水要求和利用其他水源的可行性等，在充分发挥现有工程效益的基础上，规划新的水资源开发利用与保护工程项目，制定合理的水资源开发利用模式、步骤、规模，研究相配套的投融资体制、建设和管理体制、运营机制。

1. 地表水开发利用工程体系

为确保黄河三角洲城镇供水安全、农村饮水安全、粮食生产安全和重点地区供水安全，规划于2020—2030年开展以下地表水开发利用工程。

（1）东营市、滨州市引黄提灌工程　在东营市提灌区的基础上，修建二级提灌，向水资源困难的地区输水，以解东营市中部地区以及滨州北部的农业灌溉问题，同时对该地区的地下水进行补源，缓解这一区域水资源紧缺的矛盾。

（2）莱州市侯家水库以及乔店水库的扩建工程　莱州是黄河三角洲地区降雨最多的地区，通过侯家水库以及乔店水库的建设，为地区农业发展提供强有力的支撑。

2. 其他水源开发利用工程体系

黄河三角洲规划水平年利用的其他水源包括再生水利用、洪雨水集蓄利用、海咸水开发利用。面对水资源日益紧缺的严峻局面，加强其他水源开发利用势在必行。

再生水利用主要包括城市污水处理回用、建筑中水处理回用和居住小区生活污水处理回用，进行深度处理后主要用于城市绿化、河湖环境、市政杂用、生活杂用、工业冷却水等方面，或是进行二级处理后用于农业灌溉，或用于湿地湖泊等生态环境用水。

3. 节水工程体系

根据《节水型社会建设“十三五”规划》，黄河三角洲节水工程分为农业节水工程、工业节水工程和城镇生活节水工程。农业节水重点是通过修建节水灌溉工程逐步提高灌溉水有效利用率和水分生产率；工业节水重点是抓好火力发电、石油石化、化工、造纸、冶金、纺织、建材和食品等行业的节水技术改造；城镇生活节水重点是加快供水管网改造工程的建设，降低城市公共管网漏失率。

4. 水资源保护工程体系

依据确定的水功能区水质目标和污染物入河总量与排放总量控制目标，对地表水域和地下含水层进行监测管理，保护和改善水环境。

（三）非工程保障体系

为了有效提高水资源承载力、保障黄河三角洲经济社会的可持续发展，在建设水资源开发利用与保护工程的基础上，还必须提出相应的非工程措施。针对黄河三角洲具体情况，本次研究构建了一套非工程保障体系，包括水资源保护体系、水资源开发利用管理体系、节水型产业建设体系、经济调控体系以及公众参与体系。

1. 水资源保护体系

水资源保护工作是确保水资源可持续利用的重要保障。各地区的相应职能部门应进一步加强水资源保护工作的管理力度和科研投入，积极提高水资源保护的管理水平和技术水平。

2. 水资源开发利用监管体系

水资源开发利用监管体系主要是针对取用水环节的用水户进行管理，建立健全总量控制与定额管理相结合的用水管理制度。在水资源开发上严格执行水资源论证制度和取水许可制度、完善建设项目节水评估和“三同时”制度；在水资源利用上坚持定额管理为主导，并结合取水总量控制管理和取用水计量管理，确保水资源的可持续利用。

3. 节水型产业建设体系

节水型产业体系建设重在提高微观上水资源利用的效率。通过采取一系列管理、技术等措施，减少水资源开发利用各个环节的损失和浪费，提高产品、企业和产业的水利用效率，建设节水型农业、节水型工业和节水型城市。

4. 经济调控体系

为促进有限水资源发挥最大的经济社会效益，就必须合理调整水价，理顺水价结构，发挥价格杠杆作用，促进水资源高效利用与节约用水。

(1)健全水资源费管理制度　具体措施包括：适当提高水资源费征收标准，在水资源费和用户水价当中形成合理的比例关系；水资源费按照分区域、分行业、分水源制定和收取，地下水超采区水资源费高于一般地下水区，经济发达地区高于欠发达地区、自备水源高于自来水水源，公共管网覆盖区高于管网外地区等；加强水资源费的资金管理与使用，实行专款专用。

(2)水价形成机制改革　全面改革水价形成机制，重点放在地表水与地下水、当地水和外调水、常规水和非常规水等不同水源联合定价机制的建立，以及不同分区、不同水源、不同水质、不同用户水价差异机制的建立。

(3)推进水利工程供水价格改革　具体措施包括：统筹协调水价改革与供水管理体制改革、农田水利投资体制改革关系；调整供水结构和工农业用水的比价关系，建立价格补偿机制；抓好水价管理、成本监审、水费计收使用，促进节约用水，维护各方利益；积极推进末级渠系水价改革与供水管理体制改革，规范农业供水行为；以提高供水服务水平为核心，完善内部管理，全面推行水价公示制；签订供用水合同，加强水费计收。

(4)合理调整城市供水价格　具体措施包括：加快推进对居民生活用水实行阶梯式计量水价制度，在实行用水包费制的地区，要限期实行计量计价制度；切实推进抄表到户工作。根据当地实际情况，制定计量系统改造计划和实施方案。

(5)加大污水处理费征管力度　采取有效措施提高污水处理费收缴率，切实加大对自备水源用户污水处理费的征收力度。严禁用水单位在城市排水管网覆盖范围内，擅自将污水直接排入水体,规避交纳污水处理费。同时,加强对污水处理费征收、使用的管理和监督,为水资源开发、利用、保护以及节水设施建设和节水技术推广提供资金保障。

5. 公众参与体系

水资源保护工作和节水型社会建设工作不是仅靠相关的几个部门努力就能实现,它的实现需要全社会的努力和支持。制度的建设、节水技术的推广都需要公众的广泛参与。公众参与,不仅体现在用水管理上,更重要的在于逐步建立完善的法律制度,使公众能对水资源管理献计献策。

(1)用水户参与水事务管理机制

水行政主管部门应吸纳用水户协会参与水资源管理事务。用水户及其利益相关者对涉水事务资料数据的正确提供和解决方案的建议是水行政主管部门进行水事务决策的基础。用水户参与水事务管理突出表现在两个层面上:

决策层面上,在水资源规划编制与实施、水资源配置、取水许可证发放和水价调整等重大水事活动上应征求用水户、利益相关者和用水户协会的意见。意见的征求必须制定相应的操作制度予以保证。通过法律、法规、规章明确规定水行政主管部门实施公众参与的程序、责任和行为规范,规定公众参与的范围、时间和方式等。

管理监督层面上,及时发布有关水资源管理的公共信息,如重要水情公示、重大用水项目水资源论证结果等,接受利益相关者的监督。重点制定应申请信息公开制度,对公众信息公开的正当诉求必须予以满足和保护。

(2)公众参与保障机制

一是确保信息透明、渠道公开。对公开信息的内容、信息发布的程序、第三者利益的保护等明确规定;二是制定公众意见评判、反馈制度,按时对公众的意见进行甄别、归类,采纳与否说明原因,保证公众参与水资源管理的积极性;三是培养公众参与水资源管理的主体意识。

第五节 土地资源优化配置策略与空间引导研究

一、生产生活空间优化配置策略与空间引导建议

(一)格局构建

通过对国土开发模式的分析探讨,对不同功能下的黄河三角洲国土开发空间格局进行情景模拟,最佳情景下的黄河三角洲将按三个层面依次展开:

第一层面:充分考虑山东省自然地理特征(生态安全)的格局

以山地、丘陵及森林生态系统为主体组成的生态屏障,以沿海湿地生态保护区和横贯东西的黄河自然生态带为界,将黄河三角洲国土空间进行划分。

第二层面:考虑社会经济发展的格局

在东营城镇一体化的基础上,构建东营都市区,形成组团式、网络化的复合型城镇密集区,使之成为全省的交通、产业和人口集聚网络中心,进一步增强全省核心增长极的区域影响力、核心竞争力,以及东营市作为国家区域性中心城市、现代物流中心和商贸中心的地位。依托高度发达、联系便捷的快速交通体系,强化以都市区为中心、面向全省及省域周边地区的放射型发展轴,加强核心城市与周边城市、周边省区的联系。把滨州建设成为区域副中心城市,立足工业以及旅游优势,与东营都市区共同打造黄河三角洲功能复合中心,促进黄河三角洲双中心结构的形成。

围绕东营都市区,依托现代交通体系,尤其是现代(高铁、高速公路)交通方式,在全省范围内形成“两横两纵”的空间结构。

第三层面:不同功能区块的合理配置和互动

从保障国家粮食安全的大局出发,构建黄河三角洲平原农业生产区块等农业发展区块,推进高标准农田建设,提高粮食综合生产能力,形成集中连片、高产稳产的国家优质粮生产基地。

从保障区域生态安全的角度出发,构建莱州、邹平山地生态涵养区块、沿海湿地生态涵养区块,以保护和修复生态环境、提供生态产品为首要任务,强化水源涵养、水土保持、防风固沙、生物多样性维护等主体功能,构筑区域生态网络。

板块之间按照国土开发主体功能定位,明确发展方向,完善基础设施,提高资源环境支撑能力,实现联动发展。以黄河三角洲核心区为中心,实施总体带动战略,实现黄河三角洲人口和经济在国土空间合理分布。

(二)产业空间布局思路

1. 产业布局的空间基础

黄河三角洲作为最具开发潜力的经济区之一,具有发达的交通网,在荣乌、滨博等省级的战略通道上集聚了黄河三角洲的主要城镇和加工工业,也是物流等现代服务业的集中地带,依托主干交通网构成了黄河三角洲城镇和产业分布的基本骨架。

从黄河三角洲产业分布的地理空间背景总结可以得到一些启示,一是产业布局离不开资源基础,必须根据地域差别分区分类进行研究;二是产业布局的交通依赖,交通条件直接关系到产业的集聚程度;三是产业与城镇布局的空间复合。

2. 产业、城镇、交通空间复合

产业与城镇、交通在空间上高度复合,越是高等级的交通通道,城市等级越高,产业越发达,这是黄河三角洲产业布局在宏观上的最基本特征和先天禀赋,也是实施中心城市带动,实现工业化与城镇化互动的核心优势。

在产业布局规划中,必须继承和利用这一特征和优势,以产业城镇复合轴带为依托,促进产业集聚、人口集聚和基础设施提升三方面互动,对现代产业体系、现代城镇体系的构建有着十分重要的意义。

3. 产业区与城镇互动与融合

产业集聚区和专业园区等现代产业区建设是优化经济结构、转变发展方式、实现节约集约发展的基础工程。

现代产业区是现代产业升级的产物，对比传统的工业园区或开发区，更加强调结构合理、配套完整、集群发展，体现大企业和中小企业的组合、不同产业的继承和延伸，生产与销售、服务、职工生活相融合的发展趋势。因此，现代产业区不仅是城镇空间的一部分，也是城镇职能不可分割的一部分。

（三）产城一体的产业布局

1. 产业轴带

依托城镇和交通通道，重点发展沿海产业带和三角洲中部产业带，引导生产要素向轴带地区集聚，优化城镇、产业空间布局。

（1）重点建设沿海产业带　沿海产业带是黄河三角洲工业走廊，向西北与东南延伸，是黄河三角洲资源汇集的主要通道。沿海产业带西段多属平原区，北段东营等地大多为黄泛区，土地盐渍化严重，农田种植较小，宜于集中连片发展工业。区域内工业发展基础较好，交通便利，在基础设施、服务业发展、信息化和对外开放等方面均处于全省领先地位，此区域拥有石油化工、盐化工、石材基地、金属矿产基地以及水产养殖基地，具有率先推动产业集聚和资源整合的良好条件。建设沿海产业带，不仅有利于提高土地利用效率和单位面积投资效益，实现资源配置的集约化和高效化，而且对于优化城市空间发展布局，形成区域经济发展的核心增长极，促进区域综合经济实力、整体竞争力和辐射带动力的提高，具有十分重要的意义。

（2）加快发展中部产业带　中部产业带以滨博高速公路、205 国道以及各省道网络为依托，自西北向东南依次串联了无棣、滨城、博兴、寿光等 4 个区。

结合区域产业发展基础和资源条件，该产业发展带规划以轻纺、高新技术、食品产业为主，重点布局电子电器、生物医药、新材料、化纤纺织、电力装备、超硬材料、食品、造纸、汽车零部件等产业。规划建设高新技术、食品、造纸、化纤纺织等产业基地和一批产业集聚区、特色产业集群。努力形成纵贯黄河三角洲南北、呼应“京津唐”和“珠三角”经济区的产业密集区。

2. 产业集聚区

构建黄河三角洲产业集聚区体系。紧密结合黄河三角洲城镇体系布局，依托中心城市、县城和个别产业基础较好的小城镇，来规划布局产业集聚区。

产业集聚区是优化经济结构、转变发展方式、实现节约集约发展的基础工程，是构建现代产业体系、现代城镇体系和自主创新体系等三大体系的有效载体，是城镇化的重要动力和黄河三角洲开发的战略支撑点。通过产业集聚发展，能有效破解资源环境等瓶颈约束,创造有利于企业生存发展的环境和条件,创造和扩大市场需求,促进经济发展良性循环。加快推进产业集聚区建设,有利于培育区域经济增长极,为现代产业体系建设提供支撑;有利于以产带城,加快城镇化进程,构建现代城镇体系;有利于促进产业集聚,为自主创新体系建设创造条件;有利于发挥规模效应,实现污染集中治理和土地节约集约利用,为发展循环经济创造条件。

3. 专业产业园区

依托中心镇,积极建设专业产业园区,培育发展产业集群。专业产业园区以其明确的产业培植为目标,易于形成对某一产业项目的聚集和扩张,是"主题招商"的重要载体。产业园区有利于对某一产业进行专题研究,深入了解该产业发展现状、产业规模、主要研发机构、技术开发能力,产业发展趋势和投资动向,并采取有针对性的发展和招商策略。同类企业聚集,便于使其信息、资金、人才等多方面资源得到有效配置,使企业获得较快发展。园区可以通过有意识地培植某产业,对潜力大的产业进行重点培植,形成特色产业。

专业产业园区特别有助于对高新技术领域的专业产业进行培植。在专业园区内,根据不同产业特征,制订不同的专业技术政策,采取特殊的措施,营造适应该产业发展的环境,有针对性地提供各种扶持、管理和服务,以实现其超常规的发展。

二、农业发展空间优化配置策略与空间引导建议

农产品主产区是指以提供农产品为主体功能,承担国家粮食生产核心区建设重要任务的农业地区,包括黄河三角洲的19个县除县城、产业集聚区、各类专业园区和重点镇以外的区域,以及国家重点开发区和省重点开发区内的基本农田部分。

生产核心区主体范围大致可分为三类:粮食主产区、果蔬集中种植区和北部盐渍化土改造特殊种植区。

粮食主产区涉及乐陵市、庆云县、阳信县、惠民县、滨城区、邹平县、高青县、广饶县、寒亭市、昌邑市等10个县(市、区),对此区域范围内的粮食主产区,进一步挖掘增产潜力,提高其粮食亩产量。

果蔬集中种植区涉及莱州和寿光2个市,对此区域范围内的集中种植区,实施高标准开发,升级管理技术水平,提高亩产收益。

北部盐渍化土改造特殊种植区涉及无棣县、沾化县、河口县、利津县、垦利县、东营区等7个县(市、区),对此区域范围内的盐渍化田,实施综合改造,并进行特殊种植,如棉花等耐盐渍作物,成为旱涝保收地。

三、生态环境空间优化配置策略与空间引导建议

黄河三角洲在快速城市化、新型工业和农业现代化过程中,面临较多的生态环境限制因素,主要表现为地表水污染普遍,生态用水不足;城镇化造成景观破碎化,生态功能下降;农业现代化产生的农用地土壤有机污染与重金属污染普遍,农产品质量安全存在隐患。黄河三角洲生态压力不断增大,尤其是东营区、广饶县、博兴县等生态承压度较大,这

在很大程度上影响了黄河三角洲社会发展的可持续性，亟须根据黄河三角洲“三化”过程中面临的突出生态问题，在分析土地资源生态地质承载力的基础上，构建科学合理的国土生态安全格局，为黄河三角洲协调发展提供生态安全保障。

基于黄河三角洲的地形地貌和河流水系分布特点，结合生态服务功能重要性、土地资源承载力的评价结果，构建由三个生态区、两条保护带、多条生态廊道组成“三区两带多廊”的生态安全格局。

（一）三区

“三区”是根据区内景观的异质性、保护功能的多样性和服务对象的空间差异性，划出的两大生态区。这些生态区由生态服务功能重要、生态敏感性较高，并且连续分布的较大的自然生态斑块（大面积的湿地、森林覆盖区和水面等）组成，是现存或潜在的乡土物种分布地，具有生态服务功能集聚、调控效益高的特点，对区域生态系统的稳定性起决定作用。

1. 沿海湿地系统生态区

该区位于黄河三角洲的沿海，属于湿地生态系统类型。作为黄河三角洲最大的生态源地，该生态区为多条河流的入海区，生态系统主要服务功能是保护生物多样性，调节气候。

（1）生态功能定位　自然资源保护，水土保持，湿地保护，保护生态环境、保持生物多样性，调节气候。

（2）生态建设举措　注重产业开发与生态保护、生态建设同步，控制破坏生态、污染环境的各种开发活动；科学合理利用旅游资源，着重湿地公园建设，积极发展生态旅游业；发展绿色矿业，科学合理开采矿产资源，积极做好矿区生态恢复；实施生态移民、湿地系统保护，防治水污染；严格保护湿地，建设自然保护区，在已明确的保护区域切实保护生物多样性和多种珍稀动物基因库，保护植被群落及生态环境的完整性。

2. 莱州大基山丘陵生态区

该区域位于黄河三角洲的东部，莱州南部，以山地为主，包括范围基本以海拔 200 m 等高线为划分界限，北与山西省接壤，南临黄河，南部是黄河冲洪积平原区。该区是黄土高原与华北平原的分水岭，海河及其他诸多河流的发源地，森林植被类型多样，其土壤保持功能极其重要。该区山高坡陡，土壤侵蚀敏感性强，山地生态系统的严重退化，生态系统结构简单、土壤侵蚀加重加快、干旱与缺水问题突出。

（1）生态功能定位　生物多样性保护，水源涵养和水土保持，农产品提供。

（2）生态建设举措　加强生态维护，改善植被和生态现状，保护天然次生林；发展生态林业，科学合理利用旅游资源；控制破坏生态、污染环境的各种开发活动；控制农业面源污染，发展生态型农业；保护土地资源，限制占用耕地的建设开发活动，做好土地复垦和生态恢复；科学合理开采矿产资源，建设绿色生态型矿业体系；冻结征用具有重要生态功能的草地、林地,积极防治水污染;对旅游景区开发、公路建设等进行控制,适度进行生态移民。

3. 平原农业生态涵养区

该区位于黄河三角洲大部分地区,区域地势平坦,起伏度不大。

(1)生态功能定位　农产品提供,湿地生物多样性保护,洪水调蓄。

(2)生态建设举措　严格保护耕地,控制人口过快增长;在资源环境允许的范围内,因地制宜发展农副产品加工业、劳动密集型新兴服务业和具有技术含量的制造业等,适度开发矿产资源,严格控制高耗能、重污染产业发展;加强水污染防治,建设黄河下游、小清河下游生态安全保障区;实施平原沙化治理及防护林工程,减少风沙危害,调节气候,涵养水土,构建平原生态涵养区;合理施肥,降低农业化学品施用量;加强退耕还湿,保护湿地生物多样性。

(二)二带

"二带"是以主要河流及其两侧的湿地及林带等共同构成的生态系统为核心建设两条生态涵养带。

1. 黄河生态涵养带

是黄河三角洲最主要的生态廊道,连接着湿地生态区以及其他多条生态廊道,具有极其重要的水源安全、生物多样性保育等生态服务功能。

2. 小清河生态涵养带

连接沿海湿地生态区及黄河三角洲多个城市。

(三)多廊道

"多廊道"以主要道路及其两侧的林带为核心建设多条绿廊,把主要生态区、重要生态斑块与主要城镇密集区有机联系起来。这些生态廊道主要由连通性好的植被、水体等要素构成,自身具有生物多样性保护、过滤并降解污染物、防止水土流失、涵养水源和调控洪水等生态服务功能,同时也是生态区间的联系通道和生态区与重点开发区间的联系纽带。为保证生态廊道作用的发挥,宽度应保持在80~100 m以上,在生态敏感区或重要生态功能区,宽度应该更大一些,应结合生态建设,以一定的间隔安排节点性的生态环境斑块。

1. 东港—荣乌廊道

东港高速和荣乌高速公路组成的复合廊道,连接河口湿地生态区与黄河三角洲城市密集区及平原农业生态涵养区。

2. 滨博—青银廊道

滨博高速和青银高速等交通干线构成复合廊道,自北向南穿过农业生态涵养区,连接大基山生态区与沿海湿地生态地区。

3. 滨营—G220 廊道

由滨营铁路、220 国道等交通干线构成复合廊道，连接滨州、东营以及沿海生态经济区等地区。

四、土地资源优化配置策略与空间引导建议结果

(一)农业发展空间

农业发展空间本着因地制宜、保障粮食安全的原则划定。将黄河三角洲按功能划分为三个区，即粮食主产区、果蔬种植区和盐渍地特殊种植区。黄河三角洲粮食主产区位于黄河三角洲西部，地势平坦、土壤肥沃、水资源有保障、交通便利，该地区是传统粮食高产区。寿光、莱州为主要的果蔬集中种植区，要进一步提高种植效率，提高管理水平；这两个区要重点保护好优质耕地，以粮食生产核心区建设为契机，全面提高耕地质量，推进粮食生产区域化、专业化，建设全国重要粮食、油料、果蔬等生产基地；此外还要着力开发北部盐渍地区，进行去盐渍化改造，并进行棉花等特殊种植，充分发挥土地利用效率。因此，为了从整体上提高黄河三角洲农业水平，必须对基本农田布局进行科学调整，在为经济社会发展留出必要的、合理的用地空间的同时，把质量较好的一般农田优先补划为基本农田，保证基本农田数量不减少、质量有提高。

(二)生产生活空间

生产生活空间根据建设用地适宜性评价结果和经济建设需要，结合已有的建设状况及土地利用状况划定。优化黄河三角洲生产生活空间的布局，要遵循经济社会发展规划，保障重点地区、重要项目用地，推进工业向园区集中、人口向城镇集中、住宅向社区集中，提高基础设施运行能力和效益，有效控制建设用地规模，充分体现各类用地的功能性和合理分区，体现不同组团的协调性。

(三)生态环境空间

黄河三角洲生态环境空间主要包括三个生态区(沿海湿地生态区、莱州水基山丘陵生态区、平原农业生态涵养区)、两条蓝带(黄河生态涵养带、小清河生态涵养带)、多条绿廊组成。

五、政策引导与土地资源管理建议

(一)统筹规划黄河三角洲土地利用

认真贯彻“十分珍惜、合理利用土地和切实保护耕地”的基本国策，坚持“保护资源、保障发展”的方针，从黄河三角洲整体发展的需要出发，正确处理土地资源利用中保护与发展、规划控制与市场调节、内涵挖潜与外延扩大、全局利益与局部利益、长远利益与当前利益等重大关系，统筹规划，突出重点，有所创新，努力提高规划的科学性、可行性和可操作性，促进土地利用方式和管理方式的转变，保障土地资源可持续利用和经济社会可持续发展。

1. 坚持促进一体化协调发展的原则，合理空间布局

要避免各自为政，从整体效益最优化、布局结构系统合理化方面，对道路交通建设、水资源利用、土地空间扩展、旅游业发展等方面进行统一协调规划。同时，结合各市产业基础、区位条件与资源禀赋，因地制宜的布局各类基础产业，促进区域间土地利用相互协调、联动开发。

2. 统筹安排各类用地，重点保证基础设施与基础产业发展、城镇建设用地和生态保护用地

要结合区域经济结构调整与工业产业发展需要，优先保障重点项目与近期实施项目用地，保障工业园区、基础设施与生态林地建设的合理用地需求。对于新增建设用地量较大的工业，通过集中连片布局，不仅可以充分发挥企业集聚效益，避免基础设施建设的重复投资，而且可以有效节约土地，提高土地利用率和利用效益。

3. 进行合理的土地利用功能分区，进一步完善土地用途管制制度

要根据土地性质和利用特点，把经济区分为城镇建设区、开敞区和生态敏感区。城镇建设区是为城镇建设而划定的区域，该区域土地利用要贯彻可持续发展的指导思想，转变用地方式、挖掘存量土地潜力，严防低水平重复建设和土地闲置浪费。黄河三角洲以农田景观为主，作为农作物生产基地和郊区农业用地，其内的非农业开发建设要严格限制，尤其要处理好乡镇企业的集聚布点问题。生态敏感区包括河流、山林、文物古迹、风景名胜等自然和人文保护区及将要建设的生态轴线，其内只允许极少量的开发建设，对开发项目也要从严要求。

（二）大力推进土地后备资源的开发利用

在已编制完成的《山东省土地开发整理规划》的基础上，编制《黄河三角洲土地开发整理规划》，规范黄河三角洲土地开发整理活动，大力推进区域土地后备资源的开发利用，特别是未利用地的开展利用，为黄河三角洲发展建设提供用地保障。

1. 积极推进土地整理，挖掘已利用土地潜力，促进土地利用方式向集约型转变

目前，经济区内的黄河三角洲土地利用率达 79.94%，但已利用土地特别是现有耕地和农村居民点用地，普遍存在着利用粗放、集约程度不高的现象。现在人均农村居民点用地为 245.71 m^2，远高于人均 150 m^2 的国家规定标准。对于农村居民点用地的整理，近期重点是做好村镇规划，加大“空心村”的整治力度。通过“空心村”治理，一方面可以直接增加有效耕地面积，另一方面可以直接作为建设用地，缓解新增建设用地对耕地保护的压力。

2. 适度开发利用土地后备资源，注重土地生态建设

据山东省土地后备资源调查评价，黄河三角洲未利用地为 528 084.59 hm^2，进一步开发利用这部分土地资源，对于缓解人地矛盾，实现耕地占补平衡具有积极意义。但由于现有未利用土地多集中在东营北部盐渍化区，这些地区自然条件差，生态环境脆弱，在进行

土地开发时，不能盲目追求垦殖率，必须做到在保护生态环境的前提下进行适度开发。

3. 强化土地复垦制度建设，加大土地复垦力度

黄河三角洲矿产资源较为丰富，在矿产资源开采过程中形成大量的挖损地、塌陷地、压占地、污染损毁地等。按照《中华人民共和国土地复垦规定》，坚持“谁破坏、谁复垦”，针对以往土地复垦资金落实差的状况，从源头抓起，做到各建设项目用地报批时就必须附报损毁土地复垦计划，并缴纳足够的复垦保障金。制定优惠政策，鼓励矿产开采加工产业尽量利用工矿损毁地，减少新占土地。

第六节　水环境优化利用策略与空间引导建议

一、国土资源优化布局建议

（一）生产生活空间

1. 强承载力区——适宜水土保持或布置钢铁行业、火电行业和石油化工行业

水环境承载力最强的邹平南部，由于其所处位置位于山区，地形坡度较大，不利于产业布局和人类居住，且该地区生态环境敏感性强，适于成为水土保持区；无棣县、庆云县，由于其水环境容量强度较大，且多处于平原或平原亚区，但其抗污性一般，适宜于布置低污性工业；博兴南部、广饶南部、寿光南部水环境容量大，抗污性较强，适合排污量较大工业。

2. 较强承载力区——适宜布置资源型工矿业或环保资源型工矿业

邹平县、昌邑市、莱州市等丘陵地区，适于水土保持。博兴县北部、广饶县北部地表水环境容量较大，适宜布置较强污染的工矿业。

3. 中等承载力区——适宜布置环保型工业

4. 较弱承载力区——适宜发展人类宜居

高青县、沾化县西北部、昌邑市北部，以及莱州市海积平原区，这些地区地下水防污性较弱，适宜用于人类居住，适宜于农业灌溉。

5. 弱承载力区——控制人口规模

鲁北平原中部阳信、惠民、滨城、沾化、利津、东营、垦利、河口县以及寒亭区等地，这些地区适宜布置人类居住和农业灌溉，因其水环境容量小，地下水环境抗污性能差，限制布置工业，适宜于农业灌溉，且控制农药的使用量，防治水环境的面源污染增强。

（二）农业发展空间

1. 黄河三角洲平原中等或较弱承载力区——适宜布置粮食生产核心区和发展节水型农业

黄河三角洲西部大部分地区为传统的农业主产区，包括乐陵县、惠民县、高青县等地，

这些地区地表水水质较好,能保障传统农业的发展,适宜农业生产。

2. 较强承载力区——发展特色农业

莱州南部及寿光西南部地下水环境抗污性较强,但地形坡度较大,因此这些地区适宜发展特色农业,同时应大力发展特色农业和配套的深加工业。

(三)生态环境空间

水环境承载力弱区可考虑作为生态环境空间,防止这些地区的水环境进一步恶化。

二、人类活动与水环境协调发展的对策

(一)加强节水型社会建设

2011 年,中央一号文件以及中央水利工作会议明确提出加快水利改革,加强节水型社会建设,确保三条红线有效实施。三条红线之一"水功能区限制纳污红线,严格控制入河排污总量",这对我国水环境保护提出了明确措施和目标。黄河三角洲应大力开展节约用水,提高用水效率,要积极推广农业综合节水措施和精确灌溉,积极发展旱作农业;依法淘汰高耗水行业的落后工艺、设备和产品,推广高效工业节水和循环利用技术,提高工业用水重复利用率。推广污水等劣质水资源的多级利用工艺技术,扩大中水回用和污水资源化的规模。大力推进节水型社会制度建设,建设环境友好型、能源节约型的黄河三角洲高效生态经济区。

(二)优先保护饮用水源地水质

开展黄河三角洲县城集中式饮用水水源保护区划定工作,依法取缔水源保护区内违法建设项目、活动和排污口。在水源地一级保护区周围建设隔离防护设施,所有水源保护区均设置警示标志。制定实施超标和环境风险大的饮用水水源地综合整治方案,加强饮用水水源保护区内非点源综合整治,开展湖库型饮用水水源地生态修复研究工作。加强水源保护区外汇水区的有毒有害物质的管控,严格管理和控制一类污染物的产生和排放,确保饮用水水源地来水达标。健全饮用水水源地环境评估、环境信息公开等制度,加强饮用水水源地环境风险防范和应急预警,加快集中式备用水源地建设。实施农村安全饮用水工程,积极开展农村饮用水水源地建设和保护。做好重点流域和南水北调水源地及沿线水环境保护工作。

(三)严格控制污染物排放

对工业水污染物排放实施全过程污染物排放总量控制。强化造纸、印染、化工、制革、农副产品加工、食品加工和饮料制造等重点行业主要污染物(化学需氧量、氨氮)排放总量控制和强制性清洁生产审核及评估验收,加大污染深度治理和工艺技术改造力度,提高行业污染治理技术水平。加快产业集聚区和工业园区污水处理设施建设,实现园区内工业废水的无害化处理。建成完善的城市(含县城)污水处理厂配套管网系统和除磷、脱氮设施,全面提高城市生活污水集中处理规模和水平。大力开展污水深度处理,推进中水回用工程。在城镇新区、产业集聚区和重点人口大镇,建设污水处理工程。积极推进乡镇生

活污水处理厂建设。

(四)统筹治理四大流域和重点河段

加大力度推进重点流域水污染防治,建立流域的水环境质量控制制度,落实流域水质管理目标。建立全面控源的污染防控体系,推进三大流域内干线渠的周围水污染防治。加强重点河流综合治理,完成小清河、德惠新河等主要河流河道清淤、截污、人工湿地、河道生态净化、生态修复等综合整治工程,大幅提高河道的自净能力。

(五)稳步推进地下水污染防治

由于水文地球化学异常和次生污染影响,全区多数城市地下水污染问题比较突出。因此,建立健全地下水环境监管体系,全面完成地下水污染调查,加强地下水污染预防与修复工作。

(六)改善城市供水结构和供水水源配置,减弱水环境负效应

目前,黄河三角洲黄河周边城镇都是以黄河地表水供水为主,其他城市多以地下水供水为主或以地下水和地表水联合供水为主,由此造成多数区域集中过量开采地下水,引发的地下水环境负效应问题突出。因此,应改善城市供水结构和供水水源配置,减弱水环境负效应状况。

(七)加强农村环境保护

积极开展农村环境污染防治,防止工业及城市污染向农村转移,切实加强农村饮用水水源地环境保护和水质改善,推进农村生活垃圾处理,加强禽畜、水产养殖污染防治,开展生态清洁小流域建设,有效控制农村面源污染。

(八)加强与黄河三角洲周边山东省其他市以及外省的合作,共同保护治理水环境

按照优势互补、经济协作、资源共享、设施共建、环境共治的原则,加强与黄河三角洲周边地区的协调。在水环境保护治理方面,协调水资源、旅游资源保护与开发,实现共同的发展。

第七节　土壤环境优化配置策略与空间引导建议

一、土壤环境空间优化布局

(一)农业发展空间

在选取粮食生产核心区的时候,要充分考虑土壤环境承载力综合评价。

邹平县、高青县、无棣县、庆云县为低容量区,也是黄河三角洲传统主要产粮区的一部分,这些地区,土壤重金属环境容量较低,土壤污染严重,针对这些地区要积极改善土壤质量,保障地区粮食生产安全。

利津县、寒亭区、河口区、昌邑市这些地区土壤环境承载力较高,其中寒亭、昌邑为传

统的果蔬种植基地，这些地区环境容量指数最高，即土壤受重金属污染程度最轻，同时土壤肥力综合指数较高，这些地区有利于发展高效农业。

滨城区、东营区、博兴县等地区，压力和响应项目层排名低，压力和响应项目层排名低，特别是东营区，石油污染严重，从原则上，这些地区不适宜发展农业，这些地区，应将重点放在工业上。

此外，在蔬菜种植方面，推行清洁生产和环境管理体系认证，推广无公害蔬菜种植。在农副产品生产和加工过程中推行清洁生产，能全程防控污染，促使污染排放最小化。扩大无公害、无污染的绿色蔬菜种植面积，以特色农产品为原料，采用先进技术和工艺，积极扩大时令蔬菜、反季蔬菜、保鲜菜生产，搞好旺储淡销，延伸产业链，大力开发绿色蔬菜制品，面向周边供应新、特、鲜蔬菜。

（二）生产生活空间

滨城区、东营区等地区由于土壤环境承载力低，不适合作为农业发展空间使用，加之经济社会发展很快，对建设用地的需求很大，这些地区宜规划为生产生活空间。

（三）生态环境空间

部分土壤环境承载力低的区域可以规划为生态环境空间，使其土壤污染物得以降解，恢复土壤肥力。

第八节　生态地质环境优化利用策略与空间引导建议

一、生态地质环境优化利用建议

黄河三角洲范围内活动断裂较为发育，地质灾害较多，根据地震活动情况、断裂分布情况、地震基本烈度，以及地质灾害发生情况将地质灾害易发性分为五级。东营东北部大部分地区以及莱州北部沿海为地质灾害易发和较易发区，整个黄河三角洲中西南部地区为地质灾害较轻或轻微发区，而中部为中等易发区。

黄河三角洲国土规划是统筹黄河三角洲国土资源开发利用保护整治、经济发展与社会活动、生态环境治理与保护三者关系的优化总体方案，依据地质环境承载力和地质环境功能区划评价结果，对黄河三角洲区域国土开发、利用、保护和整治进行统筹谋划和综合部署，以确保黄河三角洲与地质环境协调发展。

（一）生产生活空间

1. 从工程地质条件来说，黄河三角洲大部分区除莱州以及邹平山区以外，都为平原区，岩土类型为一般黏性土，地形平坦，地势较低，各项指标均有利于建设用地的开发利用；对于水文地质条件来说，除黄河三角洲南部、东部丘陵及半丘陵地区外，其他地区地下水位都低于 4 m，不利于建筑工程。

2. 根据地质环境子系统、生态子系统和社会子系统综合分析，得出建筑地基承载力高区为莱州、昌邑、乐陵、庆云以及整个黄河三角洲的西南部地区，这些地区大部分为平原，少部分位于莱州山区以及邹平山区；建设用地承载力较弱区分布在沿海地带、东营以及滨州北部地区。

3. 对于工矿用地，独立工矿用地适宜区主要集中在矿产资源比较丰富的地区，如莱州北部、邹平北部以及东营石油开采区。区内部分地段有环境敏感区域分布，开采时注意保护。

（二）农业发展空间

农业发展空间地质环境适宜功能区主要位于黄河三角洲平原区西面，具体包括乐陵县、庆云县、阳信县、惠民县、滨城区、博兴县、邹平县、广饶，以及寿光南部、莱州山前平原区。

（三）生态环境空间

生态环境空间包括自然保护区、地质遗迹保护区、历史文化风貌/风景名胜区、水源涵养区和地质环境脆弱而不适合人类活动的地区。适宜功能区主要位于沿海湿地保护区，莱州大基山及邹平鹤半山等山区，及黄河沿线、小清河沿线。

二、区域地质环境保护对策

地质环境是整个生态环境的基础，是自然资源主要的赋存系统，是人类最基本的栖息场所、活动空间及生活、生产所需物质来源的基本载体。从根本上说，地球上的一切生物都依存于地质环境。地质环境对于人类的生活、生产及生态之间的适应性如何，从根本上决定着人类生存发展环境的质量。因此，保护地质环境、促使其良性演化，就是保护我们的生存环境，也就是保护人类的健康与社会的有序发展。

黄河三角洲一些地区地质环境脆弱，地质灾害和环境地质问题较为严重，环境地质危害已被越来越多的人所认识，地质灾害防治与环境地质工作与社会经济发展不相适应，加大环境地质工作已迫在眉睫。根据黄河三角洲的实际情况，近期应加强以下地质灾害和环境地质问题调查研究：

各矿区应开展地质灾害及水质调查，莱州金矿区的地面塌陷、矿井突水、水土污染为主的地质灾害调查和防治工程。

近年来，无论我国还是全球范围内连年发生多起强地震灾害，造成了巨大的生命财产及经济损失，应引起我们的警惕。各个受断裂带影响的地区，依据基本烈度分区图、对地震灾害充分认识，在城镇及工矿建设中严格按照国家标准设计施工，以保证各类建筑的抗震能力，沙土液化危险性高的地区，要充分考虑地震时沙土液化造成的附加危害，并采取工程措施予以防范。地壳强烈活动带及活动断裂发育的大中型城市，应积极开展地壳稳定性与建筑工程适宜性评价，开展地面沉降、气氡、气汞、气氟的环境地质调查和专题研究工作。

崩塌、滑坡、泥石流等突发性强破坏力的地质灾害虽然在黄河三角洲地区发生较少，但同样要引起重视，仍有可能对人民的生命财产安全造成严重的危害。对于莱州山区地质灾害发生比较多的地区，应继续组织专业人员加强对人民群众生产、生活区域及交通线附近危岩体、滑坡体、泥石流沟的排查和治理，同时积极向群众普及地质灾害基本知识，进一步广泛开展群测群防，从而减轻甚至避免损失。

地面塌陷不仅毁坏耕地，破坏房屋和道路等地面建筑物，而且导致矿区生态环境的恶化，引发系列的地质环境问题。各市规模较大、开采时间较久的矿区都有不同程度的地面塌陷灾害或隐患，一些矿山的采空区严重威胁着地表建筑的安全。各矿区应加强地面塌陷和采空区的调查，并采取有效措施对隐患地段进行支护。

地下水埋深对地质环境的影响是多方面的：一方面，地下水埋藏过深会导致农作物供水不足，汲取地下水耗能大、成本高，地下水位迅速下降还会引起地面沉降、地裂缝等地质灾害和大量水井干涸等问题；另一方面，地下水埋藏过浅会对建筑物地基稳定造成不良影响，并可能导致耕地内涝及土壤盐渍化。广饶、寿光等多个地段也已经形成规模较大的降落漏斗，这将有可能引发一系列地质环境问题，这些区域应立即采取措施，减少对地下水的抽取，有条件的情况下还可适当地对地下水进行回灌补给。盐渍化较严重的地区，如滨州、东营以北大部地区，应在充分认识当地水位地质条件、查明盐渍化产生原因和变化趋势的前提下，采取增加植被、挖沟排水等措施适当降低地下水位。

中部东营等地突出的问题是水环境污染和不合理采水引起的地质环境问题，因此应把中部地区地下水污染和地下水潜力调查评价作为重要课题来研究。

在高氟区、咸水区、丘陵贫水区，合理开发利用咸水、高氟水的同时，需开展深部淡水资源的勘察评价工作，从根本上解决这些地区居民饮水困难问题，提高广大人民群众的身体健康。

第九节　资源环境综合配置策略和空间优化引导意见与建议

坚持土地开发和生态建设并重的原则，从源头上处理好土地利用与生态环境保护的关系；构建环境友好型土地利用模式，逐步改善和提高土地生态环境质量。随着社会经济建设的不断发展，人们对土地资源的开采程度不断加剧，其中不合理开采情况较为严重，使得生态环境遭到严重破坏，制约地方经济的进一步发展。为了政府部门能够合理规划土地，为此我们在功能区划基础上对区域各类土地资源的利用和开发强度进行论述。

一、生态环境空间功能区划

黄河三角洲生态环境要以国家重要湿地、国家地质公园、黄河入海口为核心的生态建设与保护，包括整个沿海湿地保护区、莱州大基山山区、邹平丘陵保护区，以及各内陆水库湿地保护区、黄河沿岸工程保护区等。这些地区必须加以保护,因此,对于这些地区经济建设规模不宜过大,而应该以环境保护为主,可以适当地发展林业、牧草业经济。政府对于建设用地的审批必须要严格控制,不能为了经济的发展牺牲环境。

大力实施湿地生态公园建设,天然林保护工程、野生动植物保护及自然保护区建设工程,矿区生态修复工程、湿地保护与恢复工程等重点生态工程的建设。

对各类保护区、重要的野生动物栖息地和生态敏感区进行严格保护。禁止在各类自然保护区、风景名胜区、森林公园、自然文化遗产、地质公园、重要湿地和湿地公园从事不符合国家规定的开发建设活动。限制黄河故道生态功能区等生态敏感区进行有损生态环境的开发建设活动。要坚持保护优先的原则,在不破坏区域生态的前提下,适度发展特色农业和旅游业。

保障生态建设用地需求。规划期内通过农田林网建设和建设用地绿化等多途径安排生态建设用地,优先保证生态环境治理工程建设用地需求。

二、农业发展空间功能区划

农业发展空间功能区划本着因地制宜、保障粮食安全的原则划定。农业用地适宜功能区主要位于黄河三角洲西部平原以及东部丘陵和半丘陵地带。农用地布局的优化,在有效保护现有耕地、确保粮食综合生产能力不降低的前提下稳步进行。

黄河三角洲以西,由于地势平坦、土壤肥沃、水资源丰富、交通便利,是传统农业高产区。要重点保护好平原优质耕地,以粮食生产核心区建设为契机,全面提高耕地质量,推进粮食生产区域化、专业化,建设全国重要粮食、棉花、油料等生产基地。依据全省经济社会发展规划和河南省农用地分等定级成果,科学调整基本农田布局,在为经济社会发展留出必要的、合理的用地空间的同时,把质量较好的一般农田优先补划为基本农田,保证基本农田数量不减少、质量有提高。园地重点向莱州等丘陵山区、丘陵山地发展。要加强对现有林地的保护,规划期内林业发展用地应重点布局在莱州、邹平等丘陵山地区。此外,对于滨州、东营北部大部分盐渍地区,可以种植耐盐渍作物,并同时对其进行进一步改造。

三、生产生活空间功能区划

生产生活空间功能区划根据建设用地适宜性评价结果和经济建设需要,结合已有的建设状况及土地利用状况划定。优化城市群生产生活空间布局,要遵循经济社会发展规划,保障重点地区、重要项目用地,推进工业向园区集中、人口向城镇集中、住宅向社区集中,提高基础设施运行能力和效益,有效控制建设用地规模,充分体现各类用地的功能性和合理分区,体现不同组团的协调性,具体区划情况由下一章详细说明。

黄河三角洲正处在基础建设的推进阶段,各种用地开发建设如火如荼地进行,为了土地资源的合理开发利用,可以从以下两点出发:①快速城镇化地区土地利用模式。要遏制城镇盲目外扩侵占农田;大力推进城中村改造工作;充分挖掘城镇存量、未利用地、低效土地利用潜力;改变城乡接合部土地利用效率低、建筑密度大、功能紊乱、缺乏城镇生态建设用地空间的土地利用方式;通过加强城乡接合部"园艺+新村+生态农业"建设,全面提高城市生态环境质量;鼓励城镇实施"居民点—工矿—农田—园地"相间布局建设的模式,鼓励城镇组团式发展,改善城市生态环境单调的现状。②促进城镇内部用地结构调整。根据各城市性质、资源条件等自身特点,优先采用公共交通导向等城镇用地开发模式,调整优化居住、商业、工业、公共服务、基础设施、卫生环保、生态保障等用地的比例,加快城中村改造,稳步推进旧城有机更新,完善城镇功能,重点促进城镇建成区内的低密度、低效利用土地的商业区、住宅区和商住混合区的更新和配套基础设施的完善,促进城镇和谐发展。加强城镇建设用地供地调控,合理调整城市土地供给结构,优先保障城镇基础设施、公共服务设施、廉租住房、经济适用住房及普通住宅建设用地,增加中小套型住房用地,提高城镇用地效率。

第十二章 Chapter 12

黄河三角洲地区各市国土资源优化配置建议

第一节 东营市国土资源优化配置建议

一、城市定位

东营市位于山东省东北部、黄河入海口的三角洲地带，是黄河三角洲的中心城市东营市区位优势明显，东临渤海，与日本、韩国隔海相望，北靠京津唐经济区，南连山东半岛经济区，向西辐射广大内陆地区，是环渤海经济区的重要节点、山东半岛城市群的重要组成部分，处于连接中原经济区与东北经济区、京津唐经济区与胶东半岛经济区的枢纽位置，是区域性金融中心和现代制造业基地、科技创新基地，也是全国重要的高效生态经济示范区。高效利用区域优势资源，推进资源型城市可持续发展，加强以国家重要湿地、国家地质公园、黄河入海口为核心的生态建设与保护，实现经济社会发展和生态环境保护的有机统一，为全国高效生态经济发展探索新路径、积累新经验。

二、矿产资源开发布局

东营市主要有石油、天然气、卤水、煤、地热、黏土、贝壳等。至2010年底，胜利油田共发现77个油气田，累计探明石油地质储量50.42亿t。沿海浅层卤水储量2亿多立方米，深层盐矿、卤水资源主要分布在东营凹陷地带，推算储量达1 000多亿t。煤的发育面积约630 km^2，主要分布于广饶县东北部、河口区西部，因埋藏较深，尚未开发利用。地热资源主要分布在渤海湾南新户、太平、义和、孤岛、五号桩地区及广饶、利津部分地区，地热异常区1 150 km^2，热水资源总量逾1.27×10^{10} m^3，热能储量超过3.83×10^{15} kJ，折合标准煤1.30×10^{8} t。

三、水资源优化开发建议

根据黄河三角洲水资源承载力的研究，在东营市，东营区的水资源承载能力最强，综合承载能力为0.655 8；河口区、广饶县和利津县属于承载力较强区，综合承载能力分别为0.585 8、0.552 6、0.559 0；垦利县属于水资源承载力平衡区，综合承载能力为0.539 0。这个地区综合承载能力最强。

在需水预测和供水潜力分析的基础上，按平水年（保证率为50%）考虑对东营市进行水资源保障能力分析。2020 年东营市总需水量 16.19 亿 m^3,供水量 24.37 亿 m^3,余缺率 50.53%,见表 12-1。

表 12-1 东营市保障能力分析表 单位:亿 m^3

水平年	需水量	供水量	余缺量(+/-)	余缺率(%)
2010	12.7	13.51	0.81	6.38
2020	16.19	24.37	8.18	50.53

在水资源承载能力分析的基础上,按照新时代发展理念,提出提高东营市水资源供水保障的综合对策,为满足规划水平年推荐方案参数,为东营市经济社会发展提供供水安全保障。

1. 工程措施

(1)水资源开发利用体系　在现有工程挖潜的基础上,充分利用南水北调供水、引黄输水、再生水利用等。

(2)水资源保护工程体系　水资源保护工程体系包括地表水保护和地下水保护工程体系。规划水平年东营市将加大入河排污口的搬迁整治、河道的疏浚清污,加强水质水环境监测、水功能区的监督管理、饮用水源地的保护,生态修复,以及建立健全水资源管理体系等,切实做好东营市水资源的保护与治理。

2. 非工程措施

在建设东营市供水保障工程的基础上,还必须提出配套的非工程措施,具体包括构建节水型城市、节水型农业,将节流工作作为东营市战略问题来抓;同时要注重水资源保护体系构建,限制工业废水和生活污水的排放,对于那些会造成严重污染的项目严禁审批;当然还要构建科学的最严格的水资源管理体系,将水资源管理纳入法制化轨道,充分依据东营市水资源自然地理条件和分布特点,利用现代化科学技术,联合对地表水及地下水进行调度,有效改善东营市存在的水资源问题。

四、地质环境的限制

东营应限制构造不稳定区域的建设规模,避免人类扰动过大诱发次生地质灾害;在城镇及工矿建设中严格按照国家标准设计施工,以保证各类建筑的抗震能力,沙土液化危险性高的地区,要充分考虑地震时沙土液化造成的附加危害,并采取工程措施予以防范。地壳强烈活动带及活动断裂发育的大中型城市,应积极开展地壳稳定性与建筑工程适宜性评价,开展地面沉降、地裂缝的环境地质调查和专题研究工作。东营市应参照地面沉降分区图,继续做好地面沉降监测工作,尤其重点监测城镇区不均匀沉降,及时对可能产生破坏的建筑及设施采取加固措施,同时,这些地区应注意控制地下水的开采量,避免因地下水超采而加重地裂缝灾害。东营市区多个地段也已经形成或正在形成规模较大的降落漏斗,这将有可能引发一系列地质环境问题,这些区域应立即采取措施，减少对地下水的抽取，有条件的情况下还可适当地对地下水进行回灌补给。东营市油田的开采，已经出现很多地质境问题，在今后的开采过程中，要充分做好对矿区地质环境保护和治理工作。（见彩图）

五、国土资源优化配置建议

东营市作为黄河三角洲的中心城市，融入黄河三角洲开发，要充分利用其中心城市的地理优势，资源优势，将其打造成辐射整个黄河三角洲地区的物流中心，商业中心，加强临港区建设，同时也由于东营地区土壤污染严重，地面沉降严重，故在国土资源布局上，对于城市扩张应慎重，做好水土保护工作。

基于生态地质环境、水资源、水环境、土壤环境承载力等各方面考虑，东营市城市建设用地主要集中在东营区附近，这些地区交通发达，地质灾害易发性较弱。

生产生活空间方面，承载力相对较高的区域主要分布在东营区。其余地区要么属山区，要么由于开采油田，致使地质环境问题突出，土地承载力低。东营市地区除去开采区，总体生态地质环境较好，城市可以进行一定规模的扩张。将土地资源与水资源承载力相比较发现，东营市建设的瓶颈在于水资源，故应加强东营市水利设施建设，提高水资源利用率，做好水源地的开发保护工作，并通过海水淡化等技术来补充城市发展所需水量。

农业生产空间方面，承载力相对较高的区域主要分布在山前倾斜平原地带，是粮食和经济作物主产区，国土空间引导应以粮食生产核心区和农副产品加工为主，控制农药、化肥使用量；做好农村产业结构的优化调整。其余地段属山区和地质环境问题突出地带，承载力低。

东营市从地形上属于平原。在经济建设如火如荼的推进下，农业用地不免被占用，因此政府一定要限制建设用地的发展，努力保护好仅有的农业用地。黄河沿岸属于环境高度敏感区，必须加以保护，因此城市的经济建设规模不宜过大，而应该以环境保护为主。政府对于建设用地的审批必须要严格控制，不能为了经济的发展而以牺牲环境为代价。

第二节　滨州市国土资源优化配置建议

一、城市定位

滨州市位于山东省北部、黄河下游、鲁北平原，历史文化名城，为黄河三角洲地区副中心城市，号称中国棉纺织之都、家纺之都，中国油盐化工基地，中国粮棉果蔬基地，中国畜牧养殖基地。国土空间布局时应提高滨州在全国城镇体系中的地位，在保证生态安全的前提下，克服当地地质环境的不利影响，对未利用地进行最大限度开发，构建其在全国的农业基地地位；构筑沿黄河生态防护林带，保护黄河湿地，进一步加强滨州生态文明建设，开发当地生态旅游资源；适度限制高耗水工业，提高水资源利用率，加强营养物质保护和土壤保护，提高植被覆盖率，强化水土流失的预防和治理。

二、矿产资源开发布局

滨州主要矿产资源有地热资源、卤水资源、油气资源、铜矿资源、贝壳矿产资源、石材资源。以现有工业以为基础，合理开发地热资源，油气资源，并充分利用卤水资源优势，打造全省盐化工基地。在生态环境安全的前提下，建立铜矿业基地、贝壳矿产资源开采基地、石材开采加工基地。

1. 地热开采

地热水开采主要集中在滨城区、沾化县城、乐陵城区、庆云城区。用于生活供暖、温泉洗浴等，特别是生活供暖形成了一定的规模，取得了显著的社会、经济和环境效益。

2. 卤水资源开发

本地卤水资源主要分布于滨州市北沿海，在全区海岸带年大潮线和多年大潮线之间的6.74万hm^2的海涂内和沾化县北部，分布有大于7°Be′的地下卤水，埋藏深度0～60 m，面积约1 230 km^2。整个海涂C+D级卤水矿资源储量达2.5亿m^3，可采量为1.7亿m^3，折合原盐1 000万t，有很大的开发潜力，现开采主要集中于沾化县，年开采量可达4万t。

3. 油气资源开发

除邹平南部山区外，市内整个平原及北部海滩、浅海地下都蕴藏着丰富的石油和天然气，主要分布在滨州市和沾化、博兴等县，代表性油田有单家寺、滨南等。石油总储量达6亿t。

4. 铜矿开采

滨州市铜矿开采主要在邹平县，邹平县山区探明铜矿储量3.95万t。王家庄铜矿17号矿体为小型特富的综合有色金属伴生矿，埋藏深度为160～210 m，平均含铜4.3%，最高达17.03%，铜矿石储量56.9万t，金属铜储量约3万t，其中含铜≥5%者占矿体总储量的84%，并伴生有金、银、钼、硫等可综合利用的有益成分。在矿体的下部，有3个原生黄铜矿体，含铜品位为0.57%～0.67%，合计金属铜储量7 036 t。

5. 贝壳资源开采

区内贝壳矿产资源丰富，广泛分布于滨州的无棣、沾化沿海一带，矿床多为埋藏型，矿体埋深一般小于3 m，平均厚度为0.5～2.0 m，宽40～120 m。品位在70%～90%，总储量1 687.6万t。要充分利用其在黄河三角洲中心地理优势，在当地建立贝壳矿石深加工基地，拉动经济增长。

6. 石材开采

邹平县南部山区有开采价值较高的二长岩、辉长岩、辉绿岩等侵入岩类，具有岩相稳定、色彩美观、荒料率高的优点。

三、水资源优化开发建议

根据黄河三角洲水资源承载力的研究，对于滨州市，滨城区属于承载力强区，综合承载能力为0.626。阳信县、惠民县和博兴县属于承载力平衡区，综合承载能力分别为0.544、0.507、0.528。无棣县和沾化县属于承载力较强区，综合承载能力分别为0.595、0.571。邹平县属于承载力弱区，综合承载能力为0.449。滨城区有大部分区域处于地下水漏斗区域，无棣县和沾化县有部分地区是卤水区，因此这部分地区承载能力降低一个等级。

在对需水预测和供水潜力分析的基础上，按平水年（保证率为50%）考虑对滨州市进行水资源保障能力分析。2020年滨州市总需水量19.05亿 m^3，供水量18.73亿 m^3，余缺率1.68%，见表12-2。

表12-2 滨州市保障能力分析表 单位：亿 m^3

水平年	需水量	供水量	余缺量（+/-）	余缺率（%）
2010	18.84	18.36	-0.48	-2.57
2020	19.05	18.73	-0.32	-1.68

在水资源承载能力分析的基础上，按照新时代发展理念，提出提高滨州市水资源供水保障的综合对策，为满足规划水平年推荐方案参数，为滨州市经济社会发展提供供水安全保障。

1.工程措施

（1）水资源开发利用体系

①防潮堤工程：新建防潮堤132 km，改造护砌防潮堤158 km，新建拦河挡潮闸8座，配套防潮设施、管理设施。

②蓄水工程：新建邹平辛集洼水库、魏桥水库、惠民八方四洼水库、淄角水库、胡集水库、无棣胜利水库、泊埕水库、城东水库、北海水库、阳信营家洼水库、雾宿洼水库、博兴水库、沾化垛圈水库等一批平原水库。配套改建增容邹平韩店水库、芽庄水库、无棣三角洼水库、芦家河子水库、王山水库、沾化清风湖水库、毛家洼水库、惠民孙武水库、李庄水库等。

（2）水资源保护工程体系

①河道治理：实施重点河道的疏浚清淤、污染治理和绿化美化，包括漳卫新河、徒骇河、土马沙河、德惠新河、马颊河、秦口河、潮河、小清河、支脉河、青坡沟、小米河、朱龙河、孝妇河、杏花河等河道的治理，治理总长度941 km。

②灌区改造：滨城小开河灌区设计灌溉面积733.7 hm^2，滨城韩墩灌区设计灌溉面积640.3 hm^2，惠民簸箕里灌区设计灌溉面积1 087.2 hm^2，惠民白龙湾灌区设计灌溉面积640.3 hm^2，博兴打渔张灌区设计灌溉面积433.6 hm^2，邹平胡楼灌区设计灌溉面积

480.2 hm^2。9 县(区)末级渠系节水改造,改造面积达到 533.6 hm^2,实施农业节水示范工程,新增节水灌溉面积 1033.9 hm^2。到 2015 年,对 6 个大灌区进行灌区续建配套与节水改造工程。到 2015 年,对 7 个中型灌区进行灌区续建配套与节水改造工程。

③病险水库除险加固工程:阳信仙鹤湖、沾化思源湖、邹平韩店水库、无棣三角洼水库、惠民孙武水库、惠民李庄水库、打渔张渠首水库、滨城秦台水库、东郊水库除险加固。

④农村饮水:新增和改善 95 万人的饮水安全问题。

⑤水土保持:实施水土保持工程,治理水土流失面积 623 km^2。

2. 非工程措施

同东营市水资源保障非工程措施。

四、地质环境的限制

滨州市及周围地壳基本稳定,但由于人为的地下水过量开采和石油开采造成大面积的地面沉降,这十分不利于城市建设。滨州发生地面沉降的地区主要有以广饶县城北为中心的沉降区、以滨州博兴县城为中心的沉降区和以滨州市滨城区为中心的沉降区。

要充分重视对邹平县西南部地质灾害的勘察、防治和监控,限制这些区域的建设规模,避免人类扰动过大诱发次生地质灾害。滨城区、博兴县、广饶县沉降中心年平均沉降量都接近或超过 50 mm,沉降速率比较大,以此推算必将演变成环境地质灾害,对城市防洪、高层建筑造成潜在的威胁,对这些地区参照地面沉降分区图,继续做好地面沉降监测工作,尤其重点监测城镇区不均匀沉降,及时对可能产生破坏的建筑及设施采取加固措施,同时,这些地区应注意控制地下水的开采量,避免因地下水超采而加重地裂缝灾害。滨州市多个地段也已经形成或正在形成规模较大的降落漏斗,这将有可能引发一系列地质环境问题,这些区域应立即采取措施,减少对地下水的抽取,有条件的情况下还可适当地对地下水进行回灌补给。

此外,在沾化县和无棣县还存在大量的盐渍地,非常不利于土地的开发利用,要采用相关工程措施,加速土壤的淡化,促进农业发展。

五、土壤环境的限制

滨州市落地油污染严重,特别是在滨城区周边以及博兴县,由于石油开采及冶炼,造成滨州市大面积的落地油污染和重金属污染压力。虽然在评价过程中东营市被列为环境中容量区,但是其土壤生产力偏低,再加上重金属污染累积量大,因此在粮食核心区选址时,原则上不宜选择其作为粮食核心区。

滨州地区城市建设用地各重金属元素土壤环境容量为:镉 1.934 kg/hm^2,汞 2.167 kg/hm^2,砷 31.44 kg/hm^2,铅 741.4 kg/hm^2,铬 402.3 kg/hm^2,铜 175.1 kg/hm^2。

六、国土资源优化配置建议

滨州市作为黄河三角洲地区的副中心城市,首先要发挥其中心区地理位置优势,加强铁路和公路建设,使之形成以滨城区为中心的高速经济圈,并使其与黄河三角洲经济区完成对接。以高新技术为先导,促进食品、纺织等传统产业的升级改造,强化汽车及零部件、纺织印染、印刷三大产业特色,大力发展生物工程和信息产业,高度重视物流中心建设,加快发展商品流通和贸易业,把滨州建设成为鲁北地区新兴装备制造业基地、纺织服装研发与设计中心、现代化工和印刷中心;进一步加强滨州临港产业区建设。位于滨州市无棣、沾化北部沿海地区,建成国家级循环经济示范区、环渤海地区物流中心和油盐化工、船舶制造、清洁能源、生物制药等产业聚集区。博兴县依托渤海油脂工业公司和香驰豆业集团建成粮油及食品加工产业基地;"中国冬枣之乡"沾化提高储运能力,打造中国最大的冬枣集散基地;惠民、阳信、无棣利用成片种植的万亩桃树、梨树、杏树等资源,大力发展果品及棉花、小麦等农产品的精深加工,全力打造具有地域特色的农产品深加工产业集聚区。邹平县定位为向多元化方向发展的专业化纺织工业城市,扩大产业用纺织品和非棉天然纤维开发利用,以发展高新功能性纺织服装业为方向,开发生态纺织服装产品,打造为黄河三角洲南部纺织服装产业集聚区。在未来黄河三角洲的经济发展过程中,滨州的建设用地面积可能进行一定规模的扩展。根据建设用地适宜性评价得知,滨州西南方向的建设适宜性较高,向西南发展的潜力较大,但西南部同时也是农业发展适宜区,因此城市建设的同时也不应过度侵占农业用地;东部建设用地适宜性较低,原因是该区域地面沉降影响范围大,以及地下水位较浅,不利于城市建设。(见彩图)

生产生活空间方面,除滨城区和博兴县承载力一般外,其他县市承载力强或较强。城市建设应当向阳信、惠民等县延伸。将土地资源与水资源承载力相比较发现,滨州地区城市建设用地扩展潜力较大,扩展后土地资源较为丰富,而水资源供应不足,故水资源将成为未来滨州地区城市建设的瓶颈因素。

农业生产空间方面,滨州所辖区域承载力整体较强,并且还有大量未利用地等待开发,未利用地主要分布于沾化县和无棣县,虽然因为土地的盐渍化,不利于农业发展,但同样可以选种耐盐渍农作物,并采用相关工程措施,加速盐渍地的淡化。

黄河沿岸应作为环境保护用地加以严格的保护,禁止进行高污染活动,对一般生产活动也应限制,构筑沿黄生态防护林带,保护黄河湿地。

滨州市所辖县(市、区)土壤环境承载力综合排名为中等或较差,土壤污染压力较大,且其作为农业产区之一,要加强土壤环境的保护与治理。

滨州市总体上要加强对库区、湿地、草地,重要水源地和涵养区,以及近海岛屿、滩涂等自然生态系统的保护与修复;强化水土流失、矿区地面塌陷、落地油污染、海沙开采、海咸水入侵等生态脆弱区和退化区的综合治理;对鲁北平原和滨海地区土地条件较差的盐渍地区,应进行盐渍地改良,种植耐盐渍的植物或作物,重点发展以刺槐、白蜡、柽柳等为主的防护林;城镇建设要以不断提高土地利用集约度与土地利用效率为目标,充分利用现有建设用地和空闲地,确需扩大的,应首先利用非耕地和劣质耕地,要按照人口容量规划城镇建设规模，严禁随意扩张。

第三节　德州市(乐陵市、庆云县)国土资源优化配置建议

一、城市定位

乐陵市、庆云县为黄河三角洲重要节点城市，历史悠久，文化底蕴丰富，位于黄河下游，山东省的西北部，是经济强省山东的北大门，南北与济南、天津两大都市等距相望。其中乐陵市重点发展汽车零部件、体育器材、五金工具、纺织服装、调味品加工、畜牧养殖六大产业；庆云县则着力培育农副产品深加工、化工、机械加工等主导产业。限制严重污染工业。乐陵市存在着粗放型的养殖业，应控制农药、化肥使用量，同时做好农业种植结构的调整。应努力打造乐陵万亩枣园农业观光旅游，培育乐陵市农副产品物流中心和庆云县小商品物流中心。

二、矿产资源开发布局

乐陵市和庆云县的矿产资源主要为地热资源，埋藏条件为馆陶组单一热储分布在乐陵、庆云、无棣西部区域，寒武—奥陶系单一热储分布在乐陵东南边界。地热水开采主要集中于乐陵城区和庆云城区，用于生活供暖、温泉洗浴等，特别是生活供暖形成了一定的规模，取得了显著的社会、经济和环境效益，见表12－3。乐陵希森集团的娱乐与养殖开发，独具特色，展现出广阔的开发前景。此地区地热资源合理开发利用的建议是控制地热尾水排放温度，多途径利用地热资源，避免地热资源的严重浪费。

表12－3　乐陵、庆云地热开发利用现状表

行政区划		地热井(眼)					开采量(万 m^3/a)			
市	县	馆陶	馆陶＋东营	东营	奥陶	合计	馆陶	东营	奥陶	合计
德州市	乐陵	4				4	92			92
	庆云	3				3	60			60

三、水资源优化开发建议

从水资源承载力的评价结果来看，乐陵市属于承载力较弱区，而庆云县则属于承载力平衡区，庆云县对 V_2 的隶属度为0.530 5，说明该地区水资源的开发已经具有相当的规模，但仍有一定的开发利用潜力，如果对水资源加以合理利用，注重节约保护，区域国民经济发展对水资源需求供给将有一定的保证。这些地区要加强对水资源的合理利用，注重节约保护。乐陵市对 V_2 的隶属度为0.566 1，说明此地区水资源的开发已经具有相当的规模，但仍有一定的开发利用潜力，见表12－4。

表 12－4　乐陵、庆云水资源承载力评价结果

评价因素	V_1	V_2	V_3	评分值 α_j	评价结果
乐陵市	0.193 1	0.566 1	0.240 8	0.478 5	较弱区
庆云县	0.285 6	0.530 5	0.183 9	0.545 8	平衡区

在对需水预测和供水潜力分析的基础上，按平水年（保证率为50%）考虑对德州市进行水资源保障能力分析。2020年德州市总需水量4.86亿 m^3，供水量3.81亿 m^3，余缺率－22.34%，见表12－5。

表 12－5　德州市保障能力分析表　　单位：亿 m^3

水平年	需水量	供水量	余缺量（+/－）	余缺率（%）
2010	4.36	3.69	－0.67	－31.14
2020	4.86	3.81	－1.05	－42.01

在水资源承载能力分析的基础上，按照科学发展观，提出提高德州市水资源供水保障的综合对策，为满足规划水平年推荐方案参数，为德州市经济社会发展提供供水安全保障。

根据评价结果，认为乐陵市和庆云县水资源开发利用对策如下：

1. 工程措施

（1）水资源开发利用体系　地表水开发利用体系除了现有的工程，还包括南水北调供水工程体系、新建下汤水库、再生水利用工程、雨水集蓄利用工程等。

（2）水资源保护工程体系　水资源保护工程体系包括地表水保护和地下水保护工程体系。规划水平年德州市将加大入河排污口的搬迁整治、河道的疏浚清污，加强水质水环境监测、水功能区的监督管理、饮用水源地的保护，生态修复，以及建立健全水资源管理体系等，切实做好德州市水资源的保护与治理。

2. 非工程措施

同东营市水资源保障非工程措施。

四、地质环境的限制

从生态地质环境承载力的评价分区来看，乐陵市除上部一小片区域为承载力一般区外，其余均为承载力强区，庆云县西部为承载力较强区，东部为承载力一般区。从地貌类型来看，乐陵市和庆云县均为平原区，地形坡度小，地质条件良好，植被覆盖率高，地质构造及地质灾害相对不发育，地下水埋深相对较深，地下水污染程度轻，人口密度较低，因此地质环境对这些地区的开发建设限制较小，需要注意的是地下水开采对工程地质造成的不利影响，这方面应通过工程措施加以控制。（见彩图）

五、土壤环境的限制

从土壤环境承载力分区来看，庆云县处于较低承载力的地区，状态项目层排名最低，

由于其环境容量指数小，即现状土壤污染严重，土壤环境中重金属静态环境容量低，导致其综合承载力较低。乐陵市处于中等承载力状态，究其原因，虽然工业废水排放达标率和城市垃圾无害化处理率低，但由于环保投入多的影响，导致其响应层排名处于中等水平。对于乐陵市和庆云县，应该从治理现状土壤污染入手，改善工业废水排放处理技术和城市垃圾无害化处理技术，提高区域的土壤环境容量。

六、国土资源优化配置建议

黄河三角洲产业空间布局规划，乐陵市和庆云县均为农产品深加工产业集聚区，发展高效生态农业，充分利用此区域成片种植的万亩梨树、枣树、杏树等资源，大力发展果品及棉花、小麦等农产品的精深加工，全力打造具有地域特色的农产品深加工产业集聚区。其中乐陵市为一个增长点，依托泰山体育产业集团等龙头企业，建设体育器材研发、设计和生产基地；依托金麒麟集团等核心企业，扩大产业招商，打造以汽车刹车片、子午胎为主要产品的汽车零部件产业基地。

从农业生产承载力分区来看，乐陵市是传统的农业县，人均粮食产量远高于全省456 kg的人均水平，处于粮食盈余且富裕有余或富裕的状态；庆云县耕地面积较少，处于粮食盈余且盈余状态。对于此区域的建议是保持农业发展的传统优势，提高水资源利用率，加强营养物质保护和土壤保护，提高植被覆盖率，强化水土流失的预防和治理。

从生活空间承载力评价结果来看，乐陵市和庆云县的生活空间承载力等级均为Ⅰ级，主要原因是黄河三角洲地区人均城市建设用地普遍超过建设用地控制标准，不利于土地集约利用，土地利用效率存在很大提升空间和潜力。应该优化土地集约利用模式，提高土地利用效率。

由经济承载力评价结果可知，庆云县、乐陵市为传统农业县，第二、三产业经济相对较为薄弱，区域经济承载力弱。应加快发展具有地区特色的热超导材料工业基地，机械和轻工产业基地以及与之相关的服务业。

第四节　潍坊市（昌邑市、寒亭区、寿光市）国土资源优化配置建议

一、城市定位

潍坊市所辖昌邑市、寒亭区、寿光市皆为黄河三角洲重要节点城市，位于山东半岛中部，东邻青岛市、烟台市，西接淄博市、东营市，南连临沂市、日照市，北濒渤海莱州湾。潍坊地扼山东内陆腹地通往半岛地区的咽喉，是山东省的交通枢纽，拥有全国著名的两个蔬菜基地，为中国北方大型的蔬菜生产地之一。其中昌邑市是中国丝绸之乡，也是山东省重要的轻纺、化工和食品加工基地。寒亭区是山东沿海重要的海洋化工和水产养殖基地。

寿光市则是全国重要的花卉和蔬菜生产基地,被誉为"蔬菜之乡"。限制大气、污水类污染企业进入,为生态城市环境建设创造理想条件。抓好潍坊提出的沿海开发战略,依托潍坊滨海经济技术开发区,建设船舶发动机、海洋化工基地和国家级循环经济示范区。

二、矿产资源开发布局

区域内地热资源分布较为丰富,上部馆陶组下部寒武—奥陶系热储分布在寿光市大部和寒亭区西部,上部馆陶组下部沙河街组主要分布在昌邑市北部,主要开采用途为生活供暖、温泉洗浴等。地热资源应合理多途径开发利用,尽量避免地热资源的浪费。

地下卤水资源丰富,寿光市盐开采量为 1 620 万 t/a,寒亭区为 520 万 t/a,昌邑市为 300 万 t/a;寒亭区溴矿开采量为 3.1 万 t/a,昌邑市溴矿开采量为 4 万 t/a。地下卤水开发主要是集中于浅层卤水,中层与深层卤水尚未开发,应该努力研究中深层卤水的开发技术。

铁矿矿产资源规模较小,为中小型矿床和矿点,主要分布在昌邑市潍河以东。昌邑市境内有铁矿 9 处:中型矿床 4 处(高戈庄铁矿、莲花山铁矿、郑家坡铁矿、常家屯铁矿),小型矿床 2 处,矿点 3 处,成因类型为中低温热液型和沉积变质型。矿体形态比较简单,平均真厚度数米至数十米,埋深一般在 20 ~ 350 m,TFe 30% 左右,已查明矿石资源量 1.5 亿 t。

区内煤炭资源有限,远景区主要为寒亭区泊子至昌邑县的柳疃一带。埋藏深度均超过 2 000 m,当前技术条件难以开发利用。这方面应该学习借鉴国外同行业的深部矿产开发经验,进行此区域的煤炭开发。

膨润土分布在昌邑市饮马镇以北的吕山至青龙山一带,地质储量为 2 100 万 t,其中大型矿床 1 处,中型 1 处,小型 2 处。矿体厚度大,品位高,构造简单,现与香港合资开采。

三、水资源优化开发建议

从水资源承载力的评价结果来看,"承载力较弱区"分别是昌邑市、寒亭区。"承载力弱区"为寿光市。昌邑市、寒亭区对 V_2 的隶属度分别为 0.557、0.411。说明在这两个地区水资源的开发已经具有相当的规模,但仍有一定的开发利用潜力。在寒亭区有一部分地区的地下水资源被海水入侵遭到破坏。在昌邑市内有浅层地下水漏斗。寿光市对 V_2 的隶属度 0.543,说明在此地区水资源的开发已经具有相当的规模,但仍有一定的开发利用潜力,但它的综合承载级别偏低,见表 12 – 6。

表 12 – 6　潍坊市水资源评价结果

评价因素	V_1	V_2	V_3	评分值 α_j	评价结果
昌邑市	0.205	0.557	0.239	0.485	较弱区
寒亭区	0.265	0.411	0.324	0.474	较弱区
寿光市	0.214	0.412	0.375	0.428	弱　区

根据评价结果,对昌邑市、寒亭区、寿光市地区的水资源开发利用建议为:

1. 工程措施

(1)水资源开发利用体系　水资源开发利用体系除了现有的工程,南水北调配套工程(寿光单元、滨海单元)、寒亭固堤小农水重点县项目、昌邑小农水重点县项目、峡山水库增容工程、高密孟家沟水库工程等重点项目,以及建设的引黄入峡、引黄入白工程。矿坑水引提回用工程、再生水利用工程、雨水集蓄利用工程等。

(2)水资源保护工程体系　水资源保护工程体系包括地表水保护和地下水保护工程体系。规划水平年潍坊市将加大入河排污口的搬迁整治、河道的疏浚清污,加强水质水环境监测、水功能区的监督管理、饮用水源地的保护,生态修复,以及建立健全的水资源管理体系等,切实做好潍坊市水资源的保护与治理。

2. 非工程措施

针对潍坊市水资源存在的问题,在建设供水保障措施的基础上,还要大力发展节水技术,改善种植结构,发展雨养农业和旱作农业,采取科学的农田灌溉技术;在工业节水方面,大力推广节水新技术、新工艺;在生活方面,提高市民的节水意识,构建新型的节水型社会体系。同时,还要加强水资源的保护、水污染的治理,构建健全的水质监测体系,加强水资源的统一科学管理。

四、地质环境的限制

从生态地质环境承载力分区来看,生态地质环境承载力弱区主要分布在寿光、寒亭的沿海一带。这些地区由于海水入侵比较严重,从而使生态环境恶化,在规划开发区时应尽量避开上述地带。承载力较强区为寿光市和寒亭区南部区域,承载力强区则位于昌邑市南部,区域地质条件良好,植被覆盖率高,地质构造及地质灾害相对不发育,地下水埋深相对较深,地下水污染程度轻,人口密度较低。因此生态地质环境承载力很强。承载力较强的区域适合规划大范围的农用地或建设用地。

五、土壤环境的限制

从土壤环境承载力的评价结果来看,寿光市处于中等水平,首先是因为寿光市压力层排名低,主要受化肥、农药使用强度大影响,其次是人口密度较大、工业三废排放强度较大,生活污水、生活垃圾排放量大,公路客运强度高。寒亭区土壤环境承载力处于较高状态。寒亭区状态层排名高,但压力层排名略低,受人口密度大、工业三废排放强度较高影响。昌邑市土壤环境承载力处于高承载力状态,各项目层排名均较高,状态层排名最高,由于其环境容量指数最高,即土壤受重金属污染程度最轻,同时土壤肥力综合指数较高。对于寿光市和寒亭区,应该控制工业三废的排放量和达标率,尽可能减少工业发展对环境的影响程度,保证经济发展的可持续性。

六、国土资源优化配置建议

根据农用地适宜性评价结果,寿光市南部地区适宜发展农业,结合寿光增长点,发展成为独具特色的花城菜都，推进无公害、绿色环保、有机蔬菜基地建设，加快蔬菜精加工和综合利用的步伐；提升壮大造纸包装、原料化工、机械装备、食品饮料、新型建材、纺织服装六大传统优势产业。根据建设用地适宜性评价，结合潍北新城的建设，本区域的发展协调重点为：(1)构筑"一心两翼"的空间格局。以滨海经济开发区为核心，寿光渤海经济开发区和昌邑沿海开发区为两翼，采取集中与分散相结合的发展战略，提高土地利用的效率和绩效。(2)完善综合交通体系、市政基础的建设，为空间协调发展提供良好的平台。(3)保护生态基底。本区域水系密布，生态敏感，构建生态安全格局、保持本区域的可持续发展能力。(4)整合园区发展，促进产业协调。以发展海水养殖业、水产品精加工、海洋精细加工、机械制造和滨海休闲旅游业等为主。

从农业生产承载力分区来看，现阶段寿光市、寒亭区、昌邑市均处于粮食盈余且富裕状态。值得一提的是，根据2020年土地生产承载潜力评价结果，相比于2009年承载力类型和分级，降级的地区有广饶县、博兴县、惠民县、寒亭区、寿光市和昌邑市，这些地区应采取相应措施，如控制人口数量、增加粮食单产或增加耕地面积等措施，以避免出现土地生产承载力严重下降的情况。

从生活空间承载力评价结果来看，生活空间承载力Ⅳ级地区有寒亭区、昌邑市，生活空间承载力较弱，主要原因是黄河三角洲地区人均城市建设用地普遍超过建设用地控制标准，不利于土地集约利用，土地利用效率存在很大提升空间和潜力。

由经济承载力评价结果可知，该区域经济承载力处于Ⅲ级及以上等级，同时存在一定的地区差异性，得益于地方采矿业、制造业和农业产业化影响，而且寿光市第二、三产业增加值高，地方经济发展较为迅速。应保持经济增速，同时加快潍坊北部港区新城建设。

第五节　淄博市(高青县)国土资源优化配置建议

一、城市定位

高青县为黄河三角洲地区重要节点城市，历史名城，旅游资源丰富，沿岸沼泽地和小湖泊众多，境内丰富的温泉资源、唐坊镇的万亩桃园、青城镇的文昌阁、历史名人田横和倪宽等都为高青发展旅游产业奠定了基础。国土空间引导应以原材料产业、农业、旅游业为主，加强市域基础设施建设，加快城乡一体化进程，限制严重水污染产业。该市矿产资源丰富，具有许多局部构造，地层、岩性沙体、潜山储有丰富的油气资源。国土空间引导应以矿产资源合理可持续开发利用为主，控制水土污染。

二、矿产资源开发布局

高青县内主要的矿产资源有石油、天然气、地热水、二氧化碳、矿泉水和专用黏土等。高青县东部属博兴洼陷，大断层具备有利的运移条件，具有许多局部构造，地层、岩性沙体、潜山储有丰富的油气资源。已发现的高青油田、正理庄油田、大芦湖油田3个油田,石油、天然气资源主要分布在赵店、唐坊、常家、田镇、高城、花沟6个镇。二氧化碳资源主要集中在青城以南、庆淄路以西至马扎子的狭长地带。高青县境内特别是县城东北部地热资源蕴藏丰富,水温65℃左右,可利用前景广阔。至2010年,高青县已探明石油储量2.4亿t,天然气储量15亿m^3。

三、水资源优化开发建议

在对需水预测和供水潜力分析的基础上,按平水年(保证率为50%)考虑对淄博市进行水资源保障能力分析。2020年淄博市总需水量2.91亿m^3,供水量3.56亿m^3,余缺率22.34%,见表12-7。

表12-7 淄博市保障能力分析表 单位:亿m^3

水平年	需水量	供水量	余缺量(+/-)	余缺率(%)
2010	3.2	3.49	0.29	9.28
2020	2.91	3.56	0.65	22.34

在水资源承载能力分析的基础上,按照科学发展观,提出提高淄博市水资源供水保障的综合对策,为满足规划水平年推荐方案参数,为淄博市经济社会发展提供供水安全保障。

1.工程措施

(1)水资源开发利用体系 水资源开发利用体系除了现有的工程,还包括地下水开发利用工程、再生水利用工程、雨水集蓄利用工程等,如规划建设河道治理及雨洪利用补源工程。

(2)水资源保护工程体系 水资源保护工程体系包括地表水保护和地下水保护工程体系。规划水平年淄博市将加大入河排污口的搬迁整治、河道的疏浚清污,加强水质水环境监测、水功能区的监督管理、饮用水源地的保护,生态修复,以及建立健全水资源管理体系等,切实做好淄博市水资源的保护与治理。

2.非工程措施

同东营市水资源保障非工程措施。

四、地质环境的限制

高青县淡水资源短缺,属淡水贫乏地区,多年平均降水量561 mm,年际年内降水不均,拦蓄利用难度大。黄河作为重要的客水来源,地下水含盐量高,碱地种植耗水量大,水资源利用效率低。水资源短缺是长期制约该区经济社会发展的重大瓶颈。

生态环境相对脆弱。土地盐渍化程度较高,林木覆盖率较低。环境污染仍未得到有效治理,生态环境治理与土地恢复整治的难度较大,地质、地震构造背景复杂,面临着潜在的安全问题。应对各县普遍存在土地沙化危险引起足够的重视,继续做好生态保护工作。

五、国土资源优化配置建议

高青县依托半岛制造业基地和半岛城市建设,融入黄河三角洲开发,引导生产要素向轴带地区集聚,优化城镇、产业空间布局。建设产业带,不仅有利于提高土地利用效率和单位面积投资效益,实现资源配置的集约化和高效化,而且可以优化城市空间发展布局,形成区域经济发展的核心增长极,促进区域综合经济实力、整体竞争力和辐射带动力的提高。

基于生态地质环境、水资源、水环境、土壤环境承载力等方面考虑,高青县城市建设用地主要集中在S319与S323省道之间,这些地区交通发达,地质灾害易发性较弱。

生产生活空间方面,承载力相对较高的区域主要分布在旧镇、常家镇、黑里镇、青城镇、花沟镇,城市可以进行一定规模的扩张。将土地资源与水资源承载力相比较发现,高青县建设的瓶颈在于水资源,故应加强高青县水利设施建设,提高水资源利用率,做水源地的开发保护工作,并通过海水淡化等技术来补充城市发展所需水量。

农业生产空间方面,承载力相对较高的区域主要分布在木李镇、赵店镇、唐坊镇、高城等地的山前倾斜平原地带,是粮食和经济作物主产区,国土空间引导应以粮食生产核心区和农副产品加工为主,控制农药、化肥使用量;做好农村产业结构的优化调整。其余地段属山区和地质环境问题突出地带,承载力低。

第六节　烟台(莱州市)国土资源优化配置建议

一、城市定位

黄河三角洲地区重要节点城市,历史名城,现代化的滨海园林旅游城市。国土空间引导应以原材料产业、农业、旅游业为主。加强市域基础设施建设,加快城乡一体化进程。限制严重水污染产业。该市矿产资源丰富,黄金储量居全国首位,滑石、菱镁石储量居全国第二位,卤水储量居山东省首位,机电、黄金、建材、盐化工是该市的四大支柱产业,国土空间引导应以矿产资源合理可持续开发利用为主,控制水土污染;此外,该市是全国花生出口基地和水果集中产区,国土空间引导应着重粮食生产核心区和农副产品加工产业建设,控制农药、化肥使用量,做好农村产业结构的优化调整。

二、矿产资源开发布局

莱州市内主要的矿产资源有金矿资源、石材资源、菱镁矿资源、滑石资源。区内现有金矿山15个,2009年矿山生产能力301.25万t,产量433.62万t。规划期内,进行资源整合,控制开采总量,提高矿山规模化、集约化水平。2015年、2020年金矿石年产量控制在450万t、470万t,黄金产量22.5、23.5t。

1. 莱州黄金工业基地

莱州市以区内丰富的金矿资源为基础,依托莱州临港产业区,进一步加强产品结构调整,以山东黄金集团焦家、新城、新立、三山岛等大型金矿山和黄金加工企业为龙头,开展金(银)工业应用领域的自主创新,引进国内、外先进工艺和技术,加快金矿开采、精炼和金银饰品及工艺品加工的发展速度。加速产品更新换代,开发市场前景好、高技术含量、高附加值的黄金白银产品,形成集金银资源开发和冶炼加工、产品销售于一体的金、银工业产业链。形成辐射全国的金银饰品及工艺品集散地,打造黄河三角洲高效生态经济区黄金城。

2. 石材基地

莱州石材资源丰富,其最主要的石材为花岗岩、大理岩、长石和石英岩。要进一步打造和巩固莱州石材出口基地地位。莱州市加工设备先进,首都天安门广场、中华世纪坛、北京、上海、深圳国际机场等重点工程都闪烁着莱州石材的风采。

3. 菱镁矿以及滑石矿工业基地

莱州市菱镁矿埋藏浅,露天开采。储量2.9亿t,年产量15.5万t;滑石矿主分布在虎头崖镇,储量0.43亿t,年产量13.43万t。

区内要进一步提高对莱州市的菱镁矿和滑石矿开采和提炼效率,进一步提高菱镁矿和滑石矿的深加工技术,打造产、供、销一条龙产业链。

三、水资源优化开发建议

根据黄河三角洲水资源承载力的研究,莱州市的水资源承载能力较弱,主要表现在水质和水量型缺水,综合承载能力为0.474。由于莱州市靠近海边的部分区域浅层地下水被海水入侵导致地下水盐渍化,这部分区域的承载能力下降一个等级,承载能力为弱区。

表12-8 莱州市保障能力分析表 单位:亿 m^3

水平年	需水量	供水量	余缺量(+/-)	余缺率(%)
2010	2.01	1.86	-0.15	-7.39
2020	2.19	1.98	-0.21	-9.59

在对需水预测和供水潜力分析的基础上,按平水年(保证率为50%)考虑对莱州市进行水资源保障能力分析。2020年莱州市总需水量为2.19亿 m^3,总供水量1.98亿 m^3,余缺率-9.59%。

为了提高水资源承载能力,满足莱州市不同水平年的经济社会发展需求,需进行水资源配置。在水资源承载能力分析的基础上,按照科学发展观,从水环境治理和水资源高效利用措施角度,设置若干配置方案,提出提高莱州市水资源供水保障的综合对策。

1. 工程措施

(1)水资源开发利用体系 积极响应上级提出的工程建设"冲刺年"的号召,扎实推进胶东引黄调水工程建设,提供良好的施工环境,及时完成沿线相关镇街村庄的征地迁占及专项设施迁移改造，重点抓好自来水管道改造和新城、焦家、金城三大金矿排尾砂管道的改造。配合抓好工程质量和工程进度，争取莱州明渠段早日实现全线贯通。

(2)水资源保护工程体系　水资源保护工程体系包括地表水保护和地下水保护工程体系。规划水平年莱州市将加大河道综合整治，做好王河平里店段、驿道段及白沙河段河道治理项目的争取及组织实施工作，建设“宜林、宜草、生物汇聚、安全美观”的生态河道。加强水质水环境监测、水功能区的监督管理、饮用水源地的保护，生态修复，以及建立健全的水资源管理体系等，切实做好莱州市水资源的保护与治理，水库除险加固工程。着力抓好临疃河水库除险加固工程建设，加强监督管理，确保进度和质量，完成投资 1 500 万元。实施 21 座小型水库除险加固工程，落实小型水库建设管理主体。

2. 非工程措施

同东营市水资源保障非工程措施。

四、地质环境的限制

莱州市采空区地面塌陷问题比较严重，宜保护和治理。莱州市周围地区由于金矿、镁矿、滑石矿以及石材的开采，造成许多地质环境问题，如崩塌、滑坡、泥石流等。地质灾害区主要通过人工排险、控制滑坡顶部水流、兴建挡拦工程等手段进行治理，对于由于采矿造成的地面塌陷区要及时填封。

莱州市矿区仍可继续维持开采，但应密切注意地质环境问题的发展，采取有效防治措施。另外，莱州北部地区，由于金矿的开采，已经出现很多地质环境问题，在今后的开采过程中，要充分做好对矿区地质环境的保护和治理工作。

中部的大基山地区属于环境高度敏感区，必须加以保护，因此对于城市的经济建设规模不宜过大，而应该以环境保护为主。政府对于建设用地的审批必须要严格控制，不能为了经济的发展而以牺牲环境为代价。

五、国土资源优化配置建议

莱州市依托半岛制造业基地和半岛城市建设，融入黄河三角洲开发，将莱州建设成为区域性的重要港口和物流基地、能源和先进制造业基地、重要的黄金开采及加工基地。

基于生态地质环境、水资源、水环境、土壤环境承载力等各方面考虑，莱州市城市建设用地主要集中在大莱龙铁路与 G18 高速之间，这些地区交通发达，地质灾害易发性较弱。对于北部地质环境脆弱区应加强矿山环境治理保护工作。

生产生活空间方面，承载力相对较高的区域主要分布在沙河镇、程郭镇、驿道镇以及郭家店镇。其余地区要么属山区，要么由于采矿采石，致使地质环境问题突出，土地承载力低。莱州市地区除去北部金矿矿区，总体生态地质环境较好，城市可以进行一定规模的扩张。将土地资源与水资源承载力相比较发现，莱州市建设的瓶颈在于水资源，故应加强莱州市水利设施建设，提高水资源利用率，做好水源地的开发保护工作，并通过海水淡化等技术来补充城市发展所需水量。

农业生产空间方面，承载力相对较高的区域主要分布在沙河镇、程郭镇、驿道镇等地的山前倾斜平原地带，是粮食和经济作物主产区，国土空间引导应以粮食生产核心区和农副产品加工为主，控制农药、化肥使用量；做好农村产业结构的优化调整。其余地段属山区和地质环境问题突出地带，承载力低。

莱州市从地形上属于丘陵，由于丘陵地形地貌的限制使得农业用地面积比较有限，而且该市也是全省唯一获得小型农田水利、苹果产业、优质鱼产业三项扶持资金的县市地区。在经济建设如火如荼的推进下，农业用地不免被占用，因此政府一定要限制建设用地的发展，努力保护好仅有的农业用地。中部的大基山地区属于环境高度敏感区，必须加以保护。因此对于城市的经济建设规模不宜过大，而应该以环境保护为主。政府对于建设用地的审批必须要严格控制，不能为了经济的发展而以牺牲环境为代价。

参考文献

[1]李念春.基于PSR模型的土壤环境承载力综合评价——以黄河三角洲高效生态经济区为例[J].国土资源科技管理,2016,33(5):117－125.

[2]李念春.基于高效生态农业布局导向性的资源环境承载力评价——以黄河三角洲高效生态经济区为例[J].山东国土资源,2016,32(8):37－46.

[3]李念春.黄河三角洲高效生态经济区地质环境承载力评价研究[J].上海国土资源,2016,37(1):77－81.

[4]李念春,袁辉.黄河三角洲高效生态经济区生态环境脆弱性评价研究[J].山东国土资源,2015,31(10):57－61.

[5]万金彪,李念春,周建伟等.基于组合权－状态空间模型的黄河三角洲地区土地资源承载力评价[J].国土与自然资源研究,2015(4):18－22.

[6]李念春,周建伟,万金彪等.基于对数承载率模型的东营市水环境承载力评价[J].地质科技情报,2015(4).

[7]山东省地矿工程勘察院.黄河三角洲高效生态经济区资源环境承载力综合评价与区划[R].济南,2015.

[8]山东省鲁北地质工程勘察院.黄河三角洲高效生态经济区资源环境承载力调查评价[R].德州,2013.

[9]齐文虎.资源承载力计算的系统动力学模型[J].自然资源学报,1990,5(2):20－24.

[10]施雅风,曲耀光.乌鲁木齐河流域水资源承载力及其合理利用[M].北京:科学出版社,1992,210－220.

[11]惠央河,蒋晓辉,黄强等.水资源承载力评价指标体系研究[J].水土保持通报,2001,21(1):262－269.

[12]夏军,朱一中.水资源安全大度量:水资源承载力的研究与挑战[J].自然资源学报,2002,17(3):229－237.

[13]许友鹏.干旱区水资源承载能力综合评价研究[J].自然资源学报,1993,8(3):229－237.

[14] 山东省统计局.2010年山东省统计年鉴[M].北京:中国统计出版社,2010.

[15] 东营市统计局,国家统计局东营调查队.2010年东营统计年鉴[M].北京:中国统计出版社,2010.

[16] 滨州市统计局,国家统计局滨州调查队.2010年滨州统计年鉴[M].北京:中国

统计出版社,2010.

[17] 德州市统计局,德州调查队.2010 年德州统计年鉴[M].北京:中国统计出版社,2010.

[18] 淄博市统计局.2010 年淄博统计年鉴[M].北京:中国统计出版社,2010.

[19] 烟台市统计局.2010 年烟台统计年鉴[M].北京:中国统计出版社,2010.

[20] 潍坊市统计局,国家统计局潍坊调查队,潍坊市统计学会.2010 年潍坊统计年鉴[M].北京:中国统计出版社,2010.

[21]山东省水利史志编辑室.2010 年山东水利年鉴[M].济南:山东省地图出版社,2010.

[22]山东省人民政府办公厅.山东省主体功能区规划[R].济南,2013,2.

[23]山东省人民政府办公厅. 山东生态省建设规划纲要[R].济南,2003,11.

[24]山东省农业厅.山东省农业功能区划[R].济南,2010.

[25]山东省农业厅.山东省农业农村经济发展"十二五"规划[R].济南,2011.6.

[26]山东省农业厅.山东省特色农产品区域布局规划(2006—2010 年)[R].济南,2008.12.

[27]山东省环境保护局.山东省重点生态功能保护区规划[R].济南,2009.12.

[28]山东省国土资源厅,山东省水利厅.山东省地面沉降防治规划(2012—2020 年)[R].济南,2014,5.

[29]山东省人民政府.山东省矿产资源总体规划(2008—2015)[R].济南,2008,12.

[30]中华人民共和国国务院.黄河三角洲高效生态经济区发展规划[R].北京,2009,12.

[31]滨州市人民政府. 山东省滨州市黄河三角洲高效生态经济区发展规划[R].滨州,2010,10.

[32]东营市人民政府. 黄河三角洲(东营)高效生态农业发展规划(2011 -2020 年)[R].东营,2011,7.

[33]山东省农业厅.黄河三角洲高效生态经济区高效生态农业发展规划(修改稿 2)[R].济南,2010.

[34]潍坊市委、市政府.潍坊市黄河三角洲高效生态经济区生态环境控制功能区划[R].潍坊,2011.

[35]山东省水利厅.山东省浅层地下水超采区划[R].济南,2006,12.

[36]山东省水利厅.山东省节水型社会建设"十二五"规划[R].济南,2010,8.

[37]山东省政府.山东省水功能区划[R].济南,2006,1.

[38]山东省水利厅.21 世纪初期山东省水资源可持续利用总体规划[R].济南,2001,4.

[39]滨城区发改局.滨州市滨城区水利发展“十二五”规划[R].滨州,2011.

[40]东营区发改局.东营区水利十二五规划(3) [R].东营,2010,4.

[41]广饶县政府.广饶县水利十二五规划[R].东营,2010,4.

[42]惠民县水利局.惠民县节水型社会建设“十二五”规划[R].滨州,2010,9.

[43]山东省人民政府. 山东省海洋功能区划[R].济南,2004.

[44]山东省人民政府. 山东省地质灾害防治区划[R].济南,2004.

[45]山东省国土资源厅.山东省土地利用总体规划(2006—2020年)[R].济南,2012,3.

[46]山东省人民政府. 山东省环境保护十二五规划[R].济南,2011,12.

[47]山东省海洋与渔业厅.2010年山东省海洋环境公报[R].济南,2011,4.

[48]山东省水文局.山东省平原区地下水通报(2010年)[R].济南,2010.

[49]山东省水文局.山东省主要城市重点供水水源地水质通报(2010年)[R].济南,2010.

[50]东营市环境保护局. 2010年东营市海洋环境公报[R].东营,2011.

[51]山东省国土资源厅.2006年山东省国土资源统计公报[R].济南,2008,5.

[52]东营市经济和信息化委员会.东营市“十二五”节能减排综合性工作实施方案[R].东营,2011.

[53]东营市政府.2010年东营市主要污染物减排年度计划[R].东营,2010.

[54]山东省人民政府办公厅.山东省“十二五”节能减排综合性工作实施方案[R].济南,2011.

[55]山东省环境保护厅.山东2010年环境质量状况公报[R].济南,2011.

[56]顾朝林.黄河三角洲发展规划研究[M].南京:东南大学出版社,2011.

[57]何庆成. 黄河三角洲地质环境与可持续发展[M].北京:地质出版社,2006.

[58]李瑞敏.生态环境地质指标研究[M].北京:中国大地出版社,2009.

[59]刘晓丽.城市群地区资源环境承载力理论与实践[M].北京:中国经济出版社,2013.

[60]李听编. 城市资源环境承载力研究[M].深圳:海天出版社,2010.

[61]韩美. 黄河三角洲湿地生态研究[M].济南:山东人民出版社,2009.

[62]郑贵斌. 黄河三角洲高效生态经济区研究[M].济南:经济管理出版社,2010.

[63]魏建、李少星等. 黄河三角洲高效生态经济区发展报告(2012)[M].北京:中国人民大学出版社,2012.

[64]刘蕾. 区域资源环境承载力评价与国土规划开发战略选择研究[M].北京:人民出版社,2013.

[65]樊杰. 玉树地震灾后恢复重建资源环境承载能力评价[M].北京:科学出版

社,2010.

[66]文魁、祝尔娟等. 京津冀发展报告(2013)承载力测度与对策[M]. 北京:社会科学文献出版社,2013.

[67]中国地质矿产经济学会. 资源环境承载力与生态文明建设学术研讨会论文集[M]. 北京:中国大地出版社,2013.

[68]徐恒力. 环境地质学[M]. 北京:地质出版社,2009.

[69]张晓东. 山东省河流水环境容量研究[M]. 济南:山东大学出版社,2007.

[70]田家怡、吕学军、闫永利. 黄河三角洲生态环境灾害与减灾对策[M]. 北京:化学工业出版社,2008.

[71]刘勇. 黄河三角洲地区地面沉降时空演化特征及机理研究[D]. 青岛:中国科学院海洋研究所,2013.

[72]赵怀浩. 黄河三角洲高效生态经济区"三区"划分与生态关键区识别[D]. 青岛:山东科技大学环境工程系,2012.

[73]杨凯. 黄河三角洲高效生态经济区滨海湿地生态补偿机制研究[D]. 济南:山东师范大学环境科学系,2013.

[74]贾永飞、孔凡萍、石峰等. 黄河三角洲高效生态经济区的生态文明建设路径选择[J].《科学与管理》,2013(4).

[75]王文君. 黄河三角洲高效生态经济区环境安全预警研究[D]. 济南:山东大学环境科学与工程系,2012.

[76]张倩. 黄河三角洲高效生态经济区环境与经济协调发展现状及变化研究[D]. 济南:山东师范大学人文地理学系,2011.

[77]王娟. 黄河三角洲高效生态经济区建设研究[D]. 青岛:中国石油大学企业管理系,2008.

[78]李甲亮、刘少华、单长青. 黄河三角洲高效生态经济区景观生态问题解析[J]. 滨州学院学报,2013(3).

[79]林存菊、姚英强、付娟;黄河三角洲高效生态经济区卤水资源开采潜力评价[J]. 山东国土资源,2014(9).

[80]王晓妍. 黄河三角洲高效生态经济区生态安全研究[D]. 济南:山东师范大学自然地理学系,2014.

[81]李媛、李甲亮等. 黄河三角洲高效生态经济区生态系统服务价值评估[J]. 山东科技大学学报(自然科学版),2011(4).

[82]宫天洋. 黄河三角洲高效生态经济区生态农业发展问题研究[D]. 济南:山东理工大学农村与区域发展系,2013.

[83]戴桂林、程晓丽. 黄河三角洲高效生态经济区生态占用分析及发展对策[J]. 重

庆交通大学学报(社会科学版),2011(4).

[84]田家怡.黄河三角洲高效生态经济区湿地生态环境问题及保护对策[J].滨州学院学报,2013(6).

[85]李玉娟.黄河三角洲高效生态经济区水资源保障能力分析——以山东省东营市为例[J].河北农业科学,2009(8).

[86]王海静.黄河三角洲高效生态经济区水资源承载力研究[D].济南:山东师范大学自然地理学,2013.

[87]王文超、张全景、廉丽姝.黄河三角洲高效生态经济区土地利用分析[J].鲁东大学学报(自然科学版),2013(4).

[88]杨玉珍、卜凡敏、于利涛.黄河三角洲高效生态经济区土地资源评价与治理[J].东岳论丛,2012(10).

[89]谭春玲.黄河三角洲经济建设与生态建设协调发展研究[D].济南:山东师范大学公共管理(专业学位),2013.

[90]范海洋.黄河三角洲景观生态学特征及湿地保护和利用探讨[D].青岛:中国海洋大学渔业资源系,2005.

[91]张晓慧.黄河三角洲湿地生态服务功能价值评估[D].济南:山东师范大学自然地理学系,2007.

[92]崔宝山、刘兴土.黄河三角洲湿地生态特征变化及可持续性管理对策[J].地理科学,2001(3).

[93]上官修敏.黄河三角洲湿地生态系统健康评价研究[D].济南:山东师范大学自然地理学系,2013.

[94]姚秀粉.黄河三角洲湿地生态系统稳定性评价[D].泰安:山东农业大学森林培育系,2013.

[95]胡文秋.基于RS和GIS的退化湿地生态系统恢复力研究——以黄河三角洲湿地为例[D].济南:山东师范大学地图学与地理信息系统,2013.

[96]万红.基于RS与GIS的黄河三角洲湿地信息提取与分析研究[D].青岛:中国石油大学地图制图学与地理信息工程,2010.

[97]于洪良.基于模糊AHP的湿地生态系统健康评价研究——以黄河三角洲高效生态经济区为例[J].山东财经学院学报,2014(3).

[98]范秋芳、杜秀娥.基于状态空间法的黄河三角洲高效生态经济区资源环境承载力研究[R].资源型地区可持续发展与政策国际会议暨国际区域科学学会第三次年会,2012.

[99]张晓娟.蓝色经济战略下的黄河三角洲湿地生态保护研究[D].青岛:中国海洋大学环境规划与管理,2013.

[100]张琨. 区域 LUCC 对生态环境脆弱性影响研究[D]. 济南:山东师范大学地图学与地理信息系统,2014.

[101]李绪春、付超. 浅议黄河三角洲地区淡水资源的合理利用[J]. 胜利油田党校学报,2001(03).

[102]王聪聪. 浅谈黄河三角洲地区的生态经济发展[J]. 中国城市经济,2011(6).

[103]王文君、任丽军. 黄河三角洲高效生态经济区城市水资源需求预测[J]. 人民黄河,2012(1):38 - 41.

[104]汪小钦、王钦敏、励惠国、刘高焕. 黄河三角洲土地利用_覆盖变化驱动力分析[J]. 资源科学,2007,29(5):175 - 181.

[105]李静、赵庚星等. 黄河三角洲土地利用/覆被变化时空特征研究[J]. 地域研究与开发,2008,6(6):110 - 114.

[106]杨林芳. 黄河三角洲土地后备资源开发研究[J]. 资源科学,1993,4(4):33 - 38.

[107]方萌、刘高焕. 黄河三角洲土地生产潜力的 GIS 评价[J]. 地球信息科学,2004,3(3):79 - 83.

[108]刘敦训、孙秀忠等. 黄河三角洲城市建设规划中气候资源的利用[J]. 气象科技,2005(6):609 - 612.

[109]张东升、柴宝贵等. 黄河三角洲城镇空间格局的发展历程及驱动力分析[J]. 经济地理,2012(8).

[110]叶庆华、刘高焕等. 黄河三角洲新生湿地土地利用变化图谱[J]. 地理科学进展,2003,22(2):141 - 148.

[111]山东省海洋与渔业厅. 黄河三角洲百万亩国家生态渔业基地建设规划[R]. 济南,2012,2.

[112]杨玉健. 黄河三角洲粮食产量和典型影响因素的地理加权回归模型研究[C]. 中国农业工程学会 2011 年学术年会论文集,2011.

[113]杨玉珍、王芸等. 黄河三角洲经济区土地资源与生态环境的基础研究创意[J]. 山东经济战略研究,2011(9):20 - 23.

[114]任建兰、常军等. 黄河三角洲高效生态经济区资源环境综合承载力研究[J]. 山东社会科学,2013(1).

[115]赵怀浩、田家怡等. 黄河三角洲高效生态经济区生态环境瓶颈问题与突破方向[J]. 滨州学院学报,2012(3):30 - 34.

[116]张清津、郭春. 滨州市未利用地开发探索与实践[J]. 中国乡村发现,2012(4).

[117]王岩、陈永金等. 黄河三角洲湿地植被空间分布对土壤环境的响应[J]. 东北林业大学学报,2013(9):59 - 62.

[118]强真、张舒等. 服务于国土规划编制的国土资源环境承载力评价[N]. 中国国土资源报,2011.

[119]颜世强,孟庆峰等. 基于 GIS 的德州市地质环境质量综合评价[J]. 中国矿业,2004,13(5)17 - 19.

[120]山东省地质环境监测总站. 黄河三角洲高效生态经济区(东营市)地质环境保障调查报告[R]. 济南,2013.

[121]山东省地矿工程勘察院. 山东省医学地质调查报告[R]. 济南,2008:22 - 25;63 - 108.

[122]山东省地矿工程勘察院. 山东半岛蓝色经济区 1: 水文地质工程地质环境地质调查报告[R]. 济南,2012.

[123]山东省地矿集团公司. 黄河三角洲高效生态经济区淡水调查[R]. 济南,2013.

[124]吉林大学. 黄河三角洲高效生态经济区卤水资源调查与开采潜力评价[R]. 长春,2014.

[125]山东省鲁北地质工程勘察院. 滨州市地下水及地质环境监测报告(2006—2010年)[R]. 德州,2011.

[126]山东省鲁北地质工程勘察院. 东营市地下水及地质环境监测报告(2006—2010年)[R]. 德州,2011.

[127]山东省淄博地质环境监测所. 淄博市地下水及地质环境监测报告(2006—2010年)[R]. 淄博,2011.

[128]山东省第四地质矿产勘查院. 潍坊市地下水及地质环境监测报告(2006—2010年)[R]. 潍坊,2011.

[129]山东省地矿集团公司. 黄河三角洲高效生态经济区生态环境地质调查评价[R]. 济南,2008.

[130]黄河河口研究院. 环渤海经济区山东区块用水总量控制与保障措施研究报告[R]. 东营,2014.